AF340414

# MYTHOLOGIE ZOOLOGIQUE

OU

## LES LÉGENDES ANIMALES

# MYTHOLOGIE ZOOLOGIQUE

## OU

# LES LÉGENDES ANIMALES

PAR

## ANGELO DE GUBERNATIS

Professeur de sanskrit et de littérature comparée à l'Institut supérieur
de Florence

TRADUIT DE L'ANGLAIS

PAR

# PAUL REGNAUD

MEMBRE DE LA SOCIÉTÉ ASIATIQUE

## AVEC UNE NOTICE PRÉLIMINAIRE

Par **M. F. BAUDRY**
Conservateur adjoint de la Bibliothèque Mazarine

## II



## PARIS

A. DURAND ET PEDONE LAURIEL, ÉDITEURS
9, RUE CUJAS (ANG. RUE DES GRÈS).

—

## 1874

# CHAPITRE V

## LE POURCEAU, LE SANGLIER ET LE HÉRISSON


### SOMMAIRE

Le pourceau, déguisement du héros. — Les déguisements du héros et
de l'héroïne. — Ghoshâ, la jeune fille lépreuse. — La lune dans le
puits. — Apâlâ guérie par Indra. — Apâlâ couverte de la peau
d'un porc. — Le porc mange les pommes que devait manger la
jeune fille. — La courtisane Circé et les pourceaux. — Porcus et
et Upadara. — Le sanglier considéré comme un dieu, dans l'Inde et
la Perse. — Le sanglier Tydée. — Le sanglier d'Erymanthe. — Le
sanglier de Méléagre. — Le monstre védique sous la forme d'un
sanglier. — Le chien et le porc. — Le sanglier Puloman est brûlé.
— Le porc dans le feu. — Le porc trompe le loup. — Le hérisson astucieux. — Le hérisson, le sanglier et le pourceau pronosti-
quent la pluie. — Le porc-épic et ses piquants; le peigne et la forêt
épaisse. — Les oreilles et le cœur du sanglier. — Le sanglier et le
porc de Noël. — Le diable sous la forme d'un sanglier. — Les
héros tués par le sanglier. — La défense du sanglier donne tantôt
la vie, tantôt la mort; la dent du mort. — Le héros endormi; le héros
devient eunuque; la laitue-eunuque que mange Adonis avant d'être
tué par le sanglier.


Le pourceau, comme le sanglier, est encore un déguisement du héros pendant la nuit — une autre forme
que prend souvent le soleil, à titre de héros mythique,
dans les ténèbres ou les nuages. Il revêt cette forme
parfois pour se dérober à ses persécuteurs, parfois
pour les exterminer, parfois, enfin, sous l'effet d'une
malédiction divine ou démoniaque. Quelquefois aussi
c'est un déguisement ténébreux ou démoniaque pris

... et c'est quant au cheval que le poème
... Hyndla dans l'Edda appelle le porc, un animal
de héros. Souvent, pourtant, il représente le démon
lui-même. Quand le héros solaire entre dans le domaine de la nuit, la forme d'un prince beau, jeune
et brillant qu'il avait revêtue, disparaît, mais, en règle
générale, il ne périt pas sous cet aspect et ne fait
que en prendre un autre plus laid et d'apparence monstrueuse... taureau noir, le cheval noir, le cheval
gris, le cheval bossu. L'âne et le bouc sont des déguisements identiques que nous connaissons déjà. Indra aux
mille matrices, qui a perdu ses testicules ; Arguna, qui
se déguise en eunuque ; Indra, Vishnu, Zeus, Achille,
Odin, Thor, Helgi et plusieurs autres héros mythiques
qui se déguisent en femmes ; enfin, le grand nombre
de belles héroïnes qui prennent, dans la mythologie et
la tradition, la figure humaine de l'homme, sont autant
d'antiques images sous lesquelles on a représenté l'en-
... du soleil ou de l'aurore du soir dans l'obscurité, le
... l'océan, la forêt, la caverne ou l'enfer de la
... ou de l'hiver. Le héros boiteux, aveugle, enchaîné
... enterré au fond d'un bois... trouve son explication... si la considère comme l'image respective du
... précipité du haut en bas de la montagne, égaré
dans les ténèbres, enlacé dans les liens de l'obscurité,
plongeant dans l'océan de la nuit ou se dérobant à
... regards en entrant dans la forêt de la nuit. Le
... solaire et éclairant perd la vue et l'intelligence
... devient idiot, en entrant dans la nuit sombre où
... son éclat. Le brillant héros solaire perd sa
beauté avec la splendeur que la nuit lui enlève ; le
héros solaire plein de force, de couleur et de santé,
... malade quand la nuit le rend terne et sombre.
... une fois encore, l'on dit, en Italie, que le soleil est

malade quand on le voit perdre son éclat et, en quelque
sorte, pâlir.

Au cent dix-septième hymne du premier livre du
*Rigveda*, les Açvins guérissent Ghoshâ, la fille lépreuse
de Kakshîvant, qui vieillit sans époux dans la maison
de son père, et ils lui trouvent un mari; les Açvins délivrent l'aurore des ténèbres de la nuit et l'épousent [1]. .

Au dix-huitième hymne du huitième livre du *Rigveda*, le même mythe se retrouve en rapport avec
Indra et exposé sous une forme plus complète. Nous
avons déjà remarqué, dans le premier livre du *Rigveda*,
la jeune fille Apâlâ qui descend de la montagne pour
tirer de l'eau et qui puise le soma (l'ambroisie ou la
lune, d'où vient, à mon avis, le double proverbe italien, « Pescare, » ou « Mostrare la luna nel pozzo,»
pêcher ou montrer la lune dans le puits, dont le sens
s'est altéré dans la suite des temps et qui a fini par
s'appliquer à quelqu'un avançant ou relatant un fait
invraisemblable ou impossible), qu'elle destine à Indra,
le célèbre buveur d'ambroisie (liqueur identifiée ici
à la lune ou au soma). Indra, satisfait de l'attention
de la jeune fille, consent, comme elle est laide et dif-
forme, à franchir les trois stations célestes, c'est-à-dire
à passer sur sa tête, sur sa vaste poitrine et sur son
ventre [2]. A la dernière strophe de l'hymne cité plus
haut, Indra fait pour Apâlâ, qui a été purifiée trois fois
par la roue, par le char lui-même et par le gouvernail
de son char, une robe brillante, qui est une peau du
soleil [3]. Le même mythe reparaît encore sous une forme

---

[1] Comp. le chapitre sur le Canard, l'Oie, le Cygne et la Colombe.

[2] Imâni trîni vishṭapâ tânîndra vi rohaya çiras tatasyorvarâm âd idam ma upodare.

[3] Khe rathasya khe nasaḥ khe yugasya çatakrato apâlâm indra trish pûtvy akrinoḥ sûryatvacam.

plus claire et plus complète dans une légende de la
*Brihaddevatâ*. Apâlâ demande à Indra, qu'elle aime, de
lui faire une peau magnifique et parfaite (sans défaut
et irréprochable). Indra, prêtant l'oreille à sa prière, la
traverse avec la roue, le char et le gouvernail ; à trois
reprises il lui enlève la peau hideuse qui la recouvrait.
Apâlâ apparaît alors avec une peau magnifique. Dans
la peau qui fut enlevée ainsi se trouvait une soie de
porc (çalyaka) ; en dehors, cette peau paraissait couverte de poils hérissés ; en dedans, elle ressemblait à
la peau d'un lézard[1]. La soie, ou le piquant, qui se trouvait sur la peau d'Apâlâ suggère naturellement l'idée
d'un hérisson, d'un porc-épic, d'un sanglier et d'un
pourceau. L'aurore, comme le disent les hymnes védiques, brille seulement à la vue de son mari ; de même
Apâlâ, la jeune fille à la peau hideuse ou à la peau de
porc, et Ghoshâ, la jeune fille lépreuse, n'obtiennent
la beauté et la santé que grâce à leur fiancé. C'est

---

[1]    Sulomâm anavadyângim kuru mâm çakra sutvacâm
Tasyâs tad vacanam çrutvâ prîtas tena purandara*h*
Rathachidre*n*a tâm indra*h* çaka*t*asya yugasya *ca*
Prakshipya niçcakarsha tris tata*h* sâ sutvaca 'bhavat
Tasyâm tvac*i* vyapetâyâm sarvasyâm çalyako 'bhavat
Uttarâ tv abhavad godhâ krikalâças tvag uttamâ.

*Godhâ* paraît signifier, ce qui a la forme d'un cheveu (*go*, entre autres
significations, a celle de cheveu). Considérée comme un animal, les
dictionnaires voient un lézard dans la godhâ. Peut-être traduirait-on
aussi ce mot par « crapaud » ou « grenouille » ; nous pourrions
ainsi comprendre la fable de la grenouille qui veut se faire aussi grosse
que le bœuf. Je ferai remarquer, en outre, pour donner un exemple de
la facilité avec laquelle on peut passer de l'idée de bœuf à celle de
grenouille, et de celle de grenouille à celle de lézard, que dans le conte
russe d'*Afanassieff*, ii, 23, une belle princesse est changée en grenouille ;
dans les contes toscans et piémontais, et les croyances superstitieuses
de Sicile, c'est en crapaud que la métamorphose a lieu. Dans les contes
du *Pentamerone*, la bonne fée est une *lacerta cornuta* ( un lézard
cornu). *Ghoshâ* a aussi pour synonyme sanskrit le mot *karkataçringî*
qui signifie crevette cornue. Dans d'autres versions de contes se
rattachant à ce mythe, le jeune prince est un bouc ou un dragon.

ainsi que Cendrillon, ou celle qui a des vêtements de couleur cendrée, ou bien de couleur grise ou sombre, comme le ciel de la nuit (dans les contes russes, Cendrillon est appelé Cernushka, mot qui signifie la petite noire, aussi bien que la petite sale) ne paraît admirablement belle que quand elle se trouve dans la salle de bal du prince ou bien à l'église, à la lumière des chandelles, et voisine du prince : l'aurore n'est belle que quand le soleil est proche.

Dans le vingt-huitième conte du sixième livre d'*Afanassieff*, la jeune fille persécutée par son père qui voudrait la séduire et l'épouser, parce qu'il la croit aussi belle que sa mère (l'aurore du soir est aussi belle que celle du matin), se couvre d'une peau de porc, qu'elle ne quitte qu'au moment de se marier avec un jeune prince [1]. Dans un autre conte de la Russie Blanche [2], nous voyons, au contraire, le fils d'un roi, persécuté par son père, qui est obligé de quitter la maison paternelle avec un manteau de peau de cochon. Dans un conte inédit du Montferrat, que M. le docteur Ferraro m'a communiqué, la jeune fille persécutée par sa belle-mère est condamnée à manger dans une nuit un nombre infini de pommes ; elle fait venir, au moyen de deux soies de porc, une légion de ces animaux qui mangent les pommes à sa place.

La circonstance relative au gouvernail du char d'Indra qui touche le ventre d'Apâlâ me paraît avoir un sens phallique. Indra guérit peut-être Apâlâ en l'épousant, comme les Açvins guérirent, à l'aide d'un mari, la lépreuse Ghoshâ qui vieillissait dans la maison de son

---

[1] En ce qui regarde la jeune fille persécutée, en rapport avec un ou plusieurs pourceaux, comp. aussi le *Pentamerone*, III, 10.

[2] *Afanassieff*, V, 58.

père. Dans le dixième conte du *Pentamerone*, le roi de Roccaforte épouse une vieille femme, croyant en prendre une jeune. Il la jette par la fenêtre, mais elle est arrêtée dans sa chute par un arbre auquel elle se retient; les fées surviennent, la rajeunissent, lui donnent beauté et richesse et lui ceignent les cheveux avec un ruban d'or. La sœur, âgée déjà, de la vieille femme rajeunie (la nuit), s'en va trouver le barbier dans l'espoir d'obtenir le même résultat en se faisant simplement enlever la peau, mais elle ne réussit qu'à se faire écorcher vive. En ce qui regarde le mythe des deux sœurs, la nuit et l'aurore, la jeune fille noire et celle qui se déguise en se teignant en noir, en gris ou en cendré, je renvoie aussi le lecteur au *Pentamerone*, II, 2. Dans les croyances italiennes, le cochon est consacré à saint Antoine, et il y a aussi un saint Antoine qui passe pour le protecteur des mariages, comme le scandinave Freyr à qui le cochon est dédié. Le porc symbolise la graisse par excellence et c'est pour cela qu'il est mangé aux noces, dans le seizième conte esthonien.

Les compagnons d'Odysseus, métamorphosés par la courtisane magicienne, Circé, à l'aide de plantes vénéneuses, en pourceaux immondes, n'ont plus d'autre souci que de satisfaire leurs appétits brutaux, ce qui a fait dire à Horace dans la seconde épître du premier livre :

> « Sirenum voces, et Circes pocula nosti
> Quæ si cum sociis stultus cupidusque bibisset,
> Sub domina meretrice fuisset turpis et excors
> Vixisset canis immundus, vel amica luto sus. »

Le porc, étant l'un des animaux les plus lubriques, est consacré à Vénus : c'est pour la même raison que, d'après les doctrines pythagoriciennes, les hommes sensuels sont changés en pourceaux et que l'expression de « cochon » est appliquée à celui qui s'abandonne à toute espèce de débauches. Nous lisons dans Varron[1] : « Nuptiarum initio antiqui reges ac sublimes viri in Hetruria in conjunctione nuptiali nova nupta et novus maritus primum porcum immolant; prisci quoque Latini et etiam Græci in Italia idem fecisse videntur, nam et nostræ mulieres, maximæ nutrices naturam, qua feminæ sunt, in virginibus appellant porcum, et græce choiron, significantes esse dignum insigni nuptiarum.» Ce passage de Varron est un commentaire qui s'applique très-bien à l'explication du gouvernail d'Indra passant sur l'*upodara* (ou le bas-ventre) d'Apâlâ.

Pour le sanglier, son caractère est généralement démoniaque; mais la raison pour laquelle les dieux de l'Inde prirent cette forme, tient pour beaucoup à une équivoque du langage. Le mot *Vishnu* signifie celui qui pénètre; le sanglier, dans un hymne védique[2], est appelé *vishnu*, ou le pénétrant, à cause de ses défenses aiguës. C'est probablement en vertu de la même analogie que, dans un autre hymne, Rudra, le père des Maruts ou des vents, est invoqué comme un sanglier céleste, roux, hérissé et horrible[3], et que les Maruts sont l'objet de prières, quand on voit les traits de la foudre s'élançant sous la forme de sangliers aux dents de fer et aux roues d'or[4], c'est-à-dire portés par le char des Maruts, ou des vents, qui ont aussi, dit-on, des langues de feu et des yeux pareils au soleil[5]. Vishnu lui-

---

[1] *De re Rustica*, II, 4.

[2] *Rigv.*, I, 61, 7.

[3] Divo varâham arusham kapardinam tvesham rûpam namasâ ni hvayâmahe ; *Rigv.*, I, 114, 5.

[4] Paçyan hiranyacakrân ayodanshtrân vidhâvato varâhân ; *Rigv.*, I, 88, 5.

[5] Agnigihvâ manavah sûracakshasah ; *Rigv.*, I, 89, 7. — Dans l'*Edda*, le char de Frey est conduit par un porc. La tête du porc mythique

tame, dans le *Rigveda*, apporte à l'instigation d'Indra cent bœufs, le gruau préparé avec du lait et le sanglier destructeur. Aussi, Indra[1] a-t-il, de son côté, de la prédilection pour la forme d'un sanglier, animal qui, dans l'*Avesta*, est son *alter ego*. Verethraghna prend aussi cette forme. Nous savons que le soleil (quelquefois la lune), sous la figure d'un bélier ou d'un bouc, s'élance contre le nuage, ou contre l'obscurité, et lui donne des coups de tête jusqu'à ce qu'il l'ait percé avec ses cornes d'or; de même, Vishnu, le pénétrant, donne de ses défenses d'or acérées (les traits de la foudre, les cornes de la lune et les rayons solaires) avec une telle force contre l'obscurité et le nuage qu'il passe outre et qu'il en sort brillant et victorieux. D'après les *Purânas*, Vishnu dans sa troisième incarnation, quand il tua, sous la forme d'un sanglier, le démon Hiranyâksha (celui qui a un œil d'or), tira ou délivra la terre des eaux (ou de l'océan de la nuit humide et obscure de l'hiver[2]). Au témoignage du *Râmâ-*

---

lui brillante. Dans le vingt-huitième conte du deuxième livre d'*Afanassieff*, Ivan Durak obtient, de deux jeunes héros qui lui apparaissent miraculeusement, trois présents merveilleux, à savoir, le pourceau aux soies d'or, le daim aux cornes et à la queue d'or, et le cheval à la crinière et à la queue également d'or.

Viçvet tâ vishnur âbharad urukramas tveshitah çatam mahishân kshirapâkam odanam varâham indra emusham; *Rigv.*, VIII, 66, 10. — Dans la Thébaïde de Stace (v, 487), Tydée est aussi revêtu des dépouilles d'un sanglier:

> « Terribiles contra setis, ac dente recurvo,
> Tydea per latos humeros ambire laborant
> Exuviæ, Calydonis honos. »

* Selon d'autres fables, les trois personnes de la trinité indienne se disputèrent un jour la prééminence. Brahma, qui du sommet de la tige de lotus où il réside, ne voyait rien dans l'univers, se crut la première des créatures. Il descendit dans cette tige, et trouvant enfin Nârâyana (Vishnu) qui dormait, il lui demanda qui il était. « Je suis le premier né, » répondit Vishnu; Brahma lui contesta ce titre et osa même l'attaquer. Mais pendant la lutte, Mahâdeva (Çiva) se jeta entre eux en criant: « C'est moi qui suis le premier né; cependant je reconnaîtrai

yana [1], Indra prit la forme d'un sanglier aussitôt après sa naissance.

Le sanglier du mont Erymanthe, en Arcadie, est bien connu du lecteur. Héraclès accomplit en le tuant le troisième de ses travaux, de même que Vishnu devint un sanglier dans sa troisième incarnation ; Ovide décrit très-élégamment cet exploit dans le huitième livre des *Métamorphoses* :

> « Sanguine et igne micant oculi, riget horrida cervix ;
> Et setæ densis similes hastilibus horrent.
> Stantque velut vallum, velut alta hastilia setæ,
> Fervida cum rauco latos stridore per armos.
> Spuma fluit, dentes æquantur dentibus Indis,
> Fulmen ab ore venit, frondes afflatibus ardent. »

Le sanglier de Méléagre est une autre forme de ce même monstre ; aussi, quand Héraclès descend aux régions infernales, toutes les ombres prennent la fuite devant lui, excepté celles de Méléagre et de Méduse. Méléagre et Héraclès se ressemblent et s'identifient l'un à l'autre ; quant à Méduse, il ne faut pas oublier que la tête de la Gorgone était représentée sur l'égide de Zeus, que Gorgone est un des noms de Pallas et que les Gorgones, et particulièment Méduse, sont en rapport avec le jardin des Hespérides où mûrissent les pommes dont Héraclès est désireux.

Au soixante et unième hymne du premier livre du *Rigveda*, le dieu, après avoir bien bu et bien mangé, tue, avec l'arme dérobée par lui au forgeron céleste

---

pour supérieur celui qui sera capable de voir le sommet de ma tête et la plante de mes pieds. » Vishnu (la lune quand elle est cachée, ou descendue aux enfers) se changeant en sanglier, fit un trou en terre et pénétra dans les régions infernales, où il vit le pied de Mahâdeva. Celui-ci, au retour de Vishnu, le reconnut comme l'aîné des dieux, Burnouf, *L'Inde française.*

[1] II, 119.

Tvâshtar, le monstre-sanglier, qui ravit aux dieux
ce qui leur est destiné[1]. Au quatre-vingt-dix-neuvième
hymne du *Rigveda*, Trita (le troisième frère) tue le
monstre-sanglier à l'aide de la force qu'il a reçue
d'Indra[2]. Nous trouvons dans le *Taittarîya Brâhmana*
un autre passage intéressant. Le sanglier garde le trésor des démons qui est enfermé par sept montagnes.
Indra parvient à ouvrir les sept montagnes avec l'herbe
sacrée; il tue le sanglier et, par conséquent, découvre
le trésor[3]. Au cinquante-cinquième hymne du septième
livre du *Rigveda*, le porc et le chien s'entre-déchirent[4];
le chien et le porc se retrouvent en lutte dans une fable
d'Ésope.

Dans le *Mahâbhârata*[5], Puloman prend la forme d'un
sanglier pour enlever la femme de Bhrigu; elle donne,
avant terme, le jour à *Cyavana* qui, pour venger sa
mère, réduit le sanglier en cendres.

Dans le neuvième des contes siciliens, recueillis par
Mᵐᵉ Laure Gonzenbach, la jeune fille appelée Zafarana
rend la beauté et la jeunesse au vieux prince, son mari,
en jetant trois poils de porc sur des charbons ardents;
c'est toujours le même mythe, d'explication facile, dont
la légende d'Apâlâ fournit le type. Pareillement, dans

---

[1] Asyed u mâtah savaneshu sadyo mahah pitum papivân çarv annâ
mushâyad vishnuh pacatam sahîyâm vidhyad varâham tiro adrim
asta, str. 7.

[2] Asya trito nv ojasâ vridhâno vipâ varâham ayoagrayâ han; str. 6.

[3] Varâhoyam vâmamoshah saptânâm girînâm parastâd vittam ve-
dyam asurânâm bibharti; sa darbhapiñgûlam (pûlyakam ?) uddhritya,
sapta girîn bhittvâ tam ahann... Passage cité par Wilson, Rigv. San. I,
333. — Comp. le chapitre du Pb.

[4] Tvam sûkarasya dardrîhi tava dardartu sûkarah; str. 4 — Le chien
et le porc se retrouvent rapprochés l'un de l'autre dans les deux
proverbes latins : « Canis peccatum sus dependit » et « aliter catuli
longe olent, aliter sues ».

[5] 360.

le premier conte esthonien, le prince obtient, en mangeant du porc (c'est-à-dire en se trouvant dans la forêt de la nuit), la faculté de comprendre le langage des oiseaux; le héros devient habile, s'il ne l'était déjà ; il devient entendu, s'il était idiot auparavant ; c'est pourquoi nous trouvons aussi dans un conte d'*Afanassieff*[1], le loup dupé par le chien, d'abord, puis, par la chèvre et, enfin, par le porc qui le noie ou à peu près. Le loup veut manger les petits du porc. Celui-ci le prie de l'attendre sous un pont où il n'y a point d'eau, tandis qu'il ira, promet-il, laver ses petits ; le loup se rend au lieu convenu et le porc va lâcher l'eau, qui arrive sous le pont et met la vie du loup en danger. C'est au même ordre d'idées que se rattache l'opinion citée par Aristote, que le porc est capable de tenir tête au loup, et les fables grecques correspondantes. La prudence dont le pourceau fait preuve est portée au suprême degré chez le hérisson. Les Arabes disent proverbialement que le champion de la vérité doit avoir le courage du coq, la pénétration de la poule, le cœur du lion, l'impétuosité du sanglier, l'habileté du renard, la vitesse du loup, la patience du chien et le tempérament du naguir[2]. Un vers, attribué à Archiloque, et devenu proverbial, s'exprime en ces termes :

« Poll' oid' alôpéx, all' echinos en mega. »

« Le renard a plusieurs tours dans son sac, le hérisson n'en a qu'un, mais un bon. » D'après l'*Aitareya Brâhmana*[3], le hérisson est issu de la serre du faucon rapace. Dans les fables ésopiques, le loup tombe sur

---

[1] IV, 13.

[2] Daumas, *La Vie Arabe*, xv.

[3] III, 3, 26.

un hérisson et se félicite de son aubaine, mais le hérisson se défend. Le loup le flatte et l'engage à déposer les armes; le hérisson lui répond qu'il n'est pas prudent de le faire tant que dure l'éventualité de combattre. C'est de là que vient l'opinion que le loup a peur du hérisson, et le proverbe, « Il est facile de trouver un hérisson, mais il n'est pas commode de le prendre. » Dans une fable d'Abstemius, le hérisson est l'ennemi, non-seulement du loup, mais aussi du serpent; il pique la vipère qui s'était réfugiée dans son gîte. Alors, la vipère lui dit de s'en aller, mais il lui répond : « C'est à qui ne peut rester qu'il convient de sortir. » Le hérisson a l'aspect d'un petit sanglier et, à titre d'ennemi du loup et du serpent, il me paraît réunir en soi le nain Vishnu et le sanglier Vishnu, le destructeur des monstres qui, comme nous le savons, prennent presque tous, dans la mythologie de l'Inde, la forme d'un loup ou celle d'un serpent. Et puisque Vishnu, aussi bien qu'Indra, est, comme image du soleil caché dans le nuage, ou de la lune pendant la nuit et en automne, le dieu qui produit le tonnerre et qui dispense la pluie, le hérisson passe pour pronostiquer le vent et la pluie. D'après Artémidore, cité par Aldrovandi[1], rêver de sanglier est un présage de tempête et de pluie diluvienne. C'est à cette superstition qu'il faut rapporter la fable des pourceaux qui, d'après Pline et Élien, auraient fait sombrer le navire des pirates qui les avaient enlevés. Ce mythe représente évidemment les nuages considérés sous la forme de pourceaux.

Le porc-épic paraît être un type qui tient le milieu entre le hérisson et le sanglier. Dans l'opinion populaire, des cendres de porc-épic répandues sur la tête

---

[1] Comp. Aldrovandi, *De Quadrup. Digit. Viv.*, II.

sont un excellent remède contre la calvitie et font repousser les cheveux. Et, en raison de la difficulté qu'on éprouve à ployer les piquants du porc-épic, les femmes, selon Aldrovandi[1], « ad discriminandos capillos ut illos conservent illæsos, aculeis potius hystricum, quam acubus utantur. » Cette indication d'Aldrovandi est intéressante en ce qu'elle, nous met à même de comprendre une circonstance assez fréquente dans les contes russes. Le héros et l'héroïne fuyant le monstre qui les poursuivait, ont reçu d'un bon magicien ou d'une bonne fée le don d'un peigne, doué de qualités telles qu'en le jetant à terre, il fait apparaître un fourré, ou une forêt, impénétrable qui met obstacle à la marche de celui qui veut les atteindre[2]. Il y a là une réminiscence du porc-épic aux piquants épais, du sanglier aux soies hérissées, de la nuit obscure ou du nuage, de la lune et de ses cornes qui dérobent à la vue du persécuteur le héros solaire et l'héroïne en fuite.

Malgré cela, le pourceau et le sanglier jouent généralement dans la tradition indo-européenne un rôle qui ressemble à celui du bouc émissaire et de l'âne souffre-douleur. Dans le *Pancatantra*, le chacal dévore les oreilles et le cœur de l'âne trop crédule que le lion met en pièces. Dans Babrius, le cerf, (qui représente souvent dans les mythes le héros idiot) tient la place de l'âne. Le sanglier, d'après les *Gesta Romanorum*[3]

---

[1] *Ibid.*

[2] Comp. *Afanassieff*, V, 28.

[3] LXXXIII, cités par Benfey dans son introduction au *Pancatantra*. — La fable est empruntée à la trentième d'Aviénus, dans laquelle le sanglier perd ses deux oreilles et est mangé ensuite; mais le cuisinier (qui représente dans la tradition le héros rusé) a détourné le cœur pour le manger :

    « Sed eam consumpti dominus cor quæreret Apri
    Impatiens, fartur (cor) rapuisse coquus. »

perd par sa sottise une oreille d'abord, puis l'autre, puis la queue ; il finit par être tué et son cœur est mangé par le cuisinier. On a coutume en Allemagne, comme autrefois en Angleterre, de servir au repas de Noël une tête de sanglier entourée d'ornements ; c'est sans doute un symbole du monstre obscur de l'hiver lunaire qui est tué au solstice d'hiver, après quoi les jours deviennent de plus en plus longs et brillants. Pour la même raison, l'usage populaire en Allemagne est d'aller dormir le jour de Noël dans une étable à porcs dans l'espoir d'y faire des rêves qui sont considérés comme un présage de bonheur. Le nouveau soleil est né dans l'étable du porc de l'hiver ; le Christ Rédempteur naquit lui-même dans une étable, mais c'est avec l'âne, au lieu du porc, dont il est en partie l'équivalent mythique, qu'il en prit possession. C'est aussi pour ce motif que, dans les superstitions allemandes, le diable prend souvent la forme d'un sanglier monstrueux que tue le héros[1]. Ce sanglier est dépeint aussi comme un *aversier* (un démon) dans le roman de *Garin le Loherain*[2].

> « Volés quel aversier,
> Grant a le dent fors de la gueule un piet
> Mult fu hardis qui a cop l'atendié. »

L'auteur des *Loci Communes* dit que Ferquhar II, roi d'Écosse, fut tué par un sanglier ; d'autres écrivains rapportent, au contraire, que sa mort fut causée par un loup ; mais nous savons déjà, qu'au point de vue

---

[1] Dans Du Cange, on trouve aussi ce passage : « *Aper* significat diabolum ; Papias M. S. Bitur. Ex illo scripturæ : Singularis aper egressus est de silva. » — Comp. aussi Uhland's, *Schriften zur Geschichte der Dichtung und Sage*, III, 141 *et seqq.*

[2] II, 220 *et seqq.*, cité par Uhland.

mythique, le loup et le sanglier sont quelquefois l'équivalent l'un de l'autre.

De même que Vishnu se changeait en sanglier et que le pourceau était dédié au Mars scandinave, le sanglier était consacré au Mars romain et hellénique, et Mars lui-même prit la forme d'un monstrueux sanglier lunaire pour tuer le jeune Adonis, le bien-aimé de Vénus. Il n'y a ni dieu ni saint si parfait qui n'ait commis une faute une fois dans sa vie, de même qu'il n'y a pas de démon si pervers à qui il n'arrive une fois au moins de bien faire. Les adversaires changent parfois de rôle. D'après Servius, c'est avec une défense de sanglier que fut ouverte l'écorce de l'arbre dans lequel Myrrha, enceinte d'Adonis après son inceste avec son père, avait été enfermée (nous avons vu plus haut, au contraire, Indra qui ouvre avec une certaine plante la tanière du sanglier, afin de le tuer). Nous retrouvons ici le père incestueux, la jeune fille vêtue de bois, la forêt, la défense tranchante du sanglier qui perce la forêt de la nuit et permet au jeune héros, victime, quand arrive le soir, de la jalousie de ce même sanglier, de sortir et de se manifester. D'après une ancienne croyance populaire des Suédois, le sanglier tue aussi le soleil pendant qu'il dort dans la caverne et que ses chevaux paissent. Il faut remarquer, en outre, le double caractère de la défense du sanglier, symbole de la lune nocturne ; le matin, c'est une défense vivifiante, à l'aide de laquelle le héros solaire vient au monde ; le soir, elle est mortelle ; pendant la nuit, le sanglier est vivant et les ténèbres sont déchirées par la dent blanche du sanglier vivant. Le sanglier, ou le porc lunaire est sacrifié, — on le tue le matin pour les noces du héros solaire. Le soir, la dent de ce sanglier privé de vie cause la mort du jeune héros ou de l'héroïne, o bien les change en bêtes sauvages. Dans les contes de fées populaires, la sorcière, feignant de vouloir peigner la tête du héros ou de l'héroïne, plante dans la tête de l'un ou de l'autre soit une grande épingle, soit la dent d'un mort et leur fait ainsi perdre la vie ou la forme humaine. Il y a là une réminiscence du sanglier du nuage, de la nuit ou de l'hiver, et de sa dent qui tue le soleil, le métamorphose ou l'endort.

Le mythe d'Adonis, voulant montrer le soleil endormi, nous offre une particularité curieuse. Chacun sait que les médecins attribuent à la laitue une vertu soporifique, semblable à celle du pavot. Or, il est intéressant de lire dans *Nicandre de Colophon*, cité par Aldrovandi, qu'Adonis fut frappé par le sanglier après avoir mangé une laitue. Ibycus, poète pythagoricien, donne à la laitue l'épithète d'eunuque, comme pour dire qu'elle endort, qu'elle rend insensible et impuissant ; Adonis, qui avait mangé de la laitue, est donc ravi à Vénus par le sanglier lunaire dans un moment où il est eunuque et dépourvu d'énergie. Le héros solaire s'endort pendant la nuit et, comme l'Arjuna de l'Inde, il devient eunuque alors qu'il est caché ; ou bien encore, le soleil devient la lune.

# CHAPITRE VI

## LE CHIEN

### SOMMAIRE

Raisons de la difficulté que présente l'interprétation du mythe du
chien. — Entre chien et loup. — Le chien et la lune. — La chienne
Saramâ; double aspect qu'elle revêt dans les Védas et dans le
*Râmâyana*; elle est messagère, consolatrice et créature infernale.
— Le chien et la pourpre; le chien et la viande; le chien et son
ombre; le héros intrépide et son ombre; le monstre noir; la frayeur
d'Indra.— Les deux chiens védiques; Sârameya et Hermès.— Le chien
favori de Saramâ; le chien qui commet un vol pendant le sacrifice;
la forme de chien revêtue pour expier des crimes commis dans une
existence antérieure; croyances indiennes, pythagoriciennes et chré-
tiennes relatives à cette croyance. — Le chien Yama. — Le chien
démon qui aboie et qui a la langue longue et rude. — La chienne
rousse du matin, qui devient une belle jeune fille pendant la nuit. —
— Les entrailles du chien mangées. — Le faucon qui porte du
miel et la femme stérile. — Le chien et le pic. — Le chien porte les
os de la fille de la sorcière. — Le chien messager apporte des nouvelles du héros. — La chienne-nourrice. — Le chien et son collier; le
chien attaché; le héros changé en chien. — Le chien prête secours
au héros. — La branche de pommier ouvre la porte. — Le chien met
le diable en pièces. — Les deux fils d'Ivan se croient des fils de
chien. — Les entrailles du poisson mangées par la chienne. — Ivan
le fils de la chienne, le héros très-fort, descend aux régions infernales. — Les Dioscures, Cerbère, les chiens purificateurs funèbres
chez les Perses. — Le chien pénitent; les deux chiens correspondants
aux deux Açvins. — Les enfants lumineux changés en petits chiens;
légendes correspondantes; la jeune fille dont les mains ont été coupées obtient des mains d'or; branches d'arbres, mains, enfants nés
d'un arbre; le mythe a son analogue et son explication dans les
hymnes védiques : exemple d'Hiranyahasta; le mot *vadhrimatî*. —
Le chien démoniaque. — La force du chien mythique. — Chiens
monstres. — Le chien Sirius. — Jurer par le chien ou par le loup.

— Il y a toujours un chien dans une portée de loups. — Le chien duquel on rêve. — Double aspect du chien. — Les contes du roi des assassins et du magicien aux sept têtes. — Saint Vit invoqué en Sicile quand on attache un chien. — Le chien du berger qui fait le loup au milieu des brebis. — Le chien considéré comme un instrument de punition ; l'expression conduire le chien et le châtiment ignominieux qui consiste à porter le chien. — Les chiens qui lacèrent ; le pronostic de la mort que doit occasionner le chien ; les chiens Sirius et Cerbère ignés, pestilentiels ; le chien incendiaire de saint Dominique, l'inventeur des bûchers pour brûler les hérétiques, et le chien de saint Roch le pestiféré.

Le mythe du chien est un de ceux dont l'interprétation est la plus délicate. De même que le chien, animal réel, a sa place au seuil de la maison, le chien mythique se trouve ordinairement le matin et le soir à la porte du ciel, à côté des deux Açvins. C'est un phénomène fugitif, dont la durée n'a qu'un instant, qui a déterminé la formation du mythe principal où figure le chien. Quand ce moment est passé, la nature du mythe change. J'ai déjà cité l'expression française, « entre chien et loup, » pour indiquer le crépuscule[1] ; le chien précède d'un instant le crépuscule du soir et suit d'un instant celui du matin : c'est, en un mot, le crépuscule au moment où il jette son plus grand éclat. Comme gardien des portes de la nuit, il est, habituellement, un animal funèbre, infernal et redoutable ; comme gardien de celles du jour, il est, en général, considéré comme propice ; et, de même que, comme nous l'avons vu, l'un des deux Açvins est en relation particulière avec la lune et l'autre avec le soleil,

----

[1] Leukophôs ; un vers latin, de Vilkemus Brito, cité par Du Cange, définit le crépuscule en ces termes :

« Tempore quo neque nox neque lux sed utrumque videtur. »

et plus loin :

« Interque canem distare lupumque. »

Selon Pline et Solin, l'ombre de l'hyène empêche le chien d'aboyer, c'est-à-dire que la nuit dissipe le crépuscule ; la lune s'évanouit.

des deux chiens de la mythologie, l'un est spécialement lunaire et l'autre spécialement solaire. Entre les
deux nous trouvons la chienne, leur mère, qui, si
je ne me trompe, représente tantôt la lune errante
dans le ciel, la lune conductrice, qui éclaire le chemin
du héros et de l'héroïne, tantôt la foudre qui déchire le
nuage et qui ouvre la retraite où sont les vaches ou les
eaux. Nous avons donc jusqu'ici trois chiens mythiques.
L'un, à l'attitude menaçante, est rencontré par le
héros solaire vers le soir aux portes occidentales du
ciel ; le second, le plus actif, lui prête secours dans la
forêt de la nuit où il se livre à la chasse, le guide dans
le danger et lui montre le lieu où ses ennemis le
guettent pendant qu'il est dans le nuage ou dans les
ténèbres ; le troisième se tient en repos, et le héros le
trouve vers le matin dans la partie orientale du ciel,
quand il sort du royaume ténébreux.

Nous allons examiner brièvement chacune de ces
formes dans la mythologie indienne. J'ai dit que la
chienne mythique me paraît représenter quelquefois la
lune et quelquefois la foudre. Dans l'Inde, cette chienne
s'appelle Saramâ, au sens propre du mot, celle qui
marche, qui court ou qui coule. On dit, en manière de
dicton, que le chien aboie à la lune, et le proverbe
populaire met celle-ci en relation avec les voleurs.
Le chien qui aboie à la lune [1] est peut-être le même
qui aboie pour indiquer l'approche des voleurs. Au
cent huitième hymne du dixième livre du *Rigveda*,
nous voyons se passer une scène dramatique entre
les avares ou les voleurs (les *panis*) et la chienne Saramâ, la messagère d'Indra, qui voudrait avoir leurs

---

[1] Le chien était consacré à Diane chasseresse, laquelle, nous le
savons, est la lune ; d'où le proverbe latin : « Delia nota canibus. »

trésors [1]. Pour les atteindre, elle traverse les eaux de la Rasâ (une rivière d'enfer); le trésor, qui est caché dans la montagne, consiste en vaches, en chevaux et en richesses de différentes sortes; les panis voudraient que Saramâ restât avec eux comme leur sœur et profitât des vaches dans leur compagnie; Saramâ répond qu'elle ne les reconnaît pas pour ses frères, car elle est déjà sœur d'Indra et des terribles Angiras [2]. Au soixante-deuxième hymne du premier livre, la chienne Saramâ découvre les vaches cachées dans le rocher et reçoit en récompense d'Indra et des Angiras de la nourriture pour ses enfants; alors les hommes poussent de grands cris et les vaches mugissent [3]. Saramâ trouve les vaches en se dirigeant vers le soleil, en suivant la route du soleil [4]. Quand Indra fend la montagne, Saramâ, qui le précède, commence par lui montrer les eaux [5]. Ayant vu d'abord la fente de la montagne, elle a montré le chemin. Ayant antérieurement entendu le bruit, elle guide rapidement la bande des bruyants [6]. Ce bruit peut se rapporter soit aux eaux, aux rivières résonnantes (*nadâs, nadîs*), soit aux vaches qui beuglent (*gavas*). Or, cette chienne qui découvre les

---

[1] Indrasya dûtir ishitâ carâmi maha ichantî panayo nidhîn vah; str. 2.

[2] Rasâyâ ataram payânsi; str. 2. — Ayam nidhih sarame adribudhno gobhir açvebhir vasubhir nyrishtah; str. 7. — Svasâram tvâ krinavâi mâ punar gâ apa te gavâm subhage bhagâma; str. 9. — Nâham veda bhrâtritvam no svasritvam indro vidur angirasaç caghorâh; str. 10.

[3] Indrasyângirasâm ceshtâu vidat saramâ tanayâya dhâsîm brihaspatir bhinad adrim vidad gâh sam usriyâbhir vâvaçanta narah; str. 3.

[4] Ritam yati saramâ gâ avindat. — Ritasya pathâ saramâ vidad gâh; Rigv., v, 45, 7, 8.

[5] Apo yad adrim purhhûta dardar âvir bhuvat saramâ pûrvyam te; Rigv., iv, 16, 8.

[6] Vidad yadi saramâ rugnam adrer mahi pâthah pûrvyam sadhryak kah agram nayat supady aksharânâm achâ ravam prathamâ gâuati gat; Rigv., iii, 31, 6.

retraites paraît être la lune, en tant qu'elle perce les
ténèbres de la nuit ; et la foudre, en tant qu'elle perce
le nuage. Le secret de cette équivoque repose sur la
racine *sar*. Nous avons vu dans le *Rigveda*, que Saramâ
dédaigne de passer pour la sœur des voleurs ou des
monstres ; dans le *Râmâyana*[1], la femme d'un des
monstres, du frère même du brigand Râvana, s'appelle
Saramâ et prend, au lieu du parti du monstre, celui de
Râma et de Sîtâ, l'épouse ravie à son mari. Nous avons
déjà vu plusieurs fois la lune considérée soit comme
une vache bienfaisante, soit comme une bonne fée,
soit enfin comme la Madone. Saramâ (dont le mot Suramâ, qui désigne, comme nous l'avons vu, une autre
Rakshasî bienfaisante, n'est probablement qu'une variante grammaticale[2]) qui console Sîtâ et qui lui prédit
sa délivrance prochaine par son mari Râma, me paraît
être une autre personnification de la lune. C'est pourquoi Sîtâ[3] appelle Saramâ sa sœur jumelle (saho-
darâ) et dit qu'elle l'affectionne et qu'elle est capable
de traverser les cieux et de pénétrer dans l'humide
royaume de l'enfer (rasâtalam[4]). La sœur bienfaisante
de Sîtâ ne saurait être qu'une créature brillante ; elle
est la bonne sœur que la jeune fille du conte russe
d'*Afanassieff*, persécutée par son père incestueux, rencontre dans le monde souterrain, et dont elle reçoit des
consolations et des secours au moyen desquels elle
échappe au pouvoir de la sorcière ; elle est la lune. La
lune est la forme brillante du ciel obscur de la nuit ou
de la région funèbre et infernale (Saramâ, étant la lune,
est en relation avec les chiens comme Proserpine avec

---

[1] VI, 9.
[2] V, 62.
[3] VI, 10.
[4] Comp. le texte védique cité plus haut.

Cerbère); ses deux limites brillantes dans le ciel sont, à l'est et à l'ouest, l'aurore du matin et celle du soir; quant aux formes brillantes du ciel couvert de nuages, ce sont l'éclair et la foudre. Et c'est d'après une de ces formes mythiques lumineuses, que les Grecs, selon Pollux, cité par Aldrovandi, firent du chien l'inventeur de la pourpre mordue pour la première fois, disait-on, par le chien d'Héraclès, et découverte ainsi. Le chien de la fable ésopique [1], qui tient de la viande dans sa gueule, est une variété du même mythe. Le ciel rouge du soir paraît de pourpre le matin; et le soir il est comme un morceau de viande que le chien laisse tomber dans les eaux de l'océan de la nuit. Dans le *Pancatantra* nous avons, au lieu de ce mythe, le lion du soir (le soleil du soir) qui, voyant dans la source (ou dans l'océan de la nuit) un autre lion (tantôt la lune, tantôt son ombre, qui est la nuit ou le nuage) se précipite dans l'eau pour le dévorer et y périt. Le lièvre (la lune) est l'animal qui attire le lion affamé du soir au bord de l'eau et qui cause sa mort.

Les deux fils de la chienne Saramâ conservent plu-

---

[1] Dans le *Tuti-Namé*, nous trouvons le renard au lieu du chien qui porte un os ou un morceau de viande. Le chien qui voit son ombre dans l'eau; le héros intrépide qui, dans les contes toscans, meurt en voyant son ombre; le monstre noir (l'ombre) qui, dans plusieurs contes, se présente au lieu du vrai héros pour épouser la belle princesse, sont autant de formes qui nous reportent à Indra fuyant sur les rivières, selon le *Rigveda*, après avoir vaincu le monstre, quand il aperçoit quelque chose, probablement l'ombre de Vritra tué par lui, ou bien son ombre propre. Dans l'*Aitar. Brâhm.*, III, 2, 15, 16, 20, il est aussi question de cette fuite d'Indra, et on ajoute qu'il se cache et que les Pitris (c'est-à-dire les âmes des trépassés) le découvrent. Indra pense qu'il a tué Vritra; mais, en réalité, il ne l'a pas tué; alors les dieux l'abandonnent; les seuls Maruts (qui sont considérés comme des chiens et des amis de la chienne Saramâ) lui restent fidèles. Le monstre qu'Indra tue le matin renaît le soir. D'après d'autres documents védiques, Indra est obligé de fuir sous l'aiguillon du remords qu'il éprouve d'avoir tué un Brâhmane.

sieurs traits de leur mère. Tantôt on les désigne l'un et l'autre sous l'appellation commune de *Sârameyâu*; tantôt on les mentionne ensemble, mais en les distinguant l'un de l'autre; tantôt, enfin, il n'est question que de l'un des deux, le plus légitime, auquel on donne le nom de Sârameya, dont M. le professeur Kuhn a déjà démontré l'identité avec le mot grec Hermès ou Hermeias. Saramâ, en rapport avec les panis, marchands et voleurs, Saramâ, la messagère divine, nous donne la clé de la légende de Mercure, dieu des voleurs et des marchands et messager des dieux.

Dans un hymne védique, nous trouvons la description fort claire des deux chiens qui gardent les portes de l'enfer, demeure du monstre, ou du royaume des morts. On y souhaite qu'un trépassé « puisse aller sain et sauf au-delà des deux chiens, fils de Saramâ, qui ont quatre yeux, dont la peau est mouchetée, qui occupent la bonne voie, et qu'il arrive auprès des Mânes bienfaisants » (car il y a aussi les Mânes malfaisants nommés *durvidatrâs*); ces chiens sont appelés « les très-féroces gardiens, qui surveillent la route en observant les hommes; ils ont de vastes narines, l'haleine longue et sont très-forts, eux, les messagers d'Yama; » on les invoque « afin qu'ils fassent jouir de la vue du soleil et procurent une heureuse vie [1]. » Mais le Rigveda même nous présente déjà les deux fils de la chienne Saramâ comme les deux qui regardent chacun à leur tour (l'un après l'autre) et qu'Indra doit endormir [2].

---

[1] Ati drava sârameyâu çvânâu catarakshâu çabalâu sâdhunâ pathâ athâ pitrîn suvidatrân upehi — Yâu te çvânâu yama rakshitârâu caturakshâu pathirakshî nricakshasâu — Urûnasâv asutripâ udumbalâu yamasya dûtâu caralo ganân anu — Tâv asmabhyam driçaye sûryâya punar dâtâm asum adhyeha bhadram; *Rigv.*, x, 14, 10, 12.

[2] Ni shvâpaya mithûdriçâu; *Rigv.*, I, 29, 5. — Le Dictionnaire de

L'un pourtant des deux fils de Saramâ, le Sârameya par excellence, est particulièrement un objet d'invocations et de crainte. L'hymne védique dit de lui qu'il revient (puna*h*sara) ; il le dépeint comme « brillant, avec des dents rougeâtres qui ont l'éclat des lances dans leurs gencives bien enracinées » et l'implore pour qu'il dorme ou qu'il « aboie seulement contre le maraudeur ou le voleur, et non pas contre ceux qui chantent des hymnes en l'honneur d'Indra [1]. » La chienne Saramâ aime passionnément son fils ; en récompense d'avoir découvert les vaches d'Indra, elle demande de la nourriture pour son fils, nourriture qui consiste, d'après le commentateur, dans le lait des vaches délivrées ; les premiers rayons du soleil du matin et les derniers rayons du soleil du soir boivent le lait de l'aube ou du crépuscule argenté. Dans le *Mahâbhârata* [2], la chienne Saramâ maudit le roi Ganamégaya, parce que ses trois frères, en vaquant au sacrifice, avaient maltraité et battu le chien Sârameya, qui se trouvait là, quoiqu'il n'eût ni touché de sa langue ni regardé d'un œil avide les oblations destinées aux dieux (ce que fit au contraire le chien blanc qui, au sacrifice de Dion, près d'Athènes, enleva une partie de la victime, d'où ce lieu garda le nom de Kynosargès). La même légende se retrouve, avec de légères modifications, dans le septième livre du *Râmâyana* [3]. Râma charge son frère Lakshmana d'aller se rendre compte s'il n'y a pas quelques différends à concilier dans son royaume ; Laksh-

---

Saint-Pétersbourg explique le mot *mith.* par « abwechselnd sichtbar. »

[1] Yad arguna sârameya data*h* piçanga yachase viva bhrâganta rish*t*aya upa srakveshu bapsato ni shu svapa ; stenam râya sârameya taskara*m* vâ puna*h*sara stotrin indrasya râyasi kim asmân duchunâyaso ni shu svapa ; *Rigv.*, VII, 55, 2, 3.

[2] I, 637, 666.

[3] Chap. 62.

mana revient en disant que la bonne harmonie règne
partout. Râma le renvoie et il voit un chien qui se tient
debout en aboyant au seuil du palais. Le nom de ce
chien est Sârameya. Râma le fait entrer dans le palais.
Le chien se plaint d'avoir été frappé injustement par
un brâhmane. Le brâhmane est invité à comparaître,
il avoue sa faute et attend sa punition. Le chien Sârameya propose de punir le brâhmane en lui faisant épouser une femme (nous avons ici la satire proverbiale et
habituelle contre les femmes), de façon à ce qu'il devienne chef de famille au lieu même où lui, Sârameya,
eut une pareille condition avant de prendre la forme
d'un chien. Après cet avis, le chien Sârameya, qui se
rappelle les différentes situations qu'il a occupées dans
des existences antérieures, retourne faire pénitence à
Bénarès d'où il était venu.

Le chien et le Cerbère sont donc des formes que
traverse aussi le héros mythique. Les croyances reli-
gieuses des Indiens et des Pythagoriciens considèrent,
les unes et les autres, la métempsycose comme un
moyen d'expiation ; la malédiction que prononce une
divinité offensée est tantôt une vengeance, tantôt le
châtiment d'une faute commise par le héros ou par
quelqu'un des siens, — faute qui a provoqué l'indi-
gnation de cette divinité [1].

Quelquefois la divinité elle-même prend la forme
d'un chien pour mettre à l'épreuve la vertu du héros,

[1] C'est ainsi qu'Hécube, l'épouse de Priam, après avoir souffert
comme femme de cruelles tribulations,

> « Perdidit infelix hominis post omnia formam
> Externasque novo latratu terruit auras. »
> (Ovide).

Dans le *Bréviaire Romain*, aux offices des morts, on demande aussi
à Dieu de ne pas livrer aux bêtes (ne tradas bestiis, etc.), les âmes de
es serviteurs.

comme dans le dernier livre du *Mahâbâhrata*, où le dieu Yama se change en chien et suit Yudhishthira (le fils d'Yama) qui éprouve tant d'attachement pour lui que, lorsqu'il est invité à monter dans le char des dieux, il refuse de le faire, à moins que son chien fidèle ne l'accompagne.

Quelquefois, pourtant, la forme d'un chien ou d'une chienne (car il est aisé de passer d'Yama, le dieu de l'enfer sous la figure d'un chien, à celle du chien-démon), est celle d'un véritable démon. Le *Rigveda* parle de chiens-démons, s'appliquant à tourmenter Indra, qu'on supplie de tuer le monstre sous la forme d'un hibou, d'une chauve-souris, d'un chien, d'un loup, d'un grand oiseau, d'un vautour [1]. On invoque les Açvins pour qu'ils détruisent de chaque côté les chiens qui aboient [2]; les amis sont invités à détruire le chien à la longue langue, le chien avare (dans l'ancienne chronique italienne de Giov. Morelli, les avares sont appelés *cani del danaro*, les chiens de l'argent) comme les Bhrigus ont tué le monstre Makha [3]. La peau de la chienne rousse est un autre enveloppe monstrueuse dont est revêtue chaque matin (comme l'aurore dans le ciel matinal) la belle jeune fille du vingt-troisième conte mongol qui est au pouvoir du prince des dragons ; c'est seulement pendant la nuit (en tant que lune) qu'elle est belle ; à l'approche du jour, elle devient une chienne rousse (la lune cède sa place à l'aurore) ; le jeune homme qui l'a épousée veut

---

[1] Eta u tye patayanti çvayâtava indram dipsanti dipsavo 'dâbhyam — Ulukayâtum çuçulûkayâtum gahi çvayâtum uta kokayâtum suparnayâtum gridhrayâtum drishadeva pra mrina raksha indra ; *Rigv.*, VII, 104, 20, 22.

[2] Gambhayatam abhito râyatah ; *Rigv.*, I, 182, 4.

[3] Apa çvânam çnathishtana sakhâyo dîrghagihvyam — Apa çvânam arâdhasam hatâ makham na bhrigavah ; *Rigv.*, IX, 101, 1, 13.

brûler sa peau de chienne, mais alors la jeune femme disparaît; le soleil atteint l'aurore qui s'évanouit avec la lune. Nous avons déjà vu ce mythe.

Au dix-huitième hymne du quatrième livre du *Rigveda*, la treizième strophe me paraît contenir une particularité intéressante. Un adorateur se plaint en ces termes : « Dans ma misère je fais cuire les entrailles du chien; je ne trouve aucun consolateur parmi les dieux; je vois ma femme stérile; le faucon m'a apporté du miel [1] ». Nous avons ici le chien en rapport avec un oiseau [2]. Dans le vingt-cinquième conte du quatrième livre d'*Afanassieff*, nous trouvons le pic qui apporte à boire et à manger à son ami le chien et qui le venge quand il est mort. Dans le quarante et unième conte du quatrième livre, le chien est tué par la vieille sorcière parce qu'il porte dans un sac les os de la méchante fille dévorée par la tête de la cavale. Dans le vingtième conte du cinquième livre, nous avons le chien, que la belle fille épousée par le serpent, emploie comme messager; il porte à son père une lettre qu'elle lui a écrite et en rapporte la réponse. Dans la légende de saint Pierre, le chien sert de messager entre Pierre et Simon le magicien; dans celle de saint Roch, le chien de Notre-Seigneur va chercher du pain

---

[1] Avartyâ çuna ântrâni pece na deveshu vivide marditâram apaçyam gâyâm amakîyamânâm adhâ me çyeno madhv â gabhâra; Rigv., IV, 18, 13. L'oiseau qui apporte le miel a évidemment ici un sens phallique; de même que les intestins, la partie qui est en dedans, soit du chien, soit du poisson, soit de l'âne (tous symboles phalliques), dont les femmes des contes de fées sont désireuses comme d'une friandise, doit correspondre au *madhu* qu'apporte l'oiseau.

[2] Dans le cinquième conte du quatrième livre du *Pentamerone*, l'oiseau joue le même rôle que le chien du troisième conte du troisième livre; l'oiseau apporte un couteau, le chien apporte un os, et c'est à l'aide de ce couteau et de cet os que la princesse captive peut faire un trou dans sa prison et opérer sa délivrance.

pour le saint qui est seul et malade sous un arbre. Le nom de la nourrice de Cyrus était Kynô : Cyrus, comme Asklêpios a donc été nourri peut-être avec du lait de chienne. J'ai déjà dit que le mythe du chien était en relation avec celui des Açvins, ou, ce qui revient au même, avec celui du cheval ; le cheval et le chien sont considérés l'un et l'autre comme des coursiers ; le cheval porte le héros et le chien porte habituellement des nouvelles du héros à ses amis, comme la chienne Suramâ, la messagère des dieux, dans le *Rigveda*[1]. Le héros qui prend la forme d'un cheval recommande à son père, quand il le vend au diable, de ne pas céder la bride à l'acheteur. Dans le vingt-deuxième conte du cinquième livre d'*Afanassieff*, le jeune homme se change en chien et se laisse vendre par son père au diable déguisé en grand seigneur, mais il lui conseille de ne pas donner le collier[2]. Le gentilhomme achète le chien deux cents roubles, mais il insiste pour avoir le collier et traite le vieillard de voleur parce qu'il refuse de le lui remettre. Le vieillard le laisse échapper par distraction, le chien tombe aussi au pouvoir du seigneur, c'est-à-dire, du diable. Mais, chemin faisant, un lièvre (la lune qui sauve le héros solaire) passe à côté de lui ; le gentilhomme laisse le chien le poursuivre et perd celui-ci de vue ; le chien reprend la forme d'un héros et vient rejoindre son père. Dans le même conte, le jeune homme se métamorphose de nouveau et, cette fois, en oiseau (nous verrons les Açvins sous

---

[1] Dans le *Pentamerone*, I, 7, la chienne enchantée apporte à la princesse des nouvelles du jeune héros.

[2] Dans le septième conte esthonien, l'homme au cheval noir enchaîne trois chiens étroitement ; s'ils se lâchent, nul ne pourra les ressaisir. — Dans l'*Edda*, Thrymer, le prince des géants, tient des chiens gris attachés avec des chaînes d'or.

la forme de cygnes et de colombes dans le chapitre sur le Cygne, l'Oie et la Colombe) et, une troisième fois en cheval. Dans le vingt-huitième conte du cinquième livre, un cheval, un chien et un pommier naissent du taureau mort qui protége Ivan et Marie s'enfuyant devant l'ours au milieu de la forêt. Monté sur le cheval et accompagné du chien, Ivan s'en va à la chasse. Le premier jour il prend un louveteau vivant; le second jour il s'empare d'un ourson; le troisième jour il retourne à la chasse et oublie le chien; alors le serpent à six têtes, sous la forme d'un beau jeune homme, enlève sa sœur, emprisonne le chien et jette dans le lac la clé avec laquelle il l'a enfermé. Ivan revient, et sur le conseil d'une fée, prend un bourgeon du pommier avec lequel il touche la serrure de la porte de la prison du chien; par ce moyen, le chien est mis en liberté et Ivan, lâchant le chien, le loup et l'ours contre le serpent qu'ils dévorent, délivre sa sœur. Dans le cinquantième conte du cinquième livre, le chien d'un guerrier-héros déchire le diable qui se présente à lui sous la forme d'un taureau, puis sous celle d'un ours, afin d'empêcher les noces du héros. Dans le cinquante-deuxième conte du sixième livre, les chiens que deux fées ont donnés à Ivan Tzarevic avec un louveteau, un ourson et un lionceau dévorent le monstre-serpent. Les deux chiens nous reportent au mythe des Açvins. Dans le cinquante-troisième conte du sixième livre, le monstre abat la tête d'Ivan. Ivan a deux fils qui croient avoir un chien pour père; ils demandent à leur mère la permission d'aller le ressusciter. Un vieillard leur donne une racine avec laquelle, en frottant le cadavre d'Ivan, ils le rappelleront à la vie. Ils la prennent et en font l'usage indiqué; Ivan ressuscite et le monstre périt. Enfin, dans le cinquante-quatrième conte du cinquième livre d'*Afanassieff*, nous apprenons comment naissent les fils du chien, et la manière dont ils viennent au jour est analogue à celle qui est indiquée dans un hymne védique. Un roi qui n'avait pas de fils possède un poisson aux nageoires d'or ; il ordonne de le faire cuire et de le servir à la reine. Les entrailles du poisson (le phallus) sont jetées à la chienne, les os sont rongés par la cuisinière et la chair est mangée par la reine. La chienne, la cuisinière et la reine accouchent chacune en même temps d'un fils. Les trois enfants reçoivent tous le nom d'Ivan et sont considérés comme les trois frères ; mais le plus fort (celui qui accomplit les entreprises les plus difficiles) est le fils de la chienne, qui descend sous terre au royaume des monstres (comme les Dioscures, dont l'un descend aux enfers, et comme les deux chiens funèbres de l'Avesta, dont l'un est doré et l'autre blanc et qui correspondent parfaitement aux sârameyâu védiques)[1]. Dans le même conte, indépendamment des trois frères-héros, trois chevaux héroïques sont mis au monde par trois juments qui ont bu l'eau dans laquelle le poisson a été lavé avant d'être cuit ; dans d'autres versions européennes et dans les contes russes eux-mêmes, nous avons donc quelquefois le fils de la jument (ou de la

---

[1] Einen gelblichen Hund mit vier Augen oder einen weissen mit gelben Ohren ; *Vendidad*, VIII, 44 *et seqq.*, traduction de Spiegel. — Anquetil, dans la description du *Baraschnon no schabé*, dépeint aussi en ces termes le chien purificatoire : « Le Mobed prend le bâton à neuf nœuds, entre dans les Keischs et attache la cuillère de fer au neuvième nœud. L'impur entre aussi dans les Keischs. On y amène un chien ; et, si c'est une femme que l'on purifie, comme elle doit être nue, c'est aussi une femme qui tient le chien. L'impur ayant la main droite sur sa tête et la gauche sur le chien, passe successivement sur les six premières pierres et s'y lave avec l'urine que lui donne le Mobed. » — Dans les *Kâtyây. Sû.*, on discute sérieusement sur la question de savoir si un chien qu'on a vu jeûner le quatorzième jour du mois l'a fait par esprit de pénitence. — Comp. Muir's, *Sanskrit Texts*, I, 365.

vache) au lieu du fils de la chienne. Les deux Açvins
sont tantôt deux chevaux, tantôt deux chiens, tantôt un
chien et un cheval (tantôt un taureau et un lion) [1]. Ivan
Tzarevic que le cheval et le chien préservent du danger est le même que le héros védique (le soleil) tiré
plusieurs fois du péril par les Açvins.

Dans les contes russes, ainsi que dans les contes italiens, la sorcière substitue un, deux ou trois petits
chiens à un, deux ou trois fils du prince, qui portent
des étoiles sur le front et dont la princesse est accou-
chée en l'absence de son mari. Dans les mêmes contes,
on coupe la main de la princesse persécutée. Dans le
treizième conte du troisième livre d'*Afanassieff* [2], la
sorcière belle-sœur accuse la sœur de son mari en présence de celui-ci de crimes imaginaires. Le frère lui
coupe les mains ; elle erre dans la forêt et ne revient que plusieurs années après ; alors, un jeune
marchand tombe amoureux d'elle et l'épouse. Pendant l'absence de son mari, elle donne naissance à
un enfant dont le corps est tout doré, car il porte
l'image des étoiles, de la lune et du soleil. Les parents
de l'époux écrivent à leur fils pour lui donner ces nouvelles, mais la sorcière belle-sœur soustrait la lettre
(comme dans le mythe de Bellérophôn) et en fabrique
une autre dans laquelle elle lui annonce, au contraire,

---

[1] Dans le *Pentamerone*, I, 9, le chien et le cheval tuent la daine-
monstre, en la mordant et en lui donnant des coups de pied, et ils
opèrent la délivrance des deux frères héros.

[2] Comp. aussi le sixième conte du troisième livre. — Dans le second
conte du troisième livre du *Pentamerone*, la sœur que son frère veut
épouser se coupe elle-même les mains qui excitent sa passion. —
Comp. les *Mediæval Legends of Santa Uliva*, avec les notes de M. le
professeur Alessandro d'Ancone, Pise, Nistri, 1863 ; et le conte de la
*Figlia del Re di Dacia*, commenté par M. le professeur Alessandro
Wesselofski, Pise, Nistri, 1866 ; ainsi que le conte trente et unième du
recueil des frères Grimm.

que sa femme a donné naissance à un monstre moitié chien et moitié ours. Le mari répond en donnant l'ordre d'attendre son retour avant de ne rien faire, pour qu'il voie de ses propres yeux le nouveau-né. La sorcière intercepte aussi cette lettre et la remplace par une autre, dans laquelle il dit de renvoyer sa jeune femme qui, privée de mains, erre alors à l'aventure avec son petit enfant. L'enfant tombe dans une fontaine et la mère se met à pleurer quand survient un vieillard qui lui dit de plonger ses moignons dans la fontaine ; elle obéit, ses mains lui sont rendues et elle retrouve son enfant. Elle revient auprès de son mari et n'a pas plus tôt découvert l'enfant pour le lui faire voir que toute la chambre resplendit de lumière (asviatilo).

Dans un conte serbe [1], le père de la jeune fille, dont les mains ont été coupées par sa belle-mère la sorcière, arrive, à l'aide des cendres de trois crins de la queue d'un étalon noir et d'une jument blanche qu'il a brûlés, à faire repousser des mains d'or au bout des bras de sa fille. Le pommier aux branches d'or, dont nous avons déjà parlé, est identique à cette jeune fille qui sort de la forêt (ou du coffre de bois) avec des mains d'or. De l'idée des branches d'or il est facile de passer à celle des mains d'or, à celle du fils à la chevelure blonde qui sort d'un tronc d'arbre [2]. Cette idée de jeune enfant rapprochée de celle de branche d'arbre a été poétiquement rendue par Shakspeare, qui fait dire à la duchesse de Gloucester, à propos des sept fils d'Edouard :

« Edward's seven sons, whereof thyself art one,

---

[1] Le trente-troisième de la collection de Karadzik, cité par M. le professeur Wesselofski dans son introduction au conte de la *Figlia del Re di Dacia*.

[2] Comp. le petit essai que j'ai publié sous le titre d'*Albero di Natale*.

Were as seven phials of his sacred blood,
Or seven fair branches springing from one root[1] »

Dans les mythes védiques, la main de Savitar ayant
été coupée, il en reçoit une d'or, ce qui lui vaut l'épithète de *Hiranyahasta* ou « celui qui a une main d'or. »
Toutefois, dans les hymnes cent seizième et cent dix-
septième du premier livre du *Rigveda*, nous trouvons
une donnée plus intéressante encore. La branche est la
main de l'arbre ; la branche est le fils qui se détache
de la tige maternelle de l'arbre ; le fils d'or n'est
autre que la branche d'or, la main d'or de l'arbre.
La mère qui obtient une main d'or est la même que
celle dont le fils est Hiranyahasta, — c'est-à-dire, Main
d'or. L'hymne védique dit que les Açvins donnèrent
Main-d'or comme fils à la *Vadhrimatî*[2]. Le mot *vadhrimatî*
est équivoque. Le Dictionnaire de Saint-Pétersbourg
ne lui donne qu'un seul sens, « celle dont le mari est
eunuque, » mais la signification propre de ce mot est
« celle qui a quelque chose de coupé, » c'est-à-dire,
qui a, comme dans le conte de fée, le bras mutilé
et qui, pour ce motif, reçoit une main d'or. Comme
épouse d'un eunuque, la femme védique reçoit donc
des Açvins un fils ayant une main d'or ; considérée
comme mutilée d'un bras, elle obtient seulement
une main d'or, de même que dans le cent seizième
hymne du premier livre, les Açvins donnent à Viçpalâ
une jambe de fer pour remplacer celle qu'elle avait

---

[1] *King Richard* II, act. I, scène 2.

[2] Çrutam tac châsur iva vadhrimat yâ hiranyahastam açvinâv
adattam ; Rigv., I, 116, 13. — Hiranyahastam açvinâ rarânâ putram
narâ vadhrimatyâ adattam ; I, 117, 24. — Le chien en relation avec une
main d'homme est mentionné par Suétone, quand il rapporte que
Vespasien considéra comme de bon augure la vue d'un chien apportant une main d'homme dans la salle à manger.

perdue dans une bataille[1]. Le *Rigveda* contient donc déjà en germe le sujet si populaire de l'homme ou de la femme sans mains, de même que nous y avons précédemment rencontré l'ébauche des légendes de l'homme boiteux, de l'homme ou de la femme aveugle, de la femme laide et de la femme déguisée.

Mais revenons au chien. Indépendamment de son agilité[2] à courir, sa force joue dans le mythe un rôle important. Cerbère déploie une vigueur extraordinaire en déchirant ses ennemis. Dans les contes russes, le chien fait la force du héros et accompagne le loup, l'ours et le lion. Dans les contes populaires, tantôt de terribles lions, tantôt des chiens effrayants gardent la porte du logis du monstre. Le moine de Saint-Gall, cité par Du Cange, dit que les « canes germanici » sont si agiles et si féroces qu'ils suffisent à eux seuls pour chasser les tigres et les lions ; la même fable se trouve répétée dans Du Cange à propos des chiens d'Albanie qui sont de telle taille et de tel courage « ut tauros premant et leones perimant. » L'énorme chien enchaîné peint sur le mur, à gauche du seuil des maisons romaines et près de la loge du portier ; l'inscription *cave canem*; les expiations qu'on accomplissait en Grèce et à Rome (d'où les désignations de « Canaria Hospitia » et

---

[1] Sadyo *ganghâm* âyasim viçpalâyai dhane hite sartave praty adhattam ; str. 15.

[2] C'est peut-être pour cette raison et à titre de bons coureurs que les Hongrois donnent à leurs chiens des noms de rivières ; mais on prétend qu'ils les appellent ainsi, parce qu'ils croient qu'en portant le nom d'une rivière ou d'une pièce d'eau, ils ne deviennent jamais enragés, surtout si ce sont des chiens blancs, de sorte qu'ils considèrent les chiens roux, noirs ou tachetés comme démoniaques. En Toscane, on croit que, lorsqu'on arrache une dent à un chrétien, il faut la cacher soigneusement, pour que les chiens ne puissent pas la découvrir et la manger ; dans ce cas, le chien et le diable sont identifiés.

de « Porta Catularia » appliquées à des lieux où l'on immolait un chien pour apaiser l'ardeur de la Canicule, ainsi que ce vers d'Ovide :

« Pro cane sidereo canis hic imponitur aræ, »)

à l'époque de la Canicule ou du chien Sirius, pour détourner les maux qu'il cause en provoquant les chaleurs torrides de l'été, en le rapprochant du *Sol leo* et de la fête correspondante pour laquelle on tuait le chien (Kynophontis [1]) ; enfin les chiens aboyants dans l'aîne de Scylla [2], — sont autant de souvenirs du chien mythique de l'enfer. Le chien, animal domestique, a été confondu avec la brute sauvage qui représente généralement le monstre. Au crépuscule, le chien se distingue à peine du loup. Nous lisons dans Du Cange, qu'au moyen âge, c'était l'usage de jurer tantôt par le chien, tantôt par le loup [3]. Dans la campagne qui entoure Arezzo, en Toscane, on croit que lorsqu'une louve met bas, il se trouve toujours parmi ses petits un chien qui exterminerait tous les loups si la mère le laissait

---

[1] Dans l'est de la France, le festin que le maître donne aux moissonneurs quand la moisson est achevée, s'appelle le *tue-chien.*

*(Note du trad.)*

[2] Scylla se lave les aines dans une fontaine dont la magicienne Circé a corrompu les eaux, ce qui lui fait apparaître autour du corps des chiens-monstres dont Ovide parle en ces termes :

« Scylla venit mediaque tenus descenderat alvo,
Cum sua fœdari latrantibus inguina monstris,
Aspicit, ac primo non credens corporis illas
Esse sui partes, refugitque, abiitque, timetque
Ora proterva canum. »

[3] Hæc lucem accipiunt ab Joinville in Hist. S. Ludovici, dum fœdera inter Imp. Joannem Vatatzem et Comanorum principem inita recenset, eaque firmata ebibito alterius invicem sanguine, hacque adhibita ceremonia, quam sic enarrat : « Et ancore firent-ils autre chose. Car ils firent passer un chien entre nos gens et eux, et découpèrent tout le chien à leurs espées, disans que ainsy fussent-ils découpez s'ils failloient l'un à l'autre. » — Comp., dans Du Cange, l'expression « cerobrare canem. »

vivre. Mais sachant cela, elle n'a pas plus tôt aperçu le chien-loup qu'elle le noie en allant faire boire ses louveteaux [1].

---

[1] Dans une fable d'Abstemius, un chien de berger mange chaque jour un mouton, au lieu de garder le troupeau. Le berger le tue en disant qu'il préfère le loup, ennemi déclaré, au chien faux ami. L'incertitude et la confusion qui règnent sur la nature réciproque du chien et du loup, expliquent le double caractère du chien ; je rapporterai, pour en donner des preuves, deux contes italiens inédits : le premier, que j'ai entendu de la bouche d'une paysanne de Fucecchio, nous montre la chienne remplissant le rôle d'espionne du monstre ; le second fut raconté il y a quelques années par un brigand piémontais à une paysanne qui lui avait offert l'hospitalité à Capellanuova, près de Cavour, en Piémont. Le premier de ces contes a pour titre le *Roi des assassins*, et se récite en ces termes :

Il y avait une fois une veuve et ses trois filles qui travaillaient du métier de couturières. Elles étaient assises sur une terrasse ; un beau seigneur passe, qui épouse l'aînée ; il la conduit dans son château, au milieu des bois, après lui avoir appris qu'il est le chef des assassins. Il lui donne une petite chienne en lui disant : « Ce sera votre compagne ; si vous la traitez bien, c'est comme si vous me traitiez bien. » Il la conduit dans le palais, lui fait visiter toutes les chambres et lui en remet toutes les clés ; il y a pourtant deux chambres, parmi quatre qu'il lui indique, où elle ne doit pas entrer ; si elle s'y introduit, il lui arrivera malheur. Le chef des assassins passe un jour chez lui et trois au dehors. Pendant son absence, elle maltraite la chienne et lui donne à peine à manger ; puis elle se laisse vaincre par la curiosité et va se rendre compte, accompagnée de la chienne, de ce qu'il y a dans les deux chambres dont l'entrée lui est interdite. Elle voit dans une de ces chambres des têtes de morts, et dans l'autre des langues, des oreilles, etc., suspendues à des crochets. Ce spectacle la remplit de terreur. Le chef des assassins revient à la maison et demande à la chienne si elle a été bien soignée ; elle fait signe que non et informe son maître que sa femme s'est introduite dans les chambres défendues. Il lui coupe la tête et va trouver la seconde sœur qu'il décide à venir chez lui, en l'invitant à visiter sa femme ; elle éprouve le même sort que son aînée. Le roi des assassins revient chercher la troisième sœur et lui dit qui il est. « Tant mieux », répondit-elle, « je n'aurai plus peur des voleurs. » Elle donne de la soupe à la chienne, la caresse et se fait aimer d'elle ; le roi des assassins est content et la chienne mène une existence heureuse. Au bout d'un mois, tandis que son mari est absent et que la chienne s'amuse dans le jardin, elle pénètre dans les deux chambres, voit ses deux sœurs et va dans les autres chambres où se trouvent des onguents qui ressoudent les membres coupés, et d'autres qui rendent les morts à la vie. Après avoir ressuscité ses sœurs et leur avoir donné à manger, elle les cache dans deux grandes jarres

On croit, dans le voisinage de Florence, que, si l'on voit en rêve un loup ou un chien, c'est (comme dans

percées de trous pour qu'elles puissent respirer, prie son mari de les porter à sa mère, en lui recommandant de ne pas regarder dans les jarres, car elle le verrait. Il y consent et emporte les jarres; mais quand il veut essayer de regarder dedans, il entend, comme il en a été averti, non pas une seule voix, mais deux qui murmurent ces paroles : « Mon amour, je vous vois. » Épouvanté, il se hâte de donner les deux jarres à sa belle-mère. Cependant, sa femme a fait périr la chienne en la jetant dans de l'huile bouillante ; ensuite elle ressuscite toutes les femmes et tous les hommes assassinés, parmi lesquels se trouve Carlino, le fils d'un roi de France, qui l'épouse. Le roi des assassins apprend à son retour la trahison de sa femme et jure d'en tirer vengeance; il se rend à Paris et fait fabriquer une colonne d'or dans laquelle un homme peut se cacher sans qu'on remarque aucune ouverture, puis il obtient à prix d'argent d'une vieille femme du palais qu'elle place sous l'oreiller du prince une feuille de papier qui le plongera dans le sommeil, lui et ses serviteurs, dès qu'il posera la tête dessus. Il s'enferme dans la colonne et se fait porter devant le palais; la reine, qui voit cette colonne, en désire la possession et la fait apporter au pied de son lit. La nuit arrive; le prince met sa tête sur la feuille de papier et il tombe aussitôt, avec tous ses serviteurs, dans un profond sommeil. Le roi des assassins sort de la colonne, menace de tuer la princesse et s'en va à la cuisine pour remplir une chaudière d'huile bouillante dans laquelle il veut la jeter. Cependant elle appelle en vain son mari à son secours; elle sonne, mais personne ne répond; le roi des assassins revient et l'arrache du lit; elle s'accroche à la tête du prince et lui fait quitter la feuille de papier; alors le prince et ses serviteurs se réveillent et l'enchanteur est brûlé vif.

Le deuxième conte s'appelle *le Magicien à sept têtes* et m'a été raconté dans les termes suivants par la paysanne :

Un vieillard et sa femme avaient deux enfants, Giacomo et Carolina. Giacomo a trois brebis à garder. Un chasseur passe et les lui demande; Giacomo les donne et reçoit en échange trois chiens appelés Étrangle-Fer, Court-comme-le-vent et Passe-partout, et de plus un sifflet. Le père de Giacomo refuse de le laisser rentrer chez lui; alors Giacomo se met en route avec ses trois chiens, dont le premier porte le pain, le second la viande et le troisième le vin. Il arrive au palais d'un magicien qui lui fait bon accueil. Giacomo y fait venir sa sœur dont le magicien tombe amoureux et qu'il veut épouser; mais pour y parvenir, il faut que le frère soit réduit à ses seules forces par l'éloignement de ses chiens. La sœur feint d'être malade et demande de la farine; le meunier exige un chien pour prix de la farine et Giacomo le cède par affection pour sa sœur; les deux autres chiens lui sont escamotés par des moyens analogues. Le magicien essaie d'étrangler Giacomo, mais il siffle dans son sifflet et les chiens arrivent pour tuer sa sœur et le magicien. Giacomo se remet en route avec ses trois chiens et arrive

Térence) un présage de maladie ou de mort, surtout dans le cas où le chien paraît courir après vous ou essayer de vous mordre. D'après Horace (*ad Galatheam*), il est de mauvais augure de rencontrer une chienne pleine :

> « Impios parræ præcinentis omen
> Ducat et prægnans canis. »

En Sicile, on adresse des prières à saint Vitu pour qu'il tienne les chiens enchaînés :

> « Santu Vitu, Santu Vitu,
> Io tri voti vi lu dicu :
> Va', chiamativi a lu cani
> Ca mi voli muzzicari. »

Et quand on attache le chien on lui dit :

> « Santu Vitu
> Beddu e pulitu
> Anghi di cira
> E di ferru filatu ;
> Pi lu nuomu di Maria
> Ligu stu cani
> Ch' aju avanti a mia. »

---

dans une ville qui est en larmes parce que la fille du roi doit être dévorée par le Magicien à sept têtes. Giacomo tue le monstre à l'aide de ses trois chiens ; la princesse, reconnaissante, met l'ourlet de sa robe autour du cou d'Étrangle-Fer et promet à Giacomo de l'épouser. Celui-ci, qui est en deuil de sa sœur, demande que le mariage soit célébré dans un an et un jour ; mais, avant de s'en aller, il coupe les sept langues du magicien et les prend avec lui. La jeune fille revient au palais. Le ramoneur de cheminées l'oblige à le reconnaître pour son libérateur ; le roi, son père, consent à ce qu'il l'épouse ; cependant la princesse demande et obtient que la cérémonie soit différée d'un an et un jour. À l'expiration de ce délai, Giacomo revient et apprend que la princesse est sur le point de se marier. Il dépêche Étrangle-Fer pour aller toucher de sa queue le ramoneur (le noir, le Sarrasin, le Turc, le Bohémien, le monstre), afin que son collier soit remarqué ; puis il se présente lui-même comme le libérateur véritable de la princesse et demande que les têtes du magicien soient apportées ; comme les langues font défaut, la fourberie est découverte. Le jeune couple se marie et le ramoneur est brûlé vif.

On ajoute, quand le chien est attaché :

> « Fermati cani,
> Ca t' aju ligatu [1]. »

En Italie et en Russie, quand le chien hurle comme le loup, c'est un présage de malheur et de mort. On rapporte aussi [2], qu'après l'alliance conclue entre César, Lépide et Antoine, des chiens hurlèrent comme des loups.

En Sicile, quand quelqu'un est mordu par un chien [3], on coupe à celui-ci une touffe de poil qu'on plonge dans du vin avec un charbon ardent ; on fait boire ce vin à la personne mordue. Je lis, d'autre part, dans Aldrovandi [4], qu'il est utile, pour se guérir de la morsure d'un chien enragé, de couvrir la plaie avec de la peau de loup.

Le chien est un moyen de châtiment. Les expressions italiennes : « Menare il cane per l'aia » (mener le chien sur l'aire de la grange), et « Dare il cane a menare » (donner le chien à mener), sont probablement des réminiscences du châtiment ignominieux consistant à porter le chien, qu'on infligeait au moyen âge en Allemagne aux nobles convaincus de crimes, et qui précédait quelquefois l'exécution finale du coupable [5]. Le

---

[1] Comp. la *Biblioteca delle Tradizioni popolari siciliane*, éditée par Gius. Pitré, II, canto 811.

[2] Richardus Dinothus, cité par Aldrovandi.

[3] D'après une lettre de mon ami Pitré.

[4] *De Quadrup. Dig. Viv.*, II.

[5] Comp. Du Cange au mot « canem ferre ». La honte qu'entraînait ce châtiment a peut-être un sens phallique : le chien et le phallus sont rapprochés l'un de l'autre dans une légende inédite qu'on raconte malicieusement à Santo Stefano di Calcinaia, près de Florence, et d'après laquelle la femme ne serait pas née de l'homme, mais du chien. Adam était endormi ; le chien lui prit une de ses côtes ; Adam courut après le chien pour la ravoir, mais il n'obtint pas autre chose que la queue du chien qui lui resta dans les mains. La queue de l'âne, du cheval ou

supplice d'être dévoré par des chiens, que les tyrans de la terre ont souvent fait mettre à exécution, a son prototype dans le mythe bien connu de Cerbère et des chiens vengeurs qui étaient aux enfers. C'est ainsi que Pirithoüs est dévoré par le chien Tricerbère en essayant d'enlever Persephône au roi infernal des Molosses. Euripide, selon la tradition populaire, fut déchiré dans la forêt par des chiens qui étaient les instruments de la vengeance d'Archelaüs. On rapporte que Domitien, auquel un astrologue prédisait un jour sa mort prochaine, lui demanda s'il savait de quelle manière il mourrait lui-même ; l'astrologue répondit qu'il serait dévoré par des chiens (le trépas causé par des chiens est aussi l'objet d'une prédiction dans un conte du *Pentamerone*); Domitien, pour faire mentir l'oracle, donna l'ordre qu'il fût tué et brûlé ; mais le vent éteignit les flammes et des chiens qui survinrent déchirèrent le cadavre de l'astrologue. Boleslas II, roi de Pologne, fût, d'après la légende de saint Stanislas, mis en pièces par ses propres chiens en se promenant dans la forêt, pour avoir donné l'ordre de faire périr le saint. Le monstre védique Çushna, Sirius, le chien pestilentiel du ciel d'été, et le chien Cerbère, qui habite l'enfer noc-

---

du cochon qui reste dans la main du paysan dans d'autres traditions burlesques, indépendamment de ce qu'elle sert, comme la partie la plus visible de l'animal égaré, à mettre sur sa voie et à le retrouver, a peut-être aussi une signication analogue à celle de la queue du chien d'Adam. — Le lecteur me pardonnera, je l'espère, ces fréquentes et répugnantes allusions à des images indécentes ; mais je suis obligé de remonter à une époque où l'idéalisme était encore au berceau, tandis que l'énergie physique était dans toute sa vigueur. On empruntait alors de préférence des images aux choses les plus sensibles et les plus propres à produire une impression profonde et durable. On sait qu'il est fait allusion au mâle et à la femelle dans la production du feu védique au moyen du frottement de deux morceaux de bois l'un contre l'autre ; et ainsi le mythe grandiose et poétique de Prométhée a son origine dans les analogies les plus grossières.

turne, vomissent des flammes ; ils punissent aussi le
monde en l'enveloppant de flammes empestées ; et
le paganisme mit tout en œuvre, prières et conjurations, pour détruire ces influences funestes. Mais ce
chien est immortel ou, plutôt, il donna naissance à
des fils et revint remplir les hommes de terreur d'une
manière plus directe et plus réelle dans le monde
chrétien. On raconte, en effet, qu'avant la naissance
de saint Dominique, l'inventeur célèbre des tortures
qu'appliquait la sainte inquisition (un véritable Lucifer
satanique), sa mère, enceinte de lui, vit en rêve un
chien portant çà et là un tison enflammé avec lequel
il mettait le feu au monde. Saint Dominique réalisa le
rêve de sa mère ; il fut bien ce chien incendiaire ;
aussi, dans les peintures qui le représentent, voit-on
toujours à côté de lui le chien au tison enflammé. Le
Christ est un Prométhée grandi, purifié et idéalisé ;
saint Dominique est le Vulcain monstrueux , dégé-
néré, amoindri et fanatique de l'Olympe chrétien. Le
chien, consacré dans l'antiquité payenne aux divinités
infernales, fut dédié dans le catholicisme à saint Dominique, l'allumeur de bûchers, et à saint Roch, le protecteur des pestiférés. Les fêtes romaines en l'honneur de
Vulcain (Volcanalia) tombaient au mois d'août; l'église
catholique célèbre de même, au mois d'août, la fête
des deux saints qu'accompagnent les deux chiens
du feu et de la peste, — saint Dominique et saint
Roch.

# CHAPITRE VII

## LE CHAT, LA BELETTE, LA SOURIS, LA TAUPE, L'ESCARGOT, L'ICHNEUMON, LE SCORPION, LA FOURMI, LA LOCUSTE ET LA SAUTERELLE

### SOMMAIRE

Mârgâra, mârgara, mriga, mrigâri, mrigarâga. — Nakula. — Mûsh. — Vamra, vamrî, vaprî, valmîka, *formica*. — Le serpent et les fourmis. — Indra sous la forme d'une fourmi ; le serpent mangé par les fourmis. — Vamra reçoit en buvant le secours des Açvins. — La fourmi reconnaissante ; les nains - ermites. — Le lait de fourmi. — Les pattes de fourmi. — La fourmi meurt quand ses ailes poussent ; les fourmis et le trésor. — Les fourmis trient les grains. — La locuste et la fourmi ; çarabha considéré comme la lune. — La sauterelle et la fourmi. — Avere il grillo, aver la luna ; indovinala grillo. — Mariage de la sauterelle et de la fourmi. — Locustes détruites par le feu. — Hippomyrmèkes. — La locuste de l'Inde qui garde le miel. — Le scorpion et l'absorption de son venin. — L'ichneumon, ennemi du serpent. — La belette. — Galanthis. — Le chat aux oreilles de beurre. — Le chat érigé en juge. — Le lynx. — Le chat pénitent. — Le chat bienfaisant. — Le chat à la queue d'or. — Le chat et le chien amis ; le chien porte le chat ; ils retrouvent l'anneau perdu. — Le fils nouveau-né échangé contre un chat. — Le chat qui chante et qui récite des contes. — Le chat créé par la lune ; Diane considérée comme une chatte. — Le chat consacré. — Le chat funéraire et diabolique. — Le chat et le renard. — Le chat bourreau. — Le *Chat botté*. — La *Chatte blanche*; la chatte qui file et qui tisse. — La chatte changée en fille. — Le palais enchanté des chats. — Les chats de février; le chat noir; le chat dont on rêve. — Le chat devient une sorcière à l'âge de sept ans. — Le chat dans le sac. — Le miaulement du chat. — Le chat dispute les âmes. — La bataille des chats. — Les souris qui se mangent la queue ou qui rongent les mailles du filet. — La souris dans le miel. — La souris changée en fille; la souris et la montagne. — La souris qui devient un tigre. — Les âmes des morts qui passent dans le corps des souris ; les souris funèbres et diaboliques ; superstitions qui se rapportent à cette croyance. — La souris qui délivre le lion et l'élé-

phant du piége où ils sont enfermés. — Ganeça écrase la souris ;
Apollon Smynthée. — Quand le chat n'y est pas les rats dansent. —
La souris qui joue à colin-maillard avec l'ours.— La souris reconnaissante. — La souris qui connaît l'avenir. — La souris et le moineau,
amis d'abord, ennemis ensuite. — La batrachomyomachie. — La
souris, la dent et la pièce de monnaie. — Hiranyaka ; l'écureuil. —
Le monstre taupe ; la taupe considérée comme un fossoyeur ; la taupe
aveugle. — L'escargot dans la chanson populaire ; l'escargot et le
serpent ; l'escargot considéré comme un animal funèbre.

Je réunis dans une seule série plusieurs animaux
mythiques nocturnes qui, bien qu'en réalité d'espèce
différente, ne forment qu'un même ordre de mythes.

Ce sont des animaux voleurs et chasseurs et, par
conséquent, ils ont leur place naturelle dans les ténèbres de la nuit (*naktacârin* est une épithète qui
s'applique en sanskrit au chat et au voleur), dans la
forêt nocturne, tantôt accompagnant Diane chasseresse
ou la bonne fée, la lune, et tantôt la hideuse sorcière ;
tantôt ils sont les auxiliaires du héros et tantôt ses persécuteurs.

L'étymologie de certains mots sanskrits peut présenter à cet égard de l'intérêt pour le lecteur et je
crois opportun d'en traiter. *Mârgâra*, chat, signifie, au
propre, le nettoyeur (l'animal qui se nettoie). En nous
reportant au mythe, nous savons déjà que l'une des
principales exigences de la sorcière est de se faire
peigner la chevelure ou nettoyer la corne pendant la
nuit par sa belle-fille ; et que la bonne fée, la madone,
répand des perles, file et nettoie la corne pour la
bonne fille, tandis qu'elle aussi est peignée. La sorcière de la nuit oblige la jeune Aurore à séparer le blé
brillant du soir de la sombre ivraie de la nuit ; la lune
dissipe par son éclat argenté les ombres de la nuit.
Le *Mârgâra*, ou le nettoyeur de la nuit, le chat blanc,
est la lune. *Aranyamârgâra*, ou le chat de la forêt, est le
nom donné au chat sauvage auquel le lynx aussi s'iden-

tifie. Comme chat blanc, comme nuage de la lune, il protège les animaux innocents ; comme chat noir, il symbolise la nuit obscure et les persécute. Le chat est un chasseur habile ; de plus, il est facile de confondre le mot *mârgâra* (le nettoyeur) avec le mot *mârgara* dont le sens propre est chasseur, investigateur, celui qui suit la trace, le *mârga*, ou l'ennemi du *mriga* (comme *mrigâri*); la route est la bande de terre qui est propre, comme la *marge* est, dans un livre, la partie blanche ou propre. Le chasseur peut être celui qui suit la marge ou la trace, ou bien celui qui chasse et tue le *mriga* ou l'animal de la forêt. La lune (Diane chasseresse) s'appelle aussi en sanskrit *mrigarâga*, c'est-à-dire le roi des animaux de la forêt ; et, comme les rois, parfois elle protége ses sujets, et parfois elle les dévore. Le chat-lune mange les souris grises de la nuit.

*Nakula* est le nom sanskrit de l'ichneumon, l'ennemi des souris, des scorpions et des serpents. Ce mot paraît dérivé de la racine *naç, nak* = *necare ;* ce qui donnerait à croire que le nakula était considéré comme le destructeur (des souris de la nuit).

La souris, *mûsh, mûsha, mûshaka* est la voleuse, la ravisseuse ; c'est aussi d'un synonyme que dérive le nom du rat (*a rapiendo*).

Les dénominations sanskrites de la fourmi sont *vamra* et *vamrî* (indépendamment de *pipîlaka*).

*Vamrî* est de la même famille de mots que *vapâ, vapram, vaprî*, fourmilière, d'où, par métathèse, *valmîka*, (c'est-à-dire, relatif aux fourmis) qui a le même sens. Le mot latin *formica* tient des deux formes *vamrî* et *valmîka*. Les racines sont *vap*, dans le sens de jeter, et *vam*, vomir, jeter dehors, ce que font les fourmis quand elles élèvent leurs monticules.

Dans le *Mahâbhârata*, le trou d'un serpent est aussi
appelé *valmîka* ; ce fait nous sert à expliquer la fable
du troisième livre du *Pancatantra*, où nous voyons un
serpent qui combat des fourmis. Il en tue un grand
nombre, mais elles sont en si grande quantité qu'à la
fin il se voit obligé de succomber. C'est ainsi que, dans
le ciel mythique du Véda, Indra sous la forme d'un
vamra ou d'une fourmi, combat victorieusement le
vieux monstre qui envahit les cieux [1]. Il y a plus ; dans
le *Pancatantra*, les fourmis piquent et mordent le serpent qu'elles parviennent à faire mourir; de même,
Indra (qui, comme nous venons de le dire, est la
fourmi du nuage ou de la nuit) livre aux fourmis le
serpent avare, le fils d'Agru, en le tirant hors de sa
retraite [2]. Indra est donc analogue dans ce cas au capitaine Formicola du conte de fées toscan. Enfin, le
*Rigveda* nous offre encore une autre particularité curieuse. Les deux Açvins viennent prêter secours à
Vamra (ou à Indra sous la forme d'une fourmi, c'est-à-
dire qu'ils viennent aider à la fourmi) pendant qu'il
boit (*vamram vipipânam*). La fourmi projette ou élève
des monticules de terre en mordant le sol. La racine
*vap*, qui signifie jeter, semer, a aussi le sens de couper
et peut-être de percer. Le convexe suppose le concave
et de plus *vam* est en relation avec *vap* (comme
*somnus* avec *hypnos*, *svapna* et *sopor*). Indra, sous
la forme de fourmi, est celui qui blesse, qui mord le
serpent. Il le fait sortir de son trou ou le rejette au

---

[1] *Vriddhasya* cid vardhato dyâm inakshatah stavâno vamro vi
gaghâna samdihah ; *Rigv.*, I, 51, 9.

[2] Vamrîbhih putram agruvo adânam niveçanâd dhariva â gabhartha ;
*Rigv.*, IV, 19, 9. — Une variété du même type mythique est le hérisson
qui, comme nous l'avons vu au chapitre V, oblige la vipère à sortir de
son trou.

dehors (cructat); les deux sens étymologiques se retrouvent dans le mythe. Les armes dont se sert Indra pour frapper le serpent sont, sans doute, tantôt les rayons du soleil, tantôt les traits de la foudre. Indra, au sein du nuage, boit le soma. La fourmi boit et les Açvins viennent alors à son aide, car la fourmi qui boit est en danger de se noyer. Ce fait nous reporte au conte des animaux reconnaissants, dans lequel le jeune héros trouve une fourmi sur le point de se noyer.

Dans un des contes de fées toscans que j'ai publiés (le vingt-quatrième), quand le fils du berger se détermine en suite d'un bon conseil qu'il a reçu, à faire du bien à tout ce qu'il rencontre, il trouve sur son chemin une fourmilière que l'eau est sur le point d'envahir ; il élève une digue autour d'elle et sauve ainsi la vie aux fourmis[1]. Celles-ci, de leur côté, trouvent l'occasion de lui payer leur dette. Le roi du pays exige du jeune homme, comme condition de son mariage avec sa fille, qu'il trie et range par espèces les différentes sortes de grains qui se trouvent dans un grenier ; alors, le capitaine Formicola s'avance avec son armée et accomplit la tâche prescrite. Dans d'autres versions du même conte, nous trouvons, au lieu de la digue, la feuille que le héros place sous la fourmi pour lui permettre de naviguer sur l'eau que contient un pas de cheval, ce qui nous rappelle la feuille de lotus sur laquelle les dieux de l'Inde traversent l'Océan. Cette eau, dans laquelle la fourmi va se noyer, devint plus tard le

---

[1] Les nains-ermites qui, dans la légende du *Mahâbhârata,* transportent une feuille sur une voiture et qui, près de se noyer dans l'eau contenue dans le pas d'une vache, maudissent Indra qui passe en riant à côté d'eux sans les secourir, sont une variété de ces mêmes fourmis. — Comp. les chapitres de l'Éléphant et des Poissons, où nous voyons Indra qui craint d'être submergé.

lait de fourmi [1], expression dont on se sert proverbialement pour indiquer une impossibilité, mais qui
représente, relativement à Indra qui est la fourmi
mythique, la liqueur d'ambroisie, la pluie. Dans le
sixième conte sicilien de Madame Gonzenbach, le petit
Giuseppe ayant donné de la mie de pain à des fourmis
affamées, reçoit du roi des fourmis un cadeau consistant en une patte de fourmi dont il pourra faire usage
quand il se trouvera dans le besoin. Lorsqu'il veut se
changer en fourmi pour pénétrer dans le palais du
géant, il n'a qu'à laisser tomber à terre la patte de
fourmi en prononçant ces mots : « Je suis chrétien et je
deviens fourmi » ; ce qui a lieu sur-le-champ. Dans le
même conte, Giuseppe se procure des moutons, afin que
le serpent, attiré par leur odeur, sorte du lieu où il se
tient en embuscade. Nous revenons évidemment ici
au thème védique d'Indra, sous forme de fourmi, qui
donne au serpent la tentation de sortir, afin de le livrer
aux fourmis. Dans le huitième conte du quatrième
livre du *Pentamerone*, la fourmi montre le tiers du
chemin à la jeune Cianna qui est à la recherche de la
mère du Temps ; sur la porte de sa demeure, Cianna
doit trouver un serpent qui se mord la queue (le symbole bien connu sous lequel l'antiquité représentait le
cycle diurne ou annuel et celui du temps) et demander à la mère du Temps, de la part de la fourmi, le
moyen pour les fourmis de vivre cent ans. La mère du
Temps répond à Cianna que les fourmis vivront cent
ans quand elles pourront se dispenser de voler, car
« quanno la formica vo morire mette l'ascelle » (c'est-à-
dire, les ailes). La fourmi reconnaissante envers Cianna

---

[1] Fa cunto ca no le mancava lo latto de la formica ; *Pentamerone,*
I, 8.

du renseignement qu'elle lui a donné, lui fait voir, ainsi qu'à ses frères, le lieu souterrain où les voleurs ont déposé leur trésor. C'est le cas de nous rappeler aussi la fable des fourmis qui apportent des grains d'orge dans la bouche du royal enfant Midas pour présager sa richesse future. Nous lisons au troisième livre d'Hérodote et au douzième des Histoires de Tzétzès [1] cette curieuse indication, qu'il y a dans l'Inde des fourmis aussi grosses que des renards qui gardent des trésors dans les cavités de leurs fourmilières ; cet or n'est autre chose que des grains de blé. Le ciel du matin et du soir est comparé quelquefois à des greniers remplis d'or ; les fourmis séparent le grain pendant la nuit, le portent de l'ouest à l'est et en tirent tout ce qui est malpropre ; en d'autres termes, elles nettoient le ciel en le débarrassant des ombres de la nuit. Le travail que la sorcière donne chaque nuit pour tâche à la jeune aurore du soir, est fait en une nuit par les fourmis noires du ciel nocturne. Quelquefois, la jeune fille rencontre sur son chemin la bonne fée (la lune) qui vient à son aide ; la jeune fille, assistée des fourmis, rencontre la madone-lune. Mais la lune est appelée aussi celle qui saute, elle est la locuste nocturne ; les ténèbres, le nuage et la terre de teinte obscure (dans les éclipses lunaires) sont à la fois des fourmilières et des fourmis noires qui franchissent ou qui devancent la lune ; et

---

[1] *Biblion Historicon*, XII, 404. — Nous lisons aussi dans les *Epist. Presb. Johannis :* « In quadam provincia nostra sunt formicæ in magnitudine catulorum, habentes VII pedes et alas IV. Istæ formicæ ab occasu solis ad ortum morantur sub terra et fodiunt purissimum aurum tota nocte — quærunt victum suum tota die. In nocte autem veniunt homines de cunctis civitatibus ad colligendum aurum et imponunt elephantibus. Quando formicæ sunt supra terram, nullus ibi audet accedere propter crudelitatem et ferocitatem ipsarum. » — Comp. ce qui est dit plus loin sur le même sujet.

c'est pour cela que, dans la fable de la lutte à la course
de la fourmi et de la locuste, il est dit que la victoire
fut remportée par la fourmi. La locuste, en sanskrit
*çarabha* ou *çalabha*, nous est donnée comme un animal
dépourvu de prévoyance dans deux passages du premier et du quatrième livre du *Pancatantra*. La sauterelle verte, ou locuste, procède dans sa marche par
sauts, et, comme elle, la lune blonde saute également.
(J'ai déjà fait remarquer dans le chapitre sur l'âne,
que les mots *hari* et *harit* signifient en même temps
« vert » et « blond » ou « jaune » ; au second chapitre du
sixième livre du *Râmâyana*, le singe Çarabha habite,
est-il dit, le mont Candra ou la montagne de la Lune ;
Çarabha serait donc la lune.) La locuste et la sauterelle sautent l'une et l'autre (comp. le chapitre du
Lièvre); aussi, la fourmi est en rapport, non-seulement
avec la locuste, mais aussi avec la sauterelle : le mot
sanskrit *çarabha* signifie en même temps sauterelle
(en sanskrit, on l'appelle aussi *varshakarî*) et locuste.
Dans une des chansons populaires du Montferrat, recueillies par M. Ferraro, il est question des noces de la
sauterelle et de la fourmi; la pie, la souris, l'ortolan,
le corbeau et le chardonneret apportent à la noce un
petit couteau de paille, un coussin, du pain, du fromage
et du vin. Dans les chants populaires toscans, publiés par Giuseppe Tigri, je trouve le mot *grilli* (sauterelles) employé dans le sens d'amoureux. En Italien, *grillo* signifie aussi caprice et particulièrement
caprice amoureux; *medico grillo,* par exemple, se dit
d'un médecin fantasque [1]. Et cependant la sauterelle

---

[1] On attribue une origine historique à cette expression ; elle dérive-
rait d'un médecin Polonais du douzième siècle, appelé Grillo. — Comp.
Fanfani, *Vocabulario dell' uso toscano,* au mot « grillo. »

devrait être la devineresse par excellence. En Italie,
quand nous proposons une énigme à deviner, nous
ajoutons ordinairement comme conclusion les mots
« *indovinala, grillo* » (devine, sauterelle); cette expression se rattache peut-être à l'idiot supposé des
contes populaires qui finit presque toujours par donner
des preuves de sagesse. Le soleil enfermé dans le nuage
et dans l'obscurité de la nuit est, en général, l'idiot,
mais l'idiot qui voit tout, entend tout et apprend tout
dans le royaume des morts; la lune, elle aussi, person-
nifiée sous la figure d'une sauterelle ou d'une locuste,
est, de son côté, l'idiot prétendu, qui connait tout, voit
tout, comprend tout et enseigne tout; la lune fournit
des pronostics, c'est pourquoi des énigmes peuvent
être proposées à la lune capricieuse, c'est-à-dire au
criquet céleste. Les expressions italiennes « aver la
luna » (avoir la lune) et « aver il grillo » (avoir la sauterelle) sont identiques et signifient souffrir des nerfs et
du spleen. Je trouve aussi la mention du mariage de la
fourmi et de la sauterelle ou du criquet dans une chanson toscane encore inédite, quoique très-populaire.
La fourmi demande au criquet s'il la veut pour femme
et lui recommande, en cas de refus, de s'occuper de
ses propres affaires, c'est-à-dire de la laisser seule.
Alors commence le récit. Le criquet va dans un champ
de lin; la fourmi demande un fil pour se faire des ta-
bliers et des chemises pour la noce; alors le criquet
dit qu'il consent à l'épouser. Le criquet va dans un
champ de vesces; la fourmi demande dix vesces, dont
quatre pour faire une étuvée et six à mettre à la broche
pour le repas de noce. Après le mariage, le criquet
tient une boutique de fruitière, puis une auberge;
mais ses affaires vont si mal qu'il commence par mettre
ses culottes en gage, puis il fait banqueroute et bat

sa femme, la fourmi ; il finit par mourir de misère.
Alors, la fourmi se trouve mal, se jette sur le lit et
dans son chagrin se frappe la poitrine avec les pattes
(comme les fourmis le font quand elles agonisent [1]).
Les noces de la fourmi noire, l'obscurité de la nuit,
avec la lune, que représente le criquet ou la sauterelle, ont lieu le soir ; la sauterelle meurt, la lune
pâlit, et la fourmi noire, la nuit, disparait aussi. Dans le
*Pancatantra*, les cigales sont détruites par le feu. Dans

---

[1] Voici les paroles mêmes de la chanson relative à ce curieux
mariage, telles que je les ai entendu chanter à Santo Stefano di Calcinaia, près de Florence :

> « Grillo, mio grillo,
>    Se tu vuoi moglie, dillo ;
>    Se tu n' la vuoi,
>    Abbada a' fatti tuoi.
>
>    Tinfillulilalera,
>    Linfillulilalà.
>
> « Povero grillo, 'n un campo di lino
>    La formicuccia gne ne chiese un filo.
>    D'un filo solo, cosa ne vuoi tu fare ?
>    Grembi e camicie ; mi vuo' maritare.
>    Disse lo grillo : — Ti pigliero io.
>    La formicuccia : — Son contenta auch' io.
>       Tinfillul., etc.
>
> « Povero grillo, 'n un campo di ceci ;
>    La formicuccia gne ne chiesi dieci
>    Di dieci soli, cosa ne vuoi tu fare ?
>    Quattro di stufa, e sei li vuo' girare.
>       Tinfillul., etc.
>
> « Povero grillo, facea l'ortolano
>    L'andava a spasso col ravanello in mano ;
>    Povero grillo, andava a Pontedera,
>    Con le vilancie posava la miseria.
>       Tinfillul., etc.
>
> « Povero grillo, l'andiede a Monteboni,
>    Dalla miseria l'impegnò i calzoni ;
>    Povero grillo facea l'oste a Colle,
>    L'andò fallito e bastonò la moglie.
>       Tinfillul., etc.
>
> « La formicuccia andò alla festa a il Porto,
>    Ebbe la nova che il suo grillo era morto.
>    La formicuccia, quando seppe la nova
>    La cascò in terra, stette svenuta un' ora.
>    La formicuccia si buttò su il letto,
>    Con le calcagna si batteva il petto.
>       Tinfillul., etc.

la prétendue lettre d'Alexandre le Grand à Olympias [1], il est question de fourmis qu'on chassa en les effrayant avec du feu, alors qu'elles essayaient de tenir à distance les chevaux et les héros. Ces fourmis extraordinaires nous rappellent les hippomyrmèkes des Grecs. Les fourmis, les insectes de la forêt de la nuit inquiètent le héros et le cheval solaire qui la traversent ; les fourmis noires de la nuit sont dispersées par le feu solaire du matin : cette interprétation nous paraîtra plus vraisemblable encore si nous nous rappelons que Tzétzès, dans le passage déjà cité, dit, en parlant des fourmis de l'Inde, qu'elles sont aussi grosses que des renards ; que Pline, dans le onzième livre de son *Histoire Naturelle*, leur attribue la couleur du chat et la taille des loups d'Egypte, et qu'Elien nous apprend qu'elles ont l'aspect d'un gros chien et des griffes de lion avec lesquelles elles arrachent l'or du sein de la terre. Elien les appelle les gardiennes de l'or (tôn chrysôn phylattontes). Il est évident que les fourmis ont déjà pris ici un aspect monstrueux et démoniaque. Plusieurs autres auteurs anciens, et spécialement Hérodote, Strabon, Philostrate et Lucien ont parlé de ces fourmis de l'Inde. Je me bornerai à relater ici, comme touchant à notre sujet, que, selon Lucien, c'est la nuit qu'elles extraient l'or, et que, d'après Pline, elles le tirent pendant l'hiver (en mythologie, la nuit équivaut souvent à l'hiver). « Les habitants de l'Inde, ajoute Pline [2], enlèvent cet or durant l'été, tandis que les fourmis se tiennent cachées dans leurs retraites souterraines à cause des vapeurs ; cependant, elles en sortent attirées par l'odeur et dévorent souvent les Indiens quoiqu'ils s'en-

---

[1] Comp. Zacher, *Pseudo-Callisthenes*, Halle, 1867.
[2] *Hist. nat.*, XI, 31.

fuient sur des chameaux rapides, tant elles sont promptes
à la course, féroces et jalouses de leur or. » Cette
fourmi-monstre, armée de griffes de lion, à laquelle
Pline donne aussi des cornes, a beaucoup de ressemblance avec le scorpion noir mythique des nuages et de
la nuit, le *Vriçcika* védique, qui, tantôt très-petit oiseau
(*iyattiká çakuntiká*), tantôt très-petit ichneumon (ku-
shumbhaka, proprement, le petit doré, peut-être, le
jeune soleil) détruit avec ses dents (*açmaná*, littéralement, avec ce qui mord), absorbant ou enlevant le poison, comme des cruches enlèvent l'eau, c'est-à-dire
comme les rayons du soleil dissipent les vapeurs du
soleil enfermé dans le nuage ou dans l'obscurité[1]. Ici,
l'ichneumon (viverra ichneumon) est le bienfaiteur plutôt que l'ennemi du scorpion ; il lui prend son poison,
c'est-à-dire qu'il délivre le soleil du signe du Scorpion,
des brouillards qui l'enveloppent. L'ichneumon s'appelle en sanskrit *nakula*. Dans le douzième conte du
premier livre du *Pancatantra*, il figure, au contraire,
comme l'ennemi déclaré du serpent noir, qu'il tue dans
son trou. Mais comme la belette-ichneumon dévore les
animaux venimeux, elle est obligée de se délivrer du
venin qu'elle absorbe en pareil cas. C'est pour cela qu'il
est déjà question dans l'*Atharvaveda* de l'herbe salutaire
avec laquelle le nakula, (mot qui est aussi le nom d'un
des deux fils des Açvins dans le *Mahâbhârata*) se guérit
de la morsure des bêtes venimeuses, c'est-à-dire des
serpents, des scorpions et des souris-monstres, qui
sont ses ennemis. La belette (mustela), qui diffère bien
peu de l'ichneumon, est presque le même animal mythique. La belette combat aussi les serpents, comme
Aristote nous l'apprend au neuvième livre de son

---

*Histoire des Animaux*, après avoir mangé la fameuse
plante appelée rue, dont l'odeur passe pour être insup-
portable aux serpents. Mais, comme l'indique son nom
latin, elle fait aussi non moins habilement la chasse aux
souris. Le lecteur connaît sans doute la fable ésopique
de la belette qui demande à l'homme de lui donner la
liberté, en récompense du service qu'elle lui a rendu
en délivrant sa maison des rats ; ainsi que celle de
Phèdre relative à la vieille belette qui prend les souris
dans la huche en se roulant dans la farine, de manière
à laisser approcher les souris qui la prennent pour un
monceau de farine. Le parasite de Plaute compte sur
un bon dîner, parcequ'il a rencontré une belette em-
portant le corps d'une souris dépourvue de ses pattes
(*auspicio hodie optumo exivi foras ; mustela murem
abstulit præter pedes*) ; mais, le dîner attendu ne venant
pas, il déclare que l'augure est faux et que la belette
est une prophétesse de malheur, car elle change dix fois
de place en un seul jour. Selon Ovide, au neuvième
livre des *Métamorphoses*, la jeune Galanthis fut changée en belette par la déesse Lucine (la lune) pour avoir
avancé un fait contraire à la vérité, en annonçant la
naissance d'Hercule avant qu'elle n'eût eu lieu.

> « Strenuitas antiqua manet, nec terga colorem
> Amisére suum, forma est diversa priori ;
> Quæ, quia mendaci parientem juverat ore,
> Ore parit. »

C'est probablement cette fable qui a donné naissance
à la superstition populaire, d'après laquelle la belette
mettrait bas par la bouche. C'est de la bouche que sortent les paroles inconsidérées. Simonide, d'après Sto-
bée que cite Aldrovandi[1], compare les méchantes

---

[1] *De Quad. Dig. viv.*, II.

femmes à des belettes. La lune, qui change en belette
la babillarde Galanthis, est, à ce qu'il semble, identique
à la blanche lune elle-même changée en belette
blanche, à la lune qui explore le ciel nocturne et en
découvre tous les secrets.

Les fourmis, les souris, les taupes (comme les serpents)
aiment, au contraire, à rester cachées et à garder
leurs secrets. L'ichneumon, la belette et le chat sortent
ordinairement de leurs retraites, ils font la chasse à
tout ce qui est caché et emportent des cachettes tout ce
qu'ils peuvent y rencontrer. Ce sont des voleurs qui
chassent les autres voleurs [1].

Il nous est facile maintenant de passer de la *mustela*
latine au chat, qu'on appelle en sanskrit *mûshakârâti*
ou *mûshikântakrit*.

Dans le *Pancatântra*, le chat Oreilles-de-beurre (dadhikarna),
ou celui qui a les oreilles blanches, fait
semblant de se repentir de ses crimes et est appelé à
remplir les fonctions de juge à propos d'un débat pendant
entre le moineau *kapiñjala* et le lièvre Agile-coureur
(Sîghraga), qui s'est installé, en son absence,
dans la demeure du moineau. Oreilles-de-beurre, pour
trancher le différend, feint d'être sourd et fait approcher
tout près de lui les deux parties adverses afin d'entendre
leurs arguments réciproques ; le lièvre et le moineau
s'approchent sans méfiance, mais le chat les saisit
et les dévore tous deux. Dans le *Hitopadeça* [2], nous
avons, au lieu du moineau, le vautour Caradgava qui
trouve la mort pour avoir donné l'hospitalité à un chat
« dont il ne connaissait ni l'origine ni le caractère »

---

[1] En Hongrie et en Toscane, on croit que pour qu'un bon chat soit
voleur, il faut qu'il ait été volé lui-même.

[2] I, 49.

(agnâtakulaçîlasya). Dans le *Tuti-Name*[1], le chat est
remplacé par le lynx[2] qui veut s'emparer de la demeure du lion que garde le singe ; il effraie le lion qui
prend la fuite. Dans l'*Anvari-Suhaili*[3], c'est le léopard
qui tient lieu du chat ou du lynx. Dans le *Mahâbhârata*[4],
nous retrouvons la fable du chat pénitent. Le chat, à la
faveur des austérités auxquelles il se livre sur les bords
du Gange, inspire confiance aux oiseaux qui se rassemblent autour de lui pour lui rendre honneur. Au bout
de quelque temps, les souris, suivant l'exemple des
oiseaux, se placent sous la protection du chat et le
chargent de les défendre. Celui-ci en fait sa pâture
journalière, grâce à la précaution qu'il prend d'en emmener une ou deux avec lui chaque jour au bord de la
rivière ; aussi, devient-il de plus en plus gras, tandis
que le nombre des souris diminue graduellement.
Alors, une d'elles, plus sage que les autres, prend la
résolution de le suivre un jour qu'il se rend à la
rivière ; le chat mange et la souris qu'il a prise avec
lui et celle qui s'était chargée de l'espionner. Cette
circonstance révèle aux autres la fourberie du chat

---

[1] II, 23.

[2] Le défaut de mémoire du lynx, comme celui du chat, est proverbial. On lit dans saint Jérôme, *Ep. ad Chrisog.* : « Verum tu quod
natura lynces insitum habent, ne post tergum respicientes meminerint
priorum, et mens perdat quod oculi videre desierint, ita nostræ et
necessitudinis penitus oblitus. » Elien dit du lynx qu'il recouvre
son urine avec du sable (comme le chat), pour que les hommes ne
puissent pas le trouver, car, au bout de huit jours, cette urine forme
la pierre précieuse appelée lyncurion. Le chat, qui voit clair pendant la
nuit, le lynx, qui voit à travers les corps opaques, la fable de Lyncée
lequel, d'après Pline, vit en un même jour la première lune et la dernière dans le signe du Bélier, et le lynx qui, au dire d'Apollonius,
apercevait à travers la terre ce qui se passait en enfer, nous rappellent
la lune, la sage fée du ciel qui voit tout, et la lune infernale.

[3] Cité par Benfey dans son introduction au *Pancatantra*.

[4] V, 5421-5448.

et elles se retirent toutes ensemble du poste dangereux qu'elles occupaient. Le chat pénitent est déjà proverbial dans les *Lois de Manu*[1]. Dans le *Reineke Fuchs* de Goethe[2], le chat, sur les mauvais conseils du renard, va commettre un larcin chez un prêtre, mais chacun lui tombe dessus.

> « Sprang er wüthend entschlossen
> Zwischen die Scheuren des Priesters und biss und kratzte [illegible] »

Dans le *Roman du Renard*[3], quand le prêtre est mutilé par le chat, sa femme s'écrie:

> « C'en est fait de nos amours!
> Je suis veuve sans recours! »

On lit dans le même ouvrage, à propos de l'arrivée à Montpertuis où règne le renard, du chat Tibert, ambassadeur du roi Lion :

> « Tibert lui présenta la patte;
> Il fait le saint, il fait la chatte!
> Mais à bon chat, bon rat! Renard aussi le flatte!
> Il s'entend à dorer ses paroles de miel!
> [illegible] l'un est saint, l'autre est ermite;
> Et l'on [illegible], l'autre est [illegible]. »

Dans le *Roman du Renard*, le renard essaie de causer la perte du chat en l'engageant à prendre les souris qui sont dans la maison du prêtre. Dans un conte toscan inédit[4], nous avons, au contraire, le renard qui

---

[1] « Let no man, apprised of this law, present even water to a priest who acts like a cat; » IV, 192, traduction de John M'Grave, *Chatturg Anapeta*, publiée par Percival, Madras, 1868. — Dans un conte russe cité par Afanasieff dans ses remarques sur le premier volume de son recueil, le chat Eustache fait semblant d'être moine ou pénitent, afin de pouvoir manger la souris qui vient à passer. Comme on fait observer au chat qu'il est bien gros pour un ascète, il répond qu'il mange parce c'est un devoir de soigner sa santé.

[2] III, 147, Stuttgart, Cotta, 1857.

[3] Traduction de Ch. Potvin, Paris et Bruxelles, 1861.

[4] Je le tiens d'une paysanne appelée Ulbe Selvi qui me l'a raconté à Antignano, près de Leghorn.

invite la souris à se rendre avec lui à l'étal d'un boucher qui vient de tuer un cochon. La souris s'engage à ronger le bois jusqu'à ce que le trou soit assez grand pour que le renard puisse y passer ; le renard satisfait son appétit, mais pas plus longtemps qu'il ne faut pour pouvoir s'en aller par le même trou ; la souris fait bombance et s'engraisse de telle sorte qu'elle est incapable de ressortir et qu'elle est dévorée par un chat qui survient.

Dans le trente-quatrième conte du deuxième livre d'*Afanassieff*, nous trouvons, comme dans la fable de l'Inde, le chat en compagnie du moineau, mais non pas dans l'intention de le manger ; au contraire, ils sont amis et ils délivrent deux fois le jeune héros du pouvoir de la sorcière. Nous avons là une forme des Açvins. Dans le soixante-septième conte du sixième livre, les deux Açvins reparaissent sous la forme respective d'un chien et d'un chat (tantôt ennemis l'un de l'autre, comme les deux frères mythiques le sont souvent, et tantôt amis à la vie et à la mort). Un jeune homme achète pour cent roubles un chien aux oreilles pendantes, et pour la même somme un chat à la queue d'or [1], et ces deux animaux sont convenablement nourris par lui. Avec cent autres roubles, il acquiert l'anneau d'une princesse qui a cessé de vivre, dont il peut sortir, à la volonté de celui qui le possède, trente petits garçons et cent soixante-dix héros qui accomplissent toute sorte d'actions merveilleuses. Grâce à ces animaux et à cet objet magique, le jeune homme

---

[1] Comp. *Afanassieff*, v. 32. — Dans ce conte, un vertueux artisan achète pour un kopeck (monnaie de peu de valeur), seule somme qu'il ait consenti à recevoir pour prix de sa besogne, un chat que le roi achète à son tour au prix de trois vaisseaux. Avec un autre kopeck que lui a valu un autre travail, l'artisan délivre du démon la fille du roi qu'il épouse ensuite.

vient à bout d'épouser la fille du roi ; mais celle-ci, désirant le perdre, l'enivre, lui dérobe son anneau et s'en va dans un royaume très-éloigné. Alors le Tzar fait emprisonner le jeune homme ; mais le chien et le chat s'en vont à la recherche de l'anneau disparu. Quand ils ont à traverser une rivière, le chien se met à la nage et porte le chat sur son dos (comme l'aveugle et le boiteux, ou comme saint Christophe et le Christ). Ils arrivent à l'endroit où réside la princesse et pénètrent dans sa demeure. Ils se mettent alors à son service, l'un comme cuisinier et l'autre à titre de servante ; le chat, obéissant à son instinct, poursuit une souris qui lui demande la vie sauve en lui promettant de lui apporter l'anneau qu'il désire. La princesse sommeille avec l'anneau dans sa bouche ; la souris lui introduit sa queue entre les lèvres ; la princesse crache et rejette l'anneau dont le chien et le chat s'emparent et avec lequel ils mettent le jeune homme en liberté et obligent la fille du Tzar à rentrer dans son pays natal.

Dans le conte suivant du recueil d'*Afanassieff*, la plus jeune des trois sœurs ayant donné trois fils à Ivan Tzarevic, ses sœurs aînées, qui sont jalouses, font croire au prince qu'elle a enfanté un chat, un chien et un enfant de vulgaire apparence. Les trois enfants sont enlevés et la princesse est privée de la vue, enfermée dans un coffre avec l'enfant qu'on lui attribue et jetée à la mer. Pourtant, ce coffre aborde au rivage et s'entr'ouvre [1] ; l'enfant supposé lave sur-le-champ les yeux de la princesse avec de l'eau chaude et lui fait ainsi recouvrer la vue ; elle retrouve ensuite ses trois fils au

---

[1] Comp. des sujets analogues au chapitre I<sup>er</sup>, par exemple, Emile, le jeune homme idiot et paresseux, et la femme aveugle qui recouvre la vue.

teint brillant qui font resplendir de leur éclat tout ce qui les approche, et se réunit à son mari. Dans une autre version russe du même conte, les trois fils sont changés en trois colombes par la sorcière ; la princesse parvient à sortir de la mer avec son fils supposé et se réfugie dans une île où un chat intelligent, qui est monté sur une colonne d'or, lui chante des ballades et lui récite des contes. Les trois colombes sont transformées en beaux jeunes hommes, aux jambes d'argent jusqu'aux genoux, à la poitrine d'or, au front pareil à la lune et aux flancs couverts d'étoiles, qui retrouvent leur père et leur mère.

Selon la cosmogonie hellénique, le soleil et la lune créèrent les animaux, et le lion fut formé par le soleil, tandis que le chat le fut par la lune. Au cinquième livre des *Métamorphoses* d'Ovide, Diane prend la forme d'une chatte quand les dieux s'enfuient devant les géants[1]. En Sicile, le chat est consacré à sainte Marthe et on le respecte pour ne pas irriter cette sainte : celui qui tue un chat sera, croit-on, malheureux sept ans de suite. Dans l'ancienne mythologie germanique, la déesse Freya était conduite par deux chats. De nos jours, le chat et la souris sont consacrés, en Allemagne à la funèbre sainte Gertrude. Dans le soixante-deuxième conte du sixième livre d'*Afanassieff*, nous voyons la chatte babillarde que le héros Baldak doit tuer sur le territoire du Sultan ennemi (c'est-à-dire dans la nuit

---

[1]     Huc quoque terrigenam venisse Typhoea narrat
     Et se mentitis superos celasse figuris ;
     Duxque gregis, dixit, fit Jupiter ; unde recurvis
     Nunc quoque formatus Libys est cum cornibus Ammon,
     Delius in corvo, proles Semeleia capro,
     Fele soror Phœbi, nivea Saturnia vacca,
     Pisce Venus latuit, Cyllenius ibidis alis.
                              (V, 325-332).

de l'hiver). Dans le huitième conte du quatrième livre du *Pentamerone*, nous trouvons aussi une chatte qui remplit le rôle d'espionne de l'ogre ; dans le dixième conte du *Pentamerone* et dans la première des *Novelline di santo Stefano di Calcinaia*, le chat révèle, au contraire, au prince la perfidie de la sorcière. Dans le vingt-troisième conte du quatrième livre d'*Afanassieff*, le chat Katofiei est le mari de la renarde qui le fait passer pour un bourgmestre. Ayant fait alliance l'un avec l'autre, le chat grimpe sur un arbre et ils effraient le loup et l'ours [1]. Dans les fables ésopiques, au contraire, le chat et le renard se disputent la supériorité ; le chat fait attraper le renard par le chien, tandis qu'il s'esquive en montant sur un arbre. Dans le troisième conte du deuxième livre d'*Afanassieff*, le chat s'associe au coq pour aller chercher des écorces d'arbre ; il délivre trois fois son camarade de la gueule du renard qui s'enfuyait avec lui ; la troisième fois, non-seulement le chat sauve la vie au coq, mais il dévore les quatre petits du renard. Dans le trentième conte du quatrième livre, le chat Catonaievic, le fils de Caton, (nom dérivé de l'équivoque portant sur les mots *catus* et *cato* ; en français, nous avons, à côté de *chat*, les mots *chaton*, *chatonique*, etc.), arrache deux fois le coq des griffes du renard, mais à la troisième, le renard dévore le pauvre volatile. Dans une autre version russe du même conte, le chat tue les cinq renardeaux et le renard ensuite, après avoir chanté les paroles suivantes :

> « Le chat marche sur ses pieds
>     En bottes rouges ;

------

[1] Dans le dix-huitième conte du troisième livre d'*Afanassieff*, c'est en compagnie de l'agneau (et dans le dix-neuvième avec le bouc) que le chat épouvante le loup et l'ours.

« Il porte une épée au côté
Et un bâton le long de la cuisse ;
Il veut tuer le renard
Et faire périr son âme [1]. »

Dans une troisième version, le chat et l'agneau s'en vont enlever le coq au renard. Celui-ci a sept filles. Le chat et l'agneau les attirent au dehors par des chansons et les tuent l'une après l'autre en leur faisant un trou au front ; ils massacrent ensuite le renard lui-même et délivrent ainsi le coq. Dans le Roman du Renard, le chat est le bourreau et c'est lui qui attache le renard au gibet.

Dans le troisième conte du premier livre, le chat de la sorcière, reconnaissant envers la bonne fille qui lui a donné du jambon, lui indique le moyen de s'échapper et lui donne la serviette que nous connaissons déjà, avec laquelle on jette un pont sur la rivière en l'étendant à terre, et le peigne habituel qui donne pareillement naissance à une forêt impénétrable et sépare la jeune fille de la sorcière qui court après elle pour la dévorer.

Nous avons déjà vu dans le *Rigveda* que la lune coud la robe de noce avec un fil qui ne se casse pas. Nous avons remarqué aussi dans le conte russe que la poupée, pour rendre service à la bonne fille, confectionne une chemise destinée au Tzar, dont l'étoffe est si fine que personne ne peut faire la pareille.

---

[1]
« Idiot kot na nagah,
V krasnih sapagah ;
Nessiot sabliu na plessié ;
A palocku pri bedrié
Hoclet lissu parubit,
Jeià dushu zagubit. »

Dans le conte de Perrault, le chat botté prête secours au troisième frère.

Dans le conte célèbre de la spirituelle madame d'Aulnoy, intitulé *la Chatte Blanche* (la rédaction littéraire en est certainement récente, mais le contenu légendaire *essentiel* est bien réellement ancien, malgré certaines modifications de détail qu'il a dû subir dans le développement de la tradition) [1], nous voyons la chatte blanche, Blanchette ; elle porte un voile noir, habite le palais enchanté, monte à cheval sur un singe, parle et donne dans un gland au jeune prince qui monte un cheval de bois (la forêt de la nuit) le plus beau petit chien qu'on n'ait jamais vu dans le monde, afin qu'il le conduise au roi son père — un petit chien, « plus beau que la canicule » (évidemment le soleil lui-même qui sort de l'œuf ou du gland d'or) qui pourrait passer dans le trou d'une bague (le disque du soleil) ; elle lui donne aussi une pièce d'étoffe merveilleusement peinte, si fine qu'elle peut passer dans le trou d'une petite aiguille et qui, quoique longue de « quatre cents aunes, » est renfermée dans un grain de millet (le trou de l'aiguille, le gland, le grain de millet et la bague sont des images équivalentes qui représentent le disque solaire). Cette chatte merveilleuse finit par devenir une belle jeune

---

[1] Je dois avertir le lecteur, une fois pour toutes, que je ne prétends nullement garantir l'exactitude, au point de vue légendaire, de la rédaction des contes faisant partie des recueils que je cite ; je veux seulement signaler l'élément traditionel qui leur sert de base. Ainsi, quand je mets à contribution Perrault, Mᵐᵉ d'Aulnoy, Porchat, etc., je sais parfaitement qu'ils ont fait œuvre d'artistes et enjolivé la tradition populaire ; mais en même temps je crois ne pas me tromper en attribuant au peuple le mérite de l'invention, en ce qui regarde les traits généraux du récit. Tout récemment encore, j'ai eu l'occasion d'admirer dans les *Contes du Roi Cambrinus*, par Charles Deulin (Dentu), le talent d'un spirituel écrivain marié avec art au charme de la légende populaire. Le conte indien et tartare, par exemple, du héros qui descend au fond d'un puits pour délivrer la princesse enlevée par le moustre se retrouve avec quelques variantes piquantes dans le premier conte du Roi Cambrinus.

fille qui « parut comme le soleil qui a été quelque
temps enveloppé dans une nue ; ses cheveux blonds
étaient épars sur ses épaules ; ils tombaient par grosses
boucles jusqu'à ses pieds. Sa tête était ceinte de
fleurs, sa robe, d'une légère gaze blanche, doublée de
taffetas couleur de rose. » La chatte blanche de la nuit,
la blanche lune, cède sa place le matin à la rose aurore ; les deux phénomènes successifs paraissent être
les métamorphoses d'un être unique. La chatte blanche, entourée de sa suite de chattes, invite le prince,
avant de devenir une belle jeune fille, à assister au
spectacle d'une bataille qu'elle engage avec les souris. Nous pouvons comparer à ce conte la fable ésopique du jeune homme amoureux d'une chatte, qui
prie Vénus de la changer en femme. Vénus lui donne
satisfaction ; le jeune homme épouse celle qu'il aime ;
mais quand elle est au lit, une souris vient à passer et
la jeune femme, qui a conservé les instincts de l'animal dont elle a quitté la forme, se met à lui courir
après.

Quand le soleil entre dans la nuit, il trouve dans
le ciel étoilé un palais enchanté où l'on ne rencontre
aucun être vivant, ou bien où la chatte-lune se pro-
mène seule. C'est de là, à mon avis, que dérive
l'expression dont nous nous servons en Italie pour indiquer qu'une maison est vide : « Non vi era neanche
un gatto » (il n'y avait pas un chat), disons-nous. Le
chat est regardé comme le génie familier de la maison.
Le palais enchanté est toujours situé au sommet d'une
montagne ou dans une forêt obscure (comme la lune).
Ce palais est la demeure, soit d'une bonne fée, soit d'un
bon magicien, soit d'une sorcière, soit d'un serpent-
démon, soit, au moins, de quelques chats. La visite
à la maison des chats est le sujet d'un conte que j'ai

entendu réciter avec de légères variantes en Piémont et en Toscane [1].

Jusqu'ici nous n'avons vu que le chat brillant ou le chat blanc, le chat lune et crépuscule, dont l'aspect est généralement bienfaisant. Mais quand la nuit n'a pas de lune, nous n'avons que le chat noir dans l'épaisseur des ténèbres. Ce chat noir prend alors un caractère démoniaque.

Dans le Montferrat, on croit que tous les chats qui rôdent sur les toits au mois de février ne sont pas de vrais chats, mais des sorcières auxquelles il faut tirer des coups de fusil. Pour la même raison, on écarte les chats noirs du berceau des enfants. Une superstition identique existe en Allemagne [2]. En Toscane, on croit que, quand un homme désire la mort, le diable passe devant son lit sous la forme d'un animal quelconque, excepté celle d'un agneau, mais spécialement sous celle d'un bouc, d'un coq, d'une poule ou d'un chat. Dans les croyances superstitieuses allemandes [3], le chat noir qui se place sur le lit d'un malade annonce sa

---

[1] En Toscane, c'est la conteuse dont j'ai déjà parlé, Uliva Selvi, qui me l'a raconté dans les termes suivants : — Une mère avait beaucoup d'enfants, mais point d'argent ; une fée lui dit d'aller au sommet de la montagne où elle trouvera, dans un palais magnifique, plusieurs chats enchantés qui lui feront l'aumône. La femme s'y rend et un petit chat la fait entrer ; elle balaie les appartements, allume le feu, lave la vaisselle, tire de l'eau, fait les lits et cuit le pain pour les chats ; enfin, elle se présente devant le roi des chats, qui est assis avec une couronne sur la tête, et elle lui demande l'aumône. Le grand chat sonne la cloche d'or en tirant une chaîne d'or et rassemble les chats. Il apprend que la femme les a bien soignés et ordonne qu'on lui remplisse son tablier de pièces d'or (rusponi). La méchante sœur de la pauvresse s'en va aussi rendre visite aux chats, mais elle les maltraite et revient chez elle tout égratignée et plus morte que vive de douleur et d'épouvante.

[2] Comp. Rochholtz, *Deutscher Glaube und Brauche*, I, 161.

[3] *Ibid.* — Je trouve une allusion à la même croyance dans le vingt et unième conte esthonien de Kreutzwald.

mort prochaine ; s'il est vu sur un tombeau, c'est le signe que le trépassé est au pouvoir du diable. Si quelqu'un à Noël voit en rêve un chat noir, c'est le présage qu'il subira une maladie dangereuse dans le cours de l'année qui va suivre. Aldrovandi raconte qu'Etienne Cardan, étant vieux et très-malade, ou, plutôt, prêt à mourir, un chat se montra inopinément devant lui, poussa un grand cri et disparut. Aldrovandi parle aussi d'une femme dont un chat avait égratigné le sein et qui, reconnaissant en lui un être surnaturel, mourut dans l'espace de quelques jours. On croit en Hongrie qu'entre sept et douze ans le chat se change ordinairement en sorcière, et que les sorcières chevauchent sur des chats, particulièrement sur des chats noirs ; on dit que pour délivrer le chat du pouvoir de la sorcière il faut lui faire sur la peau une incision en forme de croix. Le chat dans le sac, dont il est question dans les proverbes, implique probablement une allusion au diable. Au dixième livre du *Pentamerone*, quand le roi de Roccaforte, qui croyait avoir épousé une belle jeune fille, s'aperçoit, au contraire, que sa femme est une vieille et hideuse sorcière voilée (la nuit), il s'écrie : « Questo e peo nce vole a chi accatta la gatta dinto lo sacco. » En Sicile, quand on récite le rosaire à l'intention des navigateurs, le miaulement d'un chat annonce un voyage rempli d'ennuis [1]. Quand les sorcières de *Macbeth* préparent leurs maléfices contre le roi, la première commence par dire :

---

[1] On croit presque partout que quand un chat se nettoie le derrière des oreilles avec ses pattes qu'il a eu soin de mouiller, c'est un pronostic de pluie. Cependant le proverbe latin dit :

     « Catus amat pisces, sed aquas intrare recusat ; »

et le proverbe hongrois, que « le chat ne meurt pas dans l'eau. » C'est pour cela peut-être que d'après le proverbe le chat a peu de valeur dans l'automne humide. (« Le chat d'automne et la femme de printemps valent peu de chose ; » *Prov. Hongr.*)

« Thrice the brinded cat hath mewed. »

D'après une croyance superstitieuse allemande rapportée par M. le professeur Rochholtz, deux chats qui se battent sont, pour un malade, un présage de mort prochaine. Ces deux chats correspondent probablement au diable et à l'ange qui se disputent les âmes dans l'amusement appelé le jeu des âmes, auquel se livrent les enfants en Piémont et en Toscane. L'un de ces chats est sans doute bienveillant, et l'autre malfaisant. Une légende irlandaise nous parle d'une bataille de chats dans laquelle tous les combattants périrent en laissant seulement leurs queues sur le théâtre de la lutte. (Une tradition analogue existe aussi en Piémont, mais, si je ne me trompe, elle se rapporte aux loups.) Il est aussi question, dans la tradition indienne [1], de deux chats qui se battent pour une souris et la laissent échapper.

Au cent cinquième hymne du premier livre du *Rigveda* et au trente-troisième du dixième livre, un poète dit à Indra : « Moi qui t'adresse des louanges, la pensée me déchire, comme les souris déchirent leurs queues en les rongeant [2]. » Mais, d'après une autre interprétation, il faudrait lire « fils » au lieu de « queues ; »

---

[1] Polier, *Mythologie des Indes*, II, 571.

[2] Mûsho na çiçnâ vy adanti mâdhyah stotâram te çatakrato ; Rigv., I. 105, 8. — Le commentateur interprète d'un côté *çiçnâ* par *sutrâni* fils, et de l'autre appelle l'attention du lecteur sur la légende des souris qui lèchent leur queue après l'avoir trempée dans un vase plein de beurre ou de quelque autre substance savoureuse ; mais ici *vy adanti* peut seulement signifier « elles déchirent en coupant avec les dents », de même que, dans la strophe précédente, nous avons « la pensée qui déchire en mordant, comme le loup dévore les bêtes sauvages qui sont altérées » (mâ vyanti âdhyo na trishnagam mrigam). — La souris dans le bocal rempli de provisions se rencontre aussi dans la fable de la souris et des deux pénitents du *Pancatantra* et dans la fable hellénique du fils de Minos et de Pasiphaé, qui tombe en poursuivant une souris dans un vase de miel où il est étouffé ; il n'est rappelé à la vie qu'à l'aide d'une herbe salutaire.

dans ce cas, les souris qui coupent les fils nous reporteraient à la fable de la souris qui délivre l'éléphant ou le lion du filet dans lequel il est prisonnier (fable dont j'essaierai d'établir l'origine védique au chapitre suivant).

Le douzième conte du troisième livre du *Pancatantra* est très-intéressant au point de vue mythologique. Une souris échappée du bec d'un faucon (d'après une autre légende indienne, se sauvant de deux chats qui se la disputent) se réfugie entre les mains d'un ascète qui se baigne dans la rivière. L'ascète change la souris en une belle fille et veut la donner en mariage au soleil ; la jeune fille refuse en prétendant qu'il est trop chaud. L'ascète veut ensuite la marier au nuage qui remporte la victoire sur le soleil ; la jeune fille déclare qu'il est trop sombre et trop froid. Il lui propose alors de la donner au vent qui met le nuage en fuite (dans le *Yagurveda*, la souris est consacrée au dieu Rudra, c'est-à-dire au vent qui mugit et qui produit l'éclair au sein du nuage) ; la jeune fille résiste encore parce qu'il est trop changeant. L'ascète lui offre alors d'épouser la montagne, contre laquelle le vent ne saurait prévaloir, mais la jeune fille dit qu'elle est trop dure. Enfin l'ascète lui demande si elle veut s'unir à la souris, qui, seule, peut faire un trou dans la montagne ; la jeune fille est satisfaite de cette dernière proposition et se voit métamorphosée de nouveau en souris, afin de pouvoir épouser la souris mâle. Dans ce beau mythe (qui est une variante de celui que nous avons déjà cité de la chatte qui, bien que changée en jeune fille, conserve ses instincts et fait encore la chasse aux souris) la révolution qui s'accomplit dans les vingt-quatre heures du jour se trouve complétement décrite. La souris de la nuit apparaît la première ; le crépuscule essaie d'en faire sa proie ; la nuit devient l'aurore ; le soleil s'offre à elle comme époux ; le soleil est couvert par le nuage et le nuage est dissipé par le vent ; cependant, l'aurore du soir, la jeune fille se montre sur la montagne ; la souris de la nuit reparaît et la jeune fille se confond avec elle. Le *Hitopadeça* contient une variante intéressante du même mythe. La souris tombant du bec du vautour est recueillie par un sage qui la change en chat, puis en chien, pour échapper au chien lui-même, et enfin en tigre. Quand la souris est devenue un tigre, elle médite de tuer le sage, mais celui-ci, qui lit dans sa pensée, la métamorphose de nouveau en souris. Nous retrouvons là le même cycle des phénomènes célestes quotidiens. Les différences qui ont lieu dans la succession de ces phénomènes produisent quelquefois des modifications dans les mythes.

Le récit proverbial si connu de la montagne qui accouche d'une souris, se rapporte au mythe que renferme le conte du *Pancatantra*. Nous savons déjà que le héros solaire entre le soir dans la montagne avec le cheval solaire, qu'il se change en pierre et que toute l'étendue du ciel prend la teinte de cette montagne. De la montagne sortent les souris de la nuit, les ombres nocturnes, auxquelles le chat-lune et le chat-crépuscule font la chasse ; les dispositions des souris à commettre des larcins se donnent carrière pendant la nuit. Selon les croyances superstitieuses allemandes, les âmes des morts prennent la forme de souris et l'on dit que, quand un chef de famille vient à mourir, les souris abandonnent la maison[1]. En général, chaque

---

[1] Den Mœusen pfeifen, heisst den Seelen ein Zeichen geben, um von ihnen abgeholt zu werden ; ebenso wie der Rattenfœnger zu Hameln die Lockpfeife blœst, auf deren Ton alle Mœuse und Kinder der Stadt mit ihm in den Berg hineinziehen, der sich hinter ihnen zuschliesst. Mœuse sind Seelen. Die Seele des auf der Jagd entschlafenen Kœnigs Guntram kommt schlœngleinartig aus seinem Munde hervor, um so in einen nœchsten Berg und wieder zurückzulaufen. Der

fois qu'on voit des souris, la chose est considérée comme de mauvais présage ; c'est pourquoi la funèbre sainte Gertrude a été représentée entourée de souris. La première des sorcières de *Macbeth* menace de se changer en rat sans queue, pour persécuter le marchand qui fait voile pour Alep et lui faire faire naufrage afin de se venger de sa femme, qui a refusé de lui donner des châtaignes. D'après l'*Historia Sarmatiæ* citée par Aldrovandi, les oncles du roi Popelus II, que celui-ci, de concert avec sa femme, avait poignardés secrètement et jetés dans le lac, se changèrent en souris qui firent périr le roi et la reine en leur rongeant le chair jusqu'à ce que mort s'en suivît. Miçcislaüs, fils du duc Conrad de Pologne, fut, dit-on, condamné à périr de la même manière pour s'être approprié injustement le bien des veuves et des orphelins ; Othon, archevêque de Mayence, eut aussi à subir un pareil sort, parce qu'il avait incendié le grenier public dans un moment de famine. A Rome, des souris pronostiquèrent, dit-on, la première guerre civile en rongeant l'or du temple ; on ajoute qu'une souris femelle mit bas dans le piége où elle était prise cinq souris mâles et qu'elle en dévora deux. D'autres prodiges où des souris jouaient un rôle passaient pour avoir lieu à Rome au temps même de Caton qui en faisait l'objet habituel de ses sarcasmes. Il répondit, par exemple, à quelqu'un lui disant que des souris avaient rongé des bottes, qu'il n'y avait rien là d'extraordinaire, mais que le fait aurait été vraiment

---

goethe'sche Faust weigert sich dem Tanz mit dem hübschen Hexenmædchen am Blocksberg fortzusetzen :

« Den mitten im Gesange sprang
Ein rothes Mæuschen ihr aus dem Munde. »
Rochholtz, *Deut. Glaube u. Brauch*, I, 156, 157.

miraculeux si les bottes (*caligæ*) avaient mangé les souris.

Dans les fables, la souris est assez souvent en relation avec l'éléphant et le lion que parfois elle insulte et méprise (comme dans le *Tuti-Namé*[1]) et que parfois elle secourt et délivre des filets où ils sont emprisonnés. La signification de ce mythe est évidente : l'éléphant et le lion représentent ici le soleil dans les ténèbres ; le soir, la souris de la nuit saute sur les deux animaux héroïques qui sont alors vieux et infirmes ; le matin, le soleil est délivré des liens de la nuit et la souris, suppose-t-on, a rongé les cordes et mis en liberté, soit l'éléphant, comme dans le *Pancatantra*, soit le lion, comme dans la fable d'Ésope. Nous avons vu plus haut l'équivoque présentée par le mot védique *ciçna*, qui peut s'interpréter par « fil » aussi bien que par « queue. » Il est possible que la queue de la souris nocturne enveloppe, entortille le soir le vieux lion solaire dans ses replis comme dans un réseau. Le matin, la souris de la nuit se ronge la queue, c'est-à-dire ronge les fils du réseau qui enveloppe le lion et le délivre ainsi. Dans l'Inde, Ganeça, dieu des poètes, de l'éloquence et de la sagesse, est représenté avec une tête d'éléphant et écrase une souris sous son pied. De même, chez les Grecs, Apollon Sminthée, ainsi appelé parce qu'il avait percé de flèches les souris qui dérobaient les provisions annuelles de Krinos, un de ses prêtres, était figuré avec une souris sous lui. Comme la Vierge chrétienne écrase sous ses pieds le serpent de la nuit, le dieu payen du soleil écrase sous les siens la souris de la nuit.

« Quand le chat n'y est pas, les rats dansent, » le pro-

[1] I, 268.

verbe a raison, non-seulement pour ce qui se passe sur terre, mais encore pour ce qui a lieu au ciel ; les ombres de la nuit dansent quand la lune est absente.

Dans le quinzième conte du cinquième livre. d'*Afanassieff*, la belle-mère sorcière veut que son vieux mari emmène sa fille filer au milieu de la forêt[1] dans une cabane déserte. La jeune fille y trouve une petite souris et lui donne à manger. La nuit venue, l'ours arrive et veut jouer avec la jeune fille à colin-maillard (ce jeu si populaire a évidemment une origine et une signification mythiques ; chaque soir dans le ciel, le Soleil s'amuse à jouer à colin-maillard ; il se bande les yeux et court voilé à travers la nuit où il doit retrouver sa fiancée prédestinée ou l'épouse qu'il a perdue, c'est-à-dire l'Aurore. (Ce jeu s'appelle, en allemand *blind-kuh*, en anglais *blind-man's buff*, en italien *mosca cieca* (mouche aveugle) et en français *colin-maillard* ou *cligne-musette*). La petite souris s'approche de la jeune fille et lui murmure à l'oreille : « N'aie pas peur, jeune fille ; dis lui : jouons, puis tire le feu du poêle et cache toi dessous ; je courrai et je ferai sonner les clochettes. » (Les souris paraissent avoir une prédilection marquée pour le son des cloches. Tout le monde connaît la fable hellénique dans laquelle le conseil des rats prend la résolution de se délivrer du chat en lui pendant une sonnette au cou ; mais, personne n'ose se charger de cette difficile entreprise). L'ours croit courir après la jeune fille , tandis qu'il court après la souris sans pouvoir

---

[1] La souris qui file se retrouve dans la tradition allemande : — « So bildet sie (die heilige Gertrud) der krainische Bauernkalender so wie das so genannte Gertrudenbüchlein ab : Zwei Mæuslein nagen an einer flachsumwundenen Spindel ; eine Spinnerin sitzt am Spinnrade und eine Maus læuft den Faden hinauf. Weder am S. Gertrudentag, noch n der Zeit der Zwœlften wo die Geister in Gestalt von Mæusen erscheinen, darf gesponnen werden ; » Rochholtz, *ut supra*, 1, 158.

l'atteindre. L'ours fatigué se retire et complimente la jeune fille en lui disant : « Tu joues mieux que moi, à colin-maillard, demain je t'enverrai une troupe de chevaux et une voiture chargée de choses précieuses. » (L'aurore matinale sort de la forêt, s'échappe des griffes de l'ours, s'arrache au pouvoir de la sorcière de la nuit et apparaît le matin portée sur un char rempli de trésors. Ce mythe est des plus clairs.)

Dans un grand nombre d'autres légendes, nous avons la souris reconnaissante qui prête secours au héros ou à l'héroïne. Dans le treizième conte kalmouck, la souris, le singe et l'ours, pénétrés de reconnaissance pour le fils du Brahmane qui les a délivrés des mauvais sujets qui les tourmentaient, viennent à son aide en rongeant et en brisant le coffre dans lequel le jeune homme avait été enfermé par ordre du roi ; plus tard ils lui font retrouver avec le concours des poissons un talisman qu'il avait perdu.

Dans le cinquante-huitième conte du sixième livre d'*Afanassieff*[1], la souris, le cheval de guerre et le poisson silure prêtent secours par reconnaissance à l'honnête artisan tombé dans un marais et le nettoient ; à cette vue, la princesse qui n'avait jamais ri se met à rire et épouse l'artisan. (Le jeune soleil du matin sort du bourbier ou du marais de la nuit ; l'Aurore, d'abord, jeune fille au teint sombre, méchante et laide, épouse le jeune Soleil que la souris a tiré de la boue, comme elle a délivré le lion des filets où il était prisonnier).

Dans le cinquante-septième conte du sixième livre d'*Afanassieff*, la souris donne à Ivan Tzarevic le conseil

---

[1] Comp. *Pentamerone*, III, 5. — Dans le conte IV, 1, la souris reconnaissante aide Minée Aniello à retrouver l'anneau perdu en rongeant le doigt auquel le magicien le porte.

de fuir sa sœur la sorcière-serpent (la nuit obscure) qui aiguise ses dents pour le dévorer.

Dans le troisième conte du premier livre d'*Afanassieff*, les souris aident la bonne jeune fille, qui leur avait donné à manger, à accomplir la tâche dont la sorcière, sa belle-mère, l'avait chargée.

Dans le vingt-troisième conte du cinquième livre d'*Afanassieff*, la souris et le moineau sont d'abord amis et associés. Mais un jour le moineau trouve une graine de pavot, et comme elle est très-petite, il croit pouvoir la manger sans en offrir une part à sa compagne. La souris l'apprend et s'en indigne ; elle brise leur traité d'alliance et déclare la guerre au moineau. Celui-ci rassemble tous les animaux des airs, la souris réunit tous ceux de la terre et une bataille sanglante a lieu. Dans une autre version russe du même conte, c'est la souris, au lieu du moineau, qui cause la rupture. Ils amassent ensemble des provisions pour l'hiver, mais, vers la fin de la mauvaise saison, quand elles sont sur le point d'être épuisées, la souris chasse le moineau qui va se plaindre au roi des oiseaux. Le roi des oiseaux vient rendre visite au roi des animaux terrestres et lui expose les griefs du moineau ; le roi des animaux appelle la souris pour qu'elle rende compte de sa conduite, mais l'accusée se défend d'une manière si humble et si adroite, qu'elle finit par convaincre le roi que le moineau est dans son tort. Alors les deux rois se déclarent la guerre et engagent une lutte formidable suivie d'une grande effusion de sang de part et d'autre, et terminée par une blessure que reçoit le roi des oiseaux. (La souris de la nuit ou de l'hiver met en fuite l'oiseau solaire du soir ou de l'automne).

Dans la *Batrachomyomachie*, attribuée à Homère, le rat royal Psicharpax (au sens propre, enleveur de

miettes), troisième fils de Troxarte (mange-pain), se
vante à Physignathos (celui qui enfle ses joues), le
souverain seigneur des grenouilles, qu'il ne craint pas
l'homme dont il a rongé le bout du doigt (akron
daktylôn) pendant qu'il était endormi ; d'un autre côté
il a pour ennemis le faucon (qui, comme nous l'avons
déjà vu dans le conte indien, laisse tomber la souris de son bec) et le chat. La grenouille qui veut traiter
le rat, l'invite à monter sur son dos, afin qu'elle le
transporte dans son palais ; le rat s'amuse d'abord à
voyager ainsi, mais quand la grenouille lui fait sentir
l'eau glacée, le cœur commence à lui manquer ; enfin,
la grenouille apercevant un serpent ne pense plus à
son cavalier et s'enfuit en jetant dans l'eau la tête la
première le rat, qui devient la proie du serpent. Mais
avant d'expirer il se rappelle qu'il y a des dieux vengeurs qui voient tout, et menace les grenouilles de la
revanche des rats. En conséquence, on se prépare à la
guerre. Les rats se confectionnent des bottes fortes avec
des cosses de fèves ; ils recouvrent leurs cuirasses de
jonc de la peau d'un chat écorché ; ils prennent pour
bouclier le nombril des lampes (*lychnôn to mesompha-*
*lon,* c'est-à-dire, si je ne me trompe, un fragment
d'une petite lampe de terre-cuite, à proprement dire,
la partie inférieure et centrale qui en forme la base) ;
ils ont pour lance une aiguille et pour casque une
coquille de noix. Les dieux assistent à la bataille,
mais ils sont neutres. — Pallas ayant déclaré qu'elle
ne veut pas prêter secours aux rats parce qu'ils ont
bu l'huile des lampes qui brûlent en son honneur
et rongé son peplum ; elle est d'ailleurs non moins
indifférente au succès des grenouilles, parce qu'elles
l'ont empêchée de dormir, un jour où revenant de la
guerre, elle était harassée de fatigue et désirait se livrer

au repos. La bataille, vigoureusement soutenue de part et d'autre, est sur le point d'avoir un issue défavorable aux grenouilles, quand Zeus ayant pitié d'elles fait briller les éclairs et darde la foudre. Toutefois, les rats ne lâchent pied que quand les dieux se décident à lancer une armée de crabes qui, leur mordant la queue et les pattes, les obligent à s'enfuir. Il n'y a pas de doute que nous n'ayons là l'image d'une bataille mythique. Les grenouilles, comme nous le verrons, sont les nuages ; la nuit rencontre les nuages ; le rat combat avec la grenouille. Zeus, le dieu de la foudre, fait gronder le tonnerre et briller les éclairs pour mettre fin à la lutte ; enfin, le crabe à la marche rétrograde apparait sur la scène ; les combattants, grenouilles et rats, s'éclipsent alors naturellement.

La souris n'est jamais conçue autrement qu'en relation avec les ténèbres nocturnes, et, par conséquent, en donnant de l'extension au mythe, en rapport aussi avec les ténèbres de l'hiver, d'où sortent plus tard la lumière et les richesses. On croit en Sicile que quand un enfant vient à perdre une dent, les souris s'en emparent si on la cache dans un trou, et rapportent en échange une pièce de monnaie pour l'enfant. La souris est de couleur sombre, mais ses dents et ses parties antérieures sont blanches et brillantes. Dans le *Pancatantra*, la souris Hiranyaka, c'est-à-dire la dorée, est la souris grise ou noire de la nuit. C'est l'écureuil roux qui, dans une fable ésopique, répond au renard lui demandant pourquoi il aiguise ses dents quand il n'a rien à manger, qu'il faut toujours être prêt à résister à ses ennemis. Dans l'*Edda*, l'écureuil grimpe sur l'arbre Yggdrasil et jette la discorde entre l'aigle et Nidhœgg.

La taupe et l'escargot sont de la même nature que la souris grise. Le mot sanskrit *âkhu*, c'est-à-dire, la taupe (dont le *Rigveda* parle déjà comme d'un démon tué par Indra), signifie proprement celui qui creuse.

Dans le *Reineke Fuchs*, la taupe remplit le rôle de fossoyeur ; elle est l'animal qui amoncèle la terre et qui creuse des trous souterrains ; elle est en effet comparable au fossoyeur le plus habile, et sa couleur noire, ainsi que sa cécité supposée, sont en parfaite harmonie avec le caractère funèbre que la mythologie lui prête. Dans un apologue de Laurentius, l'âne se plaint à la taupe de ne point avoir de cornes et le singe d'avoir la queue trop courte ; la taupe leur répond :

> « Quid potestis hanc meam
> Miseram intuentes cæcitatem, hæc conqueri ? »

D'après le mythe hellénique, Phinée fut changé en taupe, parce qu'il avait permis, sur les conseils de sa seconde femme Idéa, de crever les yeux aux deux fils qu'il avait eus de sa première épouse, Cléopâtre, et aussi parce qu'il avait révélé les secrètes pensées de Zeus [2].

Je trouve dans Du Cange, qu'au moyen âge les enfants avaient coutume de se réunir le soir de Noël avec des perches, munies à chaque bout d'un torchon de paille à laquelle ils mettaient le feu, puis ils allaient autour des jardins et s'approchaient des arbres en chantant :

> « Taupes et mulots,
> Sortez de mon clos,
> Sinon je vous brûlerai la barbe et les os. »

Nous voyons dans le septième conte du deuxième

---

[1] Alâyyasya paraçur hanâça tam à pavasya (pavasva, d'après le texte donné par Aufrecht et celui qu'avait sous les yeux le commentateur. — Comp. Bollensen, Zur Herstellung des Veda, dans *Orient und Occident*, de Benfey, II, 484), deva soma ; akhum cid eva deva soma ; Rigv., IX, 67, 30.

[2] Comp. l'*Antigone* de Sophocle, v. 973 et *seqq.*

livre du *Pentamerone*, une invocation analogue. La belle fille va chercher des escargots et les menace de leur faire couper les cornes par sa mère :

> « Iesce, iesce, corna
> Ca mammata te scorna,
> Te scorna 'ncoppa l'astreco
> Che fa lo figlio mascolo. »

En Piémont, les enfants, pour engager l'escargot à montrer ses cornes, lui chantent les paroles suivantes :

> « Lümassa, lümassora,
> Tira fora i to corn,  *
> Dass no[1], i vad dal barbé
> E it tje fass taié ! »

Les enfants, en Sicile, essaient d'effrayer l'escargot en lui disant que leur mère va lui brûler les cornes avec une chandelle :

> « Nesci li corna ch' a mamma veni
> E l'adduma lu cannileri. »

En Toscane, ils font des menaces à l'escargot blanc (marinella), et lui disent de faire sortir ses cornes pour éviter les coups de pieds et les coups de poings :

> « Chiocciola marinella
> Tira fuori le tue cornella
> E se tu non le tirerai
> Calci e pugni tu buscherai[2]. »

---

[1] Cette locution piémontaise « dass no » qui signifie « sinon » est évidemment d'origine allemande. Le dialecte piémontais a aussi emprunté la négative finale aux langues germaniques. — En Allemagne, les enfants chantent aux escargots :

> « Schneckûs, peckhûs,
> Stæk dîn vôr bœrner rût,
> Süst schmît ick dl in'n graven
> Da 'freten dl de raven. »

Comp. Kuhn und Schwartz *N. d. S. M. u. G.*, p. 453.

[2] En Franche-Comté, les enfants disent en patois :

> « Escargeut, virégeut,
> Montre mé tes cônes,
> Si tu ne les montres pas,
> I le dira ô ton père et' mère,
> Que te casserân les os. »

> (*Note du traducteur*).

On croit aussi en Toscane, qu'au mois d'avril les escargots s'accouplent avec les serpents, et, qu'en conséquence, ils deviennent venimeux, d'où la chanson :

> « Chi vuol presto morire
> Mangi la chiocciola d'aprile[1]. »

Dans les superstitions populaires, l'escargot est démoniaque ; c'est pour cela qu'en Allemagne les enfants le sollicitent aussi de tirer ses cornes au nom de la funèbre sainte Gertrude :

> « Kuckuck, kuckuck Gerderut
> Stæk dine vêr Horns herut[2]. »

---

[1] Dans *Rabelais*, I, 38, quand Gargantua a mangé cinq pèlerins en salade et qu'il en reste un caché sous une feuille de laitue, son père lui dit : « Je crois que c'est là une corne de limasson, ne le mangez point. — Pourquoy? dist Gargantua, ilz sont bons tout ce moys. »

[2] Simrock, *Handbuch der Deutschen Mythologie*, 2ᵉ édition, p. 516.

# CHAPITRE VIII

## LE LIÈVRE, LE LAPIN, L'HERMINE ET LE CASTOR



### SOMMAIRE

Le lièvre est l'image de la lune ; *çaça* et *çaçin.* — Les lièvres près du lac de la lune ; le roi des lièvres dans la lune. — Le lièvre et l'éléphant. — Le lièvre et le lion. — Le lièvre dévore le monstre occidental ; le lièvre dévore sa mère la jument. — *Mortuo leoni lepores insultant.* — Le lièvre et l'aigle. — Le lièvre garde la tanière des bêtes féroces. — Le lièvre se montre le quinzième jour du mois et effraie le loup. — Le lièvre changé en lune par Indra. — L'hermine et le castor. — Le lièvre et la lune fécondante. — Le lièvre et la lune guident le héros. — *Somnus leporinus.* — Le lièvre et l'ours. — Le lièvre et le cortége nuptial. — Le lièvre qui contient un canard. — La jeune fille à cheval sur le lièvre.


Le lièvre mythique est certainement la lune. Le mot sanskrit *çaça*, dont le sens est « qui saute » signifie aussi le lièvre, le lapin et les taches qui sont sur la lune (la *saltans*) qui semblent présenter la figure d'un lièvre. C'est de ce mot que dérivent les épithètes *çaçin,* « muni de lièvres », *çaçadhara* et *çaçabhrit* « ce qui porte le lièvre », servant à désigner la lune. Dans le premier conte du troisième livre du *Pancatantra,* les lièvres habitent sur le bord du lac *Candrasaras,* ou le lac de la lune ; et leur roi, *Vigayadatta,* (le dieu funèbre, le dieu de la mort) a pour palais le disque lunaire. Quand le lièvre s'adresse au roi des éléphants, qui avait écrasé les lièvres (comme nous avons vu la vache le faire, au premier chapitre), il parle au nom de la lune. Le lièvre fait croire à l'éléphant que la lune est irritée contre les éléphants parce qu'ils écrasent les lièvres sous leurs pieds ; alors l'éléphant demande à voir la lune, et le lièvre le conduit sur le bord du lac de la lune où il la lui montre dans l'eau. L'éléphant, voulant approcher d'elle et lui demander pardon, plonge sa trompe dans le lac ; ce mouvement agite l'eau, contrarie la réflexion de la lune et en multiplie l'image à l'infini. Le lièvre fait croire à l'éléphant que la lune est encore plus en colère qu'auparavant, parce qu'il a troublé l'eau du lac ; alors le roi des éléphants implore son pardon et s'éloigne avec ses sujets ; à partir de ce jour les lièvres vécurent tranquillement sur les bords du lac de la lune sans être écrasés comme autrefois sous les lourdes pattes de leurs gigantesques voisins. La lune préside à la nuit (et à l'hiver), le soleil préside au jour (et à l'été). La lune est froide, le soleil est chaud. L'éléphant, le lion ou le taureau solaire descendent le soir pour boire à la rivière, au lac de la lune nocturne : la lune annonce à l'éléphant que s'il ne se retire pas, s'il continue d'écraser les lièvres sur le bord du lac, elle retirera ses froids rayons et que les éléphants mourront de soif et d'excès de chaleur. L'autre conte du *Pancatantra* est une variété du mythe dont nous avons parlé au chapitre du Chien, et dans lequel le lièvre fait périr le lion affamé qui veut le dévorer en lui persuadant de se précipiter dans une fontaine ou dans un puits. Ce mythe, qui est analogue à celui de la souris considérée comme l'ennemie de l'éléphant, du lion ou du faucon, est déjà très-clairement indiqué dans les hymnes védiques. Au vingt-huitième hymne du dixième livre du *Rigveda*, où le renard vient rendre visite au lion occidental (le lion malade[1]), où nous voyons le lion tomber dans le piège[2] (insulté le soir par les souris qui le délivrent le matin en rongeant les liens qui l'enchaînent : d'après le proverbe hellénique, c'est le lièvre qui attire le lion dans le filet d'or, — « elkei lagôs Leonta chrysinô brochô », de même que, dans le *Pancatantra*, il l'attire dans le puits) et où le lièvre dévore le monstre occidental[3] (autre version de la tradition hellénique du lièvre ayant pour mère une jument qu'il dévore immédiatement après sa naissance), — dans cet hymne, dis-je, nous trouvons le germe de plusieurs fables relatives à des animaux qui font partie du même cycle. L'animal inférieur est vainqueur de l'animal supérieur, et c'est sur cette circonstance que roule l'hymne tout entier ; pour cette même raison, dans l'hymne dont il s'agit, le chien ou le cheval (canis aureus) attaque le sanglier[4] et le veau est vainqueur du taureau[5]. Le lièvre se retrouve l'ennemi proverbial du lion (d'où le proverbe latin : « Mortuo leoni lepores insultant » ou *saltant ;* la lune entre en scène d'un bond quand le soleil meurt), dans le dernier livre du *Râmâyana*, où le grand roi des singes, Bâlin, regarde le roi des monstres, Râvana, comme un lion regarde un lièvre ou comme l'oiseau Garuda regarde un serpent[6].

Dans Ésope, nous voyons le lièvre qui raille son ennemi, l'aigle, au moment où il est près d'expirer, parce que le chasseur l'a percé d'une flèche faite avec les

---

[1] Lopâçah sinham pratyancâm atsâh; Rigv., x, 28, 4.

[2] Avaruddhah paripadam na sinhah; x, 28, 10.

[3] Çaçah kshuram pratyancam gagâra ; x, 28, 9.

[4] Kroshtâ varâham nir atakta kakshât; x, 28, 4.

[5] Vatso vrishabham çûçuvânah; x, 28, 9.

[6] Sinhah çaçamivâlakshya garudo vâ bhugangamam; *Râmây.*, xxiii.

plumes d'un oiseau de sa race. Dans une autre fable d'Ésope, le lapin se venge de l'aigle qui a mangé ses petits en déracinant et en faisant tomber l'arbre sur lequel elle a son nid et en tuant ainsi les aiglons.

Dans le dix-septième conte mongol, le lièvre est le gardien des bêtes féroces, (il s'agit de la lune qui est le mrigarâga et la gardienne de la forêt de la nuit) ; dans le même conte, une vieille femme (la vieille fée ou la vieille Madone) est substituée au lièvre. Dans le vingt et unième conte mongol, le lièvre part en voyage avec l'agneau le quinzième jour du mois, au moment où la lune se lève ; il protége l'agneau contre le loup de la nuit qu'il effraie en lui disant qu'il a reçu une lettre, où le dieu Indra lui donne l'ordre de lui apporter mille peaux de loups.

Dans une légende buddhiste, Indra métamorphose le lièvre, dont il fait la lune, parce que cet animal lui avait donné volontairement sa chair à manger un jour qu'il demandait l'aumône, déguisé en pèlerin. Le lièvre n'ayant rien à lui offrir, se jeta dans le feu afin de procurer quelque chose au dieu pour apaiser la faim[1].

Dans l'*Avesta*, l'hermine est le roi des animaux, et le castor est l'animal sacré et inviolable de la peau duquel la pure Ardviçûra est revêtue (elle est blanche et argentée comme l'aube, elle est rose et dorée comme l'aurore ; à moins qu'Ardviçûra, dont le diadème est composé de cent étoiles, ne puisse aussi s'interpréter comme une image de la lune, qui est tantôt couleur d'argent, tantôt brillante et dorée). Du reste, en considérant le castor comme un emblème de la lune (la

---

[1] Comp. *Mémoires sur les contrées occidentales*, traduits du sanskrit par Hiouen-Thsang, et du chinois par Stanislas Julien, I, 375.

chaste lièvre) on est d'accord avec l'opinion populaire qui le regardait comme eunuque (castor a *castrando*) cette idée a inspiré le passage de Cicéron relatif au castor[1] et les vers suivants de Juvénal :

> « Imitatus castora qui se
> Eunuchum ipse facit cupiens evadere damnum
> Testiculorum, adeo medicatum intelliget unguen ». »

Dans Aldrovandi, citant Philostrate, il est question d'une femme dont les couches avaient eu sept fois une mauvaise issue, mais qui, à la suite d'une huitième grossesse, donna le jour à un enfant, quand son mari eût tiré sans s'y attendre un lièvre de sa poitrine. Quoique la lune soit la déesse chaste et timide (ou eunuque), elle est, à titre de dispensatrice de la pluie, la fécondatrice et, comme telle, elle préside aux accouchements et les entoure de sa protection; c'est pourquoi, quand la lune-lièvre, ou Lucine, assistait à un enfantement, l'issue en était sûrement heureuse; pour la même raison, les mariages dans l'Inde se célébraient seulement dans la quinzaine brillante de la lune. Le lièvre mythique est constamment identifié à la lune. C'est de là que, dans *Pausanias*, la déesse-lune recommande aux exilés qui cherchent un endroit propice pour la fondation d'une ville, de la bâtir dans un bois de myrtes, où ils verront un lièvre se réfugier. La lune est celle qui veille dans le ciel, c'est-à-dire, qu'elle dort les yeux ouverts; ainsi fait le

---

[1] Redimunt se parte corporis, propter quam maxime expetuntur : *Pro Æmilio Scauro.* Cicéron dit que le castor poursuivi par les chasseurs, se coupe les testicules, c'est-à-dire la partie la plus précieuse de son corps, celle pour laquelle on le chasse, en raison des idées superstitieuses qui attribuent aux testicules de castor des propriétés médicinales merveilleuses.

[2] XII, 33.

lièvre, comme l'indique l'expression proverbiale *som-nus leporinus*, à laquelle cette habitude de l'animal a donné naissance. Dans le neuvième conte esthonien, le dieu du tonnerre est comparé au lièvre qui dort les yeux ouverts ; nous avons déjà cité le fait d'Indra métamorphosant le lièvre pour en former la lune ; Indra devient eunuque sous la forme de *sahasrâksha*, ou du dieu aux mille yeux (le ciel étoilé de la nuit); les mille yeux se réduisent à un œil unique, le *milloculus* devient le *monoculus* quand la lune brille dans le ciel du soir ; c'est pourquoi nous disons tantôt les cent yeux d'Argus et tantôt simplement l'œil d'Argus — l'œil de Dieu.

Dans un conte slave[1], le lièvre se moque des petits de l'ourse et leur crache dessus; l'ourse court après le lièvre et se laisse attirer dans un fourré inextricable où l'on s'empare d'elle. L'ourse tient ici lieu du lion qui est inconnu en Russie; le lièvre du conte russe attire l'ourse dans le piége, comme celui des fables de l'Inde et de la Grèce y fait tomber le lion. Ce lièvre, qui cause la perte du héros solaire ou de l'animal du soir, est identique à celui qui, dans le cinquantième conte du cinquième livre d'*Afanassieff* et dans la tradition populaire russe, est de mauvais augure pour le mariage et présage malheur aux épousés, s'il rencontre le char nuptial. La lune-lièvre, la chaste protectrice des mariages et des naissances, la bienfaitrice du genre humain, ne doit pas rencontrer le char ; si elle s'oppose au mariage (peut-être le soir et en automne) ou si le lièvre est écrasé ou atteint par le char (comme le dit le proverbe), c'est un présage funeste, non-seulement pour le nouveau couple, mais pour le genre humain tout en-

---

[1] Cité par Afanassieff dans les remarques sur le premier volume de ses contes russes.

tier; les éclipses de soleil ainsi que celles de lune ont toujours été considérées dans la superstition populaire comme des pronostics sinistres. Dans les contes populaires russes, on rencontre souvent la mention d'un lièvre, se trouvant sous un arbre, ou sous un rocher au milieu de la mer, dans lequel il y a un canard qui renferme un œuf; le jaune de cet œuf (le disque solaire) est une pierre précieuse; quand il tombe entre les mains du jeune héros, le monstre périt et le héros peut épouser la jeune princesse[1]. La petite fille de sept ans qui chevauche sur un lièvre pour résoudre en action l'énigme proposée par le Tzar qui s'offre à l'épouser, est une autre forme du même mythe. Avec l'aide de la lune, le soleil et l'aurore atteignent la région du matin, se retrouvent mutuellement et se marient; la lune est la médiatrice des noces mythiques; le lièvre qui la représente doit donc non-seulement ne pas y apporter d'obstacles, mais leur prêter un concours effectif; le soir, la lune sépare le soleil de l'aurore; le matin elle les réunit.

---

[1] Comp. *Afanassieff*, I, 14; II, 24; V, 42.

# CHAPITRE IX

## L'ANTILOPE, LE CERF, LE DAIM ET LA GAZELLE

---

**SOMMAIRE**

Le cerf lumineux et le cerf obscur. — Les Maruts conduits par des antilopes et vêtus de peaux d'antilopes. — Le cerf, la gazelle et l'antilope considérés comme des formes prises ou créées par le démon pour causer la perte de plusieurs héros pendant qu'ils sont à la chasse. — Marîca. — Indra tue le mriga. — Le héros solaire ou l'héroïne changés en cerf, en gazelle ou en antilope. — Actéon. — Artémis et le cerf. — Les cerfs de l'arbre Yggdrasill. — Le cerf Eikthyrner. — La biche nourrice. — La biche et la vieille femme, premier janvier. — La biche et la neige; la biche blanche.

Le cerf représente les formes brillantes qui apparaissent dans la forêt du nuage ou de la nuit; ces formes sont donc tantôt l'éclair et les traits de la foudre, tantôt le nuage lui-même d'où jaillissent les éclairs et les traits fulgurants, tantôt la lune dans l'obscurité de la nuit. Le cerf mythique est presque toujours entièrement brillant ou moucheté; quand il est noir, il est de nature démoniaque et il symbolise le ciel nocturne dans toute son étendue. Parfois le cerf lumineux est une forme que prend le démon de la forêt pour conduire le héros à sa perte.

Le *Rigveda* nous montre les Maruts, ou les vents qui produisent l'éclair et le tonnerre au sein du nuage, conduits par des antilopes. Les Maruts « qui brillent de

leur propre éclat sont nés avec des antilopes, avec
des lances, au milieu des grondements du tonnerre
et de la lueur des éclairs[1]. » « Ils ont attelé les
antilopes avec un joug rouge[2]. La jeune troupe des
Maruts se met d'elle-même en mouvement et se sert
d'une antilope en guise de cheval[3]. » Les coursiers des
Maruts, qui, nous venons de le voir, sont des antilopes,
sont ailés[4] et ont les sabots d'or[5]. Les antilopes des
Maruts sont resplendissantes[6]. Et non-seulement les
Maruts sont conduits par des antilopes, mais ils portent aussi sur leurs épaules des peaux d'antilopes[7].

Cependant l'antilope, la gazelle et le cerf, au lieu de
prêter secours au héros, le jettent le plus souvent dans
l'embarras et l'exposent au danger. C'est un thème
mythique que développent de nombreuses légendes indiennes.

Dans la première scène de la *Çakuntalâ* de Kâlidâsa,
une gazelle tachetée de noir (*Krishnasâra*) fait égarer
le roi Dushyanta.

Dans le *Mahâbhârata*[8], le roi Parîkshit poursuit une
gazelle et lui fait une blessure (comme le dieu Çiva
blessa un jour la gazelle du sacrifice); il suit ses traces,

---

[1] Yo *prishattbhir rishtibhih* sâkam vâçtbhir an*g*ibbi*h* — ag*â*yanta svabhânava*h*; *Rigv.*, I, 37, 2.

[2] Upo ratheshu *prishâtir* ayugdhvam prash*t*ir vahati rohita*h*; I, 39, 6.

[3] Sa hi sva*sr*it *prishadaçvo* yuvâ ga*n*a*h*; I, 87, 4.

[4] *A* vidyunmadbhir maruta*h* svarkâi rathebhir yâtha *rishtimadbhir* açvaparnâih; I, 88, 1.

[5] Açvâir hira*n*yapâ*n*ibhi*h*; VIII, 7, 27.

[6] Çubho samm*i*çlâ*h prishatir* ayukshata; III, 26, 4.

[7] Anseshu etâ*h*; *Rigv.*, I, 166, 10. — En ce qui regarde l'usage de ces peaux qui tiennent lieu de vêtements dans l'Inde, comp. la note étendue et instructive de M. le professeur Max Müller, *Rigveda-Sanhita Translated and Explained*, I, 221-223.

[8] I, 1603.

mais la gazelle se dérobe à sa vue, car elle a pris le chemin du ciel sous sa forme primitive (c'est-à-dire céleste). Le roi perd la trace de l'animal et se précipite au-devant du trépas en essayant de le retrouver.

Dans un autre passage du *Mahâbhârata*[1], le roi Pându est frappé de mort au moment où il prend Mâdrî pour épouse, en punition de ce qu'il a percé autrefois d'un trait une gazelle mâle, à l'instant où elle était sur le point de recueillir le fruit de son union avec la femelle de son choix.

Dans le *Vishnu P.*[2], le roi Bharata, qui avait quitté le trône pour se livrer entièrement à la pénitence, perd le fruit de sa vie ascétique en se rendant passionnément amoureux d'une jeune biche.

Dans le *Râmâyana*[3], Marîca, qui est au pouvoir d'un démon, se change par l'ordre de Râvana, le roi des monstres, en un cerf doré, parsemé de taches d'argent, avec quatre cornes d'or, ornées de perles et une langue aussi rouge que le soleil; il donne à Râma la tentation de le poursuivre afin d'avoir sa peau parsemée de taches argentées, que Sîtâ a manifesté le désir de posséder pour sa couche. Par ce moyen, le cerf (qui équivaut ici au lièvre) réussit à séparer Râma de Sîtâ. Alors il pousse un cri lamentable en imitant la voix de Râma, pour que Lakshmana, se précipitant au secours de son frère, laisse Sîtâ seule et que Râvana puisse enlever celle-ci impunément. Lakshmana ne l'abandonne qu'à regret, parce qu'en apercevant le cerf qui brille comme la constellation de la tête du cerf (ou de la gazelle, *Mrigaçiras*) il se doute

---

[1] I, 3811 et seqq.; I, 4585 et seqq.
[2] II, 13. Traduction de Wilson.
[3] III, 40, 48, 49.

que c'est une forme prise par Marîca qui a déjà causé ainsi la perte de plusieurs autres princes par lesquels il était chassé. La lune, indépendamment du nom de *Çaçadhara*, ou « celui qui porte le lièvre, » a aussi en sanskrit celui de *Mrigadhara*, « celle qui porte la gazelle » (ou le cerf). Le héros solaire s'égare dans la forêt de la nuit en poursuivant la gazelle-lune. Une gazelle démoniaque semble même figurer dans le R*igveda*, où l'on voit Indra combattre et tuer un monstre appelé *Mriga*. La tradition germanique contient plusieurs légendes dans lesquelles le héros qui chasse le cerf, trouve la mort ou bien est entraîné en enfer[1].

De même que la lune est un cerf ou une gazelle qui vient derrière le soleil, on imagina quelquefois aussi que le héros ou l'héroïne solaires se changeaient en cerf ou en biche.

Dans le *Tuti-Namé*[2], un roi va à la chasse, tue une antilope, quitte la forme humaine et prend lui-même celle de l'antilope. Ce déguisement mythique peut s'expliquer de deux manières. Le soleil du soir réfléchit ses rayons dans l'océan de la nuit, le cerf-soleil voit l'image de ses cornes dans la fontaine ou le lac de la nuit et les admire. Dans cette fontaine réside une belle et séduisante sirène, la lune ; la fontaine est la demeure de la lune ; elle attire le héros-cerf qui se mire dans la fontaine et cause sa mort, ou bien le cerf fait arriver le héros auprès de la fontaine où il rencontre la mort[3]. Le cerf de la fable, après s'être miré

---

[1] Comp. Simrock, p. 334 de l'ouvrage cité plus haut.

[2] II, 258, trad. de Rosen.

[3] Oft führt der Hirsch nur zu einer schœnen Frau am Brunnen ; sie ist aber der Unterwelt verwandt und die Verbindung mit ihr an die Bedingung geknüpft, dass die ungleiche Natur des Verbundenen nicht

dans la fontaine, est mis en pièces par les chiens qui l'atteignent dans la forêt, parce que ses cornes se sont entrelacées dans les branches des arbres ; les rayons solaires sont enveloppés dans les branches de la forêt de la nuit. Actéon, changé en cerf et dévoré par les chiens pour avoir vu Artémis (la lune) toute nue dans son bain, est une autre version de la même fable. Dans Stésichore, cité par Pausanias, Artémis enveloppe Actéon d'une peau de cerf et le fait dévorer par les chiens pour qu'il ne puisse pas épouser la lune. Le soleil et la lune sont frère et sœur ; le frère trouve la mort en voulant séduire sa sœur. Un chant lithuanien dépeint la lune Menas (le Manu-s de l'Inde) comme le mari infidèle du Soleil (désigné au féminin) et la dit éprise d'amour pour Aushrine (la védique Usrâ, l'aurore matinale). Le dieu Perkuns venge le soleil en tuant la lune. Dans un chant serbe, la lune reproche son absence à sa maîtresse, ou à sa femme, l'Aurore du matin. L'Aurore répond qu'elle voyage sur les hauteurs de Belgrade, c'est-à-dire sur les hauteurs de la ville blanche ou brillante, dans le ciel, sur les montagnes élevées.

Le roi du *Tuti-Namé* qui se déguise en antilope paraît être une autre forme du héros solaire à l'approche de la nuit, ou de l'âne qui revêt la peau du lion. Mais la lune étant, dans l'Inde, aussi bien que le lion, le Mrigarâga ou le roi des animaux sauvages, la lune succédant au soleil, ou un mriga, un lion, un cerf en remplaçant un autre, quand le héros ou l'héroïne solaires entrent dans la nuit, celui-là, ou celle-ci, se montre sous la forme d'un cerf (ou d'une biche lu-

an den Tag gezogen werde ; Simrock, *Deutsche Mythologie*, p. 556. — Comp. tout le chapitre XX, *Sonnenmeier und Sonnenblick*, du même ouvrage.

mineuse) qui n'est plus le soleil mais la lune, et qui, bien que brillant, pénètre en enfer, se trouve en rapport avec les démons et devient lui-même démoniaque.

Artémis (la lune) est représentée sous les traits d'une divinité chasseresse frappant de la main gauche une antilope entre les cornes. On fait aussi gloire à cette déesse d'atteindre les cerfs sans le secours des chiens, peut-être parce qu'elle-même est parfois une chienne qui surprend le cerf solaire du soir. Les quatre cerfs d'Artémis correspondent, à mon avis, aux quatre cerfs qui, dans l'*Edda*, se tiennent autour de l'arbre Yggdrasill. Le cerf Eikthyrner, dont toutes les eaux s'écoulent quand il mange les feuilles de l'arbre Lerad, me semble, d'autre part, se rapporter au soleil plongeant et perdant ses rayons dans le nuage (il est aussi question, dans l'*Edda*, du cerf solaire).

Artémis, qui substitue une biche à Iphigénie sur le point d'être sacrifiée, paraît indiquer la lune-biche prenant la place de l'aurore du soir. Je reconnais aussi la lune dans la biche nourrissant, d'après Elien et Diodore, Télèphe, fils d'Héraclès (Héraclès dans le quatrième de ses travaux atteint la biche aux pieds d'or), qui avait été exposé dans la forêt par l'ordre de son grand père ; je la reconnais encore dans la biche qui, selon Justin, nourrit de son lait, dans la forêt, le neveu du roi des Tartessiens et plus tard, d'après la *Vie des Saints*, le bienheureux Ægidius ermite qui vivait dans la forêt. Plusieurs légendes du moyen âge reproduisent cette particularité du jeune héros abandonné dans la forêt et nourri soit par une chèvre, soit par une biche, la même qui sert plus tard de guide au roi, père du prince, quand il retrouve son fils, ou au prince qui vient chercher la princesse sa femme, qu'il avait abandonnée. C'est probablement par réminiscence de ces nourrices mythiques que, comme nous l'apprend Du Cange [1], des effigies de cerfs en argent (cervi argentei), étaient placées aux anciens fonts baptismaux chrétiens.

Parmi les coutumes des premiers chrétiens condamnées par saint Augustin, saint Maxence de Turin et d'autres écrivains sacrés, figurait celle consistant à se déguiser, le premier jour de janvier, en biche ou en vieille femme. La vieille femme et la biche représentent évidemment ici la sorcière ou la femme laide, image de l'hiver ; et comme l'hiver est, ainsi que la nuit, sous l'influence de la lune, le déguisement en biche était une autre manière de représenter la lune. Quand la lune ou le soleil brillent, la biche est lumineuse et généralement propice, la chèvre sauvage est bienfaisante (la chèvre sauvage, le daim et le cerf sont identiques dans les mythes ; le même mot, *mriga*, sert dans l'Inde à désigner la constellation de la gazelle et celle du capricorne ou de la chèvre sauvage) et elle écarte les loups du héros qui dort dans la forêt [2]. Quand le ciel est sombre, la biche, de brillante qu'elle était, devient noire, et, comme telle, elle est le plus sinistre des présages ; parfois, au milieu de la nuit ou de l'hiver, la belle biche lumineuse, c'est-à-dire la lune ou le soleil, disparaît et le monstre noir de la nuit ou de l'hiver reste seul visible. Dans le neuvième conte du *Pentamerone*, l'Huorco (le rakshas ou le monstre) se change en une jolie biche afin d'attirer le jeune Canneloro, qui la poursuit dans l'espoir de s'en emparer. Mais la prétendue biche l'entraîne au milieu de la forêt (de l'hiver),

---

[1] Du Cange ajoute : « Quod baptismum, quomodo cervus ad fontes aquarum, summo desiderio perveniendum esse monstraretur. »

[2] Comp. Porchat, *Contes merveilleux*, XIII.

où elle fait tomber tant de neige « che pareva che lo cielo cadesse » (la biche blanche en laquelle la sorcière change la belle fille, dans le conte de madame d'Aulnoy, paraît avoir la même signification); alors la biche redevient un monstre prêt à dévorer le héros. La période durant laquelle la lune est cachée ou en décroissance et la nuit obscure, était anciennement considérée dans l'Inde comme soumise à de funestes influences; l'époque de la pleine lune, ou, du moins, de la lune croissante, était, au contraire, regardée comme propice. Les habitants de nos provinces (d'Italie) ont gardé plusieurs croyances superstitieuses qui se rapportent à des idées de cette nature. Dans une légende ruthénienne publiée par Novosielski, l'étoile du soir (en lithuanien, *vakerinne*, en slave, *vécernitza*, l'aurore du soir) demande à son ami Lunus (le nom de la lune est masculin en slave comme en sanskrit) d'attendre un peu pour se lever, afin qu'ils puissent apparaître ensemble au-dessus de l'horizon, et elle ajoute : « Nous éclairerons ensemble le ciel et la terre : dans la campagne, les animaux seront joyeux et le voyageur nous bénira le long de sa route. »

# CHAPITRE X

## L'ÉLÉPHANT

---

**SOMMAIRE**

Le mythe de l'éléphant appartient complètement à l'Inde. — Les Maruts considérés comme des éléphants. — L'éléphant monté par Indra et par Agni. — Les quatre éléphants qui soutiennent le monde. — Airavana et Airavata. — L'éléphant devient démoniaque. — Nâga et naga; çringin. — Les singes combattent les éléphants. — L'éléphant dans le marais. — L'éléphant et la tortue; la guerre s'élève entre eux. — L'aigle, l'éléphant et la tortue. — L'oiseau, la mouche et la grenouille attirent l'éléphant à sa perte. — Les nains ermites. — La déchéance d'Indra et celle de son éléphant sont simultanées.

Toute l'histoire mythique de l'éléphant est circonscrite dans l'Inde. La force de sa trompe et de ses défenses, sa grandeur extraordinaire, la facilité avec laquelle il transporte de lourds fardeaux, la puissance de ses facultés génératrices dans la saison du rut, tout contribua à lui donner l'importance mythique et le renom qu'il acquit comme grand ravageur de la forêt céleste de l'obscurité ou des nuages, comme une sorte d'Atlas qui soutient les mondes et comme l'animal qui sert de monture au dieu de la pluie.

L'éléphant a déjà sa place dans le ciel védique.

Les Maruts, conduits par des antilopes, sont comparés à des éléphants sauvages qui nivellent les forêts[1];

---

[1] **Mrigâ iva hastinah khâdathâ vanâ yad âruntshu tavishir ayugdhvam**; Rigv., I, 64, 7.

les cornes des antilopes, les défenses du sanglier, la trompe et les défenses de l'éléphant, ont une signification identique et sont des images des rayons solaires, des éclairs et des traits de la foudre. Indra, le dieu de la pluie et du tonnerre, est comparé à un éléphant sauvage qui déploie sa force[1] — à un éléphant sauvage qui, dans la saison des amours, est en tous ses membres dans un état constant d'agitation fiévreuse[2]. On dit au dieu Agni d'apparaître comme un roi redoutable monté sur un éléphant[3].

L'éléphant représente en général le soleil quand il s'enferme dans le nuage ou dans l'obscurité, ou quand il en sort en émettant les rayons de lumière ou les lueurs de l'éclair (produites, supposait-on aussi, par le frottement du moyeu de la roue du char du soleil). Le soleil, dans les quatre saisons, visite les quatre coins de la terre, l'est et l'ouest, le sud et le nord ; de là, peut-être, est issue la conception indienne des quatre éléphants qui soutiennent les quatre coins de la terre[4]. Indra, le dieu de la pluie, est monté sur un éléphant énorme, *Airavata* ou *Airavana*, c'est-à-dire le nuage ou l'obscurité avec leurs éruptions lumineuses ; *airavatam* et *airavati* sont aussi des dénominations de l'éclair. L'éléphant *Airavana* ou *Airavata* est un des premiers nés des habitants du ciel ; c'est l'agitation de l'Océan céleste qui lui a donné naissance.

Cet éléphant joue un rôle important dans les batailles qu'Indra livre aux monstres ; aussi, Râvana, le monstre qui règne à Lankâ, porte-t-il toujours la trace des blessures que lui a faites l'éléphant *Airavata*, dans la

---

[1] *Mrigo na hasti tavishim ushanah*; Rigv., IV, 16, 14.

[2] *Dânâ mrigo na vâranan purutrâ caratham dadhe*; Rigv., VIII, 33, 8.

[3] *Yâhi râgevâmavân ibhena*; Rigv., IV, 4, 1.

[4] *Râmây.*, I, 42.

guerre qui eut lieu entre les dieux et les démons[1], bien qu'il se vante d'avoir été vainqueur un jour d'Indra monté sur l'éléphant Airavana[2].

Mais l'éléphant mythique n'a pas toujours gardé le caractère d'un animal chéri des dieux; il prit parfois un aspect monstrueux, quand ce fut au tour d'autres animaux d'obtenir des faveurs spéciales. Le soleil se cache dans le nuage, dans la montagne des nuages ou de la nuit, dans l'océan nocturne, dans l'automne ou dans le neigeux hiver. C'est pourquoi nous avons l'éléphant blanc (Dhavala), le meurtrier malfaisant des sages (*rishayas*, les rayons solaires); le vent, père de Hanumant, sous la forme d'un singe, le déchire avec ses griffes et lui arrache ses défenses; l'éléphant tombe comme une montagne[3] (la montagne de neige, ou le nuage blanc se dissout; cet éléphant blanc et la montagne blanche (Dhavalagiri) sont une seule et même chose; une équivoque se produisit facilement entre les mots *nâga* « éléphant » et *naga* « montagne » et « arbre; » le mot *cringin*, proprement « cornu, » signifie arbre, montagne et éléphant; le vent brise et disperse le nuage et chasse devant lui les avalanches de neige). C'est ainsi que le singe Sannâdana vainquit un jour, dit-on, l'éléphant Airavata[4]. (Le chemin septentrional de la lune est appelé *airavata-pathâ*.)

Nous avons déjà vu l'éléphant qui écrase les lièvres sous ses pieds sur les bords du lac de la lune et qui agite avec sa trompe les eaux de ce lac. Dans le *Râmâ-*

---

[1] III, 36.
[2] III, 47.
[3] *Râmây.*, V, 3.
[4] VI, 3.

yâna [1], Bhârata considère comme de sinistre augure d'avoir rêvé qu'un grand éléphant tombait dans un marécage. Le soleil se plonge dans l'océan de la nuit et des pluies d'automne.

L'éléphant qui approche des eaux ou qui s'y baigne est, au point de vue mythique, équivalent à la tortue lunaire et solaire qui habite sur les bords du lac et de la mer, ou au fond de la mer. Dans la cosmogonie indienne, c'est tantôt l'éléphant et tantôt la tortue qui supportent le poids du monde. Il en résulte une rivalité entre ces deux animaux mythiques.

C'est pour cette raison que l'aigle ou le roi des oiseaux, ou l'oiseau Garuda, l'oiseau solaire, est donné comme l'ennemi mortel soit du serpent, soit de l'éléphant (le mot *nâga* signifie à la fois serpent et éléphant ; *Airavata* est aussi le nom d'un serpent monstrueux), soit de la tortue. Dans le *Râmâyana* [2], l'oiseau Garuda porte dans les airs un éléphant et une tortue (les fables occidentales qui se rapportent à ce thème sont évidemment originaires de l'Inde) dans l'intention de les dévorer. La même légende est développée dans le *Mahâbhârata* [3] : deux frères se querellent à propos du partage de leurs biens ; ils se maudissent mutuellement et deviennent, l'un un éléphant gigantesque, l'autre une tortue colossale ; sous ces formes nouvelles ils continuent de combattre furieusement l'un contre l'autre au milieu d'un lac, jusqu'à ce que l'oiseau géant Garuda (le nouveau soleil) les enlève tous deux et les transporte au sommet d'une montagne.

Dans le quinzième conte du premier livre du *Panca-*

---

[1] II, 71.
[2] III, 59.
[3] I, 1333 *et seqq.*

*tantra*, nous voyons des oiseaux ennemis de l'éléphant à cause des ravages qu'il commet ; l'oiseau, la mouche et la grenouille machinent sa perte ; la mouche entre dans une de ses oreilles, l'oiseau lui donne des coups de bec dans les yeux et les lui crève ; la grenouille coasse sur les bords d'un marais profond ; l'éléphant attiré par la soif vient au marais et s'y noie.

L'éléphant védique qui est en relation avec Indra, le dieu de la pluie, est d'une nature divine ; mais quand Indra déchoit et cède la place aux dieux Brahma, Vishnu et Çiva, son éléphant éprouve le même sort et devient la proie de Garuda, l'oiseau de Vishnu. Dans la fable du *Pancatantra* citée plus haut, l'éléphant est en butte à la vengeance du moineau, parce qu'il a déraciné un arbre sur lequel le moineau avait fait son nid et déposé ses œufs, qui nécessairement avaient été brisés. La légende vishnuïte du *Mahâbhârata*, relative à l'oiseau Garuda qui porte l'éléphant dans les airs, présente plusieurs autres détails analogues et intéressants. L'oiseau Garuda s'envole avec l'éléphant et la tortue ; il se fatigue en route et se repose sur une grosse branche d'arbre ; mais la branche casse sous le poids énorme qu'elle avait à supporter. Or, à cette branche se trouvaient suspendus la tête à la renverse, par esprit de pénitence, plusieurs ermites nains nés des cheveux de Brahma ; l'oiseau Garuda prend dans son bec la branche entière avec les petits ermites et les transporte dans les airs ; ils parviennent pourtant à s'échapper. Ces ermites nains qui se trouvent sur la branche (et qui nous font penser aux fourmis) avaient autrefois maudit Indra. Kaçyapa Pragâpati, voulant un jour célébrer un sacrifice l'obtention d'un fils, donne l'ordre aux dieux de lui procurer du combustible. Indra, pareil aux quatre éléphants qui por-

tent le monde, met sur ses épaules toute une montagne
de bois. Chargé de ce fardeau, il rencontre sur son chemin les ermites nains qui traînaient une feuille dans
un chariot et couraient risque de se noyer dans un lac
grand comme l'empreinte du pied d'une vache. Indra,
au lieu de venir à leur aide, se met à rire et passe son
chemin ; les ermites nains indignés récitent des prières
pour obtenir la naissance d'un nouvel Indra ; c'est à
la suite de cette aventure que naquit l'Indra des oiseaux, — l'oiseau Garuda, le coursier de Vishnu, qui,
naturellement, est en guerre avec l'éléphant, le coursier d'Indra.

# CHAPITRE XI

## LE SINGE ET L'OURS

---



### SOMMAIRE

Dans l'Inde, le singe et l'ours vont déjà de compagnie ; *Gâmbavant* est
en même temps un grand singe et le roi des ours. — Hari, kapi,
kapilâ, kapidhvaga ; *riksha*, arka, ursus, arktos, rakshas ; la Grande-
Ourse ; *rishayas, harayas.* — Les Maruts, rivaux d'Indra ; Vishnu,
rival d'Indra ; les singes alliés de Vishnu ; le monstre védique sous
forme de singe, tué par Indra ; Hari ou Vishnu. — Hari, mère de
singes et de chevaux. — Bâlin, roi des singes et fils d'Indra, est mis
en déroute par son frère Sugriva, le fils du soleil. — Hanumant
opposé à Indra ; Hanumant fils du vent ; Hanumant considéré comme
le frère de Sugriva ; Hanumant est le frère ou le compagnon fort.
— Hanumant possède la faculté de voler ; il presse la montagne
et en fait sortir les eaux ; il entraîne les nuages derrière lui. — Les
singes épiques et les Maruts. — Le singe et l'eau. — Les singes et
les plantes salutaires. — Le monstre marin attire à lui l'ombre
de Hanumant et l'avale ; Hanumant sort sain et sauf du corps du
monstre ; la montagne Hiranyanabhas. — Hanumant se réduit à la
taille d'un chat pour aller à la recherche de Sîtâ ; Hanumant donne à
Sîtâ la preuve de sa puissance en se faisant aussi grand qu'un nuage,
ou qu'une montagne ; il massacre les monstres avec un pilier ;
Dadhyanc, Hanumant, Samson ; Hanumant dans les liens ; il met le
feu à Lankâ avec sa queue. — Le singe sacrifié pour guérir les brûlures des chevaux. — Sîtâ éprouve un faible pour Hanumant. —
Dvivida, le singe-monstre. — Le singe détruit le nid du moineau. —
Le singe arrache un roi de la gueule d'un monstre aquatique. — Le
singe démoniaque ; le singe et le renard. — Le singe trompeur. —
Sinistres présages fournis par le singe. — Le singe envie la queue
du renard. — Le singe idiot. — L'ours des Maruts. — Triçanku avec
la peau d'un ours ; les sept rishis. — *Riksharâga* ; la lune considérée
comme un père putatif. — Les ours et les singes dans la forêt de
miel ; Balarâma ; medvjed ; l'ours et le miel ; proverbes italiens ;
l'ours et le paysan ; l'ours trompé ; la vengeance de l'ours ; l'ours
dans le sac ; l'ours démoniaque ; l'ours et le renard ; le singe et le

bûcheron; l'ours et le tronc d'arbre; le paysan et le gentilhomme; la mort de l'athlète Milon; l'ours embarrassé dans le char tombé dans la citerne. — L'ours-roi; le monstre de la fontaine; les enfants que le père sacrifie à l'ours; les jeunes gens échappent à l'ours; le sommeil de l'ours. — L'ourson. — L'ours et les femmes. — Le héros ours; l'héroïne-ourse. — La vierge-ourse. — Ursule, Rikshikâ. — Ivanko Medviedko. — Kalisto. — L'ours musicien. — Le quatuor d'animaux. — L'ours et le singe. — L'ours et l'âne. — Le singe messager est une forme intermédiaire.

Je réunis dans un même chapitre deux animaux bien différents de caractère et d'espèce, mais que des analogies grossières, favorisées probablement par une équivoque de la langue, ont étroitement apparentés dans le mythe indien. Je dis le mythe indien, d'une manière spéciale, parce que le singe, qui est si commun dans l'Inde, fut longtemps inconnu de plusieurs nations indo-européennes dans les contrées diverses qu'elles habitaient; de sorte que, si elles avaient conservé une obscure réminiscence de ce mythe tant qu'elles eurent des rapports avec la région de l'Asie où la mythologie âryenne prit naissance, elles l'oublièrent vite quand elles ne virent plus l'animal même qui avait suggéré l'idée de la forme mythique primitive. Mais, comme ces peuples retenaient avec ténacité l'essence même du mythe, ils substituèrent petit à petit à l'animal mythique originel appelé singe, l'âne dans les pays méridionaux et l'ours dans le nord. Dans l'Inde même, nous voyons déjà les singes associés aux ours. La couleur rousse du poil, le défaut de symétrie et l'aspect peu avantageux de la forme, la force des avant-bras, la faculté de grimper, le peu de longueur de la queue, la sensualité, l'aptitude à apprendre à danser et à conformer leurs mouvements aux modulations musicales, sont autant de caractères qui se rencontrent plus ou moins chez les ours aussi bien que chez les singes.

Dans le *Râmâyana*, le sage *Gâmbavant*, l'Odysséus de l'expédition de Lankâ, est appelé tantôt le roi des ours (*rikshapârthiva* [1]), tantôt le grand singe (mahâkapi [2]).

Le mot *hari* signifie « beau, » « doré, » « roux, » « soleil » et « singe ; » le mot *kapi* (dont le sens primitif est probablement « variable ») signifie « singe » et « soleil. » En sanskrit, *vidyut*, ou la foudre, à l'éclat roux, c'est-à-dire de la nuance du singe, s'appelle aussi *kapilâ*. Arguna, le fils d'Indra, a pour emblème distinctif le soleil ou un singe figurés sur son étendard ; on lui donne pour ce motif l'épithète de Kapidhvaga.

M. le professeur Kuhn suppose aussi que le mot *riksha*, qui signifie « ours » et « étoile, » est dérivé de la racine *arc*, dans le sens de briller (*arka* signifie le soleil), en raison de la couleur rousse du poil de l'ours [3]. Mais *riksha* (de même qu'*ursus* et *arktos*) peut aussi être dérivé de *rakshas*, le monstre (considéré peut-être comme celui qui retient, qui resserre, qui presse (*arct-or*); ainsi, le mot même qui désigne cet animal marque la transition de l'idée de l'ours divin à celle de l'ours-monstre.

---

[1] *Râmây.*, IV, 63.

[2] V, 55.

[3] En ce qui regarde le rapport qui existe d'une part entre les sept *rikshas* (*rishayas*, « sages » « étoiles » ou « ours ») des Indiens, et de l'autre les *septem triones*, les sept étoiles de l'ours (arktos, arkturus) et les régions arctiques, comp. l'intéressante discussion de M. le professeur Max Müller, dans la deuxième série de ses *Lectures*. — Les sept *Rishayas* sont identiques aux sept *Angirasas*, au sept *Harayas* et aux *Marutas*, qui sont au nombre de sept (multiplié par trois, c'est-à-dire de vingt et un). Les Maruts, considérés comme *harayas*, sont des singes. La femme du roi des singes est appelée Târâ, c'est-à-dire « étoile ». Il y a donc, paraît-il, le même rapport entre le singe et l'étoile qu'entre l'ours et l'étoile, et nous avons là un nouvel argument qui confirme l'identité mythologique des deux animaux.

Dans le *Rigveda*, les Maruts sont représentés comme les plus puissants auxiliaires d'Indra ; mais un hymne védique nous fait déjà voir en eux ses rivaux. Le dieu Vishnu, dans le *Rigveda*, est, en général, une forme amie d'Indra ; toutefois, dans quelques hymnes, il apparaît déjà comme son antagoniste. Nous avons parlé dans le chapitre précédent de l'oiseau de Vishnu, du vent, père de Hanumant, et d'un singe, qui sont les ennemis de l'éléphant d'Indra. Dans la tradition épique de l'Inde, Vishnu, personnifié dans Râma, a les singes pour alliés. La forme la plus lumineuse et la plus éclatante du dieu est très-distincte de ses manifestations occultes et mystérieuses. Vishnu, le soleil, les rayons solaires, la lune et les vents qui produisent les éclairs, sont figurés par une armée de singes dorés destinée à combattre le monstre. Dans le *Rigveda*, au contraire, le singe a, pour la même raison, une forme monstrueuse ; avec le temps, ce qui était démoniaque devient divin et, réciproquement, ce qui était divin devient démoniaque. Au quatre-vingt-sixième hymne du dixième livre du *Rigveda*, Vishnu, sous la forme de Kapi (singe) ou de Vrishâkapi (singe qui répand, singe qui produit la pluie), vient détruire les offrandes du sacrifice chères à Indra. Indra, dont la puissance est suprême, lui coupe la tête, parce qu'il ne veut point avoir d'indulgence pour un être malfaisant [1]. Ce singe est probablement le nuage de la pluie où brille l'éclair rougeâtre, le nuage emporté par le vent qu'Indra perce avec la foudre, bien que ces mêmes nuages où scintille l'éclair, où gronde le tonnerre, et qu'emportent les vents, ou les Maruts (les nuages qui sont les Maruts eux-mêmes),

----

[1] Priyâ tashtâni me kapir vyaktâ vy adûdushat çiro nv asya râvisham na sugam dushkrite bhuvam viçvasmâd indra uttarah ; str. 3.

soient ordinairement représentés dans le *Rigveda*
comme prêtant secours au dieu suprême. Un différend
s'étant élevé entre Vishnu et Indra, ainsi qu'entre les
Maruts et Indra, les Maruts se rangèrent du parti de
Vishnu, et, comme Vishnu, ils devinrent des singes, — le
mot *hari*, qui est l'épithète favorite de Vishnu (lequel est
tantôt la lune et tantôt le soleil), signifiant aussi singe.
Vishnu s'entoure de singes brillants, roux ou dorés, ou
de haris (les rayons solaires ou l'éclair, les nuages qui
lancent la foudre et qui font entendre le bruit du tonnerre), de même que l'Indra védique était conduit par
des haris. Râma *kapiratha* est simplement une incarnation de Vishnu, usurpant les droits d'Indra, qui avait
fini, comme nous l'avons vu, par prêter ses haris à
Vishnu afin qu'il pût faire ses trois pas célèbres. Évidemment, Vishnu oublia de rendre à son ami ses trois
coursiers au pelage doré ; aussi, depuis cette époque,
l'énergie d'Indra passe presque toute entière à Vishnu,
qui, sous la forme de Râma et avec l'aide des haris ou
des roux, c'est-à-dire des singes, s'avance à travers le
Dekhan (contrée qu'habitent une multitude de singes),
pour aller conquérir l'île de Lankâ. Le *Mahâbhârata*
nous apprend que les singes et les chevaux avaient
Harî pour mère [1]. Les brillants Maruts forment l'armée
d'Indra, les singes et les ours au pelage roux composent
celle de Râma ; et, plusieurs fois, la nature mythique
et solaire des singes et des ours du *Râmâyana* se
révèle. Le roi des singes est un dieu solaire. L'ancien
roi s'appelait Bâlin et était fils d'Indra (Çakrasûnu).
Son jeune frère Sugrîva, celui qui change de forme à
volonté (kâmarûpa), lequel usurpa son trône avec
l'aide de Vishnu-Râma, est le propre fils du soleil

---

[1] I, 2628.

(bhâskarasyâurasa*h* putra*h*sûryanandanah)[1]. Il est évident que l'antagonisme védique d'Indra et de Vishnu se reproduit ici sous une forme zoologique, et les singes en sont les acteurs exclusifs. Le vieux Zeus doit céder la place au nouveau, la lune se retirer devant le soleil, le soleil du matin succéder à celui du soir, le soleil du printemps remplacer celui de l'hiver ; le jeune soleil trahit et supplante l'ancien. Nous avons déjà vu que la légende des deux frères Bâlin et Sugrîva est une des formes prises par le mythe des Açvins. Râma, qui met à mort traîtreusement Bâlin, le vieux roi des singes, est l'équivalent de Vishnu, qui chasse du trône Indra, son prédécesseur ; quant à Sugrîva, le nouveau roi des singes, il ressemble à Indra, quand il promet de retrouver Sîtâ enlevée, de même que Vishnu, dans une de ses incarnations, retrouve les Védas perdus. Il y a, du reste, dans le *Râmâyana*, d'autres indications de l'antagonisme qui règne entre Indra et les singes auxiliaires de Râma. Le grand singe Hanumant, dont la couleur est le jaune d'or (hemapi*n*gala), a eu la mâchoire brisée parce qu'Indra l'a frappé de sa foudre et l'a fait tomber sur une montagne pour le punir de ce qu'encore enfant, il était monté sur une montagne et s'était élevé dans les airs afin d'arrêter la course du soleil dont les rayons n'avaient pas d'effet sur lui [2].

La légende tout entière du singe Hanumant représente le soleil entrant dans le nuage ou l'obscurité, puis, en sortant. On lui donne pour père, tantôt le vent, tantôt l'éléphant des singes [3] (kapiku*n*gara), tantôt enfin

---

[1] III, 75.
[2] V, 2 ; VII, 39.
[3] V, 3.

keçarin, le soleil à la longue chevelure, le soleil doué d'une crinière, le lion-soleil (d'où son nom de keçari-*nah* putrah). A ce point de vue, Hanumant semblerait être le frère de Sugrîva, qui est aussi issu du soleil, le frère fort de la légende des deux frères en relation avec celle des trois frères; c'est-à-dire, que nous aurions trois frères, qui sont tantôt Bâlin, Hanumant et Sugrîva, et tantôt Râma, Hanumant et Lakshmana. Le frère fort est entre les deux autres ; le soleil dans le nuage, dans l'obscurité ou dans l'hiver, est placé entre le soleil du soir et celui du matin, ou bien entre le soleil expirant de l'automne et le soleil nouveau du printemps.

Hanumant vole ; la faculté de voler dont il jouit a pour siége ses flancs et ses hanches, qui lui servent d'ailes. Hanumant monte à la cime du mont Mahendra pour s'élancer dans les airs ; en étreignant la montagne (il est alors un véritable vrishâkapi), il en fait jaillir de l'eau ; quand il se met en mouvement, les arbres de la montagne sont arrachés et suivent le courant qu'il établit en fendant les airs pour s'y frayer un chemin ; (nous rencontrons, ici encore, la forêt mythique, l'arbre mythique qui se meut spontanément comme un nuage). Le vent gronde sous ses aisselles comme un nuage (*gîmûta iva garYati*) et l'ombre qu'il laisse traîner derrière lui dans l'air ressemble à une rangée de nuages ( *megharâgîva vâyuputrânugâminî* )[1] ; il entraîne les nuages derrière lui. C'est ainsi que tous les singes épiques du *Râmâyana* sont décrits au vingtième chapitre du premier livre, avec des expressions en analogie étroite avec celles qui sont appliquées aux Maruts dans les hymnes védiques ; ils sont aussi rapides que l'ouragan (*vâyuvegasamâs*), ils changent de

---

[1] *Râmây.*, V, 4 ; V, 5.

forme à volonté (kâmarûpinas), ils font un bruit pareil à celui des nuages, ils grondent comme le tonnerre, ils livrent bataille, lancent contre leurs ennemis des cimes de montagnes et brandissent de grands arbres qu'ils ont déracinés; pour armes, ils ont leurs griffes et leurs dents, ils font trembler les montagnes, arrachent les arbres, agitent les eaux profondes, broient la terre dans l'étreinte de leurs bras, s'élèvent dans les airs et font tomber les nuages. Bâlin, le roi des singes, sort de la caverne, comme le soleil sort du nuage (toyadâdiva bhâskarah) [1].

De même que nous avons vu les haris ou les chevaux d'Indra, les gandharvas et l'âne mythique en rapport avec les eaux salutaires, les herbes et les parfums, les singes dans le *Râmâyana* transportent les herbes et les racines salutaires de la montagne, c'est-à-dire, du nuage-montagne ou de la montagne des parfums.

Le nuage dans lequel le soleil Hanumant voyage à travers les airs, jette de l'ombre sur la mer; un monstre marin aperçoit cette ombre et s'en sert pour attirer à lui Hanumant. (Nous connaissons déjà le héros intrépide que son ombre fait égarer). Hanumant est kâmarupâ, comme Sugrîva et comme tous les autres singes

---

[1] *Râmây.*, IV, 12; V, 6. — Nous trouvons aussi le singe sur mer dans un apologue grec, mais le sujet est un peu différent. Un singe qui, pendant une tempête, a été jeté hors d'un vaisseau et porté par les flots tourmentés au pied du promontoire de l'Attique, est pris pour un homme par un dauphin; le dauphin, qui a beaucoup d'attachement pour la race à laquelle il présume qu'il appartient, le prend sur son dos et se dirige avec lui vers le rivage. Cependant, avant de le déposer sur la terre ferme, il lui demande s'il est Athénien; le singe répond qu'il est de naissance illustre; le dauphin lui demande encore s'il connaît le Pirée; le singe, croyant qu'il s'agit d'un homme, dit que c'est un de ses grands amis. Le dauphin, à ces mots, furieux de s'être trompé, rejette le singe à la mer.

qui l'accompagnent. Quand il voit le monstre sur le
point de l'avaler, il dilate et agrandit sa gueule dans
des proportions énormes, l'agresseur prend aussi un
développement analogue ; alors Hanumant réitérant
le prodige qu'accomplit son prototype Hari ou le nain
Vishnu, se rend aussi petit que le pouce de la main, pénètre dans le corps gigantesque du monstre et en sort
par l'autre extrémité. Hanumant continue son vol à travers l'Océan afin d'atteindre l'île de Lankâ. L'Océan a pitié de lui, et, pour le secourir fait surgir le mont Hiranyanabhas, c'est-à-dire au nombril d'or, la montagne de
laquelle se lève le soleil ; Hanumant dit[1] qu'il frappa
la montagne avec sa queue et en brisa la cime qui était
brillante comme le soleil, afin de pouvoir s'y reposer.
Il reprend ensuite son vol et rencontre un nouvel obstacle dans le monstre-marin Sinhikâ (la mère de Râhu,
l'éclipse à queue de serpent, qui dévore tantôt le soleil
et tantôt la lune). Sinhikâ attire aussi à elle l'ombre de
Hanumant ; celui-ci a recours encore à son premier
stratagème, se rapetisse et lui pénètre dans le corps ;
mais, il n'y est pas plutôt entré qu'il augmente de volume, se gonfle extraordinairement, déchire les entrailles du monstre, le fait périr et s'échappe ; cet exploit
lui vaut les félicitations des oiseaux qui pourront désormais traverser l'Océan en toute sécurité[2]. Arrivé à
Lankâ, Hanumant se réduit à la taille d'un chat (*vrisha-
dançapramânah*) afin de pouvoir chercher et découvrir
Sîtâ au clair de la lune ; quand il la trouve et lui propose de l'emporter de Lankâ, elle ne peut croire qu'un
si petit animal soit capable d'accomplir une pareille
entreprise ; alors, Hanumant devient aussi gros qu'un

---

[1] *Râmây.*, V, 56.
[2] V, 8.

nuage noir et aussi grand qu'une montagne ; il renverse en brisant les arbres toute la forêt d'açokas,
il monte sur un temple que supportent mille colonnes,
frappe dans ses mains et remplit Lankâ tout entière du
bruit qui en résulte ; il arrache du temple un pilier
doré, et le brandissant dans tous les sens, il fait un
massacre général des monstres [1]. Le singe mythique
ressemble à l'âne mythique ; de là, l'analogie qui existe
entre la légende de Dadhyanc (citée au second chapitre), celle de Samson et celle de Hanumant. Mais la légende du singe Hanumant présente une autre ressemblance curieuse avec celle de Samson. Hanumant est
attaché avec des cordes par Indragit, le fils de Râvana [2] ;
il pourrait facilement se délivrer, mais il ne veut pas le
faire. Râvana, pour le couvrir de honte, donne l'ordre
de lui brûler la queue, parce que la queue est chez les
singes la partie du corps la plus respectée (kapînâm
kila lângulam ishtham ; ce qui a donné naissance à
la fable du singe qui se plaint de ne point avoir de
queue). La queue de Hanumant est enduite de graisse,
on y met le feu et il traverse dans cette situation igno-
minieuse les rues de Lankâ. Mais Sitâ ayant invoqué
la faveur du dieu Agni, le feu se joue autour de la
queue de Hanumant sans la brûler ; il peut même par
ce moyen tirer vengeance de l'insulte qu'il a reçue
en mettant le feu à la ville qui est réduite en cendres [3]. (La queue de Hanumant, identifié ici à Indra,

[1] v, 37.

[2] *Râmây.*, v, 50.

[3] v. 50. — Il est dit, au contraire, dans le *Pancatantra*, v, 10, que les
singes possèdent la faculté de guérir les blessures des chevaux qui ont
été échaudés ou brûlés, comme le soleil du matin a le pouvoir de dis-
siper les ténèbres. D'après une autre version de ce conte contenue
dans le *Tuti-Namé*, 1, 130, la morsure d'un singe ne peut être guérie
que par le sang même du singe qui l'a faite.

qui met le feu à la ville des monstres, est probablement
une personnification des rayons du soleil du matin ou
du printemps, qui mettent le feu à la partie orientale
du ciel et détruisent le séjour des monstres de la nuit
ou de l'hiver). Les exploits des Maruts dans le *Rigveda*,
et ceux du singe Hanumant dans le *Râmâyana*, prennent de telles proportions, qu'elles obscurcissent la
gloire d'Indra et celle de Râma; le premier, sans les
Maruts, le second, sans Hanumant, seraient incapables
de vaincre les monstres. Sîtâ s'en rend si bien compte,
que, vers la fin du poème, elle fait à Hanumant un présent de nature à exciter la jalousie de Râma. Hanumant,
toutefois, est un chevalier délicat et dévoué; il ne désire d'autre récompense de l'entreprise difficile qu'il a
accomplie, que la satisfaction d'avoir défendu une cause
juste au service de son maître. Du reste, un dicton populaire de l'Inde prétend que les singes n'ont pas pour habitude de pleurer sur eux-mêmes[1]; ils pleurent (rodanti)
pour les autres. La même remarque est vraie pour les
Rudras, ou les vents qui gémissent dans le nuage; ce
n'est pas pour eux qu'ils font entendre leurs plaintes;
leurs larmes, qui tombent à terre, sont les pluies bien-
faisantes par lesquelles ils fertilisent nos campagnes et
tempèrent la chaleur de nos étés; néanmoins, ils ressentent eux-mêmes, plus tard, en tant que rayons solaires,
le bienfait des larmes, c'est-à-dire de la pluie. Dans
le *Râmâyana*, les singes qui périssent dans la bataille,
sont ressucités par la pluie; quand les nuages se résolvent en eau, les êtres à la blonde chevelure, les dorés,
les haris, les rayons du soleil ou les singes reparaissent dans toute leur vigueur. Il y a dans l'Inde une es-

---

[1] Agnatakulaçîle'pi prîtim kurvanti vânarâh âtmârthe ca na rodanti;
Bœthlingk, *Indische Sprüche*, 107.

pèce de singe (semnopithecus entellus) vénéré comme un animal sacré, parce qu'il a pris part, suppose-t-on, à l'entreprise de Râma, et qu'il a dérobé dans l'île de Lankâ le fruit du manguier. Une tradition populaire de l'Inde, qui est une variante de l'épisode du *Râmâyana* relatif à l'incendie de Lankâ allumé par la queue de Hanumant, nous apprend que le singe voleur, condamné au bûcher pour son crime, parvint à éteindre le feu, mais se brûla les mains et la figure, qui sont restées noires depuis cette époque. Nous trouverons une légende analogue au chapitre des Poissons.

Nous avons vu jusqu'ici le nuage-singe d'où sort le soleil et dans lequel il rentre. Mais nous avons déjà dit plus d'une fois que le soleil prend souvent la forme d'un monstre quand il est enfermé dans le nuage ou dans l'obscurité. C'est ainsi que nous expliquons la légende du divin héros Balarâma, qui, d'après le *Vishnu P.* [1], fit périr le démon Dvivida, lequel avait revêtu la forme d'un singe. Dans le dix-huitième conte du premier livre du *Pancatantra*, un singe secoue, tandis que le vent souffle et que la pluie tombe, un arbre sur lequel un moineau a fait son nid, et brise les œufs que ce nid contient. Dans le dixième conte du cinquième livre, le roi des singes attire au moyen d'une couronne de perles le roi d'une certaine contrée qui avait tué des singes pour guérir les brûlures de ses chevaux, (à qui le feu avait été communiqué par la laine d'un bélier que le cuisinier avait chassé de la cuisine avec un tison enflammé), et le fait arriver auprès d'une fontaine gardée par un monstre, qui dévore le roi et les personnes de sa suite. Dans le onzième conte du même livre, un singe monté

---

[1] V, 36.

sur un arbre est l'ami d'un des deux monstres crépusculaires, et ce monstre l'invite à dévorer l'homme ; celui-ci, pourtant, rend blessure pour blessure et mord
cruellement la longue queue du singe ; il croit alors que
cet homme est plus fort que le monstre, et ce dernier s'i-
magine que l'homme qui tient le singe par la queue avec
les dents est le monstre de l'autre crépuscule, c'est-à-
dire du crépuscule du matin. Ici, le singe est confondu avec le renard, animal mythique d'une nature
spécialement crépusculaire et auquel sa queue porte
aussi malheur. Le lecteur a déjà remarqué l'analogie
étroite qui existe entre la queue incendiaire du singe
Hanumant et la queue des renards de la légende de
Samson. Les proverbes helléniques et latins regardent
généralement le singe comme un animal très-rusé, de
sorte qu'Hercule et le singe représentent l'alliance de
la force et de la ruse. D'après Cardan, un singe vu
en rêve est un présage de tromperie. Selon Lucien,
quand on rencontre un singe dès le matin, c'est un
signe que la journée sera funeste. Les Spartiates con-
sidérèrent comme un augure des plus funestes, que le
singe du roi des Molosses eût renversé leur urne tandis
qu'ils étaient allés consulter l'oracle. Au témoignage de
Suétone, quand Néron crut voir son cheval s'enfuir en
ayant les parties postérieures de la forme de celles
d'un singe, il considéra ce fait comme un pronostic de
mort. Le singe était donc ordinairement regardé en
Grèce et à Rome comme un animal rusé et démoniaque. D'un autre côté, le héros dans le nuage, dans
l'obscurité, ou en enfer, apprend la sagesse ; et, de
même qu'auparavant il n'est qu'un pauvre idiot, le
singe, lui aussi, est dépeint parfois dans les anciennes
fables de l'Europe méridionale comme un animal d'une
intelligence très-bornée. Nous avons en Italie un pro-

verbe qui dit que chaque singe trouve beaux ses petits ; cette idée se rapporte à l'apologue du singe qui pense que ses petits sont les plus jolis animaux du monde, parce que Jupiter ne put un jour s'empêcher de rire en les voyant gambader. Dans une épigramme latine, le renard se moque en ces termes du singe qui lui demande la moitié de sa queue, en donnant pour raison que cela le débarrasserait d'un appendice inutile, tandis que lui-même y trouverait l'objet requis pour ouvrir et protéger ses fesses trop dénudées :

> « Malo verrat humum quam sit sibi causa decoris,
> Quam tegat immundas res bene munda nates. »

Dans l'Inde, le rapprochement du singe et de l'âne, considéré comme un animal stupide, est encore plus fréquent. Dans un conte du *Pancatantra*, nous voyons les singes essayant de s'échauffer à la lumière que projette un ver luisant ; ailleurs, un singe qui prétend corriger le travail d'un charpentier, trouve la mort en mettant ses pattes dans la fente d'un tronc d'arbre, et en retirant sans réflexion le coin qui tient cette fente entrebâillée. Le *Tuti-Namé*[1], contient une autre version de la fable de l'Âne et de la lyre, dans le récit relatif au sage Sâz-Perdâz, qui apprend d'un singe, auquel le vent sert d'auxiliaire, le moyen de fabriquer des instruments de musique. (Le nuage tonnant est, en mythologie, l'instrument de musique par excellence ; c'est le vent qui le fait mouvoir, c'est le vent qui le rend sonore : le héros dans le nuage, qu'il soit gandharva, âne ou singe, est musicien).

Un hymne védique mentionne déjà le fort, le puissant, le terrible ours des Maruts[2] ou des vents, dans le

_______

[1] I, 268.

[2] Ṛkṣho na vo marutaḥ çimîvân amo dadhro gaúriva bhîmayuḥ ; — Rigv., V, 56, 3.

nuage orageux où brille l'éclair et gronde le tonnerre.
Un autre de ces hymnes semble indiquer la constellation
de l'ourse [1]. Dans le *Râmâyana* [2], nous trouvons la
mention de cette même constellation à propos de la légende du roi Triçanku qui, après avoir été maudit par
les fils de Vasish*tha* [3], devient un candala couvert d'une
peau d'ours (*ri*kshacarmanivâsî). Viçvâmitra, le rival de
Vasish*tha*, lui promet de le faire entrer dans le ciel en
lui donnant pour déguisement son propre corps ; mais
Indra s'en indigne, le repousse avec mépris et le précipite dans le vide la tête la première. Vicvâmitra l'arrête
dans sa chute au milieu de la constellation des sept
*ri*shis ou des sept sages, c'est-à-dire de la Grande-
Ourse. Et de même que l'ours est en relation avec la
constellation polaire, avec les froides régions, avec
l'hiver et les étoiles, la lune, qui préside spécialement
à la nuit froide dans la saison des frimas, est appelée
en sanskrit *ri*ksharâga et *ri*kshçça, c'est-à-dire le
roi des brillants, le roi des étoiles, le roi des ours.
Le roi des ours prend aussi part à l'expédition de
Lankâ. Le roi des ours (qui est ici en relation avec la
lune), est le père eunuque et putatif du roi des singes, Sugrîva, qui avait été, au contraire, conçu dans le
sein de la femme du roi des ours par l'œuvre du soleil
magnanime [4]. Dirigés par le roi des ours (*ri*kshapâr-
thiva), c'est-à-dire par l'ours ou le singe Gâmbavant,

------

[1] Amî ya rikshâ nihitâsa uccâ ; Rigv., I, 24, 10.

[2] *Râmây.*, I, 60-62.

[3] Je dois signaler un léger désaccord entre la transcription des mots
sanskrits du texte et celle de ces mêmes mots dans les notes. Pour
celles-ci, j'ai suivi de point en point la transcription de l'auteur et je
figure, comme lui généralement, la dentale aspirée forte par *t* pointé
ou italique ; dans le texte, au contraire, je représente la même lettre
par *t* italique suivi de *h*. Partout ailleurs il y a concordance. (*Note du
Traducteur.*)

[4] VI, 40.

les singes entrent dans la forêt du miel (madhuvana) que garde le singe Dadhimukha (bouche de beurre, dont le père est Soma, le dieu de l'ambroisie Lunus) [1] et qu'ils dévastent et mettent au pillage, afin d'en savourer le miel [2]. Dans le *Vishnu P.* [3], Balarâma lui-même, le frère du dieu Krishna, s'enivre avec la liqueur spiritueuse contenue dans la cavité d'un arbre.

L'ours qui mange le miel est très-populaire dans la tradition russe ; le nom même de l'ours *medvied*, signifie en russe, celui qui connaît, qui sait trouver le miel (*miod* correspond au sanskrit *madhu* et signifie le miel à la douce saveur, l'ambroisie ; l'ours, dans le *madhuvana*, est l'équivalent du *medvied* des Russes).

Dans un conte slave, cité par *Afanassieff* dans les remarques sur le premier livre de son recueil de contes russes, l'ours, trompé par le lièvre, se trouve pris dans un tronc d'arbre. Il supplie un paysan qui vient à passer de le délivrer et lui promet de lui indiquer une ruche d'abeilles, en lui recommandant de ne dire à personne qu'il s'est laissé duper par un lièvre. Le paysan délivre l'ours, qui lui montre la ruche dont le paysan prend le miel et l'emporte chez lui [4]. L'ours

---

[1] VI, 6.

[2] V, 59.

[3] V, 25.

[4] Ce conte se récitait déjà avec quelques variantes au seizième siècle : « Demetrius Moschovitarum legatus Romam missus, teste Paulo Jovio (cité par Aldrovandi), narravit proximis annis viciniæ suæ agricolam quærendi mellis causa in prægrandem et cavam arborem superne desiliisse, cumque profundo mellis gurgite collo tenus fuisse immersum et biduo vitam solo melle sustinuisse, cum in illâ solitudine vox agricolæ opem implorantis ad viatorum aures non perveniret. Tandem hic, desperata salute, ursæ beneficio extractus evasit, nam hujus feræ ad mella edenda more humano in arboris cavitatem se demittentis, pollem tergoris manibus comprehendit et inde ab ursa subito timore exterrita et retrocedente extractus fuit. » Dans les fables de Kriloff, l'ours est aussi donné comme un mangeur de miel. — Dans un apologue d'Abs-

vient écouter à la porte pour entendre la conversation. Le paysan raconte qu'il s'est procuré du miel sur les indications d'un ours qui s'était trouvé pris dans un arbre en poursuivant un lièvre. L'ours forme le projet de se venger de cette indiscrétion. Un jour, il rencontre le paysan dans un champ et se dispose à se jeter sur lui et à le mettre en pièces [1], quand le renard fait son apparition, agite la queue et dit au paysan : « Homme, tu as de l'intelligence dans ta tête et un bâton dans ta main. » Le paysan avise immédiatement le stratagème

temius, l'ours est piqué par une abeille en cherchant du miel ; il se venge en détruisant les rayons de miel, mais les abeilles s'attroupent autour de lui, le piquent et le mettent à la torture de tous les côtés à la fois ; l'ours exprime alors le regret de s'être attiré de grands maux pour n'avoir pas su supporter une peine légère. — Les proverbes italiens où les poires se trouvent en rapport avec l'ours, ont trait aussi à l'hydromel ou au miel. Ces proverbes s'énoncent ainsi : « Dar le pere in guardia all' orso » (donner les poires à garder à l'ours) ; « Chi divide la pera (ou il miele) all' orso ne ha sempre men che parte » (celui qui partage la poire (ou le miel) avec l'ours en a toujours moins que sa part, c'est-à-dire que l'ours mange tout) ; et « l'orso sogna pere » (l'ours rêve de poires). Prendre l'ours, signifie s'enivrer ; l'ours, en effet, d'après les légendes, s'enivre souvent, avec du miel, comme l'Indra védique avec l'ambroisie et comme Balarâma avec la liqueur spiritueuse contenue dans la fente d'un arbre (*Vishnu P.*, v, 25). Le soleil dans le nuage et durant la saison des pluies ou de l'hiver boit au-delà du nécessaire. Dans une sentence du *Pancatantra*, I, 194, nous trouvons le soleil couchant comparé à un ivrogne ; comme l'ivrogne, le soleil couchant laisse tomber ses mains (ses rayons), sa tunique et devient tout rouge. » — Comp. aussi Ralston, *Songs of the Russian people*, p. 182.

[1] Dans le quinzième conte d'*Afanassieff*, l'ours se venge d'un vieillard qui lui avait coupé une patte avec sa hache ; il se fait une patte avec du bois de tilleul, surprend le vieillard et sa femme dans leur maison et les dévore. Dans le dix-neuvième conte du quatrième livre, l'ours fait alliance avec le renard que le paysan a rendu boiteux, ainsi qu'avec le taon qu'il a placé sous la paille, afin de se venger de ce même paysan qui, lui ayant promis de le rendre pommelé comme le cheval, l'a frappé çà et là avec une hache rougie au feu et lui a mis les os à nu. L'idée de cette fable se rattache peut-être à la superstition indienne d'après laquelle les brûlures d'un cheval sont guéries à l'aide d'un singe. En ce qui regarde les pattes de bois, ce sont sans doute les branches de la forêt, des nuages ou de la nuit.

qui lui est indiqué. Il demande d'abord à l'ours de lui laisser accomplir ses dévotions, puis, il s'offre en guise de pénitence à faire trois fois le tour du champ avec l'ours enfermé dans un sac sur son dos ; ensuite, l'ours fera de lui ce qu'il voudra. L'animal, tout fier d'être porté par l'homme [1] entre dans le sac ; le paysan l'attache solidement et le frappe avec son bâton jusqu'à ce qu'il périsse.

L'ours, qui représente ordinairement le brillant au sein des ténèbres, a souvent, dans la tradition slave, un caractère démoniaque [2] ou celui d'un idiot, comme l'âne. Dans le premier des contes russes, le renard effraie l'ours dont il délivre ensuite le paysan. (Le paysan des récits populaires rustiques est presque toujours un personnage héroïque qui devient sage et prince). Le paysan se joue deux fois de son compagnon l'ours : d'abord quand ils sèment ensemble des navets et que le paysan se réserve ce qui pousse en terre, en laissant à l'ours ce qui sort et s'élève au-dessus du sol ; puis, quand ils sèment du blé et que

---

[1] Dans le dixième conte du troisième livre d'*Afanassieff*, Nadzei, fils d'une vierge, fille d'un prêtre, abat la forêt et en fait sortir, sans l'aide de personne, l'ours qui détruisait les chats.

[2] Dans une description du dernier dimanche du carnaval romain au treizième siècle donnée par Du Cange au mot *Carnelevarium*, nous lisons : « Occidunt ursum, occiditur diabolus, id est, temptator nostræ carnis. » — En Bohême, c'est encore la coutume, à la fin du carnaval, d'amener l'ours, c'est-à-dire un homme déguisé en ours avec de la paille et qui demande de la bière à la ronde (ou de l'hydromel qui tient la place du miel mythique ou de l'ambroisie). Les femmes s'emparent de la paille de l'ours pour la mettre dans le nid de leurs poules, afin d'augmenter leur ponte. En Souabe, l'ours empaillé est accusé d'avoir tué un chat aveugle, et, pour ce fait, condamné en forme à subir la mort après avoir eu deux prêtres à ses côtés pour le consoler ; le mercredi des Cendres, l'ours est brûlé solennellement. — Comp. Reinsberg von Düringfeld, *Das festliche Jahr*. — Le poète Hans Sachs, cité par Simrock, parle de deux vieilles femmes couvertes d'une peau d'ours qui doivent être présentées au diable.

l'ours, se croyant désormais expert, prend pour sa part ce qui croît en terre et cède au paysan ce qui pousse au dehors. Le paysan est sur le point d'être dévoré par l'ours, quand le renard vient à son secours[1]. Dans le premier conte du quatrième livre d'*Afanassieff*, le renard vient passer l'hiver dans la tanière de l'ours et dévore toute la provision de poules que l'ours avait amassée. L'ours lui demande ce qu'il mange, et le renard lui fait croire qu'il prend de la chair de son front. L'ours désire savoir si c'est bon et le renard lui en donne à goûter; alors, l'ours essaie de prendre aussi de la chair de son front, mais il se tue, et le renard a, de cette façon, de quoi manger pendant un an.

Le roman du renard nous offre aussi le renard en opposition avec l'ours, auquel il fait prendre les pattes entre les deux parties d'un arbre fendu, comme il arriva au singe de l'Inde dans le *Pancatantra*. Dans le conte russe[2], nous avons le paysan en place du renard, et, au lieu du singe ou de l'ours, le gentilhomme (qui, aux yeux du pauvre, est souvent une personnification du démon) dont les mains sont prises dans la fente d'un

---

[1] M. Liebrecht (*Academy*, juin 1873, nº 74), dit à ce propos : « Ce conte se trouve aussi en Norwége (Asbjornson, ny Samling, Christiania, 1871, nº 74, 3) et en Allemagne (Grimm, nº 189), mais ici c'est le diable qui est trompé. On peut ajouter aux renvois de Grimm (vol. III) un conte caucasien (*Magazin für die Litter. des Auslands*, 1834, nº 154), dans lequel le diable prend aussi la place de l'ours, ainsi que l'ancien ouvrage espagnol intitulé *Conde Lucanor*, c. 41, où c'est le vice (el mal) qui est dupé par la vertu (el bien), à propos du partage d'un champ de navets. L'auteur du *Conde Lucanor* a tiré une grande partie de sa collection de contes de sources arabes, et c'est ainsi que la circonstance dont il s'agit se retrouve dans un des poèmes de Rückert (p. 75), dont l'origine est identique.» — Comp. aussi *Afanassieff*, II, 33. — Dans un conte populaire norwégien, le renard fait prendre à l'ours un poisson avec sa queue, qui se gèle dans l'eau. — N. Liebrecht (*loc. cit.*), remarque aussi que ce conte se retrouve dans plusieurs contrées.

[2] *Afanassieff*, V, 2.

arbre. Le paysan se venge ainsi du gentilhomme qui, après avoir acheté à d'autres un petit serin pour quinze roubles, avait refusé de lui en donner cent pour une grosse oie. L'athlète Milon de Crotone, ce héros légendaire, dont la force était prodigieuse et auquel il fallait pour sa nourriture de chaque jour un bœuf de quatre ans, fut dévoré par les bêtes féroces pour s'être fait prendre les mains dans un tronc d'arbre qu'il essayait de fendre. Dans les mythes, l'animal et le héros se substituent constamment l'un à l'autre. Dans le quatrième conte du cinquième livre d'*Afanassieff*, la mort du paysan est causée par les cigognes funèbres et démoniaques et par l'ours. Le paysan s'attache sur sa voiture pour ne pas tomber; le cheval veut boire et tire la voiture dans un puits. Un ours, qui était poursuivi, passe en cet endroit, tombe dans le puits par inadvertance, s'embarrasse dans la voiture et se voit forcé pour se dégager de retirer la voiture, le paysan et tout ce qui en dépend. Un instant après, l'ours monte sur un arbre pour chercher du miel; un autre paysan vient à passer, voit l'ours sur l'arbre et l'abat, pour s'emparer de l'animal; l'ours et la voiture tombent à terre et le paysan est tué, tandis que l'ours se dégage et s'échappe. L'ours qui cherche le miel, et l'ours dans le puits, nous rappellent *l'asinus in unguento* et l'âne au milieu des roses; l'âne, ami du jardinier ou du prêtre de Flore et de Pomone, dans la fable de La Fontaine [1], a la même signification. Dans le vingt-huitième conte du cinquième livre d'*Afanassieff*, le roi-ours se tient caché dans une fontaine (nous avons déjà vu le singe de l'Inde attirant un roi dans la gueule d'un monstre qui se trouve dans une fontaine); un roi va à la chasse,

---

[1] VIII, 10.

a soif et veut boire à cette fontaine; l'ours le saisit
par la barbe et ne le lâche qu'à condition qu'il lui cé-
dera ce qu'il possède chez lui sans le connaître (c'est
une autre version du conte de Hariçcandra). Le roi y
consent et en rentrant à son palais il apprend qu'il lui
est né deux jumeaux, un garçon appelé Ivan et une
fille nommée Marie. Pour les sauver de l'ours, il les descend dans une caverne souterraine très-profonde, qu'il
munit d'abondantes provisions. Les jumeaux deviennent en grandissant pleins de santé et de force; le roi et
la reine meurent et l'ours vient chercher leurs enfants
qui lui ont été promis. Il trouve dans le palais royal une
paire de ciseaux auxquels il demande où sont les fils du
roi; les ciseaux lui répondent : « Jette nous à terre dans
la cour et cherche dans l'endroit où nous tomberons. »
Les ciseaux tombent précisément au-dessus de la retraite dans laquelle Ivan et Marie sont cachés. L'ours
creuse le sol avec ses pattes et va dévorer le frère et la
sœur; ils lui demandent la vie et l'ours la leur accorde
à la vue de la quantité de poules et d'oies dont ils sont
pourvus. L'ours se décide alors à les prendre à son service; à deux reprises ils tentent de s'échapper, la première fois avec l'aide d'un faucon, la seconde avec celle
d'un aigle : enfin, un taureau parvient à les délivrer.
Poursuivis par l'ours, ils jettent à terre un peigne qui
donne naissance à une forêt impénétrable; l'ours se
déchire les flancs et se fait de cruelles blessures en la
traversant. Ivan étend ensuite une serviette qui produit
un lac de feu; à cette vue, l'ours qui craint d'être brûlé
et qui préfère le froid à la chaleur, revient sur ses pas.

Dans le vingt-septième conte du cinquième livre
d'*Afanassieff*, un ours démoniaque au poil de fer dé-
vaste un royaume entier et en dévore tous les habitants; il ne reste plus qu'Ivan Tzarevic et Hélène

Prekrasnaia; mais le roi les avait placés avec des provisions au-dessus d'un pilier élevé (une nouvelle forme du mont Hiranyanabhas, d'où sort le soleil, qui s'élève du sein de la mer et sur lequel le grand singe Hanûmânt se repose. L'ours se trouve aussi en relation avec une pierre précieuse dans le *Vishnu P.* [1]. Dans le *Tuti-Namé* [2], le charpentier habitue deux ours à prendre leur nourriture sur une statue qui est l'image parfaite de son compagnon l'orfèvre avare, par lequel il a été frauduleusement dépouillé d'une certaine somme d'argent. Au moyen de ces ours, qu'il fait passer pour les deux enfants de l'orfèvre qui l'avaient quitté, il effraie celui-ci qui, voyant l'habileté du charpentier, se décide à lui rendre son argent). L'ours affamé s'approche du pilier. Ivan lui jette de la nourriture, et après l'avoir mangée, l'ours s'en va dormir [3]. Pendant son sommeil, Ivan et Marie prennent la fuite sur un cheval; l'ours se réveille, les atteint, les ramène au pilier et se fait jeter par eux de la nourriture, après quoi il retourne dormir. Le jeune frère et sa sœur essaient de s'échapper à cheval sur des oies; mais l'ours se réveille encore, les rattrape, brûle les oies et replace Ivan et Marie sur le pilier. Ils fournissent une troisième

---

[1] IV, 13.

[2] I, 6.

[3] Il est intéressant, à propos du sommeil de l'ours, de lire le curieux renseignement que nous fournit Aldrovandi (*De Quadr. Dig. Viv.*, I) dans le passage suivant : « Devorant etiam ursi ineunte hyeme radices nomine nobis adhuc ignotas, quibus per longum temporis spatium cibi cupiditas expletur et somnus conciliatur. Nam et in Alpibus Helveticis aiunt, referente Gesnero, vaccarum pastorem eminus vidisse ursum, qui radicem quamdam manibus propriis effossam edebat, et post ursi discessum, illuc se transtulisse ; radicemque illam degustasse, qui postmodum tanto somni desiderio affectus est, ut se continere non potuerit, quin in viâ stratus somno frueretur. » L'ours, en sa qualité d'animal nocturne et hivernant, doit nécessairement procurer le sommeil.

fois de la nourriture à l'ours, qui se rendort comme auparavant ; alors leur libérateur est un taureau, qui crève les yeux de l'ours avec ses cornes et le précipite dans une rivière où il se noie. Dans le même conte, le démon, voulant exposer Ivan à une mort certaine, l'envoie chercher du lait d'ourse [1]. Le démon apparaît encore sous la forme d'un ours dans le cinquantième conte du cinquième livre d'*Afanassieff*, où il est mis en pièces par le chien d'un soldat. Mais, quoique l'ours soit démoniaque, le petit de l'ourse, au contraire, prête secours au héros [2]. Dans le onzième conte du sixième livre d'*Afanassieff*, une femme s'égare en cueillant des champignons et entre dans la tanière d'un ours qui la garde pour lui. Nous avons déjà vu l'ours qui joue à colin-maillard avec la souris s'imaginant jouer avec la jeune fille. Nous avons vu également au premier chapitre, que le vent Rudra et Eole, le roi des vents, sont passionnément amoureux des jolies nymphes. Dans un conte norvégien (qui est une autre version de la chatte blanche), donné par *Asbiœrnsen*, le héros est déguisé en ours et devient pendant la nuit un beau jeune homme. La femme, par sa curiosité indiscrète, c'est-à-dire parce qu'elle a voulu le voir à la lumière de la lampe, le perd et sa place est prise par la princesse au grand nez, jusqu'au jour où elle parvient à retrouver son mari, à l'aide d'une pomme d'or et d'un cheval. Dans le sixième conte du deuxième livre du *Pentamerone*, c'est, au contraire, la belle Protiosa qui, pour se soustraire aux caresses incestueuses de son

---

[1] Comp. *Afanassieff*, VI, 5. — D'après la tradition hellénique, Pâris et Atalante furent nourris avec le lait d'une ourse.

[2] Comp. *Afanassieff*, V, 27 ; V, 28. — D'après Cardan, quand on rencontre un ourson qui vient de naître, c'est le signe d'un heureux changement de fortune.

père, s'en va dans la forêt déguisée en ourse. Un jeune prince, fils du roi des eaux, devient amoureux d'elle et l'emmène dans son palais. Le prince tombe malade par l'effet de l'amour qu'il éprouve pour l'ourse ; elle le soigne et le guérit. Pendant qu'il l'embrasse, elle devient une belle fille (« la chiu bella cosa de lo Munno »). Nous apprenons par deux documents du moyen âge cités dans Du Cange (au mot *ursus*), que c'était l'usage à cette époque de promener des ours pour leur faire exécuter des jeux indécents (« nec turpia joca cum urso vel tornatricibus ante se facere permittat ») et que les poils de l'ours trempés dans quelque onguent étaient vendus « tunquam philacteria, ad depellendos morbos, atque, adeo oculorum fascinos amoliendos. » Les Athéniens donnaient le nom d'ourses aux jeunes filles consacrées à la chaste Artémis, l'amie des lieux secrets ; et il semble que c'est à ce même fait qu'il faut rapporter l'intéressante légende chrétienne de la vierge sainte Ursule [1], que Karl Simrock identifie à Holda, la démoniaque, funèbre et somnifère avant-courrière de la mort. Si l'on admet cette identification, Ursule serait, en outre, en rapport étroit, tant pour le caractère que pour l'étymologie, avec le monstre védique *Rikshikâ*.

Pour revenir au conte russe, la femme qui entre dans la tanière de l'ours s'unit à lui et donne naissance à un fils qui est homme jusqu'à la ceinture et ours dans les parties inférieures du corps. Sa mère, conséquemment, lui donne le nom d'Ivanko-Medviedko (Petit-Jean, le fils de l'ours). Ce monstre demi homme, demi ours, devient un animal plein de ruse, qui trompe le diable en le faisant battre avec un ours et en lui faisant croire

---

[1] Comp. l'ouvrage de Schade, *Die Sage von der Heiligen Ursula*. On trouve aussi cette légende dans les *Leggende del Secolo Decimoquarto*, publiées à Florence par M. Del Lungo, chez Barbera, éditeur.

que l'ours est son frère puîné (c'est-à-dire le frère fort).
Dans une tradition danoise, il est question d'une jeune
fille violée par un ours qui donna naissance à un
monstre. Selon le mythe hellénique, la nymphe Calisto,
fille du roi Lycaon, que Zeus avait violée, fut changée par Héra ou par Artémis en ourse, donna naissance à Arcas et devint une étoile, après avoir été tuée
avec son fils par des bergers.

L'ours rusé reparaît comme musicien (ainsi que
l'âne) dans le dix-septième conte du troisième livre
d'*Afanassieff*, où il chante si bien qu'il donne le change
à la vieille bergère et réussit à emmener ses brebis.
Dans une note sur le neuvième conte esthonien de Kreutzwald, M. Lowe fait remarquer que, dans les langues du
nord, le nom du dieu du tonnerre et celui de l'ours sont
synonymes. L'ours, le singe, l'âne et le taureau forment
un quatuor musical dans une fable de Kriloff. L'ours
est fait pour danser, comme le singe [1], l'âne et le gandharva, son équivalent mythique. De même que la peau
d'âne dissipe la frayeur, l'œil d'un ours séché et pendu
au cou d'un enfant l'empêche d'avoir peur [2]. Nous
voyons dans les légendes des saints et particulièrement
des ermites que l'ours inspiré par Dieu et se conformant à leurs ordres leur a souvent cédé sa tanière,

---

[1]      « . . . il parle, on l'entend, il sait danser, baller,
         Faire des tours de toute sorte
         Passer en des cerceaux. »
                    (*La Fontaine, Fables*, ix, 5).
Dans La Fontaine, le singe est encore identifié à l'âne en qualité de
juge d'un différend qui s'est élevé entre le loup et le renard, et, ailleurs,
quand il se revêt de la peau du lion. Dans la quatrième fable du onzième
livre, La Fontaine fait raconter au singe l'histoire de l'âne qui *asinum
fricat*; dans la seconde fable du douzième livre, le singe répand le
trésor de l'avare, comme dans la tradition indienne il pille les offrandes du sacrifice.

[2] Comp. Aldrovandi, *De Quadr. Dig. Viv.*

nous y lisons aussi que saint Maximin changea un ours en âne, parce qu'il avait mangé un âne qui portait un fardeau.

Dans la dix-neuvième fable du douzième livre de La Fontaine, le singe est le messager de Jupiter et il vient avec le caducée pour

« Partager un brin d'herbe entre quelques fourmis, »

tandis que deux animaux gigantesques, l'éléphant et le rhinocéros se disputent la suprématie. Le singe, dans le rôle de Mercure, comme forme intermédiaire et médiatrice entre deux animaux héroïques analogues, est voisin du renard, l'animal intelligent dont il partage (ainsi que l'ours) la couleur rousse. Ce n'est plus l'image pure et lumineuse du soleil pendant le jour et ce n'est pas encore celle du monstre noir de la nuit ; il est trop noir pour être brillant, il est trop brillant pour être noir ; il a toutes les malices des démons et pratique toutes les bonnes œuvres des saints. Le singe, imitateur de l'homme, partage comme l'homme la nature grossière du démon et la nature intelligente d'un dieu.

# CHAPITRE XII

## LE RENARD, LE CHACAL ET LE LOUP.

Il n'est question qu'une seule fois du renard dans le
*Rigveda* sous le nom de lopâça (alôpêx); il y est dit
qu'il pénètre près du vieux lion occidental; le mot lopâça (comme *lopâka*, que le Dictionnaire de St-Péters-
bourg interprète par « une espèce de chacal » ) paraît
signifier au sens propre « le destructeur » (*aasfresser*,
d'après M. le professeur Weber). La langue sanskrite
fournit aussi le diminutif *lopâçikâ*, qu'on traduit par
« femelle du chacal » et par « renard » (vulpecula). Le
renard légendaire est pourtant représenté en général
dans la tradition de l'Inde par le chacal ou *canis aureus*,
(en sanskrit *srigâla*, *kroshthar* et *gomâyu*, à cause des
cris qu'il pousse). Le renard est l'image de la teinte
rougeâtre du ciel qui tient le milieu entre l'éclat du
jour et l'obscurité de la nuit. Dès l'instant où le phénomène crépusculaire prenait une forme animale, nulle
autre ne s'adaptait mieux à cet objet que celle du renard ou du chacal, en raison de la couleur et des habitudes de ruse de ces animaux : l'heure du crépuscule
est le moment des incertitudes et des supercheries.
M. le professeur Weber[1] suppose que toutes les ruses
attribuées au chacal dans les fables de l'Inde ont été
empruntées au renard des fables helléniques. Il faut
sans doute attacher l'importance qu'elles méritent aux
expressions *vancaka* et *mrigadhûrtaka* (celui qui trompe

---

[1] Comp. *Ueber den Zusammenhang indischer Fabeln mit griechis-
chen*, Berlin, Dümmler, 1855.

les animaux), que les lexiques sanskrits donnent comme des épithètes du chacal, d'autant que ces lexiques ne remontent pas à une antiquité bien reculée; mais nous avouerons en même temps que l'habileté du renard a été exagérée par la superstition populaire, comme la sottise de l'âne, pour une raison mythique et par l'effet de la tradition beaucoup plus que par suite de l'observation d'habitudes exceptionnelles chez ces animaux que la mythologie pouvait facilement identifier; car, ainsi que je l'ai déjà fait observer, des analogies grossières et accidentelles ont suffi pour que les mêmes phénomènes se trouvassent représentés par des animaux d'un genre très-différent l'un de l'autre. C'est ainsi que le pelage roux de l'ours et du singe et certaines allures qui leur sont communes peuvent nous faire comprendre comment ils ont été parfois substitués l'un à l'autre dans les légendes; la même raison a fait attribuer à ces mêmes animaux quelques-uns des exploits qui ont rendu célèbre le renard des légendes. Quelle confusion n'a donc pas dû se produire, à plus forte raison, entre le *canis vulpes* (le renard roux). et le *canis aureus* (ou le chacal) qui se montrent l'un et l'autre à la tombée de la nuit, qui se nourrissent tous les deux de petits animaux, dont le pelage est de la même couleur, les yeux très-brillants et chez lesquels plusieurs autres caractères zoologiques sont communs?

Le renard de la légende (ou le chacal, son équivalent mythique) a, comme presque toutes les figures mythiques, un double aspect. Comme il représente le soir et que le soleil a pour image un oiseau (le coq), le renard, l'ennemi proverbial des poulets, est aussi dans le ciel le maraudeur et le mangeur du coq et, comme tel, l'ennemi naturel de l'homme ou du héros, qui finit par se montrer plus habile que lui et par causer sa perte. Le soir, le renard surprend le coq par ruse, et le matin, il est victime de la ruse du coq. Il est donc un animal de nature démoniaque, quand on le considère, soit comme dévorant ou trahissant le soleil (sous la figure d'un coq, d'un lion, ou d'un homme) et comme l'image du ciel rouge du couchant ou de l'aurore du soir, soit comme tué ou mis en fuite par le soleil lui-même (coq, lion ou homme) et comme l'image du ciel rouge du levant ou de l'aurore matinale[1]. Nous avons vu déjà, au premier chapitre de cet ouvrage, que l'aurore est une jeune fille tantôt sage et tantôt perverse; quand elle prend une forme animale, c'est le renard qui reproduit cet aspect. Mais l'aurore n'a pas ce seul aspect mythique. Si, quand elle est tournée du côté du soleil, on suppose qu'elle tue sur le soir le jour brillant et qu'elle est chassée le matin par l'éclat du jour renaissant, elle prend aussi, quand on la considère tournée vers la nuit, un aspect héroïque et sympathique, et elle devient l'amie et l'auxiliaire du héros ou de l'animal solaire contre le loup des ténèbres nocturnes. Ces deux points de vue mythiques embrassent et expliquent toute la légende essentielle du renard — légende que des volumes entiers ont déjà retracée, en ce qui concerne la tradition occidentale. Je me bornerai donc à choisir et à résumer les traits principaux et caractéristiques des traditions orientale et slave, afin de

---

[1] Dans une tradition allemande rapportée par Schmidt, *Forschungen*, p. 108, nous voyons la divinité s'offrir volontairement au chasseur sous la forme d'un renard pour être sacrifiée; le chasseur l'écorche, et les mouches et les fourmis en mangent la chair. Dans un conte russe dont je donnerai l'analyse, le loup mange le renard quand il le voit dépourvu de sa fourrure.

les comparer brièvement avec les particularités les plus
connues des légendes de l'Occident ; car lorsque j'aurai
montré la double nature mythique du renard, en tant
qu'il représente les deux aurores, et que j'aurai prouvé
que le soleil est personnifié tantôt sous les traits d'un
héros, tantôt sous ceux d'un coq ou d'un lion, et la
nuit, sous ceux d'un loup, il sera facile, il me semble,
de ramener à cette interprétation l'immense variété
de sujets légendaires dont je ne pourrai m'occuper
par suite des proportions auxquelles j'ai dû réduire cet
ouvrage.

Dans le *Mahâbhârata*[1], un chacal savant, qui a ter-
miné ses études, s'allie à l'ichneumon, à la souris, au
loup et au tigre, mais dans le seul dessein de les duper
tous. Il fait tuer une gazelle par le tigre, puis envoie
tous les animaux faire leurs ablutions avant de la manger. Quand le tigre revient, il le fait courir après la
souris qu'il accuse de s'être vantée d'avoir tué le tigre ;
il décide la souris à s'enfuir en lui persuadant que l'ichneumon a mordu la gazelle et que, par conséquent sa
chair est empoisonnée ; il détermine le loup à se sauver
à toutes jambes en lui disant que le tigre arrive pour
le dévorer ; il rend enfin l'ichneumon tout joyeux de
pouvoir s'échapper en se vantant d'avoir vaincu les
trois autres animaux ; alors il mange la gazelle à lui tout
seul. Dans le *Pancatantra*[2], le chacal escamote de la
même façon au lion et au loup leur part d'un chameau ;
nous avons déjà vu comment il s'y prit pour s'adjuger
l'âne qu'il enlève au lion par ruse. Dans le vingtième

---

[1] 1, 5368 et seqq.

[2] 1, 16 ; IV, 2 ; comp. aussi IV, 10, et le chapitre du Lièvre. — Dans
le conte III, 14, du *Pancatantra*, le chacal dupe le lion, qui s'était
emparé de sa tanière, en lui faisant pousser des rugissements ; s'assu-
rant ainsi que le lion est bien dans sa tanière, il parvient à s'échapper.

conte mongol, le renard suscite la discorde entre les deux frères, le taureau et le lion, qui se donnent mutuellement la mort.

D'après le *Râmâyana*[1], le chacal est l'ami du héros, en ce sens qu'en poussant des cris et en vomissant du feu par la bouche, il est d'un mauvais présage pour le monstre Khara, qui se prépare à attaquer Râma. Dans le *Khorda-Avesta*, un héros que dévore Agra-Mainyu, le dieu des monstres, s'appelle Takhmo-urupis ou Takhma-urupa, c'est-à-dire le renard fort.

Une des fables les plus intéressantes au point de vue mythologique, est celle du chacal qui, étant tombé dans de la teinture, en sort tout bleu ou d'une nuance d'opale et se fait passer pour un paon céleste. Les animaux le choisissent pour roi, mais il se trahit par ses cris : en entendant hurler d'autres chacals, il hurle comme eux ; alors le lion, le véritable roi des animaux, le met en pièces[2]. Nous avons là une autre version de la fable de l'âne revêtu de la peau du lion, ou plutôt encore, de celle du corbeau qui ramasse les plumes du paon et s'en revêt ; le ciel de la nuit obscure est azuré, il est comme le *sahasrâksha* (épithète d'Indra et du paon qui signifie « doué de mille yeux ou de mille étoiles »). L'aurore du soir, représentée par le renard, prend la forme du ciel azuré de la nuit, jusqu'au matin où, la supercherie se découvrant, le lion (c'est-à-dire le soleil) déchire le renard et dissipe la nuit et l'aurore.

Le *Pancatantra* contient deux autres récits se rapportant au chacal légendaire — à savoir le conte du chacal curieux et sot, qui se casse une dent en essayant de déchirer la peau d'un tambour pour voir ce qu'il y a

---

[1] III, 29.

[2] Comp. *Pancatantra*, I, 10 ; *Tuti-Namé*, II, 146.

dedans, et qui se brise la mâchoire et meurt pour
avoir voulu manger la corde d'un arc [1]; puis celui du
chacal lâche, élevé avec les lionceaux, qui trahit son
origine, quand il prend la fuite au lieu de se jeter sur
l'éléphant avec les deux lions, ses frères adoptifs [2]. Dans
le *Tuti-Namé* [3], le chacal veut se venger des perroquets
qui, à ce qu'il croit, ont pris une part indirecte au
meurtre de ses petits ; arrive le lynx, qui s'étonne que
le chacal dont l'habileté est si célèbre, soit incapable de
trouver un moyen pour causer la perte des perroquets.
Le lynx finit par lui donner le conseil de feindre d'être
boiteux et de se laisser suivre par un chasseur jusqu'à
l'endroit où se trouvent les perroquets ; arrivé là, il
pourra s'esquiver et le chasseur, voyant ceux-ci, tendra
ses filets et les prendra.

Nous trouvons dans le *Tuti-Namé*, plusieurs autres
détails concernant le chacal qui sont passés dans les
contes russes relatifs au renard.

Le chacal, en appelant le berger, fait sortir de sa tanière le loup qui s'en est emparé [4]. Dans un autre passage, le renard rusé tourne en ridicule la stupidité du

---

[1] I, 2; II, 3. — Dans le dix-neuvième conte mongol, le jeune homme
qui se fait passer pour un héros reçoit l'ordre d'apporter à la reine la
peau d'un certain renard qu'on lui indique ; chemin faisant, le jeune
homme perd son arc ; il se retourne pour le chercher et trouve le
renard mort auprès de l'arc qu'il avait essayé de ronger et qui l'avait
tué en se détendant.

[2] IV, 4.

[3] I, 134, 135.

[4] *Tuti-Namé*, II, 123. — Dans les contes de la même nuit (la vingt-
deuxième) du *Tuti-Namé*, nous voyons le lynx (lupus cervarius) qui
veut prendre la demeure du singe, lequel occupe celle du lion, et le
chacal qui court après les testicules du chameau, comme il court après
ceux du taureau dans le *Pancatantra*. Dans le conte II, 7, le renard
laisse tomber dans l'eau l'os qu'il tient, afin de prendre un poisson
(c'est une autre version de la fable bien connue du chien et du loup ou
du diable pêcheur).

tigre, mais la femme prouve qu'elle est plus habile que
le renard[1]. Nous lisons encore dans le *Tuti-Name*[2]
qu'un compagnon du pauvre Abdul-Megid, amoureux
de la fille du roi, lui apprend le moyen de s'enrichir,
en affectant de paraître riche, afin de pouvoir épouser
celle qu'il aime. Dans une autre version plus savante
et plus intéressante de cette légende qui se trouve
dans les contes russes, c'est au contraire, le renard
qui enrichit le héros dans l'indigence. Le dix-neuvième
conte mongol, dans lequel le pseudo-héros fait fortune avec les dépouilles d'un renard, est une forme
intermédiaire entre la version indienne et la version
russe.

Dans le *Pançatantra*, un chacal porte le nom de
Dadhipuccha, c'est-à-dire « queue de beurre » ou « celui
dont la queue est enduite de beurre » (l'aurore possède
l'ambroisie).

Dans le premier des contes d'*Afanassieff*, le renard
mange le miel appartenant au loup (ce qui nous rappelle cette pensée de Plaute « sæpe condita luporum
fiunt rapinæ vulpium[3], » puis il accuse le loup de
l'avoir lui-même mangé; le loup propose de s'en rapporter au jugement de Dieu; ils conviennent d'aller
ensemble s'exposer au soleil et celui qui rendra du miel
sera le coupable; ils vont en conséquence se coucher
au soleil; le loup s'endort et le renard répand sur lui
le miel qui lui sort du corps; le loup se réveille et se
reconnaît fautif. Dans le premier conte du quatrième
livre d'*Afanassieff*, le coq et la poule apportent des épis
de blé au vieillard et des pavots à sa femme; le vieux

------

1. *Tuti-Name*, II, 112, 113.
2. Id., 169 et 170.
3. *Querolus*, I, 2.

couple en fait un gâteau et le met sécher au dehors [1]. Arrivent le renard et le loup qui s'emparent du gâteau, mais, s'apercevant qu'il n'est pas encore sec, le renard propose d'aller dormir pendant qu'il séchera. Tandis que le loup se livre au sommeil, le renard mange le miel qui se trouve dans le gâteau et le remplace par de la fiente. Le loup se réveille et le renard, qui fait semblant de se réveiller après lui, l'accuse d'avoir touché au gâteau ; le loup protestant de son innocence, le renard propose d'aller dormir au soleil, ce qui leur tiendra lieu de jugement de Dieu : il sortira de la cire de celui qui a mangé le miel [2]. Le loup va sommeiller, et, pendant ce temps, le renard gagne une ruche voisine, mange le miel qui s'y trouve et en jette les rayons sur le loup qui s'éveille, s'avoue coupable et promet de dédommager le renard en lui donnant une part de la première poire qu'il trouvera. Dans la suite du conte, le renard envoie le loup pêcher avec sa queue dans le lac, et, quand celui-ci a la queue gelée, le renard feint de se trouver mal lui-même et se fait porter par le loup, en murmurant le long du chemin le proverbe : « Celui qui est battu porte celui qui ne l'est pas. » Dans une autre version du même conte, le renard mange le beurre et la farine du loup ; dans une troisième, le renard

----

[1] Dans le dix-huitième conte du quatrième livre d'*Afanassieff*, un gâteau merveilleux s'échappe de la maison d'un vieillard et de sa femme, et va rôder de côté et d'autre ; il trouve le lièvre, le loup et l'ours qui veulent tous le manger ; il chante à chacun d'eux son histoire et ils le laissent aller ; il la chante aussi au renard qui fait l'éloge de sa chanson, mais mange le gâteau après l'avoir renversé sens dessus dessous.

[2] Dans le conte I, 14, d'*Afanassieff*, le héros Théodore rencontre des loups qui se battent pour un os, des abeilles qui se battent pour du miel et des crevettes qui se battent pour du caviar ; il leur fait des parts égales, et les loups, les abeilles et crevettes reconnaissants, lui prêtent secours quand il a besoin de leurs services.

au milieu de la nuit, se prétend appelé pour servir de sage-femme au lapin et mange le beurre du loup, qu'il accuse ensuite de l'avoir mangé lui-même ; ils tombent d'accord, afin de découvrir le coupable, de se soumettre à l'épreuve du feu, devant lequel les deux animaux doivent aller dormir : celui de la peau duquel le beurre suintera, sera le fautif ; ils font comme c'est convenu, et, pendant que le loup est endormi et ronfle, le renard répand sur lui ce qui reste de beurre. Dans le septième conte du quatrième livre d'*Afanassieff*, le renard promet à un vieillard de rappeler sa femme à la vie ; il lui prescrit de faire chauffer un bain, d'apporter de la farine et du miel et de se tenir au dehors sur le palier de la porte, sans se retourner pour jeter les yeux sur le bain ; le vieillard obéit et le renard se met à laver la vieille femme, dont il mange ensuite la chair et ne laisse que les os ; il fait après cela un gâteau avec la farine et le miel qu'il mange aussi, puis il crie au vieillard d'ouvrir la porte et s'esquive à toutes jambes. Dans le premier conte du premier livre, le vieillard dont la femme est morte s'en va chercher des pleureurs ; il trouve l'ours qui se propose pour remplir cet office, mais le vieillard croit qu'il n'a pas une assez belle voix ; il continue ses recherches et rencontre le renard qui veut aussi lui rendre ce service, et lui donne une preuve de sa capacité en se mettant à chanter (cette circonstance s'appliquerait mieux, il semble, au chacal, animal au cri aigu, qu'au renard). Le vieillard se déclare pleinement satisfait et fait placer aux pieds du cadavre l'animal rusé, qui poussera des gémissements pendant qu'il ira creuser la fosse ; en l'absence du vieillard, le renard mange tout ce qui se trouve dans la maison et même le cadavre de la vieille femme. Dans le neuvième conte du quatrième livre, la fable se termine autrement : le renard fait son devoir de pleureur et le vieillard le rémunère en lui donnant des poulets; le renard, cependant, trouve que ce n'est pas suffisant et le vieillard met dans un sac qu'il lui donne deux chiens et un poulet. Le renard s'en va et ouvre le sac; les chiens en sortent, courent après lui et le poursuivent jusque dans sa tanière où il se réfugie, — mais en négligeant d'y faire entrer sa queue qui le trahit. « Cauda de vulpe testatur », dit aussi le proverbe latin. Dans une autre version du premier conte du premier livre, c'est en récompense d'avoir tiré le paysan des griffes de l'ours, que le renard reçoit de lui un sac contenant deux poules et un chien. Le chien poursuit le renard, qui se sauve dans son trou et demande à ses pieds ce qu'ils ont fait : ils répondent qu'ils se sont sauvés; il fait ensuite la même question à ses yeux et à ses oreilles, qui disent avoir vu et entendu ; enfin, il pose aussi la question à sa queue (identifiée ici au phallus) qui lui avoue avec confusion qu'elle s'est mise entre ses pattes pour le faire tomber. Alors, le renard voulant punir sa queue, la laisse passer hors de son trou; le chien s'en saisit et s'en sert pour tirer dehors l'animal qu'il met en pièces. Dans le quatrième conte du troisième livre, le renard délivre le paysan du loup, et non plus de l'ours ; le paysan se livre à son égard au même stratagème et met des chiens dans le sac qu'il lui donne; le renard leur échappe, et pour punir sa queue d'avoir entravé sa fuite il la laisse dans la gueule du chien et s'enfuit; plus tard, le renard se noie en tombant dans une tonne remplie d'eau (c'est l'acte du phallus; comp. le chapitre des Poissons) et le paysan s'empare de sa peau. Dans un autre conte russe, cité par *Afanassieff* dans les remarques sur le premier livre de son recueil, le renard, après avoir sauvé le paysan du danger que l'ours lui faisait courir, lui demande son nez en guise de récompense, mais le paysan l'effraie et lui fait prendre la fuite. Dans un conte slave dont il est question dans ces mêmes remarques, l'oiseau fait son nid et le renard convoite ses œufs ; l'oiseau le dénonce au chien qui se met à la poursuite du renard ; celui-ci, trahi par sa queue, tient avec ses pattes, ses yeux, ses oreilles et sa queue un monologue semblable à celui que nous avons vu plus haut. Dans le vingt-deuxième conte du troisième livre, le renard tombe avec l'ours, le loup et le lièvre dans un fossé où il n'y a point d'eau. Les quatre animaux souffrent de la faim et le renard propose que chacun élève successivement la voix et pousse le plus grand cri dont il soit capable ; celui qui criera le moins fort sera mangé par les autres. Le lièvre est mangé le premier, puis, vient le tour du loup ; l'ours et le renard restent seuls. Le renard donne le conseil à l'ours de poser ses pattes sur ses flancs ; il essaie de crier dans cette posture, mais il meurt et le renard le mange. Quand il a achevé de ronger le cadavre de l'ours, la faim le reprend, et, apercevant un oiseau qui donne la becquée à ses petits, il menace de les lui tuer s'il ne lui fournit pas quelque chose à manger ; l'oiseau lui apporte une poule qu'il va enlever au village. Le renard renouvelle ses menaces et dit à l'oiseau de lui donner quelque chose à boire ; l'oiseau s'en va sur-le-champ lui chercher de l'eau au village. Le renard parle de nouveau de tuer les petits oiseaux, si leur mère ne le tire pas du fossé où il se trouve ; l'oiseau lui jette des bûches de bois et lui fournit ainsi le moyen de sortir. Le renard veut ensuite que l'oiseau le fasse rire ; celui-ci lui dit de courir après lui ; il se dirige alors vers le village et s'écrie : « Femme, femme, apporte-moi un morceau de suif » (babka, babka, priniessi mnié sala kussok); les chiens l'entendent, arrivent et mettent le renard en pièces. Dans le vingt-quatrième conte du troisième livre, le renard délivre encore le paysan du danger dont le menace le loup, qu'il avait mis dans un sac pour le préserver des chasseurs qui le poursuivaient. Le loup n'est pas plus tôt hors de danger, qu'il veut manger le paysan, auquel il dit « : Vieille hospitalité s'oublie »[1]. Le paysan le prie d'attendre l'avis du premier qui passera ; ils rencontrent d'abord une vieille jument que son âge a fait chasser de l'étable malgré les longs services qu'elle a rendus à ses maîtres ; elle trouve que la résolution du loup est équitable. Le paysan demande au loup d'attendre qu'il connaisse l'opinion d'un autre passant. Arrive un vieux chien, qu'on a chassé de la maison également après de longs services, parce qu'il ne peut plus aboyer ; il approuve aussi la décision du loup. Le paysan implore encore un sursis et désire que le loup attende un troisième jugement, qui sera décisif ; il rencontre le renard, lequel a recours à un stratagème bien connu ; il feint de douter qu'un animal aussi gros que le loup ait pu tenir dans un sac aussi petit. Le loup, qu'offense cet injuste soupçon, veut prouver qu'il a dit la vérité et rentre dans le sac, mais une fois qu'il y est, le paysan l'accable de coups, jusqu'à ce que mort s'ensuive. Cependant, le paysan se montre ingrat lui-même à l'égard du renard, et lui dit à son tour que vieille hospitalité s'oublie (mot à mot l'hospitalité qui consiste à donner le pain et le sel, *hlieb-sol*). Dans le huitième conte du quatrième livre, le renard rapporte sur son dos à ses parents leur petite fille qui s'était perdue dans la forêt et qui pleurait sur un arbre. Le

---

[1] Comp. *Lou loup penjat* dans les *Contes de l'Armagnac*, recueillis par Bladé, Paris, 1867, p. 9.

vieillard et sa femme ne sont pourtant pas reconnaissants envers le renard, car, sur la demande qu'il leur adresse d'une poule pour sa récompense, ils la mettent dans un sac avec un chien ; la suite du conte est déjà connue du lecteur. Dans le vingt-troisième conte du quatrième livre, le renard épouse le chat et met en fuite l'ours et le loup.

Nous avons déjà parlé du renard du conte russe, qui envoie le loup pêcher dans la rivière avec sa queue, qui gèle à cette besogne. Dans un conte populaire norvégien, c'est à l'ours que le renard joue cette farce. Dans un conte serbe, il est question d'un renard qui dérobe trois fromages dans une voiture et auquel le loup, dont il fait la rencontre, demande où il les a trouvés. Le renard lui répond que c'est dans l'eau (le ciel de la nuit). Le loup voulant aller pêcher des fromages, le renard le conduit à une fontaine où la lune se réfléchit dans l'eau et la lui montre en disant que c'est un fromage ; il ajoute qu'il faut laper l'eau pour l'atteindre. Le loup lape, lape jusqu'à ce que l'eau lui ressorte de la bouche, du nez et des oreilles (probablement parce qu'il s'est noyé dans la fontaine). Le loup, le monstre noir de la nuit, prend la place du corbeau en relation avec le fromage (la lune) et avec le renard ; le conte serbe nous indique lui-même ce que le fromage représente [1].

Dans un conte russe, publié en 1860 par le Podsniesznik et cité dans les remarques sur le premier livre du recueil d'*Afanassieff*, le renard est tué par un paysan dont il a volé le poisson ; le paysan prend sa peau et s'en va. Survient le loup, qui, voyant son compère dont la peau a été enlevée, verse des pleurs sur lui selon le cérémonial

---

[1] Comp. l'expression anglaise qu'on applique à la lune « *made of green cheese ;* » nous avons ici le rapport entre le vert et le jaune que nous avons déjà signalé.

prescrit, puis le mange. Nous avons déjà vu tout à
l'heure le renard pleureur et le renard sage-femme.

Dans le vingtième conte du troisième livre d'*Afanássieff*, le renard veut travailler du métier de forgeron. Dans
d'autres contes russes, nous trouvons le renard confesseur et le renard médecin ; enfin, le renard remplissant
le rôle de commère est très-populaire dans les contes
russes. Dans un de ces contes publié dans le quatrième
numéro d'une revue russe, les *Archives historiques et
juridiques de Kalassoff*, le renard est l'intermédiaire du
mariage de deux jeunes garçons avec deux princesses.
Mais le renard est célèbre surtout pour avoir fait aboutir l'union du pauvre Buhtan Buhtanovic et de son *alter
ego* Koszma Skorobagatoi (Cosme le rapidement enrichi) avec la fille du Tzar. Buhtan n'a que cinq kopecks
(quatre sous) pour toute fortune. Le renard les change
et vient demander au Tzar de lui prêter des boisseaux
pour mesurer de l'argent. Il trouve toujours ces
boisseaux trop petits et vient en redemander de plus
grands, en ayant l'adroite précaution de laisser au fond
de tous ceux dont il se sert quelque petite pièce de
monnaie. Le Tzar est émerveillé des richesses de Buhtan
et le renard lui demande pour celui-ci sa fille en mariage. Le Tzar veut voir d'abord le prétendant. Mais
comment faire pour qu'il ait une toilette convenable ?
Le renard s'avise, en passant sur un petit pont, de faire
tomber Buhtan dans un bourbier voisin du palais du
roi. Il vient alors trouver le Tzar, lui raconte l'accident
qui vient d'arriver et le prie de lui prêter un vêtement
pour Buhtan. Buhtan l'endosse et ne peut s'empêcher
de regarder sans cesse le changement qui s'est opéré
dans sa personne. Le Tzar en est surpris, et le renard se
hâte de lui dire que Buhtan ne s'est jamais vu si mal
mis, puis il saisit la première occasion de prémunir

secrétement celui-ci contre une manière d'être si suspecte. Mais Buhtan s'oublie de nouveau et regarde avec stupéfaction la table d'or; le Tzar manifeste encore sa surprise et le renard explique la contenance de Buhtan en disant que, dans son palais, de pareilles tables sont placées dans la salle de bain; cependant, le renard fait comprendre à Buhtan qu'il doit se surveiller davantage. Le mariage se célèbre et la jeune mariée est emmenée. Le renard prend les devants, mais au lieu de conduire les nouveaux époux dans la misérable cabane de Buhtan, il les introduit dans un palais enchanté, après en avoir expulsé, par un habile subterfuge, le serpent, le corbeau et le coq qui l'habitaient [1]. — Le pauvre Kuszinka n'a plus qu'un coq et cinq poules. Il surprend le renard au moment où il essaie de les manger, mais fléchi par ses prières, lui laisse la liberté. Alors, le renard reconnaissant lui promet de faire de lui Cosme-le-rapidement-enrichi. Le renard se rend dans le parc du Tzar et rencontre le loup, qui lui demande comment il a fait pour devenir si gras; il répond qu'il est allé faire ripaille au palais du Tzar. Le loup exprime le désir d'y aller aussi et le renard lui donne le conseil d'inviter avec lui quarante fois quarante loups (c'est-à-dire seize cents loups). Le loup suit cet avis et les amène tous au palais du Tzar, auquel le renard dit que Cosme-le-rapidement-enrichi les lui envoie en présent. Le Tzar s'étonne des grandes richesses que doit posséder Cosme; le renard se sert à deux autres reprises du même stratagème: une première fois avec des ours, une seconde avec des martres. Ensuite, il demande au Tzar de lui prêter un boisseau d'argent, en prétendant que tous les boisseaux d'or

_______________

[1] *Afanassieff*, IV, 10.

de Cosme sont remplis de pièces de monnaie. Le Tzar
se rend à son désir, et quand le renard le lui remet
il a soin de laisser au fond quelques petites pièces
d'argent ; en même temps il demande au Tzar la main
de sa fille pour Cosme. Le Tzar répond qu'il faut d'abord
qu'il voie le prétendant. Le renard fait alors tomber
Cosme dans l'eau et l'habille de vêtements prêtés par le
Tzar qui le reçoit avec de grands honneurs. Au bout
de quelque temps, le Tzar manifeste le désir de visiter
la demeure de Cosme. Le renard s'en va devant et
trouve sur son chemin des troupeaux de moutons, de
cochons, de vaches, de chevaux et de chameaux. Il demande à chacun des bergers à qui ces troupeaux appartiennent et il lui est uniformément répondu : « Au serpent-uhlan. » Le renard leur donne l'ordre de dire
qu'ils sont à Cosme-le-rapidement-enrichi, sinon, ils
recevront la visite du roi Feu et de la reine Loszna [1] qui
les réduiront en cendres. Il arrive au palais de pierre
blanche où réside le roi serpent-uhlan. Il l'effraie de la
même manière que les bergers et l'oblige à se réfugier
dans le tronc d'un chêne, où il le fait périr en y mettant
le feu. Cosme-le-rapidement-enrichi devient le maître
de tout ce que possédait le serpent-uhlan et en jouit
avec sa nouvelle épouse [2]. (Je n'ai pas besoin d'insister
sur l'importance mythologique de ce conte ; le serpent
que consume le feu se trouve dans les mythes les plus

---

[1] Il n'est peut-être pas sans intérêt de remarquer ici que l'éclair est
appelé *loszna* dans le dialecte piémontais.

[2] *Afanassieff*, IV, 11. — Dans le quatrième conte du deuxième livre
du *Pentamerone*, c'est un chat, au lieu d'un renard, qui enrichit Pippo
Gagliufo et qui court devant lui. De même que dans les contes russes,
l'homme est généralement ingrat envers le renard ; le chat du *Pentamerone* finit par maudire l'ingrat Pippo Gagliufo, auquel il avait rendu
de si grands services. Dans le conte qui suit, le renard s'offre pour
accompagner la jeune femme qui cherche le mari qu'elle a perdu.

primitifs ; ici le canis-vulpes, la chienne rousse, le renard paraît remplir une partie du rôle de la chienne messagère des Védas).

Dans le premier conte d'*Afanassieff*, c'est le lièvre et non le serpent que le renard chasse de sa demeure. Le renard a une maison de glace, et le lièvre une maison de bois. A l'arrivée du printemps, la maison du renard se fond ; alors, le renard, sous prétexte de se chauffer, pénètre dans la maison du lièvre et en chasse le propriétaire. Le lièvre se met à pleurer et les chiens arrivent pour chasser le renard, mais il crie de l'intérieur, à travers le tuyau du poêle, que, s'il saute dehors, il mettra en pièces celui qu'il attrapera ; en entendant ces menaces, les chiens ont peur et se sauvent à toutes jambes. L'ours vient ensuite, puis le taureau, mais le renard les épouvante à leur tour. Enfin, le coq se présente avec une faux et l'avertit à haute voix que, s'il ne sort pas, il sera coupé en morceaux. Le renard effrayé saute dehors, et le coq le tue avec sa faux. Dans un autre conte de la Petite Russie, cité par *Afanassieff* dans les remarques sur le premier livre de son recueil, le renard est, au contraire, la victime que le bouc veut expulser de son logis. Plusieurs animaux, le loup, le lion et l'ours viennent à son aide, mais le coq seul parvient à chasser l'intrus. Ici, le coq est l'ami du renard et l'ennemi du bouc. Dans le vingt-troisième conte du troisième livre d'*Afanassieff*, le renard défend le mouton contre le loup qu'il accuse de s'être revêtu de sa peau, et grâce à son habileté, il cause la perte du loup. Dans le troisième conte du quatrième livre, le chat et l'agneau sauvent le coq de la dent du renard ; ces contradictions s'expliquent par la double signification mythique que nous avons attribuée plus haut au renard et par le double phénomène au-

quel il correspond, l'aurore du soir et celle du matin.
Le soir, il dupe généralement le héros; le matin, il
dupe le monstre. Dans le deuxième conte du quatrième
livre d'*Afanassieff*, le renard engage le coq à descendre
de l'arbre où il est perché et à venir lui faire sa con-
fession. Le coq se rend à son appel et se voit sur le
point d'être mangé par le renard, mais il le flatte tellement qu'il obtient d'être relâché. (Le coq solaire qu'on
suppose au pouvoir du renard de la nuit parvient à
s'échapper et reparaît le matin). Le troisième conte du
quatrième livre, nous donne les paroles textuelles que
le renard chante au coq pour faire réussir sa ruse. Il
nous semble intéressant de les rapporter :

> « Petit coq, petit coq,
> A la crête dorée,
> A la tête beurrée,
> Au front de lait caillé,
> Montre toi à la fenêtre,
> Je te donnerai du gruau
> Dans une cuillère rouge [1]. »

---

[1]
> « Pietushok, pietushok,
> Zalatoi grebeshok,
> Masliannaja galovka,
> Smiatanij lobok !
> Vighliani v oshko ;
> Dam tebie kashki,
> Na krasnoi loszkie. »

Dans un conte toscan inédit que j'ai entendu réciter à Antignano,
près de Leghorn, une poulette veut aller avec son père (le coq) dans la
Maremme pour chercher sa nourriture. Le père lui recommande de ne
pas le faire de peur du renard, mais la poulette insiste pour le suivre;
chemin faisant, elle rencontre le renard qui va la manger; mais elle
le supplie de la laisser aller dans la Maremme, où elle s'engraissera,
fera des œufs, aura des poussins et pourra fournir au renard une nourriture beaucoup plus abondante qu'en ce moment. Le renard y consent.
La poulette a cent poussins; quand ils sont grands, elle se met en
route pour revenir à son ancien domicile; chaque poussin, à l'exception
du plus jeune, porte à son bec un épi de millet. En route, ils rencontrent le renard qui les attend; en voyant tous ces animaux qui
tiennent chacun un brin de paille, il est surpris et demande à la mère-

Quand le coq est attrapé par le renard, il invoque l'aide du chat en s'écriant : « Le renard m'a emporté ; il m'a emporté, le coq, dans la forêt sombre, dans des pays lointains, dans des pays étrangers, dans la trois fois neuvième (vingt-septième) terre, dans le trentième royaume ; chat Catonaïevic, délivre-moi ! »

Les fourberies du renard sont cependant beaucoup plus célèbres en Occident qu'en Orient. Un proverbe dit que tout le drap qu'on fabrique à Gand, s'il était changé en parchemin, ne suffirait pas pour écrire les hauts faits du renard. Ce proverbe servira à ma justification, si je ne m'étends que peu sur un sujet à l'égard duquel il est impossible d'en dire autant que je voudrais. Les Grecs et les Latins sont unanimes à célébrer la sagacité et la mauvaise foi du renard. Le cynique Machiavel, dans le dix-huitième chapitre du *Prince*, affirme qu'un bon monarque doit imiter deux animaux, le renard et le lion (c'est-à-dire qu'il doit être rusé et fort), mais surtout le renard ; ce précepte correspond au mot que Plutarque, dans les *Paroles mémorables des Grecs*, attribue à Lysandre « Quand la peau du lion ne suffit pas, il faut endosser celle du renard. » Aristote, au neuvième livre de l'*Histoire des Animaux*, considère le renard comme l'ami du serpent, probablement à cause de la ressemblance qui existe entre eux quant à la perfidie, conformément à cet autre apophthegme grec : « Celui qui veut triom-

---

poule qu'est-ce qu'ils portent : « Toutes queues de renard, » répond-elle : à ces mots, le renard se sauve précipitamment (à l'air malicieux avec lequel la conteuse récite cette fable, il est à présumer que la queue du renard a ici un sens phallique). — Nous voyons la queue de renard en rapport avec les [épis de blé] dans la légende de Samson ; il est aussi question, dans les *Fastes* d'Ovide, IV, 705, du renard incendiaire. — Nous lisons dans Sextus Empiricus, en se pendant au bras d'un mort peu vigoureux une queue de renard, on augmente ses forces.

pher, doit s'armer de la force du lion et de la prudence du serpent. » Un vers latin dit en forme de proverbe :

« Vulpes amat fraudem, lupus agnam, femina laudem. »

Dans les fables grecques et latines, il n'est presque aucun animal qui ne soit trompé par le renard ; ses semblables sont les seuls qu'il ne parvienne pas à duper. Dans Esope, le renard qui a laissé sa queue dans un piége essaie de convaincre les autres renards de l'inutilité de cet appendice ; mais ils lui répondent qu'il n'aurait pas entrepris cette démonstration s'il ne s'était aperçu que la queue sert à quelque chose. Le renard trompe l'âne en l'amenant au lion, qui en fait sa proie (comme dans le *Pancatantra*) ; il trompe le lièvre en l'offrant au chien qui, se mettant à la poursuite du lièvre, perd à la fois le lièvre et le renard[1] ; il trompe le bouc, en le faisant descendre dans le puits afin d'en sortir lui-même, et en l'abandonnant à son sort ; il dupe de différentes manières tantôt le coq et tantôt le loup ; il en fait même accroire au puissant roi des animaux qu'il ne réussit pourtant pas toujours à jouer. Un élégant apologue de Thomas Morus nous présente la contre-partie de la fable du renard et du lion malade, c'est-à-dire le renard malade recevant la visite du lion,

« Dum jacet angusta vulpes ægrota caverna
Ante fores blando constitit ore leo.
Et quid, amica, vale. Cito, me lambente, valebis,
Nescis in lingua vis mihi quanta mea.

---

[1] C'est ainsi que, dans le mythe de Céphale, le chien, par un décret du destin, ne peut pas s'emparer du renard ; mais comme, en vertu d'un autre arrêt du sort, nul ne peut échapper au chien de Céphale, le chien et le renard sont changés en pierre par l'ordre de Zeus (ce sont les deux aurores, ou le soleil et la lune au moment qu'ils expirent).

Lingua tibi medica est, vulpes ait, at nocet illud
Vicinos, quod habet, tam bona lingua, malos. »

Mais quand on arrive au moyen-âge, la fable du renard se complique de telle sorte que l'étude des phases dans lesquelles elle se développe mériterait de faire l'objet d'un ouvrage spécial [1]. Qu'il me suffise de remarquer ici que, pour rendre populaire en Flandre, puis en France et en Allemagne, la conception du renard considéré comme le type de toute espèce de malice et d'imposture, c'est le prêtre qui, la plupart du temps, devint la personnification humaine du *Reinart* mâle. La *Procession du Renart* est fameuse ; c'est une farce conçue en 1313 par Philippe-le-Bel, à propos de sa querelle avec le pape Boniface VIII, et qui fut jouée par les écoliers de Paris. Le personnage principal était un homme revêtu d'une peau de renard sur laquelle il avait endossé un surplis de prêtre ; son affaire capitale était de faire la chasse aux poules. Pourtant, cette pièce satirique dirigée contre l'Eglise est certainement plus ancienne que le moment où elle fut jouée ; elle remonte au onzième siècle, à l'époque des premiers conflits qui s'élevèrent entre le sacerdoce et l'empire. C'est alors que parurent les deux poèmes latins fameux au moyen âge *Reinardus Vulpes* et *Ysengrinus* ; cependant, au seizième siècle, quand eurent lieu le schisme d'Angleterre et la réforme, *Reinardus Vulpes* devint décidément un renard romain. La finesse et la perfection du poème satirique que saint Naylor, qui le traduisit en anglais,

---

[1] Cette œuvre, d'ailleurs, a déjà presque été faite, en ce qui regarde la partie franco-allemande, dans l'introduction érudite et intéressante (pages 5-163) dont M. Ch. Potvin a fait précéder sa traduction en vers du *Roman du Renard*, Paris, Bohné ; Bruxelles, Lacroix, 1861. — J'ai entendu dire que M. le professeur Schiefner a fait, il y a trois ans, à Saint-Pétersbourg, une lecture sur la légende du renard, mais j'ignore si ce travail a été publié.

appelle « la Bible profane du monde » accrut aussi la popularité du renard et le rendit encore plus proverbial qu'il n'était. Les éléments principaux du poëme existaient déjà, non-seulement dans la tradition orale, mais même dans la tradition littéraire; par la suite, on les groupa, on les mit en ordre, en donnant au renard des traits plus humains et plus malicieux, un caractère plus hypocrite encore qu'auparavant, et modelé davantage sur celui des prêtres; aussi, put-on dire de lui mieux que jamais

« Urbibus et castris regnat et ecclesiis. »

Machiavel, saint Ignace de Loyola et saint Vincent de Paule se chargèrent de propager ce type dans le monde entier.

Le loup vaut mieux, quand il apparaît sous ses traits véritables, car nous connaissons au moins ses défauts; nous savons qu'il est notre ennemi et nous sommes par conséquent sur nos gardes; mais quelquefois aussi il se déguise, par feinte ou par magie, en brebis, en berger, en moine et en pénitent, comme Ysengrin, et, à ce point de vue, il ressemble beaucoup à son perfide compère le renard; on sait que l'une des particularités de l'histoire de Reinart consiste dans son union concubinaire avec la louve.

Le *Rigveda* contient déjà plusieurs données mythiques intéressantes qui concernent le loup; nous l'y voyons complètement démoniaque, car Vrika, l'épuisé, auquel les Açvins, d'après un hymne, rendent les forces[1], ne me semble pas être le loup, mais bien le cor-

---

[1] Vrikâya *cid gasamânâya çaktam*; Rigv., VII, 68, 8. — Le loup reconnaissant et le corbeau s'unissent pour aider Ivan Tzarevic, dans le vingt-quatrième conte du deuxième livre d'*Afanassieff*.

beau messager, qui doit porter le héros solaire pendant
la nuit.

De même que dans le *Vendidad* zend[1], les âmes des
bons redoutent, quand elles sont sur le chemin du ciel,
de rencontrer le loup, dans le *Rigveda*, l'adorateur dit
que le loup roux (qui paraît confondu ici avec le chacal
ou avec le renard) le vit un jour s'avancer sur le chemin, et qu'il s'est enfui épouvanté[2]; il supplie la nuit
(lumineuse) de chasser au loin le loup, le maraudeur[3];
il demande au dieu Pûshan (le soleil) d'écarter du chemin des hommes pieux le loup malfaisant, le mauvais
esprit, le loup qui infeste les routes, le loup ravisseur,
fourbe, rempli de duplicité[4]. Le poète, après avoir appelé l'ennemi Vrika, souhaite avec des imprécations,
qu'il déchire son propre corps[5]; l'animal féroce, aux
artifices magiques[6], que tue Indra, est probablement
aussi un loup. Mais, indépendamment de ces indications, on peut retrouver, je crois, dans le *Rigveda*, le
*lupus piscator* des traditions russes et occidentales;
(d'après Elien, il y avait près du Palus Méotide des
loups qui vivaient en bonne harmonie avec les pé-
cheurs). Au cinquante-sixième hymne du huitième
livre, Matsya (le poisson) adresse aux Adityas (c'est-à-
dire aux dieux lumineux) la prière de le délivrer, lui
et les siens, de la dent du loup. De même dans une

---

[1] xix, 108, 109.

[2] Aruṇo mā sakṛid vṛikaḥ pathā yantam dadarça hi uç çihīte
niçayyā; *Rigv.*, I, 105, 18.

[3] Yavaya vṛikyam vṛikam yavaya stenam ûrmya; *Rigv.*, x, 127, 6. —
D'après Cardan, un loup qu'on voit en rêve annonce un voleur.

[4] Yo naḥ pûshann agho vṛiko duḥçeva âdideçati apa sma tvam patho
gahi. — Paripanthinam mushīvaṇam huraçcitam. — Dvayâvinaḥ; *Rigv.*,
I, 42, 3-4.

[5] Svayam ripus tamyam ririshīshta; *Rigv.*, VI, 51, 6, 7.

[6] Mâyinam mṛigam; *Rigv.*, I, 80, 7.

autre strophe de cet hymne, nous devons logiquement
supposer que c'est un poisson qui parle, quand celle
qui a un fils terrible (c'est-à-dire la mère du soleil) est
invoquée comme une protectrice contre celui qui essaie de le tuer dans les eaux peu profondes[1]. Nous
voyons aussi un poisson se trouvant dans de l'eau peu
profonde, dont il est fait mention explicite dans un autre hymne [2]; ces passages nous prouvent que l'image du
poisson sans eau, qui prit un grand développement
dans la tradition indienne postérieure, était déjà fami-
lière dans l'âge védique. Les mots sanskrits *vrikâri,
vrikârâti* et *vrikadança*, qui sont employés comme épithètes du chien, indiquent que cet animal était considéré comme l'ennemi des loups. (Dans le treizième
conte du quatrième livre d'*Afanassieff*, le loup veut
manger le chien ; celui-ci, qui se sent trop faible pour
résister, demande au loup de lui apporter quelque
chose à manger afin qu'il grossisse et soit plus tendre
sous sa dent ; mais quand il est bien nourri, il
acquiert de la force et fait fuir le loup. Les fables
d'Ésope ont aussi popularisé l'inimitié du loup et du
chien.)

Dans le *Râmâyana* [3], nous trouvons déjà l'expression
proverbiale, relative aux moutons qui ne profitent
pas, quand ils sont gardés par le loup ou par le
cheval (rakshayamânâ na vardhante meshâ gomâyunâ).

Dans le *Mahâbhârata*, le second des trois fils de
Kuntî, Bhîma le fort, le terrible, le vorace, est appelé

---

[1] Te na âsno vrikânâm âdityâso mumocata ; *Rigv.*, VIII, 50, 14. —
Parshi dîac gabhîra ân ugraputre *gighânsatah* ; *Rigv.*, VIII, 56, 11.

[2] Matsyam na dîna udani kshiyantam ; *Rigv.*, x, 68, 8.

[3] III, 45. — Dans la vingt-deuxième nuit du *Tuti-Namé*, le loup
pénètre, au contraire, dans la demeure du chacal ; ici le loup et le
chacal sont déjà distingués l'un de l'autre, c'est-à-dire que l'un est le
loup roux et l'autre le loup noir.

Ventre-de-loup (Vrikodara, le héros solaire enfermé dans les ténèbres de la nuit ou de l'hiver). Ici, le loup a une forme héroïque et sympathique, de même que, dans le *Tuti-Name*[1], il éprouve de la compassion, quoiqu'affamé, pour une jeune fille qui voyage afin d'accomplir un vœu; de même encore, dans un autre passage du *Tuti-Name*[2], il prête secours au lion contre les souris, et dans l'histoire d'Ardji Bordji, le petit garçon, fils d'un loup, comprend le langage des loups et l'enseigne aux méchants, avec lesquels il vit; signalons encore la louve du conte russe, qui donne son lait à Ivan Karolievic pour qu'il le remette à la sorcière, sa femme, qui l'avait engagé à le lui aller chercher, dans l'espoir qu'il trouverait ainsi la mort[3]; ainsi que la louve du quinzième conte esthonien, qui arrive aux cris d'un enfant et le nourrit de son lait. Le conte nous dit que la mère de l'enfant elle-même, avait pris la forme d'une louve et que, quand elle était seule, elle déposait sur un rocher ce qui lui servait à se déguiser en louve et venait, sous la figure d'une femme nue, donner le sein à son enfant. Le mari, informé de cette circonstance, donne l'ordre de chauffer le rocher, de manière que la peau de louve fût brûlée quand elle l'y replacerait et qu'il pût reconnaître et reprendre sa femme. La louve qui donne son lait aux deux jumeaux dans la tradition épique latine était une femme, aussi bien que la bonne-nourrice du conte esthonien[4].

---

[1] I, 255.

[2] I, 271.

[3] Comp. *Afanassieff*, VI, 61 ; V, 27 et V, 28.

[4] On dit aussi que la nourrice des jumeaux latins était une femme de mauvaise vie, parce qu'on donnait à ces femmes le nom de *lupa* ou de *lupae femina*, d'où la dénomination de *lupanaria* que portaient les maisons où elles habitaient (« Absconduut spurcas hæc monumenta lujus. » Olaus Magnus écrit que les loups, attirés par l'odeur, attaquent

Le héros germain Wolfdieterich, ainsi que les loups qui chassent pour le héros dans les contes russes, et qui, comme leurs chiens de chasse, sont consacrés à Mars et à Thor, ont la même nature bienfaisante. (L'aurore du soir prend le déguisement de la nuit au moyen d'une peau de louve, elle nourrit en qualité de louve le héros solaire nouveau-né et le matin elle dépose sa peau de louve sur le rocher enflammé de l'Orient et retrouve son mari). Ce que Solin rapporte des Neures, à savoir qu'ils se changent en loups à des périodes régulières, et ce qu'on racontait des Arcadiens, qui devenaient loups pour huit ans, quand ils traversaient un certain marécage, nous suggère une nouvelle idée des transformations zoologiques du héros solaire [1]. Dans La Fontaine [2], l'ombre du loup met, le soir, les brebis en fuite. En qualité de héros transformé, le loup a dans certaines légendes un aspect bienveillant. D'après Baronius, une troupe de loups s'introduisirent, en 647, dans un monastère et dévorèrent plusieurs reli-

---

les femmes enceintes, et que de là vient la coutume de ne pas les laisser sortir sans qu'elles fussent accompagnées d'un homme armé. Les anciens croyaient qu'en faisant cuire et mangeant le phallus d'un loup, on affaiblissait ses facultés génératrices.

[2] Dans les *Légendes et Croyances superstitieuses de la Creuse*, recueillies par Bonnafoux, Guéret, 1867, p. 27, nous lisons, à l'égard du loup-garou, qu'il rend grâce à celui qui le blesse. On dit que ce sont les âmes des damnés qui entrent dans la peau d'un loup-garou : « Chaque nuit, ils sont forcés d'aller chercher la maudite peau à un endroit convenu, et ils courent ainsi jusqu'à ce qu'ils rencontrent une âme charitable et courageuse qui les délivre en les blessant. »

[2]          « . . . . . devant qu'il fût nuit
          Il arriva nouvel encombre ;
     Un loup parut, tout le troupeau s'enfuit :
  Ce n'était pas un loup, ce n'en était que l'ombre. »

Les brebis avaient pourtant raison de fuir. Dans l'*Edda*, la quatrième hirondelle dit : « Quand je vois les oreilles du loup, je pense que le loup n'est pas loin. » C'est le crépuscule qui est l'ombre ou l'oreille du loup.

gieux qui avaient des croyances hérétiques. Des loups envoyés par Dieu dévorèrent les voleurs sacriléges de l'armée de François-Marie, duc d'Urbin, qui étaient venus piller le trésor de la sainte maison de Lorette. Un loup garda et défendit contre les bêtes sauvages, la tête de saint Edmond martyr, roi d'Angleterre. Saint Oddon, abbé de Cluny, attaqué par des renards en faisant un pèlerinage, fut délivré et escorté par un loup; c'est ainsi qu'un loup montra son chemin au bienheureux Adam, de même que, d'après Hérodote, des loups servirent de guides aux prêtres de Cérès. Un loup qui avait dévoré deux juments conduisant une voiture, fut obligé par saint Eustorge à conduire la voiture à leur place et se soumit à ses ordres. Saint Norbert força un loup, d'abord, à laisser échapper un mouton sur lequel il avait mis sa griffe, puis à le garder toute la journée sans lui faire de mal. Nous lisons que Hiélon, un jeune héros de l'ancienne Syracuse, étant à l'école, eut ses tablettes emportées par un loup, qui voulait par là l'obliger à se mettre à sa poursuite; Hiélon ne fut pas plus tôt sorti, que le loup rentra dans l'école et massacra le maître et tous les autres écoliers.

Même après sa mort, le loup est utile. Les anciens croyaient qu'en se couvrant d'une peau de loup, après avoir été mordu par un chien enragé, on conjurait l'hydrophobie. D'après Pline, des dents de loup dont on frotte les gencives d'un enfant au moment de la dentition, calment les douleurs qu'il éprouve (ce qui est tout à fait vraisemblable, mais toute autre dent aiguë aurait atteint le même but, en hâtant le percement des dents). En Sicile, on croit qu'une tête de loup augmente le courage de celui qui s'en revêt. Dans la province de Girgenti, on fait des souliers de peau de loup aux enfants que les parents veulent rendre forts, braves et belliqueux. Les animaux eux-mêmes montés par des personnes qui portent de pareilles chaussures, sont guéris des maux dont ils peuvent souffrir. L'animal *allupatu* (c'est-à-dire qu'un loup a mordu) devient invulnérable et n'éprouve jamais aucune autre sorte de douleur. On croit aussi en Sicile que, quand une peau de loup est exposée en plein air, elle fait crever les tambours dont on se sert en ce moment. Cette superstition nous rappelle la fable du renard qui se tue en déchirant le tambour ou en coupant avec les dents la corde d'un arc ; le tambour mythique (c'est-dire le nuage) est détruit quand la peau du loup est enlevée. Dans la fable d'Esope, la peau du loup est recommandée par le renard comme un remède pour le lion malade.

Mais le loup de la tradition a généralement une signification perverse et démoniaque, et le démon étant représenté tantôt comme maître en toute espèce de perfidie et de méchanceté, et tantôt comme idiot, le loup a le même caractère. Dans le mythe hellénique, Lycaon, roi d'Arcadie, est changé en loup parce qu'il a mangé de la chair humaine. D'après Servius, des loups du pays des *Hirpini* (le mot sabin *hirpus* signifie loup) emportèrent les entrailles d'une victime sacrifiée à Pluton et attirèrent une épidémie pestilentielle sur la contrée. Des loups dévorèrent le héros Milon dans la forêt. Les loups sont un présage de mort ; le loup garou de la tradition populaire française est une forme diabolique [1]. Dans

---

[1] Lous loups-garous soun gens coumo nous autes ; mès an heyt un countrat dab lou diable, e cado sé soun fourçatz de se cambia en bestios per ana au sabbat e courre touto la neyt. Y a per aco un mouyén de lous goari. Lous cau tira sang pendent qu'an perdut la forme de l'home, e asta leu la reprengon per toutjour ; Bladé, *Contes et Proverbes populaires recueillis en Armagnac*, Paris, 1867, p. 51.

l'*Edda*, les deux loups Skœll et Hati veulent prendre, l'un le soleil et l'autre la lune ; le loup dévore le soleil, père du monde, et donne naissance à une fille. Il est tué ensuite par Vidarr. Hati précède le fiancé lumineux du ciel ; le loup Fenris, fils de Lokis le démoniaque, enchaîné par les Ases, coupe avec les dents la main que le héros Tyr, voulant lui donner un gage de la bonne foi des Ases, lui a mise dans la bouche [1], au moment où il est enchaîné à la porte occidentale. Nanna, dans le *Pentamerone*, après avoir voyagé à travers le monde, se déguise sous la forme d'un loup, change de caractère et de couleur et devient méchante ; les trois fils du roi des Finns vont habiter la vallée du Loup, près du lac du Loup, et trouvent là trois femmes qui filent et qui peuvent se changer en cygnes. A la veillée de Noël, le roi Helgi rencontre une sorcière qui chevauche sur un loup et qui a des aigles [2] pour rênes [3]. Les loups se mangent entre eux ; le loup Sinfiœtli devient eunuque ; le loup qui s'enfuit devant le héros est un présage de victoire, ainsi que le loup qui hurle sous les branches d'un frêne. (Le hurlement du loup, le braiment de l'âne, le sifflement du serpent, annoncent la mort du monstre

---

[1] Il est bon peut-être de rapporter ici la tradition mentionnée par Cæsarius Heisterbacensis relativement à un loup qui, prenant dans ses dents le bras d'une jeune fille, la tire en un lieu où se trouve un autre loup ; plus elle crie, plus le loup la mord cruellement. L'autre loup a un os dans la gorge que la jeune fille lui arrache ; ici la jeune fille joue le rôle de la grue ou de la cigogne de la fable ; l'os peut être tantôt la lune, tantôt le soleil.

[2] Dans un autre passage de l'*Edda*, l'aigle se pose sur le loup. Selon la légende latine relative à la fondation de Lavinium, les Troyens furent témoins d'un singulier prodige. Un feu s'allume dans les bois ; le loup apporte dans sa gueule des branches sèches pour le faire mieux flamber, et l'aigle l'aide à l'attiser avec le vent de ses ailes agitées. Le renard, de son côté, trempe son balai dans la rivière pour éteindre le feu, mais il n'y parvient pas.

[3] Ou des serpents, selon l'interprétation de M. Liebrecht, *Academy*, juin 1873, n° 74.

démoniaque ; ce hurlement doit nécessairement avoir
lieu le matin, ou au printemps, quand le héros a re-
couvré sa force, car, comme l'*Edda* le dit, « un héros ne
doit jamais combattre vers l'heure du coucher du soleil. ») Si Gunnar (le héros solaire) perd la vie, le loup
devient le maître du trésor et de l'héritage de Nifl ; les
héros font rôtir le loup. Toutes ces particularités dé-
pendant de la légende du loup dans l'*Edda* concourent
à nous présenter cet animal comme un monstre ténébreux et diabolique. La nuit et l'hiver sont les époques
du loup dont il est question dans le *Voluspa* ; les dieux
qui, selon la tradition germanique, entrent dans des
peaux de loups, représentent le soleil se cachant dans
la nuit, ou dans la saison neigeuse d'hiver (d'où le loup
blanc démoniaque qui, d'après un conte russe [1], se
trouve au milieu de sept loups noirs). Quand le héros
solaire devient un loup, ce loup est d'une nature divine ; quand, au contraire, le loup est sous sa forme
propre de démon, il est d'une nature tout-à-fait malfaisante. Le condamné, le criminel qu'on proscrivait,
le bandit, l'*utlagatus* ou l'*outlaw*, portait, disait-on, au
moyen-âge, un *caput lupinum* (en anglais *wulfesheofod* ;
en français, *teste leue*). Le loup Ysengrin, qui des-
cendait en partie du loup ésopique, et en partie des
mythes scandinaves répandus en Allemagne, dans les
Flandres et en France, possède beaucoup de l'habileté
diabolique du renard ; il emploie d'ordinaire contre
les moutons les mêmes stratagèmes que le renard met
en usage pour attraper les poulets. D'après le proverbe
français, le renard prêche les poules ; selon le proverbe
italien, le loup chante des psaumes quand il veut en-
jôler les moutons. De même qu'en Orient, comme nous

---

[1] Comp. *Afanassieff*, III, 19.

l'avons vu, on a confondu le chacal et le renard, la
tradition occidentale identifie parfois, au point de vue
de la ruse, Reinart et Ysengrin. Un auteur français con-
temporain, qui avait observé les habitudes du loup, dit
qu'il est « effrayant de sagacité et de calcul [1]. »

Dans le deuxième conte du deuxième livre d'*Afanassieff*, le même loup-magicien, qui sait imiter la voix de
la chèvre pour tromper les chevreaux, se rend au logis
d'un vieillard et de sa femme qui ont cinq moutons, un
cheval et un veau. Le loup arrive et se met à chanter. La vieille femme admire sa voix et lui donne un
mouton d'abord, puis les autres, puis le cheval, puis le
veau et finit par s'offrir elle-même à lui. Le vieillard,
resté seul, parvient à chasser le loup. Dans le conte
précédent, les animaux s'accusent mutuellement, mais
quand vient le tour du loup démoniaque, il accuse
Dieu. Nous avons déjà signalé le loup qui, se rendant
aux ordres de S. Eustorge, conduit la voiture au lieu
des juments qu'il avait mangées.

Dans le vingt-cinquième conte du troisième livre
d'*Afanassieff*, le loup arrive auprès de l'artisan endormi
et le flaire ; l'artisan s'éveille, prend le loup par la
queue [2] et le tue. Une autre fois, le même artisan, après

---

[1] « Les loups, qui ont très peu d'amis en France et qui sont obligés
d'apporter dans toutes leurs démarches une excessive prudence, chassent presque toujours à la muette. J'ai été plusieurs fois en position
d'admirer la profondeur de leurs combinaisons stratégiques ; c'est
effrayant de sagacité et de calcul ; » Toussenel, *L'Esprit des Bêtes*, ch. I.
— Nous lisons aussi dans Aldrovandi, *De Quadrup. Dig. Viv.*, II :
« Lupi omnem vim ingenii naturalem in ovibus insidiando exercent ;
noctu enim ovili appropinquantes, pedes lambunt, ne strepitum in
gradiendo edant, et foliis obstrepentibus pedes quasi reos mordent. »

[2] En Piémont, on raconte aussi en plaisantant qu'un homme ren-
contra une fois un loup et lui enfonça le bras dans la gorge si profon-
dément qu'il put atteindre sa queue ; il la ramena ainsi dans l'intérieur
du corps du loup jusqu'à ce qu'elle sortît par sa gueule et le fit périr
en le retournant comme un gant.

s'être enrichi avec de l'argent que trois brigands avaient caché dans un moulin abandonné, rencontre encore, en allant à la chasse avec son père, deux loups qui mangent leurs chevaux, mais se trouvent sanglés à leur place dans les harnais et sont forcés de conduire la voiture à la maison; nous avons donc ici le miracle de saint Eustorge réduit à ses justes proportions mythiques. Evidemment, dans ce cas, le loup commence par être un animal stupide ; le démon enseigne son art, le soir, au petit héros solaire, et, le matin, il est trahi par le héros solaire lui-même ; le soir, le renard trompe le coq solaire et, le matin, il est trompé par lui ; le soir, le mauvais naturel du loup assure son succès, mais il arrive à sa perte, une fois le matin venu.

Nous avons déjà mentionné le conte norvégien du petit Schmierbock mis dans un sac par la sorcière, perçant deux fois le sac et s'en échappant, et la troisième fois, faisant que la sorcière mange sa propre fille. Schmierbock est le bélier ; c'est la sorcière de la nuit qui le met dans le sac. Dans un conte piémontais [1] et dans un conte russe, nous avons, au lieu de Schmierbock, Piccolino (le tout petit) et le Petit-Poucet (malcik-s palcik, c'est-à-dire, le petit doigt, le doigt sage, d'après la

______

[1] Dans un conte piémontais très populaire, quoique inédit, Piccolino est monté sur un arbre pour manger des figues ; le loup vient à passer et lui en demande en lui faisant cette menace : « Piculin, dame ün fig, dass no, i t mangiu. » Piccolino lui en jette deux qui s'écrasent sur le nez du loup. Alors le loup lui dit qu'il le mangera s'il ne descend pas pour lui apporter une figue ; Piccolino descend et le loup le met dans un sac et l'emporte à son logis où l'attend la mère louve. Mais, chemin faisant, le loup a un besoin à satisfaire et est obligé d'aller sur le côté de la route ; pendant ce temps, Piccolino fait un trou au sac, en sort et met une pierre à sa place. Le loup revient, jette le sac sur ses épaules et pense que Piccolino est devenu bien plus lourd qu'il n'était. Il arrive chez lui et dit à la louve de se réjouir et de préparer la marmite pleine d'eau chaude ; il vide ensuite son sac dans la marmite ; la pierre, en tombant, fait jaillir l'eau bouillante sur la tête du loup, qui périt échaudé.

superstition populaire). Voici l'analyse du conte russe :
Une vieille femme, qui faisait cuire un gâteau (la lune),
se coupe le petit doigt et le jette au feu. De ce petit
doigt jeté au feu naît un fils qui a la taille d'un nain,
mais qui est doué d'une très-grande force et qui accomplit dans la suite plusieurs exploits merveilleux.
Un jour qu'il mangeait les entrailles d'un bœuf dans la
forêt, le loup passe et mange le nain avec l'objet de
son régal. Ensuite le loup s'approche d'un troupeau de
moutons, mais le nain se met à crier dans son ventre :
« Berger, berger, tu dors et le loup emporte un mouton. » Alors le berger chasse le loup qui essaie de se
débarrasser de son hôte incommode ; le nain demande
au loup de l'emporter chez ses parents ; ils ne sont pas
plus tôt arrivés que le nain sort du derrière du loup,
lui prend la queue et crie: « Tuez le loup, tuez le gris. »
Les vieux parents accourent et assomment le loup [1]. Le
loup mythique meurt, tantôt au bout d'une seule nuit,
tantôt après avoir vécu un seul hiver. Le loup mythique
a eu pourtant des fils illégitimes qui n'ont fait que de
changer de peau et qui ont pu vivre une longue période de temps parmi les hommes, au milieu de la société civile où ils ont conservé les mœurs de leur
père. Le proverbe français dit, « Le loup alla à Rome ;
il y laissa de son poil et rien de ses coutumes. » La
louve payenne donnait son lait aux héros romains ; la
louve catholique, au contraire, que Dante [2] a frappée de
ses foudres, vit à leurs dépens,

> « Ed ha natura sì malvagia e ria,
> Che mai non empie la bramosa voglia
> E dopo il pasto ha più fame che pria.
> Molti son gli animali a cui s'ammoglia. »

---

[1] Comp. les contes anglais si connus de *Tom Thumb* et de *Hop-o'-my-Thumb*.

[2] *Inferno*, c. I.

# CHAPITRE XIII

## LE LION, LE TIGRE, LE LÉOPARD, LA PANTHÈRE
## ET LE CAMÉLÉON

---

**SOMMAIRE**

Le lion et le tigre, symboles de la majesté royale. — Tvashtar sous la
forme d'un lion. — La chevelure de Tvashtar dans le feu. — Les
vents qui mugissent comme les lions. — Le lion séducteur. — Le
lion et le miel; le lion et les richesses. — Noblesse du lion. — La
part du lion. — La lionne-monstre. — Le lion vieux et malade; le
lion qui a une épine dans le pied. — Lions monstrueux et démoniaques. — Le lion a peur du coq. — Stérilité du lion. — La légende
d'Atalante. — Le soleil dans le signe du lion. — La vierge et le lion.
— Çiva, Dionysos et le tigre. — Les piquants de la queue du tigre;
le Mantikore. — Le caméléon; le dieu caméléon.

Le tigre et le lion jouissent dans l'Inde de la même
considération, ils sont l'un et l'autre les symboles su-
prêmes de la puissance et de la majesté royales[1].
« Tigre des hommes » et « lion des hommes » sont
deux expressions qui correspondent à celle de prince,

---

[1] Héraclès, Hector, Achille, parmi les héros grecs; Wolfdieterich et
plusieurs autres héros de la tradition germanique avaient l'image de
ces animaux pour signe distinctif; le coursier du héros Hildebrand est
un lion. — Comp. *Die Deutsche Heldensage*, de Wilhelm Grimm,
Berlin, Dümmler, 1867. — Quand Agariste et Philippe virent un lion en
rêve, ce rêve fut considéré comme un présage, pour le premier, de la
naissance de Périclès, et, pour le second, de celle d'Alexandre le
Grand.

le prince étant considéré comme le meilleur des hommes. Dans les relations naturelles, c'est la force qui donne la victoire et la supériorité ; le tigre et le lion qui sont appelés les rois des animaux représentent donc le roi dans les rapports civils et sociaux des hommes. Le *narasinha* de l'Inde fut appelé au moyen âge le roi par excellence ; de même, dans la Grèce, le roi reçut aussi le nom de *leôn*.

Le mythe du lion et du tigre est essentiellement asiatique ; néanmoins, une grande partie de ce mythe se développa en Grèce, où le lion et le tigre finirent par être connus et durent inspirer, comme dans l'Inde, un sentiment analogue à la terreur religieuse causée par les rois orientaux.

Nous avons déjà parlé du monstre védique appelé le lion de l'ouest, dans lequel nous voyons le soleil expirant. Indra, le fort, le destructeur du monstre Vritra, est aussi représenté sous la figure d'un lion. De même que le Samson juif se trouve en rapport avec le lion, ce lion avec le miel, et que la force du lion et celle de Samson reposent, dit-on, dans la crinière du premier et la chevelure de l'autre (quand le soleil perd ses rayons ou sa crinière il perd toutes ses forces), nous trouvons dans le mythe parallèle d'Indra des circonstances analogues. Tvashtar, le forgeron céleste de l'Inde, qui forge des armes tantôt pour les dieux, tantôt pour les démons (le ciel rougeâtre du matin et du soir est comparé à une forge allumée ; le héros-solaire, ou le soleil, qui se trouve à cette forge est un forgeron) est aussi représenté dans un hymne védique[1] comme un lion vers lequel (vers l'ouest) le ciel et la terre sont

_______________________

[1] Ubhe tvashtur bibhyatur gâyamânât pratîci sinham prati goshayete ; Rigv., I, 95, 5.

tournés et se réjouissent, quoique (à cause du bruit qu'il fait en entrant dans le monde) ils soient surtout terrifiés. La forme d'un lion est une des œuvres favorites que produit le forgeron mythique et légendaire.

Dans le *Mârkandeya Purâna*[1], ce même Tvashtar (que le *Rigveda* représente comme un lion), voulant se venger du dieu Indra, qui avait (le matin peut-être) tué l'un de ses fils, crée un autre fils, Vritra (celui qui enveloppe) en s'arrachant une mèche de cheveux et en la jetant au feu (chaque soir, le soleil brûle dans la forge occidentale ses rayons ou sa crinière et il en naît le monstre obscur de la nuit). Indra conclut une trève avec Vritra (dans les contes russes, les héros et les monstres se demandent mutuellement avant de combattre de déclarer s'ils veulent la paix ou la guerre), puis il viole le traité ; cette perfidie cause la perte de sa force, qui échoit à Mâruta, le fils du vent (le Hanumant du *Râmâyana*. Dans un hymne védique, la voix de Mâruta est comparée au rugissement des lions)[2], et aux trois frères Pândus, fils de Kuntî (nous avons là l'indication de la transition par laquelle on a passé de la légende du Véda à celle des deux principaux poèmes épiques de l'Inde). De même, toujours selon le *Mârkandeya P.*, Indra, ayant fait violence à Ahalyâ, femme de Gâutama, perd sa beauté (selon d'autres *Purânas* il devient eunuque ou a mille matrices. Indra a toute la puissance du soleil ; dans le nuage il est puissant encore, car il possède la foudre ; mais quand il se cache dans le ciel serein et étoilé, il est impuissant) qui passe aux deux

---

[1] V.

[2] Te svânino rudriyâ varshanirnigah sinhâ na heshakratavah sudânavah ; *Rigv.*, III, 26, 5. — Dans le conte bohémien du grand-père *Vsievedas*, le prince, qui veut causer la perte du jeune héros, l'envoie chercher les trois cheveux d'or de ce grand-père (le soleil).

Açvins, lesquels se renouvellent dans les deux Pâṇḍus,
fils de Mâdrî, comme les fils des démons se personnifiè-
rent dans les fils de Dhritarâshtra.

Tvashtar, le créateur de formes tantôt divines et tantôt monstrueuses, Tvashtar le lion, devait nécessairement produire des lions. Dans un conte toscan, le forgeron fabrique un lion avec lequel Argentofo pénètre
pendant la nuit dans la chambre de la jeune princesse
avec laquelle il a des rapports amoureux. (Dans le *Pancatantra*, le charpentier fabrique l'oiseau Garuda sur lequel monte son ami le tisserand pour pénétrer dans l'ap-
partement de la fille du roi qu'il possède, en se faisant
passer pour le dieu Vishnu en personne). Dans le troisième conte du quatrième livre du *Pentamerone*, quand
la malédiction de la fée a cessé, les trois princes frères
reviennent chez eux conduits par six lions, avec leurs
fiancées. Le lion séducteur nous rappelle Indra, qui
était, lui aussi, un lion et un séducteur de femmes. Un
hymne nous dit qu'Indra combat comme un lion terrible [1];
dans un autre hymne, ce même lion est, comme dans la
légende de Samson, en rapport avec le miel [2]. Dans la
vingt-deuxième nuit du *Tuti-Namé*, le lion est en relation
avec les richesses; flatté par un homme qui l'appelle roi,
il lui permet de ramasser les choses précieuses qu'une
caravane exterminée par le lion avait laissées répandues
par terre [3]. Le *Râmâyana* rend aussi témoignage de

---

[1] Sinho na bhîma âyudhâni bibhrat; Rigv., iv, 16, 14. — Comp. i,
174, 5.

[2] Sinham nasanta madhyo ayâsam harim aru ham divo asya patim;
Rigv., ix, 89, 5.

[3] Dans l'apologue grec, Ptolémée, roi d'Égypte, veut faire hommage
à Alexandre d'une somme d'argent qu'il lui envoie; le mulet, le cheval,
l'âne et le chameau s'offrent d'eux-mêmes pour porter les sacs. En
chemin, ils rencontrent le lion, qui veut se mettre de la partie, en
disant que lui aussi porte de l'argent; mais n'étant pas habitué à faire

la nature royale du lion [1], quand le roi Daçaratha dit que son fils Râma, le lion des hommes, dédaignera après son exil de prendre en main le royaume possédé auparavant par Bharata, de même que le lion dédaigne de manger la chair à laquelle d'autres animaux ont touché avant lui. C'est peut-être pour la même raison que, dans la fable, la part du lion comporte la proie tout entière. L'idée de l'orgueilleux suggère celle du violent, du tyran, et, par suite, du monstre. Dans l'*Aitareya Brâhmana* [2], la terre pleine de dons faits par la main droite — c'est-à-dire, par l'orient — présentés par les *Adityas* (ou les dieux de la lumière), aux *Angiras* (les sept rayons solaires, les sept sages, et, par extension, les sept prêtres) devient, le soir, une lionne (*sinhîbûtvâ*) et attaque les nations en ouvrant la gueule. Dans le *Râmâyana* [3], le char qui porte le monstre Indragit est impétueusement conduit par quatre lions. Dans le *Tuti-Namé* [4], nous avons la fable du lion au lieu du loup, qui accuse l'agneau, et le lion qui a peur de l'âne, du taureau (comme dans l'introduction du *Pancatantra*) et du lynx. Le lion-soleil du couchant est tantôt monstrueux, tantôt chargé d'ans, tantôt malade, tantôt affligé d'une épine dans la patte [5], tantôt aveugle et tantôt idiot. Le

---

un pareil travail, il prie modestement les quatre autres animaux de partager entre eux son fardeau. Ils y consentent ; peu après, le lion, en traversant une contrée riche en troupeaux, a des dispositions à s'arrêter et réclame sa part d'argent ; mais comme l'argent qui lui revient ressemble à celui des autres, pour ne pas se tromper, il s'empare de vive force avec le sien, de celui des autres.

[1] *Râmây.*, II, 62.

[2] VI, 5, 55.

[3] V, 43.

[4] I, 229.

[5] L'anecdote d'Androclès et du lion reconnaissant, parce qu'une épine lui a été arrachée de la patte, est attribuée presque dans les

lion monstrueux, qui garde l'antre du monstre, le séjour infernal, se trouve mentionné dans un grand nombre de contes populaires. Dans la tradition hellénique, le lion monstrueux est mentionné plusieurs fois : tel est le lion qui ravage le pays du roi de Mégare dont la fille est promise en mariage au héros qui le tuera ; telle est la lionne aux mâchoires sanglantes (la pourpre et la viande dans la gueule du chien, sont des mythes dont le sens est identique) qui remplit de sang le voile de Thisbé, à la vue duquel Pyrame, qui la croit morte, se tue, et quand Thisbé aperçoit le corps de son amant, elle se tue elle-même de désespoir (c'est une ancienne forme de la mort de Roméo et Juliette) ; tel est le lion de Némée, qu'étrangla Héraclès ; tel est le lion du mont Olympe, que le jeune Polydamas tue sans armes ; tels sont les lions à figures humaines, qui, d'après Solin, habitaient la Caspienne ; telle est enfin la Chimère, monstre en partie lion, en partie chèvre et en partie dragon, ainsi que plusieurs autres figures mythiques, images du passage du soleil du soir dans l'obscurité de la nuit.

Et c'est en partant de l'idée du lion monstrueux que les anciens ont été unanimes à croire, qu'entre tous les animaux, il craint le coq, et particulièrement sa crête d'un rouge ardent. Le coq solaire du matin anéantit complétement les monstres. Dans une fable d'Achille Tatius,

mêmes termes à Mentor de Syracuse, à Helpis de Samos, à l'abbé Gerasimos, à saint Jérôme et (avec cette variante qu'il s'agit d'un lion aveugle à qui la vue a été rendue) à Macaire le confesseur. L'épine dans la patte du lion est une forme zoologique correspondant au héros vulnérable par les pieds. Dans le sixième des contes siciliens publiés par M⁰ᵉ Gonzenbach, le petit Giuseppe arrache une épine de la patte d'un lion ; le lion, reconnaissant, lui donne un de ses poils ; à l'aide de ce poil, le jeune homme peut, en cas de nécessité, devenir un lion terrible, et, sous cette forme, il dévore la tête du roi des dragons.

le lion se plaint que Prométhée ait permis au coq de
l'effrayer, mais il se console bientôt en apprenant que
l'éléphant est tourmenté par le moucheron qui lui bour-
donne dans les oreilles. Lucrèce, aussi, au quatrième
livre de son poème *De Rerum Naturâ*, parle en ces
termes de certaines semences que jette le coq : —

> « Nimirum quia sunt gallorum in corpore quædam
> Semina, quæ cum sint oculis immissa leonum
> Pupillas interfodiunt acremque dolorem[1]
> Præbent, ut nequeant contra durare feroces. »

Quelquefois le héros ou le dieu prend la forme d'un
lion pour vaincre les monstres, comme Dionysos, Apollon, Héraclès, en Grèce, Indra et Vishnu, dans l'Inde.
Dans la légende de saint Marcel, le saint ayant eu la vi-
sion d'un lion tuant un serpent, ce phénomène fut considéré comme un présage de réussite pour l'expédition
que l'empereur Léon faisait en Afrique. Parfois, au contraire, le héros et l'héroïne sont changés en lion et
en lionne par l'effet d'une vengeance des dieux ou
des monstres. Atalante défie ceux qui prétendent à sa
main de la vaincre à la course et tue ceux qui sont
vaincus. Hippomène ayant obtenu, grâce à la faveur de
la déesse de l'amour, trois pommes du jardin des Hespérides, provoque Atalante à une lutte à la course ;
pendant l'épreuve, il jette sur le chemin ses pommes
d'or ; Atalante ne peut résister au désir de les ramasser

---

[1] C'est ainsi que les anciens attribuaient au lion une antipathie particulière pour les odeurs fortes, telles que celle de l'ail et des parties
sexuelles de la femme. Mais cette opinion doit être rangée avec celle
qui considère la lionne comme stérile. Quand les femmes de l'antiquité
rencontraient une lionne, elles regardaient cette circonstance comme
un présage de stérilité. Dans la fable d'Ésope, les renards se vantent
de leur fécondité devant la lionne qu'ils tournent en ridicule parce
qu'elle ne donne naissance qu'à un seul petit. « Oui » répond-elle,
« mais c'est un lion. » Sous le signe du Lion, la terre aussi devient
aride et par conséquent inféconde.

et Hippomène l'atteint et obtient ses faveurs dans le bois consacré à la mère des dieux ; la déesse offensée change le jeune couple en un lion et une lionne. Dans le *Gesta Romanorum*, la jeune fille de l'empereur Vespasien tue dans un jardin un prétendant à sa main qui se présentait sous la forme d'un lion féroce. Empédocle considérait cependant le changement en lion comme la meilleure des métamorphoses que pouvait subir l'homme. Quand le soleil entre dans le signe du lion, il atteint le maximum de sa puissance, et la couronne d'or que les Florentins déposaient le jour de la St-Jean sur le lion érigé au milieu de la place publique, était un symbole de l'approche de la saison qu'ils désignent sous un nom composé de deux mots *sol lione*, réunis en un seul. Ce lion est furieux et met, comme on le dit, les plantes et les animaux en rage. La légende payenne dit que Prométhée

> « Insani leonis
> Vim stomacho apposuisse nostro[1]. »

Mais le lion mythique, le soleil, ne met pas seulement l'homme en fureur, il lui donne aussi de la force[2].

Le tigre, la panthère et le léopard ont plusieurs des caractères du lion, considéré comme le soleil caché ; quelquefois aussi ils se confondent avec lui dans leur

---

[1] Horace, *Carm.*, 1, 16.

[2] Sculpebant Ethnici auro vel argento leonis imaginem, et ferentes hujusmodi simulacra generosiores et audaciores evadere dicebantur ; idcirco non est mirum si Aristoteles (in libr. de Secr. secr.) scripserit annulum ex auro vel argento, in quo cœlata sit icon puellæ equitantis leonem die et hora solis vagantis in domicilio leonis gestantes, ab omnibus honorari ; Aldrovandi, *De Quadrup. Dig. Viv.*, 1. — Dans les signes du zodiaque, la Vierge vient après le Lion ; les chrétiens célèbrent aussi l'Assomption de la Vierge à la mi-août, quand le soleil passe du signe du Lion dans celui de la Vierge.

nature d'animaux omniformes. Le léopard était consacré au dieu Pan, dont nous connaissons déjà la nature, et la panthère à Protée et à Dionysos, parce qu'elle passe pour aimer le vin (nous avons vu le lion védique Indra en rapport avec le miel, et Indra lui-même en rapport avec le soma), et parce que les nourrices de Dionysos furent changées en panthères. Dionysos est tantôt entouré de panthères, avec lesquelles il épouvante les pirates et les met en fuite, et tantôt conduit par des tigres. Dionysos est en même temps un dieu phallique et le dieu de l'ambroisie, et de là, le dieu du vin; c'est ainsi que dans l'Inde, Çiva, le dieu phallique par excellence et qui est omniforme comme Tvashtar, Kuvera et Yama, divinités qui lui sont à peu près équivalentes, a le tigre pour emblème et est couvert d'une peau de tigre. Il est singulier que, dans la tradition indienne, on attribue à la queue du tigre une puissance meurtrière. Un proverbe indien dit qu'un poil de la queue du tigre peut faire perdre la vie [1], ce qui nous rappelle naturellement l'idée du tigre Mantikore [2], dont parle Ctésias cité par Photius, et auquel les poils de la queue servaient de traits pour sa défense.

Après avoir jeté un coup d'œil sur le tigre, la panthère et le léopard, animaux tachetés et omniformes, et les avoir comparés au lion, dont nous avons aussi signalé la lutte avec le serpent, il est naturel d'ajouter quelques mots sur le caméléon, dont l'inimitié pour le serpent et les propriétés médicinales ont été longuement

---

[1] Comp. Bœthlingk, *Indische Sprüche*, 2te Auflage, I, 1.

[2] Ctésias donne à ce mot la signification de « mangeurs d'hommes », mais on ne peut l'expliquer dans ce sens à l'aide du sanskrit qu'en substituant à la lettre initiale *m* un des mots qui signifient homme, tels que *nara*, *gana*, *manava*, *mânusha*, etc. *Antikora* serait dans ce cas dérivé du sanskrit *antakara*, destructeur, qui met fin, qui tue.

décrites par les auteurs grecs et latins. Le *krikaláça* ou *krikalâsa*, c'est-à-dire le caméléon, est déjà mentionné dans un *Brâhmana*. D'après le cinquante-cinquième chapitre du dernier livre du *Râmâyana*, le roi *Nriga* est condamné à demeurer invisible à toutes les créatures sous la forme d'un caméléon pendant des centaines et des milliers d'années, jusqu'à ce que le dieu *Vishnu*, ayant pris la forme humaine, sous le nom de *Vasudeva*, vienne faire cesser une malédiction qu'il a encourue pour avoir tardé à juger un différend élevé entre deux Brâhmanes relativement à la propriété d'une vache et d'un veau. Dans les contes relatifs aux animaux reconnaissants, le héros, comme on le sait, obtient souvent leur gratitude en divisant en parts égales la proie qu'ils se disputent. Le dernier livre du *Râmâyana* nous apprend que la forme du caméléon est celle que prit Kuvera, le dieu des richesses, quand les dieux s'enfuirent épouvantés à l'aspect du monstre *Râvana*. De même que Yama et Çiva sont des formes à peu près équivalentes, il y a la même relation entre Yama et Kuvera qu'entre Pluton et Plutus. Le caméléon Kuvera correspond au tigre Çiva; et le caméléon, dieu des richesses, ennemi du serpent, est étroitement apparenté dans la mythologie au lion Indra, au lion qui tue le monstre-serpent et au lion qui convoite le trésor.

# CHAPITRE XIV

## L'ARAIGNÉE



Il y a en Toscane une très-intéressante superstition relative à l'araignée : on croit que si l'on voit une araignée le soir il ne faut pas la brûler, car elle doit porter bonheur; mais quand on la voit le matin, il faut la jeter au feu sans la toucher. L'aurore du matin et celle du soir sont comparées à l'araignée et à sa toile; l'aurore du soir doit préparer pendant la nuit l'aurore du matin. Nous avions déjà cité plus haut le proverbe piémontais : « Rosso di sera, buon tempo si spera » (rouge le soir, espoir de beau temps). Si le soleil meurt à l'occident dans un ciel sans nuages, si l'araignée brillante apparaît au couchant, c'est signe pour le lendemain d'une belle matinée et d'un beau jour. Le *Rigveda* nous fournit sur ce sujet plusieurs données intéressantes; l'aurore tisse pendant la nuit (et c'est pourquoi on l'appelle *vayantî*[1]; quelquefois elle est aidée

---

[1] *Rigv.*, II, 38, 4. — Dans le cinquante-quatrième conte du quatrième

par Râkâ la pleine lune [1]) une tunique pour son époux.
Mais, dans un autre hymne, on lui dit de briller rapidement et de ne pas trop allonger le tissu auquel elle travaille, de peur que le soleil ne l'atteigne de ses rayons
et ne la brûle comme un voleur [2]. Dans la légende
d'Odysseus, Pénélope défait la nuit son travail du jour ;
c'est un autre aspect du même mythe : Pénélope, c'est-
à-dire l'aurore, détruit sa toile le soir pour la tisser
de nouveau le matin. Le mythe d'Arachné (c'est-à-dire
de l'araignée et de la célèbre jeune Lydienne à laquelle Athênê, l'Aurore d'après M. le professeur Max
Müller, apprit à filer et dont le père, appelé Idmon, était
teinturier en pourpre) qu'Athênê, jalouse du talent
qu'elle avait acquis en tissant des étoffes teintes en
pourpre, frappe au front et change en araignée, est une
variété du même mythe de l'aurore tisseuse. Quand
l'araignée devient sombre et que sa toile est obscure,
l'araignée, ou le fils de l'araignée, c'est-à-dire *Aurnavâbha*, prend la forme d'un monstre. *Aurnavâbha* (*ûr-
navâbhi, ûrnanâbhi, ûrnanâbha* désignent déjà l'araignée
dans les documents védiques) est le nom du monstre
ténébreux Vrita que tue le dieu Indra, du monstre terrible qu'Indra, immédiatement après sa naissance, est

---

livre d'*Afanassieff*, le roi qui n'a pas d'enfants fait confectionner un
filet de pêcheur à la petite fille de sept ans dans l'espace d'une seule
nuit.

[1] Dans la légende allemande, nous avons la fileuse qui est dans la
lune. «Die Altmærkische Sage bei Temme 49, « die Spinnerin im Monde »
wo ein Mædchen von seiner Mutter verwünscht wird, im Monde zu
sitzen und zu spinnen, scheint entstellt, da jener Fluch sie nicht
wegen Spinnens, sondern Tanzens im Mondschein trifft ; » Simrock,
*Deutsche Mythologie*, 2te Aufl., p. 23. — Comp. aussi le premier chap.
de cet ouvrage, et celui de l'Ours, où il est question d'une jeune fille
qui danse pendant la nuit avec l'ours. — Peut-être y a-t-il un rapport
étymologique entre le mot védique *râkâ* et *a-rachnê*.

[2] Vy uchâ duhitar divo mâ *ciram* tanutha apah net tvâ stenam
yathâ ripum tapâti sûro arcishâ ; Rigv., v, 79, 9.

obligé de tuer[1] à l'instigation de sa mère. Dans le *Mahâbhârata*[2], nous trouvons deux femmes qui filent et qui tissent, Dhatâ et Vidhatâ ; elles tissent sur le métier de l'année avec des fils blancs et noirs, c'est-à-dire qu'elles filent les jours et les nuits. Nous avons donc là une araignée bienfaisante et une malfaisante.

Dans le quatrième conte du cinquième livre du *Pentamerone*, la jeune Parmetella épouse un esclave noir, qui lui donne deux cygnes pour la servir, « Vestute de telà d'oro, che, subeto 'ncignannola da capo a pede, la mesero 'n forma de ragno, che pareva proprio na Regina. » (Le nègre devient un beau jeune homme pendant la nuit, peut-être parce qu'il représente la lune ; sa femme veut voir ses traits et il disparaît : autre version du conte populaire où il est question de l'indiscrétion de la femme.) Dans le cinquième conte du deuxième livre d'*Afanassieff*, l'araignée étend sa toile pour prendre des mouches, des moustiques et des guêpes ; une guêpe, qui se prend dans la toile, implore sa délivrance, en faisant valoir que si la vie lui était laissée elle donnerait le jour à plusieurs enfants (c'est le même stratagème dont se sert la poule à l'égard du renard dans le conte toscan cité plus haut.) La crédule araignée laisse partir la guêpe qui s'en va recommander à celles de sa race, ainsi qu'aux mouches et aux moustiques, de se tenir cachées. L'araignée a recours alors à la sauterelle, à la teigne et à la punaise (tous animaux nocturnes) chargées par elle d'annoncer que l'araignée a péri sur un gibet détruit après

---

[1] Vritram avâbhinad dânum âurnavâbham ; *Rigv.*, II, 11, 18. — Gagnâno nu çatakratur vi prichad iti mâtaram ka ugrah ke ha çrinvire âd im çavasy abravîd âurnavâbham abîçuvam te putra santu nishturah ; *Rigv.*, VIII, 66, 1, 2.

[2] I, 802, 825.

l'exécution (l'aurore du soir a disparu dans les ombres de la nuit). Les mouches, les moustiques et les guêpes ressortent et tombent dans la toile d'araignée (dans l'aurore du matin). Dans le dix-huitième conte du sixième livre d'*Afanassieff*, la belle fille qui s'enfuit de la maison de la sorcière parce qu'elle est persécutée, étend un voile qu'elle a brodé d'or avec l'aide d'une autre belle fille comme elle (la lune) ; aussitôt s'allume une mer de feu dans laquelle la vieille sorcière tombe et est brûlée ; nous revenons ici à la superstition populaire italienne, d'après laquelle l'araignée du matin doit être brûlée.

L'araignée est un animal de la terre, mais elle tisse sa toile dans l'air ; comme telle, c'est-à-dire à titre d'intermédiaire entre les animaux de la terre et ceux de l'air, elle nous servira d'intermédiaire naturel pour passer de la première à la seconde partie de cet ouvrage [1]. J'espère que cette transition atteindra aussi bien son but que le sac fait de toile d'araignée si forte qu'il était impossible de le déchirer, dans lequel le jeune héros esthonien emporte le trésor de l'enfer. Je voudrais avoir eu à mon service, pour ce premier livre, un peu de l'habileté de l'araignée et avoir tissé avec quelques fils empruntés à l'écheveau emmêlé de la tradition légendaire âryenne relative aux animaux, une étoffe qui pût être, sinon aussi brillante que celle d'Arachné, du moins plus durable que celle de Pénélope.

---

[1] Je ferai observer aussi que dans les fables russes de Kriloff, l'araignée joue un rôle identique à celui qu'on attribue en Occident au roitelet et à l'escarbot. L'aigle emporte sans le savoir une araignée dans sa queue au-dessus d'un arbre ; l'araignée y fait alors sa toile. L'araignée se substitue donc à l'oiseau.

# SECONDE PARTIE

## LES ANIMAUX DE L'AIR

## CHAPITRE PREMIER

### LES OISEAUX

**SOMMAIRE**

Le ciel considéré comme atmosphère et le ciel considéré comme un arbre. — Le soleil, les Açvins, Indra, les Maruts et Agni sous la forme d'oiseaux. — Indra coupe les ailes des montagnes. — Indra et Soma considérés comme deux oiseaux voltigeant autour du même arbre couvert de miel. — La sagesse des oiseaux. — Les oiseaux qui refusent de se sacrifier pour remplir les devoirs de l'hospitalité. — Le dviga oiseau et brâhmane. — Les oiseaux pénitents. — Les oiseaux consolateurs. — Présages tirés des oiseaux dans l'Inde. — Vere-thraghna considéré comme un oiseau. — La plume de l'oiseau. — L'oiseau rouge. — Oiseaux reconnaissants et prophétiques. — Le héros qui comprend le langage des oiseaux. — L'oiseau et les deux cyprès. Le héros devient oiseau en obtenant l'anneau de Salomon. — L'oiseau bleu. — L'oiseau qu'on prend en lui mettant du sel sur la queue. — L'excrément des oiseaux est propice. — L'oiseau démoniaque. — L'oiseau qui nourrit les héros. — Les oiseaux et les poëtes ; les chanteurs et les prophètes. — Augures et auspices. — Les augures raillés des Grecs. — Vol d'oiseaux à droite et à gauche.

Le ciel, surtout pendant la nuit, est conçu tantôt comme une route sur laquelle on peut marcher et où parfois

le voyageur peut se perdre ou faire perdre les autres,
tantôt comme l'air lui-même dans lequel on vole ou
dans lequel on est emporté par des êtres qui volent, en
courant quelquefois le risque de tomber ; tantôt comme
un arbre au milieu duquel on parle, où l'on bâtit des
nids, avec le danger que les mots proférés soient néfastes et que le nid soit renversé ; tantôt enfin comme
une mer sur laquelle on navigue, en étant exposé à faire
naufrage.

Le ciel-atmosphère et le ciel-arbre sont le monde
qu'habitent et dans lequel volent les oiseaux et les insectes mythiques. Le dieu, le démon, le héros et le
monstre prennent en traversant ce domaine la forme
d'animaux ailés, ou font usage de ces animaux pour atteindre les voies célestes, ou bien encore, sont conduits
par eux à leur perte.

Le soleil et la lune, les rayons du soleil, les traits de
la foudre, les lueurs de l'éclair, les aurores, les nuages
qui se déplacent et qui font entendre le grondement du
tonnerre, enfin les ombres fugitives elle-mêmes prennent souvent dans les mythes la forme d'animaux qui
volent.

Dans le *Rigveda*, le soleil est appelé oiseau (*vih*)[1] ;
les Açvins s'avancent avec les roues de leur char,
comme un oiseau avec ses ailes[2] ; Indra est le rouge
qui est bien ailé[3] ; les Maruts se perchent comme les
oiseaux au sommet du gazon beurré du sacrifice[4] ;
Agni accomplit le désir de l'oiseau[5] ; les bien ailés d'A-
gni (c'est-à-dire les traits de la foudre) deviennent, des-

----

[1] *Rigv.*, I, 72, 9.
[2] *Vir na parṇaíḥ* ; *ib.*, I, 183, 1.
[3] *Aruṇaḥ suparṇaḥ* ; *ib.*, x, 55, 6.
[4] *Vâyo na aídann adhi barhishi priye* ; *ib.*, I, 85, 7.
[5] *Maamasadhanô veh* ; *ib.*, I, 96, 6.

tructeurs quand le taureau noir a mugi (c'est-à-dire quand le nuage noir a fait entendre les grondements du tonnerre) [1] ; les œuvres de Savitar ne détruisent pas les bois des oiseaux [2] ; les oiseaux sortent de la maison de l'aurore [3] ; on dit aux déesses et aux épouses des héros de se rendre à l'assemblée des hommes avec des ailes qui ne soient pas rognées [4]. Enfin, un hymne védique intéressant nous dépeint le soleil et la lune, Indra et Soma, comme deux oiseaux bien munis d'ailes, qu'unit l'amitié et qui volent sans cesse autour du même arbre (c'est-à-dire, le ciel) ; l'un de ces oiseaux mange le doux pippala, l'autre resplendit sans manger. Les deux oiseaux chantent en préservant de toute atteinte le trésor d'ambroisie. Le miel de cet arbre est appelé pippala : tous les oiseaux en mangent et construisent leurs nids dans les branches de l'arbre [5].

---

[1] *A* te suparnâ aminantan evâi*h* krishno nonâva vrishabô yadîdam; *ib.*, I, 79, 2.

[2] Vanâni vibhyo nakir asya tâni vratâ devasya savitur minanti ; *ib.*, II, 38, 7. — M. Bergaigne, n° 14 de la *Revue critique* du 5 avril 1873, traduit ainsi ce passage : « Les bois appartiennent aux oiseaux ; nul ne rompt les lois du dieu Savitar. »

[3] Ut te vayaçcid vasater apaptan ; *ib.*, I, 124, 12. — Dans le vingt-troisième conte du deuxième livre d'*Afanassieff*, quand la belle Hélène, qui est une forme de l'aurore, est au bal du roi, elle jette des os d'une main et il en sort des oiseaux ; de l'autre, elle répand de l'eau qui fait apparaître des jardins et jaillir des fontaines.

[4] Abhi no devir avasâ maha*h* çarmanâ nripatni*h* achinnapatrâ*h* sacantâm ; *Rigv.*, I, 22, 11. — Si les déesses sont ici identiques aux nymphes, elles peuvent être identiques aux nuages, et je rapprocherais de ce passage la légende du *Râmâyana* (V, 56), d'après laquelle les hautes montagnes avaient autrefois des ailes (les nuages) et parcouraient la terre au gré de leurs désirs ; Indra leur coupa les ailes avec sa foudre et elles tombèrent à terre.

[5] Dvâ suparnâ sayugâ sakhâyâ samânam vriksham pari shasvagâte tayor anya*h* pippalam svâdv atty anaçnann anyo abhi *c*âkaçiti — Yatrâ suparnâ amritasya bhâgam animesham vidathâbhisvaranti ; *Rigv.*, I, 164, 20. — Peut-être pourrions-nous comparer à cette légende

La sagesse des oiseaux est très-célèbre dans la tradition populaire âryenne. Le *Mârkandeya Purâna*[1] rapporte à cet égard une longue et instructive légende.

Le sage Gâimini voudrait que quelques épisodes de la grande légende du *Mahâbhârata* qui lui paraissent obscurs lui fussent expliqués. Il a recours au savant Mârkandeya; mais celui-ci lui dit qu'il ne peut pas fournir les éclaircissements désirés et lui donne le conseil d'interroger les oiseaux, les meilleurs des oiseaux, les fils de Drona, qui connaissent l'essence des choses, qui méditent sur les traités sacrés, les oiseaux Pingâksha, Vibodha, Supattra et Sumukha; ils dissiperont ses incertitudes. Ils vivent dans une caverne au milieu des monts Vindhyas; il faut qu'il aille les trouver et qu'il leur pose ses questions. Gâimini s'étonne que des oiseaux ordinaires puissent avoir tant de sagesse. Mârkandeya lui raconte alors leur généalogie. Une nymphe dont les chants avaient séduit le pénitent Durvâsa, a été condamnée à renaître dans la famille de l'oiseau Garuda et à passer seize ans sous la forme d'un oiseau, jusqu'à ce qu'après avoir donné naissance à quatre fils, elle ait été frappée d'un trait et retrouve sa forme primitive dans le ciel. Sous la forme d'oiseau, elle porte le nom de Târkshî et s'unit, à l'oiseau Drona qui est doué de sagesse qui connaît les Védas et les Védângas. Târkshî est présente à la bataille qui a lieu entre les Kâurus et les Pândus; un trait l'atteint au ventre et fait sortir de son corps quatre œufs brillants comme la lune, qui tombent à terre. Après la bataille, l'ascète Çamîka s'approche de l'endroit où sont les quatre œufs

---

les deux oiseaux Amru et Camru du *Khorda-Avesta*, dont un fait tomber les graines des trois arbres mythiques et l'autre les répand çà et là.

[1] Calcutta, 1851.

et entend des jeunes oiseaux qui gazouillent et disent
*cicikuci*. Le sage s'étonne qu'ils aient échappé à un tel
carnage ; il en conclut qu'ils doivent être des Brâhmanes et regarde cette circonstance comme de très-
bon augure et comme un présage de grand succès
(mahâbhâgyapradarçinî). Il emporte les oiseaux dans
sa maison et les place en un lieu où ils ne courent aucun risque d'être inquiétés par les chats, les faucons
ou les belettes. Le sage prend soin de ces oiseaux et
les nourrit ; ils croissent en force et en science en écou-
tant les leçons que l'ascète leur donne et en exprimant
la reconnaissance qu'ils éprouvent pour leur libérateur par des paroles qu'ils parviennent à articuler
clairement. Interrogés sur leur existence antérieure,
ils se rappellent qu'il y avait une fois un sage appelé
Vipulâçvan, père de deux enfants appelés Sukrisha et
Tumburu ; pour eux, ils étaient les quatre fils de Tumburu. Pendant qu'ils vivaient dans les bois avec leur
père, Indra, le roi des dieux, les aborda sous la
forme d'un oiseau gigantesque et avancé en âge, et
demanda de la chair humaine au sage qui lui offrait
l'hospitalité. Celui-ci s'étonna qu'un oiseau si vieux,
c'est-à-dire arrivé à un âge où tous les désirs devraient
être éteints, fût assez cruel pour vouloir de la chair
humaine. Cependant il demanda (comme Viçvâmitra
dans la légende de Çunahcepa dont il a été question
plus haut) à ses propres fils de se sacrifier, afin qu'il
pût remplir ses devoirs envers son hôte. D'abord, ils
ne refusèrent pas cet acte d'hospitalité, mais quand ils
virent qu'ils allaient être mangés par l'oiseau, ils changèrent nettement d'avis et firent valoir, entre autres
raisons, cet argument physiologique, ou plutôt matérialiste, que s'ils étaient vertueux leur vertu disparaî-
trait avec leur corps, tandis qu'au contraire, désirant la

conserver longtemps ils se croyaient tenus de prolonger leur existence autant que possible (nous avons déjà vu le chat employer un moyen semblable pour justifier son embonpoint). Leur père s'indigne de ce refus, venant après la promesse qu'ils avaient faite, il leur donne sa malédiction, les condamne à renaître dans des corps d'animaux et pousse la magnanimité jusqu'à s'offrir lui-même à l'oiseau affamé. Indra se manifeste alors sous sa forme réelle et divine et disparaît en bénissant le sage. Les fils supplient leur père de revenir sur la malédiction qu'il a portée contre eux ; il déplore leur sort, mais il ne peut pas rétracter les paroles qu'il a prononcées ; tout ce qu'il peut faire, c'est d'adoucir la sévérité du châtiment. Ils devront conserver la forme animale, mais ils obtiendront comme compensation la faculté de pénétrer sous cette forme les mystères de l'être. C'est pour ce motif que, lorsque Çamîka les rencontre, il les salue du nom de Brâhmanes. Il est facile du reste de découvrir ici une équivoque, en remarquant que le mot *dwiga*, ou deux fois né, signifie oiseau (ce qui est né comme œuf d'abord, puis comme animal) aussi bien que Brâhmane (le Brâhmane obtient une seconde naissance quand il revêt le cordon sacré ou *prétexte* et qu'il reçoit le sacrement de l'huile sainte). L'étymologie nous aide ici à comprendre la légende. De même que le Brâhmane est le plus sage des hommes, les dwigas, ou les oiseaux, sont les plus sages des animaux. Les oiseaux, maudits par l'anachorète leur père, s'en allèrent donc sur le Mont Vindhya qui est arrosé par plusieurs rivières sacrées où ils vivent en pénitents austères. Gâmini va les consulter et, quand il approche de leur demeure, il les entend discourir distinctement les uns avec les autres. Il avance et les

voit perchés au sommet d'un rocher. Gaîmini les aborde
avec des paroles aimables ; les oiseaux lui répondent
que, puisqu'un si grand sage est venu leur rendre visite, leur désir est accompli et leur malédiction va
cesser. Alors ont lieu les questions que pose Gâimini,
relativement à Ganârdana, Drâupadî, Baladeva et les
cinq fils de Drâupadî. Les oiseaux, avant de répondre,
chantent une espèce d'hymne à Vishnu et font l'exposé
de ses principales incarnations. Dans le *Mahâbhârata*[1],
des ascètes Brâhmanes s'en vont sous la forme d'oiseaux consoler le *rishi* Mândavya, empalé par l'ordre
du roi, pour avoir donné l'hospitalité aux voleurs du
butin qu'il avait fait à la guerre.

Les oiseaux connaissent tout ; c'est pour cette raison
qu'ils fournissent spécialement des présages et c'est
d'où viennent les dénominations d'*auspicium* et d'*augurium*, appliquées à un genre particulier de pronostics.
Au dernier livre du *Râmâyana*[2], les monstres sont
épouvantés par des augures conçus en ces termes :
« Des milliers de vautours et de canards jetant des
flammes par le bec, qui forment un cercle comme celui
du dieu de la mort sur les bataillons des monstres ; les
colombes, les pieds-rouges, les sârikas (turdus salicæ)
furent dispersés. »

Dans l'*Avesta*, Veretraghna apparaît souvent sous la
forme d'un oiseau et comprend le langage des oiseaux.
Une plume d'oiseau, d'après l'*Avesta*, prête secours à
Veretraghna, de même que dans Firdusi une plume de
l'oiseau Simurg brûlé par Zal, fait venir à son aide
l'oiseau Simurg lui-même[3]. D'après une légende du

---

[1] I, 4505.

[2] Sixième chapitre.

[3] M. le professeur Spiegel dit en note, *Khorda-Avesta*, p. 147 : « Die
Beschwœrung vormittelst einer Feder ist gewiss eine alteranische

*Khorda-Avesta*, la splendeur du vieil Yima qui était devenu orgueilleux et fourbe (c'est ainsi que dans l'Inde, le céleste Yama et l'heureux Çiva deviennent les dieux de l'enfer et de la destruction), le quitta sous la forme d'un oiseau. Selon une superstition populaire de la Russie Blanche, le petit oiseau diedka (le petit) est le gardien des trésors et a des yeux et une barbe de feu (c'est sans doute une image du soleil démoniaque du soir, de Kuvera ou de Plutus)[1]. Dans les *Contes Merveil-*

Vorstellung. » — Dans un conte du Montferrat inédit jusqu'ici que m'a m'a communiqué M. Ferraro, une femme, qui était allée manger du persil dans le jardin d'une sorcière, fut obligée de lui céder sa fille en punition de sa faute. Cette jeune fille fut soumise alors à trois épreuves difficiles consistant à trier en un seul jour une montagne composée de grains de blé et de millet, en mettant à part chaque espèce, manger en un jour une montagne de pommes et laver, sécher et repasser en une heure tout le linge d'une armée. Pour la première épreuve, elle fait arriver, au moyen de deux plumes d'oiseau, mille oiseaux qui séparent le blé du millet. — Dans le quatrième conte du cinquième livre du *Pentamerone*, les oiseaux se dépouillent de leurs plumes pour remplir un matelas dont la sorcière avait ordonné la confection à la jeune Parme tella. Dans un conte toscan, le jeune frère est tué pour la possession d'une plume de paon.

[1] Dans *Afanassieff*, V, 38, un petit oiseau semblable ravage pendant la nuit le champ d'un seigneur; le plus jeune des trois frères, qui passe pour idiot, le prend et le vend au roi qui l'enferme dans une chambre sous bonne serrure. Le fils du roi lâche le petit oiseau qui, dans sa reconnaissance, lui donne un cheval qui gagne des batailles et une pomme d'or au moyen de laquelle il peut épouser une princesse. — Dans le conte V, 22, le jeune homme, dont l'éducation avait été faite par le diable, se change en oiseau et dit à son père de le vendre, mais sans donner la cage. (Le cheval mythique, ainsi que nous l'avons dit, se substitue facilement à l'oiseau ; nous avons fait mention de la bride du cheval désirée par le diable ; ici la cage a une signification identique à celle de la bride). Le diable achète l'oiseau sans obtenir la cage ; il met l'oiseau dans un mouchoir pour le donner à sa fille ; mais, quand il arrive chez lui, l'oiseau a disparu. — Dans le conte V, 42, le roi des oiseaux fait échapper Ivan du lieu où le tient enfermé la sorcière qui veut le manger, et le donne à sa fiancée. La sorcière arrache quelques plumes au roi des oiseaux, mais ne réussit pas à l'arrêter. — Dans le conte V, 46, le diable enseigne le langage des oiseaux au jeune héros. Dans le conte VI, 69, la sage jeune fille s'en va chercher, dans le royaume des ténèbres, l'oiseau qui parle, l'arbre qui chante et l'élixir

*leux* de Porchat, l'oiseau rouge remplit le rôle de messager.

La légende de Sal dans Firdusi contient une énigme relative à deux cyprès dont l'un est flétri et l'autre verdoyant ; un oiseau bâtit son nid régulièrement à tour de rôle sur l'un et sur l'autre. Le héros Sal, qui résout l'énigme, dit que les deux cyprès sont les deux saisons opposées de l'année ou les deux côtés du ciel, et que l'oiseau est le soleil [1].

Dans le dix-huitième conte esthonien, deux oiseaux,

___

de vie avec lequel elle ressuscite ses deux frères aînés, qu'une sorcière avait jetés dans une fontaine (l'aurore délivre les Açvins). — Dans le cinquième conte sicilien de M^me Gonzenbach, le frère et la sœur s'en vont dans le château de la sorcière pour y prendre l'eau qui danse et l'oiseau qui parle. L'oiseau dit à l'eau, en présence du roi, l'histoire des deux jeunes gens. — Dans le cinquième conte du deuxième livre du *Pentamerone*, le renard apprend à la jeune Grannonia ce que disent les oiseaux. — Dans le septième conte du cinquième livre du *Pentamerone*, c'est le plus jeune des cinq frères qui acquiert la faculté de comprendre le langage des oiseaux. — Dans Pietro de Crescenzi (X, 1), il est question d'un roi Daucas (Dacus ?) qui « divino intellectu novit naturam accipitrum et falconum et eos domesticare ad prædam instruere et ab ægritudinibus liberare. » — D'après la légende de saint François d'Assise, le grand saint pouvait se faire comprendre des oiseaux et obtenait le silence des hirondelles ; le même saint fit perdre à un loup sa férocité ; plusieurs autres légendes rapportent des miracles analogues à ceux d'Orphée. — Dans le seizième conte mongol de Siddhikür, un nain doué de sagesse, qui comprend le langage des oiseaux, en entend deux, le père et le fils, qui, perchés au sommet d'un arbre, parlent du fils du roi que le fils du ministre avait assassiné. — Dans l'*Edda*, Atli entretient un long dialogue avec un oiseau dont il comprend le langage. Enfin, toute la comédie d'Aristophane, intitulée *Les Oiseaux* (Ornithès), montre la sagesse et le pouvoir divinatoire des oiseaux et leur étroite relation, en tant qu'animaux servant à donner des présages, avec les traits de la foudre de Zeus. — D'après une croyance allemande, la graisse de serpent donne la faculté de comprendre le langage des oiseaux. — Comp. Simrock, p. 457 de l'ouvrage déjà cité.

[1]　« Die zwei Cypressen sind die Himmelsseiten
　　Die beiden, die uns Glück und Leid bereiten ;
　　Der Vogel, der drin nistet, ist die Sonne,
　　Sie giebt beim Schneiden Schmerz, beim Kommen Wonne. »
　　　　(Schack, *Heldensagen von Firdusi*, p. 122.)

qui conversent ensemble, indiquent où se trouve le fameux anneau enchanté de Salomon que cherche le héros. Quand le héros a trouvé l'anneau, il peut prendre à volonté la forme d'un oiseau; mais la fille de l'enfer, qui a pris la forme d'un aigle, le lui enlève. Dans le quatrième conte esthonien, la petite fille de sept ans devient un oiseau, grâce à un artifice magique bienfaisant, quand elle est obligée de voyager au loin. Dans le trente-cinquième des contes de Santo Stephano di Calcinaia, la femme de l'oiseleur prend la forme d'un oiseau énorme et monstrueux pour effrayer le diable. Dans le cinquième conte du quatrième livre du *Pentamerone*, une fée, sous la forme d'un oiseau, arrête le bras du roi d'Alta-Marina au moment où il va tuer sa femme Portiella. La fée était reconnaissante envers la jeune femme, parce qu'un jour qu'elle s'était endormie dans un bois, Portiella l'avait réveillée afin qu'elle pût échapper à un satyre essayant de lui faire violence[1]. Le roi enferme Portiella dans une tour sans lumière; l'oiseau y fait un trou par lequel il lui apporte à manger de la volaille qu'il prend à la cuisine en l'absence du cuisinier. Portiella donne naissance à un fils, qui est aussi nourri par l'oiseau. *L'oiseau bleu, couleur du temps*, du conte de madame d'Aulnoy, qui quitte pendant la nuit le cyprès pour voler sur la fenêtre de la belle Florine prisonnière, est une belle variante du même conte. Plusieurs contes russes se terminent par le refrain suivant relatif à un oiseau bleu (sinicka, le petit bleu) « le petit bleu vole et dit, bleu, mais beau[2]. »

_______________

1. C'est une autre version du mythe de Priape, que nous avons mentionné au chapitre de l'Âne.

2. Sinicka letat i gavarit : sip da charoah. — L'oiseau d'un bleu sombre est un symbole du ciel bleu de la nuit ou de l'hiver, tandis que, d'un autre côté, l'oiseau de bois auquel les jeunes filles de Westphalie

Ce fait, que le soleil du matin ou du printemps sort de
l'oiseau bleu de la nuit ou de l'hiver, nous indique le
sens de la superstition populaire d'Italie et d'Allemagne, d'après laquelle on considère comme un heureux présage la fiente d'un oiseau tombant sur un
homme. La fiente de l'oiseau mythique de la nuit ou
de l'hiver est le soleil. Considéré dans son rapport
avec le matin, ou le printemps, l'oiseau sombre de
la nuit ou de l'hiver est propice; considéré absolument
ou en relation avec le soleil du soir, ou bien avec l'été
arrivant à son terme, c'est un animal funèbre et démoniaque. Tel est dans l'*Avesta* l'oiseau Kâmek, qui étend
ses ailes sur tout le genre humain, qui enlève et cache
le soleil, crée les ténèbres, retient les eaux et dévore
toutes les créatures, jusqu'à ce qu'au bout de sept ans
et de sept nuits, le héros Kereçâçpa le frappe et le fasse
tomber.

L'oiseau qui apporte à manger est aussi un sujet
très-populaire et qui se rencontre dans presque toutes
les traditions des nations indo-européennes. Chacun a
entendu parler de l'oiseau qui, d'après le récit de Diodore de Sicile, nourrit Sémiramis abandonnée par sa
mère dans une contrée déserte et remplie de rochers
stériles, avec du lait caillé et du fromage (le clair de
lune) qu'il enlevait à des troupeaux de moutons
paissant dans le voisinage. Le même oiseau de Perse
nourrit, d'après la légende, plusieurs autres enfants,
futurs héros de l'Iran, qui avaient été exposés de la

---

jettent des bâtons le jour de la Saint-Jean, paraît être un emblème
phallique; celle qui atteint l'oiseau est la reine. L'oiseau est un symbole phallique bien connu, et il faut assigner une origine phallique à
la superstition populaire d'après laquelle un oiseau est incapable de
se sauver si on lui met du sel sur la queue. Quand l'animal dé-
chaîne sa lubricité, cette passion lui enlève toute son énergie; il
n'y a de fort que l'*ûrdhvaretas*.

même manière; dans la légende de Romulus et de Rémus, le pic tient la place et remplit l'office de la louve-nourrice. Durant la nuit humide et l'humide hiver, le héros solaire enfant, abandonné à lui-même, est nourri par des oiseaux. Le rossignol, chantre de la nuit, jette ses notes mélodieuses de l'arbre nocturne où il est perché et prédit ainsi le renouvellement de la lumière du jour; dans l'arbre-nuage le tonnerre gronde, l'oracle parle et l'oiseau prophétise. Théocrite appelle les poètes les oiseaux des Muses (mousôn ornithas). Le kokila est l'oiseau de prédilection des poètes de l'Inde; c'est lui qui leur enseigne la mélodie; à cet oiseau correspond le cygne indien du *Tuti-Namé*, qui a, dit-on, d'innombrables trous dans le bec, de chacun desquels sort un son mélodieux.

Le *kavi* de l'Inde, le *vates* latin et le *mantis* des Hellènes représentent à la fois le chanteur et le sage; c'est ainsi que les chantres des bois sont en même temps des prophètes qui connaissent tout. Ils commencent par des pronostics relatifs au beau ou au mauvais temps, pareils au tonnerre qui annonce la tempête, et finissent par tout prophétiser. Les paysans de Toscane essaient encore aujourd'hui de conjecturer le temps du lendemain d'après le chant des oiseaux [1]. Les augures, les *aucelli* et les aruspices existaient encore au moyen âge au témoignage de Du Cange [2]. En ce qui regarde les augures et les auspices des Grecs et des Romains de l'antiquité, je

---

[1] Comme le prouvent ces paroles placées dans la bouche d'un montagnard de la province de Sienne : « Je m'aperçus au chant des oiseaux que le temps allait changer ; leur voix me l'annonçait, tant elle était joyeuse ; » Giuliani, *Moralità e Poesia del Vivente Linguaggio della Toscana*, p. 149. Florence, Le Monnier, 1870.

[2] Comp., par exemple, ce qu'il dit aux mots *albanellus* (hauvereau) *avis auguralis species* et *aucellus*.

renvoie le lecteur aux nombreux ouvrages d'érudition
qui traitent spécialement de ces matières. Je dois pourtant faire observer qu'un augure était chez les Latins
considéré comme une chose tellement solennelle que
Publius Claudius et Lucius Junius furent condamnés à
mort pour s'être mis en route malgré la volonté des
augures et que, tandis que le mot *ave* était encore la
formule de salut consacrée chez les Romains, les Grecs
tournaient en dérision les augures et les aruspices. Le
lecteur se rappelle sans doute que dans l'*Iliade* le héros
Hector déclare qu'il ne se soucie pas de savoir si les oiseaux vont à droite, vers l'aurore et le soleil, ou à
gauche, c'est-à-dire du côté du couchant. Nous lisons
dans Eusèbe [1], qu'un oiseau fut présenté à Alexandre de
Macédoine quand il était sur le point de partir pour la
Mer Rouge, afin qu'il s'en servît, selon l'usage, pour
prendre les augures ; Alexandre, pour toute réponse,
perça l'oiseau d'une flèche ; les assistants paraissant
offensés de cette infraction aux règles ordinaires, le
héros macédonien leur dit : « Quelle est cette folie ?
Comment cet oiseau, qui n'a pu prévoir que cette
flèche le ferait périr, prédirait-il ce qui nous arrivera
dans notre voyage ? » On prenait aussi dans l'Inde les
augures et les auspices. D'après le *Râmâyana* [2], les oiseaux qu'on voyait passer à gauche, lors de la célébration d'un mariage, étaient de sinistre présage [3] ; les

---

[1] *De Præparat. Evang.*, lib. IX.

[2] I, 76.

[3] Chez les Romains, au contraire, les oiseaux qui volaient à gauche
étaient d'un excellent augure ; c'est ainsi que Plaute dit dans l'*Epidicus :*
« Tacete, habete animum bonum, liquido exeo foras auspicio, ave si-
nistra. » (Mais cette substitution de la droite à la gauche peut dépendre
des différentes positions que prenait l'observateur). Dans la légende
du moyen âge relative à Alexandre, un oiseau ayant une figure humaine

oiseaux qui volent en poussant des cris à gauche de Râma lui annoncent une grave épreuve, c'est-à-dire l'enlèvement de Sîtâ [1].

(une harpie) rencontre Alexandre et l'engage à se tourner à droite s'il veut voir des choses merveilleuses. — Comp. Zacher, *Pseudo-Callis-thenes*, Halle, 1867, p. 142.

[1] *Râmây.*, III, 64.

# CHAPITRE II

## LE FAUCON, L'AIGLE, LE VAUTOUR, LE PHÉNIX,
## LA HARPIE, LA STRYGE, LA CHAUVE-SOURIS, LE GRIFFON
## ET LA SIRÈNE

---

### SOMMAIRE

L'oiseau de proie est le plus héroïque des oiseaux. — Indra sous la forme d'un faucon. — Le faucon et l'ambroisie; l'ambroisie considérée comme sperme. — L'oiseau de proie et le serpent. — Agni, les Açvins et les Maruts considérés comme des faucons. — La place du sacrifice a la forme d'un aigle. — Les deux fils de Vinatâ. — Garuda, l'oiseau de Vishnu; il combat les monstres. — Généalogie des vautours. — Gatâyus et Sampâti. — Le roi, ou le jeune héros, qui s'offre pour être dévoré par le faucon ou par l'aigle. — Le faucon ou l'aigle reconnaissant. — Çyona et Caena; Simurg; la plume de l'oiseau de proie. — Les oiseaux considérés comme des nuages. — Les aigles considérés comme des vents; Aquila et Aquilo. — Les faucons considérés comme des oiseaux lumineux; les aigles considérés comme des oiseaux démoniaques. — Accipiter. — Le faucon, emblème de noblesse. — Le faucon, figurant sur le drapeau d'Attila. — Le faucon dans l'antiquité hellénique. — Le milan parmi les étoiles; il souille de sa fiente l'image du dieu. — L'escarbot, l'aigle et Zeus. — L'aigle considéré comme le trait de la foudre ou le sceptre de Zeus. — L'aigle est un présage de puissance suprême et de fertilité; l'aigle et le laurier. — L'aigle emporte les robes d'Aphrodite. — L'aigle enlève les pantoufles de Rhodope. — L'aigle tue Eschyle. — Nisus et Scylla. — Le vautour dans les anciens auteurs classiques. — Les vautours en enfer. — Le vautour savant. — Voracité du vautour. — Oiseaux fabuleux. — Le soleil sous l'image du Phénix. — Les harpies démoniaques ou les furies, canes Jovis. — Strix et Stryges; elles sucent le sang. — Proca et Crane. — Chauves-souris et vampires. — Les oiseaux du Stymphale. — Les oiseaux de Séleucie. — Les Gryphes et les Arimaspes. — Les griffons consacrés à Némésis; l'hippogriffe, gryphos, logogriphe, griffonage. — La sirène, tantôt oiseau, tantôt poisson. — Le mythe lunaire de Circé.

Le plus héroïque des oiseaux est l'oiseau de proie ; la force de son bec, de ses ailes, de ses serres, sa taille et la vitesse de son vol l'ont fait considérer comme un messager rapide, un porteur et un guerrier céleste.

Le faucon, l'aigle et le vautour, ces trois puissants oiseaux de proie, jouent ordinairement un rôle identique dans les mythes et dans les légendes, car ceux qui ont créé les mythes ont observé d'abord leur ressemblance générale, sans tenir compte des différences spécifiques qui les distinguent l'un de l'autre.

En mythologie, l'oiseau de proie est généralement le soleil, qui tantôt brille de tout son éclat et tantôt accuse sa présence au sein du nuage et de l'obscurité, en émettant la lueur des éclairs, les traits de la foudre et les rayons solaires. L'éclair, le trait fulgurant et le rayon du soleil sont tantôt le bec, tantôt la serre de l'oiseau de proie et tantôt même, en prenant la partie pour le tout, l'oiseau tout entier.

Le dieu Indra a souvent, dans le *Rigveda*, la forme d'un faucon (*çyena*). Indra est comme un faucon qui vole rapidement au-dessus des autres faucons et qui, bien pourvu d'ailes, apporte aux hommes la nourriture à laquelle ont goûté les dieux [1]. Il est enfermé dans cent forteresses de fer ; cependant, il parvient à en sortir, grâce à sa vitesse [2] ; en s'envolant, il emporte dans sa serre la belle, la virginale, la lumineuse ambroisie, au moyen de laquelle la vie est prolongée et les morts sont

---

[1] Pra çyena*h* çyenebhya âçupâtvâ — Açakrayâ yat svadhayâ supar*no* havyam bharan manave deva*gush*t*am* ; *Rigv.*, IV, 26, 4. — Il est aussi question du *somah* *çyenâbhritah* dans le *Rigv.*, I, 80, 2 ; IV, 27 ; IX, 77, et dans d'autres passages encore.

[2] Çatani mâ pura âyasîr arakshann adha çyeno gavasâ nir adîyam ; *Rigv.*, IV, 27, 4.

ressuscités [1] (c'est-à-dire la pluie confondue avec la liqueur d'ambroisie que distille la lune. A la première strophe du même hymne, Indu est aussi appelé ambroisie [2]). Le faucon aux serres de fer tue les démons hostiles [3], il possède une grande puissance d'haleine et amène de loin le char aux cent roues [4]. Toutefois, en portant l'ambroisie à travers les airs, il a peur de l'archer Kriçânu [5], qui l'atteint, en effet, et lui abat une de ses serres (dont naquit le hérisson, d'après l'*Aitareya Brâhmana* [6], et dont l'une des plumes, selon l'hymne védique [7], tomba à terre et devint un arbre). Après avoir remporté la victoire sur Ahi, le serpent démon, Indra s'enfuit comme un faucon épouvanté [8]. Nous avons là la première trace de l'inimitié légendaire et proverbiale qui existe entre l'oiseau de proie et le

---

[1] Yam te çyenaç *cârum* av*r*ikam padâbharad aruṇam mânam aud-hasa*h*—cuâ vayo vi târy âyur *g*ivasa cuâ *g*agâra bandhutâ ; *Rigv.*, X, 144, 5.

[2] Dans le *Mahâbhârata* (I, 2583), l'ambroisie prend la forme de la liqueur séminale. Un roi, éloigné de sa femme Girikâ, dirige ses pensées vers elle ; son sperme s'écoule et tombe sur une feuille. Un faucon emporte la feuille ; un autre faucon le voit et lui en dispute la possession ; ils se battent et la feuille tombe dans les eaux de la Yamunâ, où la nymphe Adrikâ (dont le nom équivaut à Girikâ), qu'une malédiction a changée en poisson, voit la feuille, mange le sperme, devient enceinte et obtient sa délivrance ; comp. le chapitre des Poissons.

[3] Çyeno 'yopâsh*t*ir hanti dasyûn ; *Rigv.*, X, 99, 8. — Dans les contes russes, le faucon et le chien sont parfois les plus puissants auxiliaires du héros.

[4] Ghrishu*h* çyenâya kritvana âsu*h* ; *Rigv.*, X, 144, 5. — Yam supar-na*h* parâvata*h* çyenasya putra âbharat çatacakram ; *Rigv.*, X, 144, 1.

[5] Sa pûrvya*h* pavate yam divas pari çyeno mathâyad ishitas tiro raga*h* sa madhva â yuvate yevigâna it kriçânor astur manasâha bibhy-ushâ ; *Rigv.*, IX, 77, 2.

[6] III, 3, 26.

[7] Anta*h* patat patatry asya parṇam ; *Rigv.*, IV, 27, 4. — Comp., pour cet épisode mythique, les textes donnés par M. le professeur Kuhn et les discussions qui s'y rapportent, *Die Herabkunft d. F. u. d. S.*, p. 158 et seqq., et 180 et seqq.

[8] Çyeno na bhîta*h* ; *Rigv.*, I, 52, 14.

serpent. Au troisième livre du *Râmâyana*, Râvana dit qu'il enlèvera Sîtâ comme celui qui est muni de belles ailes (enlève) le serpent (suparnah panna-*gamiva*).

Non-seulement Indra, mais Agni aussi, est un faucon dans le *Rigveda*. Mâtariçvân et le faucon agitent, l'un le feu céleste, l'autre l'ambroisie de la montagne [1]. Le char des Açvins est conduit quelquefois aussi par des faucons, rapides comme des vautours célestes [2]. On les compare eux-mêmes à deux vautours qui volent autour de l'arbre où est le trésor [3] (nous avons vu au chapitre précédent que cet arbre est le ciel). Les Maruts sont appelés, eux aussi, *gridhras*, c'est-à-dire vautours (ou faucons, selon M. Max Müller [4]). Nous lisons encore dans le *Rigveda* que, quand le soleil se dirige vers la mer, il regarde avec un œil de vautour [5]. C'est en raison de la fréquence avec laquelle le dieu solaire revêt la figure d'un oiseau de proie dans les mythes védiques, que la place destinée à l'accomplissement du sacrifice en avait la forme, au témoignage de l'*Aitareya Brâhmana*. Dans le *Râmâyana*, nous lisons à propos du sacrifice du cheval, que cette place avait la forme de l'oiseau Garuda, le puissant aigle mythique des Indiens (c'est la substitution habituelle et réciproque du cheval mythique à l'oiseau, dont nous avons

---

[1] Anyam divo' mâtariçvâ *gabhârâmathnâd* anyam pari çyeno adreh ; *Rigv.*, I, 93, 6.

[2] *A* vâm çyenâso açvinâ vahantu—ye apturo divyâso na *gridhrâh* ; *Rigv.*, I, 118, 4.

[3] Gridhreva vriksham nidhimantam acha ; *Rigv.*, II, 39, 1.

[4] *Rigv.*, I, 88, 4. — Dans l'hymne I, 165, 2, les Maruts sont, en effet, expressément comparés à des faucons qui traversent les airs en volant (çyenân iva dhragato antarikshe).

[5] Drapsah samudram abhi yag gigâti paçyan gridhrasya cakshasâ ; *Rigv.*, x, 123, 8.

fait mention au chapitre précédent et au chapitre du
Cheval). Au cent quarante-neuvième hymne du dixième
livre du Rig*veda*, l'ancien fils ailé du soleil Savitar
s'appelle déjà Garutman. L'oiseau mythique est l'é-
quivalent du cheval solaire ailé, ou de l'hippogriffe ;
et, en effet, le cent dix-huitième hymne du premier
livre du Rig*veda*, aussitôt après avoir célébré les
faucons qui conduisent le char des Açvins, les appelle
les beaux chevaux volants (*açvâ vapushah patamgâh*).
Nous avons remarqué que l'un des deux jumeaux
prévaut sur l'autre. De même, Aruna, l'un des deux
vautours mythiques, fils de Vinatâ, dont il est question dans la légende du *Mahâbhârata*[1], naît inachevé,
parce que sa mère a brisé avant le temps voulu l'œuf
qui le renfermait ; il la maudit et elle est condamnée
à devenir pour cinq mille ans l'esclave de sa rivale
Kadrû, c'est-à-dire jusqu'à ce que son autre fils, le
brillant, le parfait et le puissant oiseau solaire Garuda
vienne la délivrer. Aruna devient le cocher du soleil ;
Garuda, de son côté, est le coursier du dieu Vishnu,
le cheval solaire, le soleil lui-même, victorieux et
dans toute sa splendeur. Les deux oiseaux ne sont
pas plus tôt nés qu'apparaît aussi le cheval Uccâihçra-
vas, circonstance qui signifie encore que l'oiseau solaire
et le cheval solaire sont identiques. Comme le faucon
Indra ou le faucon d'Indra, Garuda, l'oiseau de Vishnu,
ou Vishnu lui-même, est altéré, boit le contenu de plusieurs rivières[2] et enlève aux serpents l'ambroisie,
protégée (comme dans le Rig*veda*) par un cercle de fer.
Comme Vishnu, Garuda, de très-grand qu'il est, se fait
très-petit, pénètre au milieu des serpents, les couvre

---

[1] I, 1078 *et seqq.*
[2] *Mbh.*, I, 1495.

II.                                              13

de poussière et les aveugle ; c'est, du reste, en raison
de cet exploit que Vishnu l'adopte pour son coursier céleste [1]. Le dieu Vishnu s'en va, monté sur l'oiseau, combattre les monstres [2] ; celui-ci s'indigne à leur vue et
les renverse à terre en agitant ses ailes ; les monstres
dirigent leurs traits contre lui, comme l'*alter ego* du
héros ; quant à l'oiseau, il combat pour lui-même et
pour le dieu qu'il porte [3]. Quand l'oiseau Garuda apparaît, les chaînes des monstres, qui enserrent comme des
serpents les deux frères Râma et Lakshmana, se déten-
dent, et les deux jeunes gens se relèvent plus beaux et
plus forts qu'auparavant [4]. Les Nishâdas quittent leurs
humides résidences et, enveloppés par le vent et par la
poussière, ils entrent par milliers dans les mâchoires
entr'ouvertes de Garuda [5]. (Le soleil du matin et celui
du printemps dévorent les monstres de la nuit et de
l'hiver.)

Nous avons vu jusqu'ici le faucon, l'aigle (sous la forme
de Garuda) et le vautour se substituant l'un à l'autre ;
la généalogie mythique de l'Inde confirme elle-même
ces substitutions. D'après le *Râmâyana* [6], de Tâmrâ (au
sens propre, la rousse ; elle donna naissance aussi à
Krâunci, la mère des hérons), naquit Çyenî (c'est-à-dire
la femelle du faucon) ; de Çyenî naquit Vinatâ. Vinatâ
(c'est-à-dire « la courbée ») pondit l'œuf d'où sorti-

_______________

[1] *Ib.*, I, 1496 *et seqq.*

[2] *Râmây.*, VII, 6.

[3] *Ib.*, VII, 7.

[4] *Ib.*, VI, 26. — Comp. la fin du cinquième conte du premier livre du
*Pancatantra*, où l'oiseau Garuda passe dans une forme de bois qui lui
ressemble, et le dieu Vishnu dans le corps du tisserand pour frapper
d'épouvante et d'impuissance les ennemis du roi dont la fille est aimée
du tisserand.

[5] *Mbh.*, I, 1337 *et seqq.*

[6] III, 20.

rent Aruna et Garuda (les deux Dioscures, comme on le
sait, naquirent aussi de l'œuf que pondit Léda après ses
amours avec le cygne); Garuda fut, à son tour, le père
des deux énormes vautours Gâtâyus et Sampâti. Cette
généalogie paraît se rapporter au mouvement ascen-
dant du soleil, comme le mythe du soleil Vishnu, qui,
de nain, devient géant. Le vautour Gâtâyus sait tout ce
qui a eu lieu dans le passé et tout ce qui arrivera dans
l'avenir, car il est, ainsi que le soleil védique, *viçvaveda*, il voit tout, connaît tout et a parcouru la terre
entière. Nous lisons dans le *Râmâyana* le récit de la
terrible bataille qui eut lieu entre le vieux vautour
Gâtâyus et le terrible monstre Râvana, enlevant la belle
Sîtâ en l'absence de son époux Râma. Gâtâyus, quoique
avancé en âge, s'élève dans les airs pour s'opposer à
l'enlèvement de Sîtâ par Râvana que porte un char
conduit par des ânes; il brise avec ses serres puissantes le trait et l'arc de Râvana, frappe et tue les ânes,
fend le char en deux, renverse le cocher, oblige Râvana
à sauter à terre et lui fait mille blessures; mais le roi
des monstres finit par réussir à couper avec son épée
les ailes, les pattes et les flancs de l'oiseau dévoué, qui
expire de douleur et de chagrin, tandis que le démon
emporte à Lankâ la princesse dont il s'est emparé.

Nous avons donc toujours vu jusqu'ici dans l'oiseau
de proie un ami du dieu et du héros. Tel est aussi, dans
le *Râmâyana* [1], l'énorme vautour qui vient se placer et
vomir du sang sur l'étendard du monstre Khara, afin de
lui pronostiquer les malheurs qui l'attendent; tel est,
enfin, le frère aîné de Gâtâyus, le vautour Sampâti, qui
sort d'une caverne et vient indiquer au grand singe
Hanumant le lieu où Sîtâ peut être découverte. Sampâti

---

[1] III, 29.

recouvre, après avoir vu Hanumant, ses ailes qui avaient été brûlées par les rayons du soleil, un jour que, volant ensemble dans des régions trop élevées et trop voisines du soleil [1], il avait voulu s'en servir pour protéger son jeune frère ; (c'est une autre version de la légende hellénique de Dédale et d'Icare, de celle de Hanumant voulant voler auprès du soleil pour s'en saisir et de celle des deux Açvins).

Lorsque le faucon de la légende indienne très-populaire du roi buddhiste qui se sacrifie à la place d'une colombe attendant de lui l'hospitalité, semble persécuter la colombe, cette persécution apparente n'est qu'une épreuve à laquelle Indra, qui est le faucon, et Agni, qui est la colombe, veulent soumettre la vertu du roi. Dès que le faucon qui se plaint de ce que le roi lui a pris sa proie, c'est-à-dire la colombe, le voit s'offrir à lui pour être dévoré, il reprend, ainsi que la colombe, sa forme divine et prodigue ses bénédictions au saint monarque [2]. Indra et Agni considérés comme un cou-

---

[1] *Râmây.*, IV, 58, 59.

[2] Pour les nombreuses variétés orientales de cette légende, comp. Benfey, *Introd.* au *Pancatantra*, p. 388 *et seqq.* — Dans le cinquième conte du premier livre d'*Afanassieff* (comp. le sixième du même livre), Petit-Jean est rapporté du sein de la terre jusqu'en Russie, sur les ailes d'un aigle. Quand l'aigle a faim, il tourne la tête et Jean lui donne à manger ; une fois ses provisions épuisées, Jean le nourrit avec sa propre chair. — Dans le vingt-septième conte du deuxième livre, les deux jeunes gens sont portés du royaume des ténèbres à celui de la lumière sur les ailes de l'oiseau Kolpalitza ; quand les provisions font défaut, c'est la jeune fille qui coupe un morceau de chair de sa cuisse pour le donner à l'oiseau. Mais le jeune homme, qui porte avec soi l'élixir de vie, guérit son amante ; comp. aussi *Afanassieff*, V, 23 et V, 28, où le faucon tient la place de l'aigle. — Le même sacrifice a lieu dans un conte piémontais que j'ai cité dans le premier numéro de la *Rivista Orientale*, de la part d'un jeune prince voulant traverser la mer afin de voir la princesse qu'il aime. Nous trouvons encore un exemple analogue fourni par le jeune héros d'un conte toscan inédit que j'ai entendu de la bouche d'un certain Martino Nardini de Prato, et dont voici le résumé : — « Un dragon à trois têtes vole, pendant la nuit, des

ple, sont eux-mêmes une forme des deux Açvins, ainsi que les deux colombes dévouées, qui se sacrifient au troisième livre du *Pancatantra*.

---

pommes d'or dans le jardin du roi de Portugal ; les trois fils du roi vont faire le guet les nuits suivantes ; les deux premiers s'endorment, mais le troisième découvre le voleur et lui fait une blessure. Le lendemain, les trois frères suivent la trace du sang qu'il a répandu : ils arrivent à un palais magnifique dans lequel se trouve une citerne, où le troisième frère descend après s'être muni d'une trompette dont il sonnera s'il désire être remonté. Il suit un sentier obscur qui le conduit à une belle prairie dans laquelle se trouvent trois palais splendides, l'un de bronze, le second d'argent et le troisième d'or. Suivant toujours la traînée sanglante, il arrive au palais de bronze ; une belle jeune fille lui en ouvre la porte et s'étonne qu'il ait pu descendre dans le monde souterrain ; les deux jeunes gens se plaisent mutuellement et se font la promesse de s'épouser ; la jeune fille possède une couronne de brillants dont elle donne la moitié à son fiancé pour gage de sa foi. Le dragon revient chez lui et dit :

> « Ucci, ucci
> O che puzzo di Cristianucci
> O ce n' è, o ce n' è stati
> O ce n' è di rimpiattati. »

La jeune fille, qui a caché le jeune héros, caresse le dragon et l'endort. Quand il est endormi, elle fait sortir le jeune homme de sa cachette, lui donne une épée et lui dit de couper d'un seul coup les trois têtes du dragon. Aidé d'une seconde jeune fille, le jeune héros se prépare à accomplir un exploit du même genre dans le palais d'argent du dragon à cinq têtes. Il doit couper les cinq têtes d'un seul coup, car s'il en restait une seule, ce serait comme s'il n'avait rien fait. Après avoir tué le dragon, il promet aussi à la jeune fille de l'épouser. Enfin, il frappe à la porte du palais d'or, qui lui est ouvert par une troisième jeune fille ; elle lui demande aussi : « Qu'est-ce qui a pu vous pousser à venir perdre la vie dans le monde inférieur ? C'est ici le séjour du dragon à sept têtes. » Il lui promet de l'épouser ; le dragon n'a pas envie d'aller dormir cette nuit-là, mais la jeune fille parvient à lui persuader de céder au sommeil et le jeune homme lui coupe les sept têtes en deux coups. Les trois jeunes filles, qui se trouvaient être trois princesses qu'avaient enlevées les dragons, sont délivrées et rassemblent toutes les richesses qu'elles peuvent trouver pour les emporter avec elles dans le monde supérieur. Elles arrivent à la citerne avec le jeune héros qui sonne de la trompette ; les deux frères font remonter les trois jeunes filles avec toutes leurs richesses, referment l'entrée avec une pierre et laissent leur jeune frère tout seul dans le monde souterrain. Les deux frères aînés obligent les trois princesses à déclarer que ce sont eux qui les ont délivrées ; ils s'en vont ensuite trouver le roi de Portugal, se vantent de cet exploit et disent que le troisième frère s'est perdu. Les trois princesses sont tristes et le roi de Portugal s'en étonne.

Le caractère du sage Çaena, de l'*Avesta*, ressemble beaucoup à celui du çyena védique. D'après le *Bundehesh*, deux Çaenas se tiennent aux portes de l'enfer ; ils correspondent aux deux faucons ou aux deux moutons crépusculaires du Véda. L'oiseau aux ailes qui frappent, en qui le héros Thraetaona se transforme dans le *Khorda-Avesta*, non-seulement nous

Les frères aînés veulent épouser la jeune fille qui se trouvait dans le palais de bronze ; mais elle déclare qu'elle n'épousera que celui qui lui rapportera l'autre moitié de sa couronne de brillants. Ils envoient chez tous les orfèvres et chez tous les joailliers pour en trouver un qui puisse la leur fabriquer. Cependant le troisième frère, abandonné sous terre, appelle au secours : un aigle s'approche de la pierre sous laquelle il est enfermé, lui promet de le rapporter dans le monde des hommes s'il veut apaiser sa faim. Le jeune héros, sur les conseils de l'aigle, met des lézards et des serpents dans un sac et appelle l'aigle après avoir fait ample provision de nourriture. Il attache le sac à son cou, afin de pouvoir donner à l'aigle un des animaux qu'il renferme, chaque fois qu'il demandera à manger. Quand ils ne sont plus qu'à quelques coudées de distances du monde supérieur, le sac se trouve vide ; le jeune homme coupe avec un couteau un morceau de sa chair et le donne à l'aigle, qui le ramène dans le monde. Il lui demande comment il pourra revenir chez lui. L'oiseau lui dit de suivre la grande route. Un marchand de charbon vient à passer ; le jeune homme se propose d'entrer à son service, à condition qu'il lui donnera quelque chose à manger. Le marchand de charbon le prend avec lui pendant quelque temps, puis le recommande à un vieillard de ses amis qui est orfèvre. Cependant, les serviteurs du roi ont passé six mois à voyager en Occident pour trouver un orfèvre capable de fabriquer l'autre moitié de la couronne de la jeune fille, mais leurs recherches sont vaines ; ils voyagent ensuite six mois dans la direction de l'Orient, jusqu'à ce qu'ils arrivent à la demeure du pauvre orfèvre, où le troisième f. ère travaille en qualité d'auxiliaire. Le vieillard dit qu'il ne saurait faire la demi-couronne ; mais le jeune homme demande à voir l'autre moitié, la reconnaît et promet de la rendre entière dans huit jours. A l'expiration de ce délai, le roi envoie chercher la couronne et celui qui l'a fabriquée ; mais le jeune homme fait partir son maître au lieu de s'y rendre lui-même. Les princesses insistent pourtant pour voir aussi son jeune ouvrier ; on l'envoie chercher et on l'amène au palais ; le roi ne le reconnaît pas et lui demande ce qu'il désire pour sa récompense ; il répond qu'il veut ce que la couronne a coûté à la princesse. Celle-ci le reconnaît et son père en fait de même après elle. Le jeune héros épouse la princesse à laquelle il a promis sa main ; quant aux deux frères, on les enduit d'essences inflammables et ils servent de flambeaux pour éclairer la fête le jour de la célébration du mariage.

rappelle le vautour guerrier de l'Inde, mais peut nous servir d'anneau pour rattacher le Çaena zend au Simurg des Perses. L'oiseau Simurg a son nid merveilleux sur un pic du mont Alburs qui touche le ciel et que nul homme n'a pu voir encore. Un enfant du nom de Sal est exposé sur cette montagne ; il a faim et froid et pousse de hauts cris ; l'oiseau Simurg passe auprès de lui, entend ses gémissements, le prend en pitié et l'emporte sur son pic solitaire. Une voix mystérieuse bénit le glorieux oiseau qui nourrit l'enfant, lui donne de l'instruction, le protége et le fortifie ; puis, quand il le laisse partir, il lui donne une de ses plumes, en lui disant que, lorsqu'il se trouvera en danger, il n'aura qu'à jeter cette plume au feu pour qu'il accoure à son aide[1]... et le ramène dans le royaume. Il lui demande seulement de ne jamais oublier celui dont le dévouement et l'amitié l'ont préservé de la mort. Il transporte ensuite le jeune héros dans le palais de son père. Le roi lui adresse ces paroles élogieuses : — « O roi des oiseaux !

---

[1] Dans un conte encore inédit du Montferrat, que m'a communiqué M. Ferraro, un roi qui a trois fils est frappé de cécité ; pour se guérir, il faudrait que ses yeux fussent frottés d'huile avec une plume du griffon qui vit sur une haute montagne. Le troisième frère parvient à se la procurer, parce qu'il a montré de la bonté envers une vieille femme ; il apporte l'oiseau-griffon à son père, qui recouvre la vue et la jeunesse. — Comp. le troisième conte du quatrième livre du *Pentamerone*, dans lequel un faucon, qui était autrefois une princesse, donne aussi au frère de sa femme une de ses plumes, qu'il devra jeter à terre s'il se trouve avoir besoin d'un secours miraculeux ; quand le jeune Tittone emploie ce moyen, il fait apparaître un bataillon de faucons qui viennent délivrer la jeune fille prisonnière dont il est l'amant. — Dans le cinquième conte du cinquième livre du *Pentamerone*, le faucon sert de guide à un jeune roi à la recherche d'une belle princesse qu'une sorcière a endormie et qu'on croit morte. Cette princesse devient la mère de deux fils, qui sont appelés le Soleil et la Lune. — Dans le sixième conte sicilien de M^me Gonzenbach, un jeune homme délivre un aigle embarrassé dans les branches d'un arbre ; l'aigle reconnaissant lui donne une de ses plumes ; en la laissant tomber à terre, le jeune homme peut se changer en aigle quand bon lui semble.

le ciel t'a donné la force et la sagesse ; tu es l'auxiliaire des nécessiteux, le bienfaiteur des bons et le consolateur des affligés ; puisse le mal disparaître devant toi et ta grandeur durer éternellement. » *Firdusi*, au contraire, dans la cinquième aventure d'Isfendiar, fait du gigantesque oiseau Simurg un animal aussi démoniaque que celui qui obscurcit les rayons du soleil avec ses ailes ; (dans les *Oiseaux* d'Aristophane, les spectateurs s'écrient à la vue d'un grand nombre d'oiseaux qui surviennent : « O Apollon, les nuages ! ») Isfendiar se bat avec lui et le coupe en morceaux.

Dans la mythologie scandinave et germanique, le faucon est, en général, un oiseau de forme brillante, le préféré des héros et de Freya, tandis que l'aigle est une forme obscure pour laquelle les démons, ou du moins le héros ou le dieu (comme Odin)[1] qui se cache dans la nuit ténébreuse, ou le nuage orageux, ont de la prédilection. L'*Edda* nous dit que les vents sont produits par le mouvement des ailes d'un géant qui se trouve sous la forme d'un aigle à l'extrémité du ciel ; l'*aquila* et le vent appelé *aquilo* par les latins, paraissent identiques au point de vue mythique, comme ils se ressemblent sous le rapport de l'étymologie. J'ai fait remarquer plus haut que la sorcière de l'*Edda* se sert d'aigles en guise de rênes pour chevaucher sur un loup. Dans les *Nibelungen*, Krimhilt voit en rêve son faucon bien-aimé étranglé par deux aigles.

Dans un autre passage de l'*Edda*, les hirondelles prédisent par leurs chants à Sigurd, qu'il rencontrera la

---

[1] Dans le neuvième conte esthonien, c'est l'aigle qui porte le message au dieu du tonnerre, afin de le mettre à même de recouvrer l'arme que le diable lui a enlevée. — Dans le premier conte esthonien, l'aigle est aussi le messager favorable qui se met au service du jeune prince.

belle fille guerrière qui monte un aigle (ou un serpent, d'après M. Liebrecht) en revenant des batailles. Cette fille belliqueuse était pourtant destinée à causer la mort de Sigurd.

Au chapitre de l'Eléphant, nous avons vu que l'oiseau Garuda transporte dans les airs une tortue, une branche d'arbre et des ermites. Dans la variante grecque du même mythe, nous avons un aigle au lieu de Garuda. Dans l'*Edda*, trois Ases (Odin, Loki, Hœnir) font cuire un bœuf sous un arbre ; mais du sommet de l'arbre un aigle met obstacle à la cuisson de cette viande, parce qu'il veut en avoir sa part. Les Ases y consentent ; l'aigle emporte presque tout, ce qui indigne Loki ; il frappe l'aigle d'un pieu qui reste fixé d'un bout au corps de l'oiseau et de l'autre adhère à sa main, de telle sorte qu'il est emporté dans les airs. Loki sent ses bras qui faiblissent et implore la pitié de l'aigle ; l'oiseau gigantesque lui laisse la faculté de s'en aller, mais à condition d'obtenir à sa place Induna et ses pommes [1]. Dans le vingt-troisième conte du cinquième livre d'*Afanassieff*, l'aigle, après avoir reçu les bienfaits d'un paysan, lui mange ses brebis. Au moyen âge, on donnait le nom d'aigles à certains démons qui se manifestaient, disait-on, sous la forme de cet oiseau ; cette dénomination leur était donnée surtout à cause de l'aspect rapace et du nez aquilin qu'on leur supposait [2].

----

[1] Dans le conte de Santo Stefano intitulé *La Principessa che non ride*, les aiglons jouissent de la même faculté d'entraîner après eux tout ce qu'ils touchent ; en les considérant comme des images des vents (ou des nuages), caractère sous lequel ils apparaissent quelquefois, nous pouvons nous expliquer cette faculté ; le vent, lui aussi, et surtout l'impétueux vent du nord (aquilo), entraîne après lui tout ce qui se trouve sur son chemin. — Dans les contes russes, nous avons tantôt les cigognes funèbres et tantôt l'oie merveilleuse à la place de l'aigle qui entraîne tout après elle.

[2] Dans le dixième conte sicilien de M^me Gonzenbach, c'est sous la

Le faucon, d'un autre côté, je le répète, est ordinairement divin, en opposition à tout ce qui est démoniaque. Dans le vingt-deuxième conte du cinquième livre et le quarante-sixième du sixième livre d'*Afanassieff*, le héros se change en faucon afin d'étrangler le coq en qui le diable s'est métamorphosé ; (un proverbe russe dit pourtant du diable qu'il est plus agréable que le faucon brillant)[1]. En Russie, quand on veut exprimer, en se servant des locutions populaires, ce qu'il est impossible d'atteindre, on dit : « C'est comme l'ouragan dans la campagne et le faucon brillant dans le ciel. » On sait que le mot latin *accipiter* et le mot grec *ókypteros* signifient celui dont les ailes sont rapides. Dans le septième conte du premier livre d'*Afanassieff*, le faucon est opposé au corbeau noir. Quand la jeune fille déguisée en homme réussit trois fois à tromper le Tzar, elle lui dit : « Ah ! corbeau, corbeau ! tu n'as pas su, ô corbeau, mettre le faucon en cage. »

Le faucon était, au moyen âge, un des insignes distinctifs du chevalier ; les dames même en avaient.

---

forme d'un aigle d'argent que le Roi des Assassins pénètre dans la chambre où dort la jeune femme du roi dont il veut se venger. — Stephanus Stephanius, le commentateur de *Saxo Grammaticus*, dit que c'était la coutume parmi les Anglais, les Danois et les autres nations du Nord, quand un ennemi était vaincu, de lui plonger, comme marque de suprême ignominie, une épée dans le dos, de manière à séparer de chaque côté l'épine dorsale par une incision longitudinale ; puis on détachait des bandes de chair qu'on lui fixait de chaque côté, de façon à figurer les ailes d'un aigle. (Nous trouvons souvent, dans les contes russes populaires, des allusions à une pareille coutume, à propos des combats que les héros livrent aux monstres).

[1] Paranvilas satana lucshe yasnavo sakala, *Afanassieff*, VI, 16. — Ce proverbe peut pourtant avoir un autre sens, à savoir que, mieux vaut le diable en personne qu'un être de belle forme, mais démoniaque. Le diable prenait quelquefois la forme d'un faucon, comme nous l'apprend la légende d'Endo, homme d'armes anglais, qui, au témoignage de Guillelmus Neubrigensis, *Hist. Angl.*, I, 19, s'éprit d'un de ces oiseaux en qui le diable s'était changé.

Krimhilt élève un faucon sauvage; Brunhilt immole à côté d'elle, quand elle monte sur le bûcher funèbre pour ne pas survivre à Sigurd, deux chiens et deux faucons. On figurait souvent sur le tombeau des chevaliers et des dames du moyen âge un faucon, comme emblème de leur qualité de nobles. D'après une loi de l'année 848, l'épée et le faucon appartenant au baron défait en champ clos, devaient être respectés par le vainqueur et rester au vaincu, le faucon pour chasser et l'épée pour combattre. Nous lisons dans Du Cange, qu'en 1642, M. de Sassay réclamait en vertu de son droit féodal « ut nimirum accipitrem suum ponere possit super altare majus ecclesiæ Ebroicensis (d'Evreux) dum sacra in eo peragit ocreatus, calcaribusque instructus presbyter parochus d'Ezy, pulsantibus tympanis, organorum loco. » D'après la loi des Burgundes, celui qui tentait de voler le faucon d'autrui, était obligé, avant tout, de se concilier le faucon en lui donnant à manger (sex uncias carnis acceptor ipse super testones comedat) ; si le faucon refusait de manger, le voleur devait, indépendamment de l'amende, payer une indemnité au maître de l'oiseau (sex solidos illi cujus acceptor est, cogatur exsolvere ; mulctæ autem nomine solidos duos). Une note qui m'est fournie par mon savant ami le comte Geza Kuun m'apprend que le faucon (*turul*) était l'insigne militaire d'Attila. D'après une tradition relatée dans la chronique de Reza et de Bude, Emesu, mère d'Attila, vit en rêve, immédiatement avant de devenir enceinte, un faucon qui lui prédit un avenir heureux.

Le faucon ne jouissait pas de moins d'honneurs dans l'antiquité hellénique ; d'après Homère, il était le messager rapide d'Apollon ; Elien l'appelle l'espion d'Apollon et dit qu'il était consacré à Zeus ; Porphyre (qui recommande même, à quiconque veut se livrer à la divination, le cœur d'un faucon, d'un cerf ou d'une taupe) lui attribue la faculté de prédire l'avenir après sa mort. Apollon descendant du mont Ida est comparé, dans l'*Iliade*, au faucon rapide, le destructeur des colombes, le plus vite à la course de tous les oiseaux. Elien a recueilli plusieurs croyances superstitieuses relatives au faucon : par exemple, qu'il ne mange pas le cœur des animaux ; qu'il verse des larmes sur le cadavre de l'homme ; qu'il enterre les corps privés de sépulture, ou, du moins, qu'il couvre de terre leurs yeux, dans lesquels il croit revoir le soleil, astre qui a ses prédilections et sur lequel il a toujours les regards fixés ; qu'il aime l'or ; qu'il vit sept cents ans, sans parler des vertus médicinales extraordinaires qu'on attribue toujours à chaque animal sacré et qu'on regardait comme inhérentes au faucon sacré. Plusieurs des qualités du faucon sacré ont passé à d'autres faucons d'espèce inférieure, tels que le milan (*milvius*) [1], par exemple, qui fut placé, dit-on, au rang des étoiles pour avoir porté à Zeus les entrailles du monstre demi-taureau demi-serpent, et, selon Ovide au troisième livre des *Fastes*, pour lui avoir rapporté l'anneau perdu (une ancienne forme de l'anneau de Salomon, si célèbre dans les légendes du moyen-âge, c'est-à-dire du disque du soleil) : —

> « Jupiter alitibus rapere imperat, attulit illi
> Milvius, et meritis venit in astra suis. »

En ce qui regarde le milan, nous trouvons un apologue [2], d'après lequel cet oiseau, étant sur le point de

---

[1] D'après le *Phédon*, de Platon, les hommes rapaces sont changés en loups et en milans.

[2] Comp. Aldrovandi, *Ornith.*, v. — Nous trouvons aussi, dans Aldro-

mourir, dit à sa mère d'aller demander grâce pour lui
à la statue voisine du dieu, et d'implorer spécialement
son pardon pour le sacrilége qu'il avait commis maintes
fois, en laissant tomber sa fiente sur elle.

Une version plus développée de ce même conte se
retrouve dans un autre apologue, qu'élucide le proverbe grec « æton kantaros maieusomai »; mais au lieu
du faucon, nous avons l'escarbot, et à la place de la
statue, le dieu lui-même, Zeus, avec des œufs d'aigle
dans son giron. L'escarbot (la lune considérée comme
une hôtesse) voulant châtier l'aigle qui avait violé les
lois de l'hospitalité à l'égard du lièvre (encore la
lune) essaie de détruire ses œufs; l'aigle vient les
déposer dans le giron de Zeus; l'escarbot, qui sait
que Zeus éprouve de la répulsion pour toute ordure,
laisse tomber sur lui la fiente; Zeus oublie les œufs,
se secoue et les brise. Ici, l'aigle est identifié à Zeus,
comme Indra est identifié au faucon dans les hymnes
védiques. Pindare, dans la première pythique, dit
que l'aigle dort sur le sceptre de Zeus (comme le trait
de la foudre, qui est le véritable sceptre de Zeus).
On représente aussi l'aigle de Zeus tenant le foudre
dans ses serres, ce qui est en harmonie avec la phrase
proverbiale : « Fulmina sub Jove sunt. » (C'est-à-dire
que les nuages et la foudre occupent une région inférieure au ciel lumineux; cette observation parfaitement juste d'un phénomène naturel donna lieu au
proverbe ainsi qu'à la représentation mythologique de
l'aigle de Jupiter, ou de Jupiter en personne, qui tient
comme sceptre le foudre dans sa main). Quand Zeus

---

vandi, le passage suivant : « Narrant qui res Africanas litteris manda-
runt Aquilam marem aliquando cum Lupa coire..... producique ac edi
Draconem, qui rostro et alis avis speciem referat, cauda serpentem,
pede Lupum, cute esse versicolorem, nec supercilia posse attollere. »

prend ses dispositions pour combattre les Titans,
l'aigle lui apporte son dard, et c'est pour ce motif que
Zeus adopta l'aigle pour insigne guerrier. A Pharsale,
d'après Dion Cassius, les aigles laissèrent échapper de
leurs serres les foudres d'or dans le camp de Pompée,
et s'envolèrent dans celui de César pour lui annoncer sa victoire. Nous trouvons dans les anciens auteurs classiques de très-nombreux exemples d'aigles
qui présagent tantôt la victoire, tantôt le pouvoir suprême aux héros, et qui tantôt les nourrissent, tantôt
leur sauvent la vie et tantôt se sacrifient pour eux [1].
L'aigle de Zeus, l'aigle royal, ne se nourrit pas de
chair, mais de plantes, ou, pour mieux dire du suc des
plantes, et c'est ainsi que nous pouvons comprendre
l'enlèvement de Ganymède, l'échanson de Zeus, emporté par l'aigle de la même façon que le faucon d'Indra
emporte le Soma dans le *Rigveda*. L'aigle hellénique est
généralement, comme Zeus, un augure de lumière,
d'abondance et de bonheur. Pline rapporte qu'immédiatement après le mariage d'Auguste, un aigle laissa
tomber dans le sein de Livie, en signe de fécondité
pour la famille d'Auguste, une poule blanche qui tenait au bec une branche de laurier ; cette branche fut
plantée en terre et donna naissance à un épais bocage
de lauriers ; quant à la poule, elle eut une postérité si
nombreuse que, dans la suite, la maison de campagne
où ce fait eut lieu fut appelée la Villa des Poules. Suétone ajoute que, la dernière année de la vie de Néron,
toutes ces poules périrent et que les lauriers séchèrent.

---

[1] Je recommande à ceux qui voudraient avoir sous les yeux toutes
ces circonstances réunies, la lecture du premier volume de l'*Ornitho-
logia* d'Aldrovandi, qui a consacré aux oiseaux de proie une étude
longue et détaillée. — Comp. aussi Bachofen, *Die Sage von Tanaquil*,
Heidelberg, 1870.

Nous trouvons encore l'aigle en relation avec le laurier dans le mythe d'Amphiaraüs, dont la lance, enlevée par un aigle et fichée en terre, devint un laurier.

Nous avons mentionné au premier chapitre du premier livre, à propos du mythe de l'Aurore, le jeune héros qui dépouille la belle princesse sur le bord de la rivière et emporte ses vêtements. Nous trouvons dans la légende hellénique une variante zoologique de ce mythe. Aphrodite (qui est ici l'aurore du soir) se baigne dans l'Acheloüs (la rivière de la nuit); Hermès (les dernières traces lumineuses qu'on aperçoit au couchant, ou peut-être la lune) devient amoureux d'elle et fait emporter par l'aigle (l'oiseau de la nuit) les vêtements de la déesse qui cède à ses désirs pour les ravoir. Nous trouvons dans Strabon une autre variante de la même légende, qui nous rappelle le conte de fées de Cendrillon. Pendant que la jeune Rhodope se baigne, l'aigle enlève des mains de sa suivante une de ses pantoufles et l'apporte au roi de Memphis, qui, à la vue de cette chaussure, tombe amoureux du pied qui la portait, donne des ordres pour qu'on cherche partout la jeune fille à laquelle elle appartient et épouse Rhodope quand il l'a découverte. D'après Elien, ce roi était Psammétichus. Mais l'aigle hellénique n'est divin que tant que le dieu Zeus, qu'il représente, est propice; quand Zeus devient le tyran du ciel et condamne Prométhée à être attaché sur un rocher, l'aigle vient lui ronger le cœur. Et c'est sans doute de ce fait que le poète Eschyle glorifia Prométhée en lui faisant maudire la tyrannie de Zeus, que naquit la légende d'après laquelle Eschyle, vieux et chauve, fut tué par une tortue, qu'un aigle, prenant la tête du poète pour un rocher dénudé, avait laissé tomber dessus du haut des airs pour la briser et pouvoir s'en nourrir. L'aigle qui, au témoignage de Théophraste, annonça leur mort à des hommes qui coupaient de l'ellébore noir, était aussi un animal funèbre et démoniaque. Au huitième livre des *Métamorphoses* d'Ovide, le roi Nisus aux cheveux d'or (le soleil du soir) est changé en aigle de mer (la nuit ou l'hiver), quand sa fille Scylla (la nuit ou l'hiver), afin de le livrer à ses ennemis, anéantit sa force en lui coupant les cheveux (ce qui est évidemment une autre version du mythe solaire de Dalila et de Samson).

Le vautour est aussi un oiseau sacré dans les légendes rapportées par les anciens auteurs classiques ; Hérodote dit qu'il est cher à Héraclès (destructeur de l'aigle qui rongeait le cœur de Prométhée, lequel avait fabriqué pour le héros la coupe dont il se servit pour traverser la mer) ; il prédit la puissance souveraine à Romulus, à César et à Auguste. Pline prétend qu'on fait fuir les serpents en brûlant des plumes de vautour ; ces mêmes plumes ont, aussi d'après Pline, la propriété de faciliter les accouchements, car, comme le dit saint Jérôme (adversus Jovinianum, ii), « si medicorum volumina legeris, videbis tot curationes esse in vulture, quot sunt membra [1]. » Deux vautours (une forme des Açvins) dévorent chaque jour aux enfers le foie toujours renaissant (l'*immortale jecur* de Virgile) du géant Tityus qui avait outragé Latone (la lune), la bien-aimée de Jupiter (le monstre de la nuit périt chaque jour et renaît chaque nuit). Les deux jeunes garçons Egipius et Néphrôn, qui sont aussi une forme des deux Açvins, et qui se haïssent mutuellement, parce que chacun d'eux aime la mère de l'autre, sont changés par Zeus en deux

---

[1] La médecine populaire comparée pourrait former le sujet d'un ouvrage spécial qui serait certainement instructif et intéressant.

vautours, après qu'Egipius, par suite d'un stratagème
de Néphrôn, a commis un inceste avec sa propre mère.
Iphiklus consulte les oiseaux pour avoir des enfants et
s'adresse au vautour des régions inférieures, qui connaissait seul la raison pour laquelle il n'avait pas d'enfants et le moyen par lequel il pouvait en obtenir. Phi-
lakus avait essayé de tuer Iphiklus ; n'ayant pas réussi,
il attacha son épée à un poirier sauvage ; l'écorce de
cet arbre recouvrit l'épée et la déroba à la vue. Le
vautour indique l'endroit où se trouve cet arbre et dit
à Iphiklus de le dépouiller de son écorce et d'enlever la
rouille de l'épée ; puis, au bout de dix jours, de boire
cette rouille ; Iphiklus obtient ainsi un fils.

Le vautour conserve donc généralement dans la tradition gréco-latine le caractère héroïque et divin qu'il
porte dans la tradition indienne, bien que sa voracité
fût devenue proverbiale dans la phraséologie populaire
des anciens. Lucien appelle un grand mangeur le plus
grand des vautours. On lui attribuait aussi la faculté de
sentir l'odeur d'un cadavre, même avant que la mort ne
fût arrivée ; c'est ce qui fait dire à Senèque, dans une
lettre dirigée contre celui qui convoite l'héritage d'une
personne vivante : « Vultur es, cadaver expecta, » et à
Plaute, dans le *Truculentus*, à propos de serviteurs pa-
rasites : « Jam quasi vulturii triduo prius prædivina-
bant, quo die esituri sient. »

A côté de ces oiseaux de proie royaux devenus
mythiques, il y a plusieurs oiseaux de proie pure-
ment mythiques, qui n'ont jamais existé et dont nous
avons encore à parler ; tels sont le phénix, la harpie,
le griffon, la stryge, les oiseaux de Séleucie, les oiseaux
du Stymphale et les sirènes. Longtemps l'imagination
populaire a cru à leur existence réelle, mais on peut
dire d'eux comme du phénix d'Arabie :

> « Tous affirment qu'il existe;
> Nul ne peut dire où il est [1]. »

Ce qu'il y a de certain, c'est que personne ne les a vus; seuls, un petit nombre de dieux ou de héros les ont approchés; leur résidence est dans le ciel, où, selon leur nature et les différentes situations occupées par le soleil ou par la lune, ils attirent, ravissent, séduisent, enchantent ou font périr les êtres avec lesquels ils sont en rapport.

Le phénix est, sans qu'il soit possible d'en douter, le soleil à son lever et à son coucher; aussi Pétrarque a-t-il pu dire avec raison

> « Nè 'n ciel nè 'n terra è più d'una Fenice, »

de même qu'il n'y a qu'un soleil; et, comme les anciens Grecs, nous disons encore d'un objet ou d'un homme rare, c'est un phénix. Tacite, qui raconte, au quatorzième livre des *Annales* la fable du phénix, l'appelle un *animal sacrum soli*; Lactance dit qu'il connaît seul les secrets du soleil

> « Et sola arcanis conscia Phœbe tuis, »

et le représente comme rendant les honneurs funèbres à son père dans le temple du soleil; Claudien le nomme *solis avem* et décrit sa vie tout entière dans un petit poème très-élégant. —

Il naît en Orient, dans le bois du soleil, et se nourrit de rosée et de parfums, jusqu'à ce qu'il ait complètement revêtu sa forme splendide; c'est ce que Lactance nous apprend dans ces vers :

---

[1] « Come l'Araba Fenice;
Che ci sia, ciascun lo dice;
Dove sia, nessun lo sa. »

« Ambrosios libat cœlesti nectare rores
Stellifero teneri qui cecidere polo.
Hos legit, his mediis alitur iu odoribus ales
Donec maturam proferat effigiem. »

Il se nourrit ensuite de tout ce qu'il voit. Quand il
est sur le point de mourir, il ne pense qu'à sa résurrection

« Componit bustumque sibi, partumque futurum, »
                              (Claudien).

car on dit qu'un petit ver, de la couleur du lait, est
déposé par lui dans son nid, qui devient un bûcher funéraire,

« Fertur vermis lacteus esse color. »
                          (Lactance).

Avant de mourir, il invoque le soleil :

« Hic sedet, et solem blando clangore salutat
Debilior, miscetque preces, et supplice cantu
Præstatura novas vires incendia poscit ;
Quem procul abductis vidit cum Phœbus habenis,
Stat subito, dictisque pium solatur alumnum.
                              (Claudien).

Le soleil éteint l'incendie qui consume le phénix et
duquel il doit renaître. Enfin le phénix ressuscite avec
l'aurore,

« Atque ubi sol pepulit fulgentis lumina portæ,
Et primi emicuit luminis aura levis,
Incipit illa sacri modulamina fundere cantus,
Et mira lucem voce ciere novam. »
                              (Lactance).

A mon avis, il n'est pas besoin d'autres preuves pour
démontrer l'identité du phénix avec le soleil du matin
et du soir et, par extension, avec celui de l'automne et
du printemps. Les fables qu'on imagina sur lui dans
l'antiquité et, par répercussion, au moyen-âge, s'accor-
dent parfaitement avec le double phénomène lumineux

du soleil, qui meurt et qui renaît chaque jour et chaque année de ses cendres, de même qu'avec l'exploit du héros, ou de l'héroïne, qui traverse les flammes du bûcher enflammé et qui en sort sain et sauf.

Si je n'avais pas négligé ce qui se rapporte à la mythologie sémitique et égyptienne, pour m'occuper des seuls mythes des peuples âryens et, partiellement, de ceux de leurs proches voisins, les Ouraliens ou Touraniens, j'aurais pu fournir d'intéressants détails sur le culte du phénix et des autres animaux sacrés de l'Egypte. Mais, en tous cas, il m'est permis d'affirmer que le culte du phénix à Héliopolis est une forme zoologique transparente du mythe du soleil ; sur les monuments funéraires européens on a représenté assez souvent, dans la suite, le phénix avec la devise, *post fata resurgo*, comme symbole de l'immortalité de l'âme.

La nature du phénix est la même que celle de l'oiseau brûlant (szar-ptitza) des contes de fées russes, qui avale le nain venant voler ses œufs (l'aurore du soir avale le soleil) [1].

L'oiseau solaire du soir est un oiseau de proie ; il attire à lui au moyen de sa serre humide ; il entraîne dans les ténèbres de la nuit ; il a la nuit derrière lui ; son aspect est ravissant et son attitude engageante, mais le reste de son corps est aussi hideux que sa nature.

Virgile et Dante donnent des figures de femmes aux harpies :

> « Ali hanno late e colli e visi humani
> Piè con artigli e pennuto il gran ventre. »

Rutilius [2] dit que leurs serres sont visqueuses :

> « Quæ pede glutineo, quod tetigere trahunt. »

---

[1] Comp. *Afanassieff*, V, 27.
[2] *Itin.*, I.

D'autres leur donnent des bustes de vautours, des oreilles d'ours, des bras et des pieds humains et des seins blancs, comme ceux des femmes. Servius remarque, à propos du nom de *canes Jovis*, par lequel on les désigne, que cette qualification leur a été appliquée parce qu'elles sont les furies en personne, « unde etiam epulas apud Virgilium abripiunt, quod Furiarum est. » Instruments de la vengeance de Zeus, elles souillent les moissons du roi-devin, Phinée, qu'inspirait Apollon, et que quelques-uns considèrent comme une forme de Prométhée, le dieu qui révéla aux hommes les secrets de Zeus, tandis que d'autres lui font crever les yeux de ses propres fils.

L'oiseau de proie, l'oiseau solaire du soir, devient pendant la nuit une stryge ou une sorcière. Nous avons déjà signalé la croyance populaire d'après laquelle le chat de sept ans devient une sorcière. Une ancienne superstition rapportée par Aldrovandi reconnaît aussi des sorcières dans les chats et ajoute que, sous cette forme, elles sucent le sang des enfants. Les sorcières des contes populaires [1] et les stryges agissent de la même façon. Pendant la nuit, elles sucent le sang des enfants ; c'est-à-dire que la nuit fait disparaître la couleur, le rouge, le sang du soleil. Ovide, au sixième livre des *Fastes*, dépeint en ces termes les stryges malfaisantes :

> « Nocte volant, puerosque petunt nutricis egentes,
> Et vitiant cunis corpora rapta suis.

---

[1] Au premier chapitre du premier livre, nous avons vu que la sorcière suçait le sein de la belle fille. — Nous lisons dans Du Cange, au mot *Amma* : « Isidorus, lib. XII, cap. VII, bubo strix nocturna : « Hæc avis, inquit ille, vulgo Amma dicitur ab amando parvulos, unde et lac præbere dicitur nascentibus. » Auilem hanc fabulam non habet Papias M. S. Ecclesiæ Bituricensis. Sic enim ille : Amma avis nocturna ab amando dicta, hæc et strix dicitur a stridore. »

> Carpere dicuntur lactentia viscera rostris,
> Et plenum poto sanguine guttur habent. »

Festus fait dériver le mot *strix* de *stringendo*, parce que, selon l'opinion reçue, les stryges étranglent les enfants. Au livre des *Fastes*, cité plus haut, les stryges s'attaquent à Proca, enfant de cinq jours seulement :

> « Pectoraque exsorbent avidis infantia linguis. »

La nourrice invoque le secours de Crane, l'amie de Janus, qui a le pouvoir d'écarter le bien et le mal du seuil des maisons. Crane chasse les sorcières avec une baguette magique et s'y prend ainsi pour guérir l'enfant :

> « Protinus arbutea postes ter in ordine tangit
> Fronde ter arbutea limina fronde notat.
> Spargit aquis aditus, et aquæ medicamen habebant,
> Extaque de porca cruda bimestre tenet. »

Ensuite ont lieu les conjurations habituelles et le poète conclut en ces termes :

> « Post illud, nec aves cunas violasse feruntur,
> Et rediit puero qui fuit ante color. »

Quintus Serenus recommande comme amulette, quand la *strix atra* tient l'enfant dans ses serres, l'emploi de l'ail, dont l'odeur forte met en fuite, comme nous l'avons vu, le monstre-lion.

Le caractère malfaisant et démoniaque des stryges est partagé par les chauves-souris et par les vampires, que je crois reconnaître dans « les deux êtres ailés » qu'on engage « à ne pas sucer, » dont parle un hymne védique[1].

--------

[1] Mâ mâm ime patatriní vi dugdhâm; *Rigv.*, ɪ, 158, 4. — En Sicile,

Les oiseaux du Stymphale, d'une nature analogue, obscurcissaient les rayons du soleil avec leurs ailes, se servaient de leurs plumes comme de flèches, dévoraient les hommes et les lions et étaient munis de serres qui les rendaient formidables

« Unguibus Arcadiæ volucres Stymphala colentes ; »
*(Lucrèce).*

Héraclès et, plus tard, les Argonautes, sur le conseil du sage Phinée, les mirent en fuite au bruit d'un instrument de musique et en frappant leurs lances contre leurs boucliers. L'oiseau de Séleucie dont Galien dit « qu'il a un appétit insatiable, qu'il est malfaisant, rusé et qu'il dévore les sauterelles, » est aussi de la même nature démoniaque. Si l'on admet l'identification de la sauterelle et de la lune que nous avons proposée, il suffit de savoir qu'il tue la sauterelle, image de la lune, pour que ce caractère soit établi. Mais, comme les sauterelles sont funestes aux blés, les oiseaux de Séleucie, qui les dévorent, passent pour bienfaisants et pour les agents de Zeus.

Les gryphes ont une double nature, tantôt on les représente comme favorables et tantôt comme malfaisants. Solin les appelle « alites ferocissimæ et ultra rabiem sævientes. » Ctésias prétend qu'il se trouve de l'or dans des montagnes de l'Inde qu'habitent les grif-

---

la chauve-souris, appelée *taddarita*, est considérée comme une forme du démon ; on lui chante, pour la prendre et la tuer :

« Taddarita, 'ncanna, 'ncanna,
Lu dimonio ti 'ncanna
E ti 'ncanna pri li peni
Taddarita, veni, veni. »

Quand elle est prise, ses maléfices sont conjurés, parce qu'en criant elle blasphème. Aussi la fait-on périr en l'exposant à la flamme d'une chandelle ou à celle du foyer, ou bien on la crucifie.

fons, c'est-à-dire, des quadrupèdes de la taille des
loups, ayant les pattes et les griffes d'un lion, des
plumes rouges sur la poitrine et sur les autres parties
du corps, des yeux de feu et qui font des nids d'or. Les
Arimaspes, espèce d'hommes qui n'ont qu'un œil, se
battent avec les griffons pour la possession de l'or. Mais
ceux-ci, pourvus de longues oreilles, entendent aisément
le bruit que font les Arimaspes en venant enlever l'or,
et, s'ils parviennent à les atteindre, ils les mettent à
mort invariablement. Dans la mythologie hellénique,
les griffons étaient consacrés à Némésis, la déesse de
la vengeance et on les représentait sur les tombeaux,
occupés à écraser une tête de taureau ; mais ils étaient
beaucoup plus célèbres comme attachés au dieu du
soleil, à Apollon, dont ils conduisaient le char (l'hippogriffe, qui porte les héros, dans les poèmes de che-
valerie du moyen-âge, est leur équivalent exact). Et
comme Apollon est le dieu prophétique dont l'oracle,
quand on le consulte, s'exprime énigmatiquement, le
mot *griffon* a pris aussi le sens d'énigme dans le
mot *logogriphe*, qui sert à désigner un langage énig-
matique, et dans le mot *griffonnage*, qui s'applique
à une écriture embrouillée, confuse et difficile à dé-
chiffrer.

La sirène, enfin, qui avait la figure d'une femme et
finissait tantôt en oiseau et tantôt en poisson, et qui,
d'après les grammairiens grecs, était de la forme d'un
moineau dans ses parties supérieures, et de celle d'une
femme dans ses parties inférieures, paraît être un animal plutôt lunaire que solaire. Les sirènes attiraient
particulièrement les navigateurs et volaient derrière le
vaisseau du prudent Odysseus qui se bouchait les
oreilles ; à la vue de cette précaution, elles se précipi-
tèrent à la mer de désespoir. Les sirènes sont des fées,

comme Circé ; c'est pourquoi Horace[1] les nomme ensemble dans le même vers :

« Sirenum voces et Circes pocula nosti. »

Pline, qui croyait à l'existence des sirènes dans l'Inde, leur attribuait la faculté d'endormir les hommes par leurs chants, afin de pouvoir les dévorer ensuite ; elles calmaient par leurs voix les vents de la mer ; elles connaissaient et pouvaient révéler tous les secrets (comme la fée ou la madone lunaire). Quelques-uns disent que les sirènes étaient nées du sang d'Acheloüs tué par Héraclès ; d'autres, d'Acheloüs et d'une des Muses ; d'autres enfin racontent quelles étaient jadis des jeunes filles et qu'Aphrodite les changea en sirènes parce qu'elles voulaient rester vierges. Dans le seizième conte esthonien, la belle des eaux, fille de la mère des eaux, devient amoureuse d'un jeune héros avec lequel elle passe six jours de la semaine ; le septième jour, le jeudi, elle le quitte pour s'aller plonger dans l'eau, en défendant au jeune homme de la suivre et de l'épier. Celui-ci ne peut pas réprimer sa curiosité, surprend la jeune fille au bain et découvre qu'elle est femme par le haut du corps et poisson dans les parties inférieures,

« Desinit in piscem mulier formosa superne ; »

la jeune fille des eaux s'apercevant qu'elle est vue, disparaît tristement et pour toujours des regards du jeune homme[2].

---

[1] D'après un conte sicilien inédit, que m'a communiqué M. le docteur Ferraro, une sirène enleva une fois une jeune fille et l'emporta dans la mer avec elle ; et, bien qu'elle lui permît parfois de venir au rivage, elle l'empêchait de se sauver au moyen d'une chaîne qu'elle tenait attachée à sa propre queue. Son frère la délivra en jetant du pain et de la viande à la sirène pour apaiser sa faim et en employant pendant ce temps sept forgerons pour couper la chaîne.

[2] Comp. le *Pentamerone*, IV, 7, et la légende de Lohengrin au chapitre du Cygne.

# CHAPITRE III

## LE ROITELET, LE SCARABÉE ET LA MOUCHE LUISANTE.

**SOMMAIRE**

*Rex* et *Regulus*. — Iyattikâ çakuntikâ. — Le testament du roitelet. — Basiliskos; kunigli. — Le roitelet et l'aigle. — Le roitelet et l'escarbot. — La mort de César prédite par un roitelet. — *Equus lunæ*. — Indragopa. — Le scarabée à la carapace rouge. — La petite vache de Dieu en Russie. — Les poulets de saint Michel en Piémont. — La vache à la vierge. — La Lucia et sainte Lucie. — Le petit cochon de saint Antoine; le papillon considéré comme un symbole phallique. — Le hanneton. — S. Nicolas. — Autres dénominations populaires de la *coccinella septempunctata*. — La vache à la vierge apprend aux enfants combien ils ont d'années à vivre. — La mouche luisante et le vers luisant. — La mouche luisante battue; elle éclaire le blé; la chandelle du berger.

Nous passons du plus grand oiseau au plus petit, du *Rex* au *Regulus* (en italien *capo d'oro*, tête d'or) et aux scarabées rouges, dorés et verts (le jaune et le vert se confondent comme nous l'avons fait voir plus haut à propos des mots équivoques *hari* et *harit*) qui lui correspondent et lui sont substitués en mythologie. Je crois reconnaître le roitelet dans un tout petit oiseau du Rigveda (*iyattikâ çakuntikâ*), qui absorbe le poison du soleil [1]. Dans un chant populaire allemand, le roitelet déplore les maux que cause l'hiver, dont il est,

[1] Gaghâsa te visham; *Rigv.*, I, 191, 11.

du reste, l'emblème (en tant qu'il représente la lune, il absorbe les vapeurs solaires). Dans un chant populaire écossais, les enfants célèbrent le testament du roitelet :

> « The wren, she lies in care's nest,
>    Wi' meikle dole and pyne. »

Le roitelet (en grec *basiliscos* ; en vieil allemand, *kunigli*) est, comme l'escarbot, le rival de l'aigle. Il vole plus haut que celui-ci. Dans un conte de Montferrat [1], le roitelet et l'aigle se défient à qui volera le mieux. Tous les oiseaux sont présents. Tandis que l'aigle orgueilleux s'élève dans les airs, en méprisant le roitelet, et vole si haut qu'il se fatigue promptement, le roitelet, qui s'est placé sous l'une des ailes de l'aigle, s'en dégage quand il le voit épuisé de fatigue et monte encore plus haut en chantant victoire. Pline dit que l'aigle est l'ennemi du roitelet : « Quoniam rex appellatur avium. » Aristote rapporte aussi que l'aigle et le roitelet se livrent des combats. La fable du défi de l'aigle et du roitelet était déjà connue dans l'antiquité ; ce défi eut lieu, disait-on, quand les oiseaux voulurent se donner un roi. L'aigle, étant allé plus haut que tous les autres oiseaux, allait être proclamé roi, quand le roitelet, qui s'était tenu caché sous une de ses ailes, vint se poser sur sa tête et se déclara vainqueur. Le roitelet et le scarabée paraissent représenter généralement la lune, qui est, on le sait, la protectrice des mariages ;

---

[1] Ce conte m'a été communiqué par M. le docteur Ferraro. — Un conte semblable a cours encore en Poméranie, dans le Brandebourg et en Irlande, avec cette variante que c'est la cigogne qui lutte de vitesse avec l'aigle. Quand la cigogne tombe épuisée, le roitelet, qui était caché sous une de ses ailes, en sort pour se mesurer avec l'aigle, et, comme il n'est pas fatigué, il remporte la victoire. — Dans un conte populaire de la Hesse, le roitelet met en fuite, au moyen d'un stratagème, tous les animaux guidés par l'ours.

c'est pour ce motif que, selon Aratus, les mariages ne
devaient pas avoir lieu tant que le roitelet se tient
caché sous terre. Nous savons que l'époque de la pleine
lune (qui est un symbole phallique) était regardée
comme le moment le plus propice pour les mariages.
D'après Suétone, la mort de César fut prédite, pour les
Ides de Mars, par un roitelet qui fut mis en pièces par
plusieurs autres oiseaux dans le temple de Pompée, au
moment où il emportait une branche de laurier (comme
l'aigle ; le printemps sort des ténèbres de l'hiver que
la lune régit spécialement ; l'aigle noir représente
quelquefois l'obscurité, comme le roitelet est l'image
de la lune qui voyage dans les ténèbres).

Nous avons vu, au chapitre précédent, l'escarbot qui
vole au-dessus de l'aigle. Pline rapporte que les Mages
de la Perse croyaient conjurer la grêle, les sauterelles
et toute autre calamité du même genre qui pouvait
atteindre le pays, si « aquilæ scalperentur aut sca-
rabei, » au moyen d'une émeraude. D'après Télésius,
les Calabrais du Cosentin donnent au scarabée vert-
doré le nom du cheval de la lune (equus lunæ). C'est le
scarabée sacré qu'on voit si souvent représenté sur les
anciens camées, sur les obélisques et sur les peplums
isiaques des momies. Mais il est un autre scarabée qui
est encore mieux connu dans la tradition européenne,
c'est celui qui est petit, presque rond, avec une carapace rouge tachetée de noir (vulgairement la *bête à la
Vierge* ou *la vache à Dieu*). Cet insecte était déjà connu
dans l'Inde, où le nom d'*indragopa* (protégé par Indra)
était donné à un scarabée rouge. Nous lisons dans un
vers sanskrit que le scarabée rouge tombe parce qu'il
vole trop haut [1] (nous avons dans ce mythe le symbole

---

[1] Atyunnatim prâpya narah prâvârah kîtako yatha sa vinaçyatya-
samdchmm ; Bœthlingk, *Indische Sprüche*, 2<sup>te</sup> Aufl., Spr. 181.

du lever et du coucher de la lune et du soleil ; comp.
les légendes d'Icare, de Hanumant et de Sampâti). En
Allemagne, on dit au scarabée-rouge, ou à la coccinelle, de se sauver, parce que sa maison est en feu [1].
En Russie, cette même coccinelle à taches noires est appelée la petite vache de Dieu, (nous connaissons déjà
la vache-lune) et les enfants lui disent :

> « Petite vache de Dieu,
> Vole au ciel,
> Dieu te donnera du pain [2]. »

En Piémont, on lui donne le nom de poulet de saint
Michel, et les enfants lui adressent les paroles suivantes :

> « Poulet de Saint-Michel,
> Etend tes ailes et vole au ciel [3]. »

En Toscane, on la nomme *lucia* [4] ; les enfants lui
chantent :

> « Lucia, lucia,
> Metti l' ali e vola via. »

---

[1] La même coutume existe dans quelques parties de l'Angleterre, où
les enfants lui chantent les paroles suivantes :

> « Cow-lady, cow-lady, fly away home
> Your house is all burnt, and your children are gone. »

En anglais, les noms de ce scarabée sont *ladybird*, *ladycow*, *ladybug*
et *ladyfly* (comp. Webster's English Dictionary). Les paysans l'appellent
aussi *golden knop* ou *golden knob* (comp. Trench, *On the Study of
Words*).

[2]
> « Boszia Karovka
> Paleti na niebo
> Bog dat tibié hleba. »

[3]
> « La galiña d' San Michel,
> Buta j ale e vola al ciel. »

[4] Elle est consacrée, sans doute, à sainte Lucie. Dans le Tyrol, selon
le *Festliche Jahr*, du baron Reinsberg, sainte Lucie fait des cadeaux
aux jeunes filles et saint Nicolas aux garçons. La fête de Sainte-Lucie
se célèbre le 13 septembre ; le soir de cette fête, nul n'a besoin de veiller tard, car quiconque travaille cette nuit là trouve toute sa besogne
défaite le matin. La nuit de Sainte-Lucie est très redoutée (la sainte
perd la vue ; l'été, la saison qu'échauffe le soleil, arrive à sa fin ; la
Madone (la lune) disparaît, et devient la reine du ciel, la gardienne

(Ouvre tes ailes et envole-toi). La coccinelle à taches noires est appelée aussi en Sicile, Saint-Nicolas (Santu Nicola) ou bien encore, petite colombe (*palumedda*). Les enfants, quand une de leurs dents vient à tomber, attendent un don du scarabée ; ils cachent la dent dans un trou et invoquent le petit animal[1] ; quand ils retournent à l'endroit où ils ont mis leur dent, ils trouvent habituellement une pièce de monnaie que leurs parents ont mise là pour eux. La coccinelle, la vache à la Vierge des Anglais (coccinella septempunctata) porte en Allemagne plusieurs dénominations qui ont été recueillies par Mannhardt dans sa Mythologie allemande ; nous trouvons entre autres celles de petit oiseau de Dieu, petit cheval de Dieu, petit coq de Marie, petit coq d'or, petit animal du ciel, petit oiseau du soleil, petit coq du soleil, petit veau du soleil, petit soleil, petite vache des femmes (on l'invoque aussi pour avoir du lait et du beurre) et poulet des femmes. De plus, les jeunes filles allemandes dans l'Upland, lui disent d'aller trouver leurs amants comme un messager d'amour, en lui chantant les vers suivants :

> « Jungfrau Marias
> Schlüsselmagd,
> Flieg nach Osten,
> Flieg nach Westen,
> Flieg dahin wo mein Liebster wohnt[2]. »

---

de la lumière, en qualité de sainte Lucie) et des conjurations sont faites contre le cauchemar, les diables et les sorcières. On met une croix dans le lit pour qu'aucune sorcière ne puisse y pénétrer. Ceux qui, durant cette nuit, sont sous une influence fatidique, voient, après onze heures du soir, sur les toits des maisons, une lumière qui s'agite lentement et prend différents aspects ; on tire de cette lumière, qui est appelée *luzieschein*, des pronostics favorables ou funestes.

[1] « Santu Nicola, Santu Nicola,
Facitimi asciari ossa e chiova. »
(Saint Nicolas, saint Nicolas, fais-moi trouver un os et une pièce de monnaie).

[2] Comp. Menzel, *Die Vorchristliche Unsterblichkeits-Lehre.*

Les bêtes à la Vierge montrent aux jeunes filles suédoises leurs gants de noce ; en Suisse, les enfants les interrogent (de la même façon qu'on interroge le coucou) pour savoir combien ils ont d'années à vivre [1].

Le culte qu'on rend à la coccinelle est analogue à celui de la mouche luisante (cicindela) ; toutefois, la mouche luisante, comme le *feuerkæfer* allemand, n'est pas aussi bien traitée, car les enfants la mettent dans un trou au printemps, tandis qu'ils apportent à la maison [2] le ver luisant qui se cache dans les haies, comme le roitelet, et qu'on appelle aussi en italien *forasiepe*, perce-haie (c'est autour de ce ver luisant que les singes stupides du *Pancatantra* s'asseoient en hiver pour se chauffer). En Toscane, la pauvre mouche luisante, qui apparaît à la fin du printemps (en Allemagne elle se montre un peu plus tard, de là son nom de *Johanniswürmchen*), est menacée d'être battue et les enfants lui chantent après l'avoir prise :

> « Lucciola, lucciola, vien da me,
> Ti darò un pan del re [3],
> Con dell' ova affrittllate,
> Carne secca e bastonate [4]. »

(Mouche luisante, mouche luisante, viens à moi, je te donnerai un pain de roi avec des œufs frits, du lard et des coups de bâton). On dit en Toscane que la mouche luisante éclaire le blé quand le grain commence à

---

[1] Comp. Rochholtz, *Deutscher Glaube und Brauch.*

[2] Kuhn und Schwartz, *N. d. S. M. u. G.*, p. 377.

[3] Dans une autre version toscane, la chanson commence ainsi :

> « Lucciola, lucciola, bassa, bassa,
> Ti darò una materassa, » etc.

(Mouche luisante, mouche luisante, abaisse toi, je te donnerai un matelas).

[4] Il me semble probable que les coups de bâton dont on menace la *lucciola* sont une allusion à l'opération imminente du battage du blé.

grossir dans l'épi; une fois qu'il est à sa grosseur, la mouche luisante disparaît [1]. Les enfants prennent la mouche luisante et la mettent sous un verre, dans l'espoir de trouver le matin une pièce de monnaie à sa place. En Sicile, la mouche luisante est appelée la petite chandelle du berger (*cannilicchia di picuraru*).

Je crois qu'à cette même série de mythes appartient le papillon (peut-être le petit papillon noir à taches rouges) qu'on appelle en Sicile, le petit oiseau de bonnes nouvelles (*occidduzzu bona nova*), ou le petit cochon de saint Antoine (*purciduzzu di san Antoni*) et qui, croit-on, porte bonheur quand il entre dans une maison. On l'engage à venir à la maison qu'on ferme aussitôt qu'il y a pénétré, afin d'empêcher le bonheur d'en sortir. Quand l'insecte est entré, on lui chante :

> « Dans ta bouche, du lait et du miel ;
> Dans ma maison, santé et richesse [2]. »

Le papillon était dans l'antiquité, tout à la fois un symbole phallique (c'est pour cela qu'Eros en tenait un dans sa main) et un symbole funèbre, gage de résurrection et de transformation ; les âmes des morts étaient représentées sous la forme de papillons qu'un dauphin emportait vers l'Elysée. On plaçait aussi l'image du papillon sur les sept cordes de la lyre et sur une torche enflammée. Le papillon meurt pour renaître et les phases de la lune semblent correspondre dans le ciel à ses transformations zoologiques.

---

[1]     « 'Ntr' à to vucca latti e meli,
      'Ntr' à mè casa saluti e beni. »

[2] Pline écrit aussi, au dix-huitième livre de son *Histoire naturelle* : « Lucentes vespere cicindelas signum esse maturitatis panici et milii. » G. Telesius du Cosentin a publié, au dix-septième siècle, un élégant poème latin sur la mouche luisante ou la *cicindela*.

D'autres scarabées — le scarabée vert et le hanneton,
— jouissent aussi, dans les contes de fées, de facultés
extraordinaires. Dans le cinquième conte du troisième
livre du *Pentamerone*, le hanneton (*scarafone*; en Toscane, on l'appelle aussi *indovinello*) sait jouer de la gui-
tare, sauve le héros Nardiello et fait rire la princesse
qui n'avait jamais ri. Dans le cinquante-huitième conte
du sixième livre d'*Afanassieff*, le scarabée vert nettoie
le héros tombé dans le marécage et fait aussi rire la
princesse qui n'avait jamais ri jusque-là.

# CHAPITRE IV

## L'ABEILLE, LA GUÊPE, LA MOUCHE, LE COUSIN, LE MOUSTIQUE, LE TAON ET LA CIGALE



Il est fait mention des abeilles dans la mythologie védique : les Açvins « apportent aux abeilles le miel doux[1]; » les chevaux des Açvins, qui sont comparés aux « cygnes d'ambroisie, innocents, aux ailes d'or, qui s'éveillent à l'aurore, nagent dans l'eau et s'amusent

---

[1] Madhu priyam bharatho yat saradbhyáh ; *Rigv.*, I, 112, 21.

joyeusement, » sont priés de venir « comme la mouche
à miel » c'est-à-dire l'abeille « goûter à la liqueur[1]. »
Les dieux Indra, Krishna et Vishnu étaient aussi comparés dans l'Inde aux abeilles, en raison de leur nom
de Mâdhavas (c'est-à-dire, nés du *madhu*, appartenant
au *madhu* ou en rapport avec lui) ; l'abeille, en tant
qu'elle fabrique et porte le miel (*madhukara*), représente spécialement la lune ; en tant qu'elle le suce, elle
représente spécialement le soleil. L'épithète de *bhra-
mara*, ou d'errante, donnée dans l'Inde à l'abeille, est
applicable au soleil aussi bien qu'à la lune. Il est dit
dans le *Mahâbhârata*[2] que les abeilles tuent celui qui
détruit le miel (*madhuhan*). Nous avons vu au chapitre de l'Ours, que cet animal fut tué par les abeilles
(comp. le nom de Beowulf qu'on explique par « le loup
des abeilles » ), et que dans l'Inde il personnifiait
Vishnu. Il n'est pas sans intérêt d'apprendre à ce propos
que le mot madhuhan, qui signifiait à l'origine, celui
qui détruit le *madhu*, devint dans le *Mahâbhârata* et
dans le *Bhâgavata Purâna* un nom de Krishna ; du miel
ou du madhu, on fit un démon que le dieu avait tué
(le soleil et la lune, le soleil et le nuage sont des
rivaux ; l'ours solaire détruit la ruche de la lune et des
nuages)[3]. Vishnu (quand il est appelé Hari et qu'il re-

_____________

[1] Hansâso ye vâm madhumauto asridho hiranyaparnâ uhuva ushar-
budhah udapruto mandino mandinispriço madhvo na makshah
savanâni gachathah ; *Rigv.*, IV, 45, 4. — Dans ce passage, *maksha*, en
rapport avec *madhva*, nous donne le sens des mots *madhumaksha* et
*madhumakshika*, qui signifient abeille et non pas mouche, comme les
interprètent d'autres traducteurs et le Dictionnaire de Saint-Pétersbourg, dont les savants éditeurs auront d'autant plus de motifs de faire
cette légère correction dans leur nouvel *errata* que, dans cet hymne,
ainsi que dans l'hymne I, 112, les abeilles se trouvent en rapport avec
les Açvins.

[2] III, 1535.

[3] On trouve aussi le dieu du tonnerre (ou Indra) en lutte avec les
abeilles dans une légende des Tcherkesses, citée par Menzel. Le dieu

présente le soleil et la lune) est quelquefois figuré sous les traits d'une abeille sur une feuille de lotus, et Krishna avec une abeille bleue sur le front. Quand les Indiens prennent le miel d'une ruche avec une baguette, ils tiennent toujours d'une main du basilic (ocymum nigrum), qui est consacré à Krishna (le noir, au sens propre du mot), parce qu'une des jeunes filles aimées de Krishna avait été changée en cette plante [1].

Dans la légende d'Ibrâhîm Ibn Edhem du *Tuti-Namé* [2], il est question d'une abeille qui prend des miettes de pain à la table du roi pour les apporter à un moineau aveugle. Meliai ou Mélissai, c'est-à-dire les abeilles, étaient le nom des nymphes qui élevèrent Zeus ; les prêtresses de la déesse-nourrice Dêmêter s'appelaient aussi Mélissai.

D'après Porphyre [3], la lune (Selênê) portait aussi le nom d'abeille (melissa). On représentait Selênê, conduite par deux chevaux blancs ou par deux vaches ; la corne de ces vaches paraît correspondre à l'aiguillon de l'abeille. On supposait que les âmes des morts descendaient de la lune sur terre sous la forme d'abeilles. Porphyre ajoute que, comme la lune est le point culminant de la constellation du taureau (car elle est elle-même un taureau), on croit que

les détruit ; mais une d'elles se cache dans la chemise de la mère du dieu, et c'est de celle-là que sont nées toutes les abeilles. — D'après une superstition populaire de Normandie, rapportée par *De Norc*, que cite Menzel, les abeilles (on dit la même chose des guêpes et des taons) tirent vengeance des mauvais traitements qu'on leur fait subir et portent bonheur aux maisons où elles sont bien soignées. En Russie, on regarde comme un sacrilège de tuer une abeille.

[1] Comp. Addison, *Indian Reminiscences.*

[2] II, 112.

[3] Peri to en Odysseia tôn Nymphôn antron.

les abeilles naissent dans le cadavre du taureau. C'est
de là que vient l'épithète de *bougencis* que les anciens
donnaient aux abeilles. Dionysos, après avoir été mis
en pièces sous la forme d'un taureau, était ressuscité,
d'après les initiés des mystères Dionysiaques, sous celle
d'une abeille ; c'est pour cela, qu'au témoignage de
Plutarque, Dionysos recevait aussi l'épithète de Bou-
genês. On voyait figurées sur le tombeau de Childéric,
roi des Francs, trois cents abeilles, à côté d'une tête de
taureau. Quelquefois, le lion solaire, au lieu du taureau lunaire, se trouve en rapport avec les abeilles ;
c'est ce qui avait lieu dans les mystères de Mithra
(et dans la légende de Samson).

D'après la mythologie finnoise de Tomasson, cité
par Menzel[1], on prie l'abeille de s'envoler sur la lune,
sur le soleil, près de l'axe de la constellation du chariot, dans la demeure du Dieu créateur, et d'apporter
du miel dans son bec pour les mauvaises blessures
faites par le fer et le feu.

Selon une croyance populaire (qui concorde avec la
légende des Tcherkesses, les abeilles sont les seuls animaux qui soient descendus du paradis[2]. Virgile célè-

---

[1] Die Bienen gebeten werden : « Biene, du Weltvœglein, flieg in
die Weite, über neun Seen, über den Mond, über die Sonne, hinter
des Himmelssterne, neben der Achse des Wagengestirns ; flieg in den
Keller des Schœpfers, in des Allmæchtigen Vorrathskammer, bring
Arznei mit deinen Flügeln, Honig in deinem Schnabel, für bœse
Eisenwunden und Feuerwunden ; » *Die Vorchristliche Unsterblichkeits-Lehre.* Menzel traite au long, dans cet ouvrage auquel je renvoie
le lecteur, du culte des abeilles et du miel.

[2] En Suisse, dans l'Engaddine, on croit aussi que les âmes des hommes
quittent le monde et y reviennent sous la forme d'abeilles. Les abeilles
y sont considérées comme des messagères de mort ; comp. Rochholtz,
*Deutscher Glaube und Brauch,* 1, 147, 148. — Quand quelqu'un meurt,
on invoque l'abeille dans les termes suivants, comme pour demander à
l'âme du décédé de veiller toujours sur ceux qui restent :

 « Bienchen, unser Herr ist todt,
 Verlass mich nicht in meiner Noth. »

bre aussi, au quatrième livre des Géorgiques, la nature
divine de l'abeille, qui est une partie de l'esprit de
Dieu et qui ne meurt pas, car, seule de tous les animaux,
elle monte vivante au ciel (dans la tradition populaire
hellénique, latine et allemande, l'abeille personnifie
l'âme considérée comme immortelle, de là l'idée qu'elle
échappe à la mort) :

> « Esse apibus partem divinæ mentis et haustus
> Æthereos dixere : Deum namque ire per omnes
> Terrasque, tractusque maris, cœlumque profundum.
> Hinc pecudes, armenta, viros, genus omne ferarum,
> Quemque sibi tenues nascentem arcessere vitas ;
> Scilicet huc reddi deinde ac resoluta referri
> Omnia ; nec morti esse locum ; sed viva volare
> Sideris in numerum atque alto succedere cœlo. »

La cire des abeilles, qui produit de la lumière et dont
on se sert dans les églises[1], doit avoir, pour ces mêmes
causes, contribué à accroître le prestige divin des abeilles et, en raison de ce fait qu'elles nourrissent le feu,
la foi dans leur immortalité. D'après un document de
1482, cité par Du Cange, le mal sacré, ou *ignis sacer*
(l'érésipèle pestilentiel), était guéri au moyen de cire
dissoute dans de l'eau.

------

En Allemagne, on ne veut pas acheter les abeilles d'un homme décédé,
parce qu'on croit qu'elles meurent ou disparaissent aussitôt après lui :
« Stirbt der Hausherr, so muss sein Tod nicht bloss dem Vieh im Stall
und den Bienen im Stocke angesagt werden : » Simrock, p. 601 de
l'ouvrage cité plus haut. — On sait que c'était l'usage en Orient d'enterrer les grands hommes dans un tombeau sur lequel on répandait du
miel ou de la cire, comme symbole d'immortalité. *(Note de l'auteur).*
— En France, quand quelqu'un meurt dans la famille du maître,
on fait porter le deuil aux abeilles en fixant à la ruche un petit carré
d'étoffe noire. *(Note du trad.).*

[1] Der Adel der Bienen ist vom Paradies entsprossen und wegen der
Sünde des Menschen kamen sie von da heraus und Gott schenkte
ihnen seinen Segen, und deshalb ist die Messe nicht zu singen ohne
Wachs ; Leo, *Malberg. Glossæ.* 1842.

En Allemagne, on annonce aux abeilles la mort de leurs maîtres au moyen de la petite baguette autour de laquelle le miel se fait dans la ruche. La ruche ou le Bienenstock partage la nature divine des abeilles et appelle l'attention sur la *madhumatî kaçâ* ou *madoh-kaçâ* du Rigveda et de l'*Atharvaveda*, qui était un attribut des Açvins ; elle était destinée à amollir le beurre du sacrifice, et d'une nature semblable à celle du caducée de Mercure et de la baguette magique ; tous les éléments avaient contribué à la produire, sans qu'elle fût d'aucun élément particulier : elle était fille du vent, et quelquefois peut-être le vent lui-même ; l'âme *(anima)* l'abeille, est un souffle, un zéphyr, un vent *(anemos, anila)*, qui change de place, mais qui ne meurt jamais, — qui rassemble et répand le miel et les parfums et disparaît, car il est aussi volage que l'oiseau-mouche d'Amérique qui suce le miel des fleurs, et dont l'agitation continuelle des ailes imite le bourdonnement de l'abeille ; *l'apis* et *l'avis* se ressemblent. Du Cange [1] nous donne la formule du discours à tenir à la reine des abeilles pour qu'elle rappelle sa famille dispersée ; en voici les termes: « Adjuro te, mater aviorum, per deum regem cœlorum et per illum Redemptorem Filium Dei te adjuro, ut non te altum levare, nec longe volare, sed quam plus cito potest ad arborem venire ; ibi te allocas cum omni tua genera, vel cum socia tua, ibi habeo bono vaso parato, ut vos ibi, in Dei nomine laboretis, etc. »

Dans le vingt-deuxième conte du cinquième livre d'*Afanassieff*, une abeille se change en un jeune héros, afin de prouver au vieillard qu'elle est capable de

---

[1] *Baluz. Capitulor.*, tom. II, p. 665, in oratione ad revocandum examen apum dispersum, ex Cod. MS. S. Galli.

ramener son fils resté depuis trois ans à l'école du diable (la lune permet au vieux soleil de retrouver le jeune; elle aide le soleil à tromper le démon de la nuit). Dans le même conte, la fée tutélaire, sous la forme d'un cousin, se pose sur le jeune héros que son père doit reconnaître parmi douze héros dont la ressemblance mutuelle est parfaite. Dans le quarante-huitième conte du cinquième livre, le cousin distingue, parmi les douze jeunes filles qui se ressemblent parfaitement entre elles, la seule qu'aime le jeune héros, c'est-à-dire la fille du prêtre, dont le diable avait pris possession parce que son père lui avait dit une fois, « le diable te prendra »[1]. Ce cousin indicateur se rencontre dans plusieurs contes de fées et joue le rôle de la fée-lune, c'est-à-dire, qu'il est le guide et le messager du héros. Nous avons déjà vu la lune remplissant l'office d'hôtesse. Dans le trente et unième conte du quatrième livre d'*Afanassieff*, nous avons la mouche qui nourrit dans son palais (d'après le seizième conte du troisième livre, c'est une tête de cheval) le pou, la puce, le moustique, la petite souris, le lézard, le renard, le lièvre et le loup, jusqu'à l'arrivée de l'ours; celui-ci écrase sous une de ses pattes le palais de la mouche et tous les animaux mythiques nocturnes qu'il contient. Nous avons vu aussi le héros échangeant

---

[1] Cet épisode qui se retrouve dans plusieurs contes, dans le charmant poème sanskrit de Nala et dans une pièce de vers du comte Alexis Tolstoï, se rattache à un usage indo-européen dont on trouve encore des traces, particulièrement en Italie et en Russie, je veux parler de la substitution des époux. Parfois l'époux doit reconnaître l'épouse déguisée ou refuser la fausse épouse qui lui est offerte en échange; d'autres fois c'est l'épouse qui est soumise à une pareille épreuve. Lorsque les époux sont prédestinés, lorsque leur mariage a été concerté par les dieux, ils doivent se reconnaître. Comp. encore à ce propos mon livre intitulé *Storia comparata degli usi nuziali indo-europei*, Milan, 1869.

son taureau contre une herbe qui lui procure fortune,
et, à ce même chapitre, l'abeille qui naît dans les
flancs du taureau mort. Dans le septième conte du
troisième livre d'*Afanassieff*, le troisième frère, qu'on
suppose idiot, amasse, au contraire, des mouches et des
moustiques dans deux sacs qu'il suspend à un grand
chêne et les échange contre du bon bétail. Nous savons que la lune était représentée comme jugeant les
trépassés et comme une fée connaissant toutes choses.
Les abeilles industrieuses ont la réputation de posséder une intelligence supérieure[1]. Dans la treizième
fable du troisième livre de Phèdre, la guêpe donne
la preuve d'une sagesse semblable, en siégeant au
tribunal et en agissant en juge consciencieux dans
un débat entre les frelons et les abeilles diligentes,
relativement à du miel que celles-ci ont amassé et
emmagasiné au sommet d'un grand chêne et sur lequel
les frelons élèvent des prétentions.

La mouche, le cousin et le moustique, quoique de
très-petite taille, tourmentent les animaux les plus re-
doutables et parfois causent leur mort; l'escarbot oblige
l'aigle à lâcher le lièvre; le lièvre fait tomber dans l'eau
l'éléphant et le lion[2]; la lune attire le soleil dans la

---

[1] Nous lisons dans Du Cange : « Apis significat formam virginitatis,
sive sapientiam, in malo, invasorem. » — *Papias M. S. Bitur.*; ex illo
forsitan officii Ecclesiast. in festo S. Ceciliæ : « Cecilia famula tua,
Domine, quasi Apis tibi argumentosa deservit, » etc.

[2] Comp. les chapitres du Lièvre, du Lion et de l'Eléphant. Le pou et
la puce ont la même nature mythique que le moustique et la mouche.
— Dans le neuvième conte esthonien, le fils du tonnerre oblige, à l'aide
d'un pou, le dieu du tonnerre à se gratter la tête un moment et à laisser
tomber le tonnerre qui est immédiatement saisi et porté en enfer. Il
a déjà été question des pous qui tombent de la tête de la sorcière
que peigne la bonne fille ou de celle de la Madone peignée par la
méchante. La Madone qui peigne l'enfant est aussi un sujet tradi-
tionnel dans l'art pictural chrétien. — Dans le cinquième conte du
premier livre du *Pentamerone*, il est parlé d'un pou monstrueux

nuit et dans l'hiver ; la lune l'emporte sur le soleil privé de ses rayons ; le soleil n'a plus ses rayons, le héros perd sa force avec sa chevelure ; la mouche vient se poser sur la tête chauve du vieillard et le tourmente de toutes les façons ; le vieillard veut écraser la mouche et ne réussit qu'à se donner des soufflets. Nous trouvons aussi dans Phèdre, la mouche qui se querelle avec la fourmi rustique ; la mouche se vante de partager les sacrifices offerts aux dieux, de séjourner au milieu des autels, de voler à travers les temples, de se poser sur la tête des rois, d'embrasser les jolies femmes, et, tout cela, sans avoir à endurer aucun labeur. La fourmi répond en lui rappelant que l'hiver viendra, et alors, elle, qui travaille péniblement, aura d'abondantes provisions pour vivre, tandis que la mouche mourra de froid et de faim. La fourmi ajoute, pour conclure, ce trait expressif : —

« Æstate me lacessis ; cum bruma est, siles. »

Ce même débat aurait eu lieu, d'après d'autres fabulistes, plus amoureux de la vraisemblance, entre la la criarde et paresseuse cigale et la fourmi taciturne et laborieuse.

Nous avons parlé au précédent chapitre du scarabée qui chante. Nous serions tenté de considérer l'abeille comme musicienne en nous en rapportant à la forme d'abeille attribuée parfois aux Muses helléniques et à Apollon, ainsi qu'au nom d'abeille de

---

engraissé de telle sorte par le roi d'Altamonte qu'il atteint la taille d'un mouton. Il le fait alors écorcher, ordonne qu'on couvre sa peau de bouc et promet de donner sa fille en mariage à celui qui devinera à quelle sorte d'animal appartient cette peau. L'ogre seule le devine et enlève la jeune fille que sept héros vont ensuite délivrer au lever de l'aurore « subito que l'Aucielle (les oiseaux) gridaro : Viva lo Sole. »

Delphes donné à la Pythonisse (considérée comme
l'image du nuage). Mais, d'après Platon, les Muses
changeaient en cigales les hommes qui s'absorbaient
tellement dans l'art du chant, qu'ils en oubliaient le
boire et le manger. Si ce mythe n'est pas une satire
de Platon à l'adresse des poètes, les abeilles, considérées comme Muses, et ceux qui sont métamorphosés en cigales à cause du culte qu'ils rendent
aux Muses, font partie de la même famille mythique.
Isidore prétend que les cigales naissent de la salive
du coucou ; cette croyance est une figure qui exprime
le passage du printemps à l'été, à la saison des moissons, à la saison d'abondance, durant laquelle, selon
un proverbe toscan à l'usage des voleurs, il n'y a
qu'un sot qui ne puisse faire fortune [1]. D'après Hésy-
chius, on donnait à Chypre le nom de cigale mûre
(*tettix prôinos*) à l'âne ; la cigale (le soleil) meurt
et l'âne (la nuit ou l'hiver) apparaît. Au rapport de
Philê [2], les cigales se nourrissent de la rosée de l'orient,
peut-être en réminiscence du mythe hellénique qui fait
du soleil Tithon, l'amant de l'aurore. Le soleil se nourrit d'ambroisie, et, par conséquent, est immortel ;
mais il n'a pas le don d'éternelle jeunesse ; ses membres se dessèchent ; il expire après avoir chanté pendant les heures pénibles et bruyantes du jour, de l'été ;
c'est pourquoi le mythe hellénique métamorphosait le
vieux Tithon en cigale [3]. La cigale renaît au printemps
de la salive du coucou, et le matin de la rosée de l'au-

---

[1]         « Quando la cicala il c. batte
            L'ha del m. chi non si fa la parte. »

[2] *Peri Zôôn idiotêtos*, XXIV, avec les additions de Joachim Camerarius.

[3] Plutarque, dans la *Vie de Sylla*, cite parmi les pronostics qui
annoncèrent la guerre civile entre Marius et Sylla, le fait d'un moineau
dévorant une cigale dont il laissa une partie dans le temple de Bellone
et emporta le reste.

rore : les deux faits se correspondent. La cigale de l'été
apparaît alors que disparaît le coucou du printemps :
c'est de là qu'a pris naissance cette croyance populaire
que les cigales déclarent une guerre à mort au coucou,
et l'attaquent sous les ailes ; c'est de là, que le coucou,
suppose-t-on, dévore l'oiseau qui l'élève : l'aurore dévore la nuit, le printemps dévore l'hiver.

# CHAPITRE V

## LE COUCOU, LE HÉRON, LE COQ DE BRUYÈRE,
## LA PERDRIX, LE ROSSIGNOL, L'HIRONDELLE, LE MOINEAU
## ET LA HUPPE

### SOMMAIRE

Le kokila est le rossignol des poëtes de l'Inde. — Le héron. — Koka. — Kapingala. — Les perdrix. — Le Véda tient la place de l'anneau enchanté. — La perdrix considérée comme un démon. — Le coq de bruyère. — La perdrix et le paysan. — Les pygmées chevauchent des perdrix. — Talaus changé en perdrix. — Le kapingala considéré comme un coucou; Indra considéré comme un kapingala; Indra considéré comme un coucou. — Rambhâ changée en pierre. — Zeus considéré comme un coucou. — Le rossignol qui rit substitué au coucou. — Le mythe de Térée. — La huppe annonce les secrets divins qu'elle possède; la huppe aveugle et ses petits. — Elle enterre ses parents. — Le coucou et le faucon. — Le coucou anyapushta. — Le coucou phallique. — Le coucou de bon augure pour le mariage. — Le coucou trompeur et moqueur. — Le coucou messager du printemps et introducteur de l'été. — La mort du coucou. — *Cocu, coucoul, couquiol, cucuaull, kokküges.* — Le coucou annonce la pluie; le coucou considéré comme un oiseau funèbre. — Les années du coucou. — Le coucou, le rossignol et l'âne. — Les rossignols savants. — Les rossignols prédisent l'avenir. — Le monstre sous les traits d'un rossignol. — Le vent considéré comme un siffleur. — Le rossignol, messager de Zeus. — Paidolétôr. — Le rossignol phallique. — Le rossignol chanteur nocturne. — Le rossignol messager des amants; tantôt il leur rend service, tantôt il les oblige à se séparer. — Le soleil dessèche le rossignol; une coutume nuptiale. — L'hirondelle; le poulet de Notre-Seigneur. — Les sept hirondelles de l'*Edda.* — L'hirondelle crève les yeux de la sorcière. — Les oiseaux de la vierge; saint François et les hirondelles. — C'est un péché mortel de les tuer. — Les hirondelles considérées comme des hôtes; les oiseaux sacrés. — L'hirondelle n'est belle qu'au printemps. — Le chant du cygne et de l'hirondelle. — Les hirondelles

babillardes. — Rêver d'hirondelles est de mauvais augure. — Chelidôn ; le *pudendum muliebre*. — Le moineau considéré comme un
oiseau phallique. — L'hirondelle considérée comme une forme démoniaque.

Le Kokila, ou le coucou de l'Inde, est pour les poètes
indiens ce que le rossignol est pour les nôtres. Les
épithètes les plus délicates sont consacrées à décrire
son chant, et la plus fréquente est *hridayagrahin*
(celui qui ravit le cœur). Le mot Koka, synonyme de
kokila, se rencontre dans un hymne védique [1]. Le
commentateur indien l'explique par *cakravâka*, nom
d'un oiseau qui doit correspondre au héron, quoique
les dictionnaires traduisent ce mot par la dénomination spéciale d'*anas casarca*. Aux quarante-deuxième
et quarante-troisième hymne du *Rigveda*, il est question d'un oiseau qui tient de la nature du coucou
et de celle du héron ou de l'outarde. Cet oiseau
« annonce, prédit ce qui naît, lance sa voix comme le
batelier lance son bateau ; » on lui demande d'être de
bon augure » afin que « le faucon ne le frappe pas »
non plus que « le vautour » ni « l'archer armé de flèches ; » de sorte « qu'ayant appelé vers la région funèbre de l'Occident, il prononce des paroles propices
et de bon augure, » et qu'il « prononce des paroles
propices et de bon augure du côté oriental des habita-
tions [2]. » Cet oiseau prophétique, que la *Brihaddevatâ*
appelle kapingala, est regardé par les auteurs du Dictionnaire de Saint-Pétersbourg, comme un coq de

---

[1] *Rigv.*, VII, 104, 22.

[2] Kanikradag ganusham prabruvâna iyarti vâcam ariteva nâvam
sumangalaç ca çakune bhavâsi mâ tvâ kâcid abhibhâ viçvyâvidat.
Mâ tvâ çyena ud vadhîn ma suparno mâ tvâ vidad ishumân viro astâ ;
pitryâmanu pradiçam kanikradat sumangalo bhadravâdî vadcha. Ava
kranda dakshinato grihânâm sumangalo bhadravâdî çakunte ; *Rigv.*,
II, 42.

bruyère (haselhuhn); kapingala est parfois aussi synonyme de *tittiri*, perdrix. D'après une tradition indienne rapportée dans les *Brâhmanas*, les disciples de Vâiçampâyana se changèrent en perdrix pour becqueter le véda de Yâgnavalkya. Les disciples de Vâiçampâyana sont les compilateurs du *Tâittiriya-Veda*, le véda des perdrix, ou le véda noir. Le véda tient lieu parfois, dans la tradition orientale, de l'anneau enchanté. Dans la tradition occidentale, le diable, ou le monstre noir, se change en coq, afin de prendre dans son bec la perle ou l'anneau du jeune héros. Nous lisons aussi dans les œuvres de saint Jérôme et de saint Augustin que le diable prenait souvent la forme d'une perdrix[1]. Le tittiri de l'Inde se retrouve en Russie dans le *tieteriev* (le coq de bruyère). Dans un conte du deuxième livre d'*Afanassieff*, le tzar donne à un paysan un coq de bruyère d'or pour un plat de kissél, fait avec un grain d'avoine trouvé dans un fumier (c'est une autre version de la fable bien connue du coq et de la perle). Le coq de bruyère trouve le grain. Dans un autre conte du cinquième livre d'*Afanassieff*, un coq de bruyère est perché sur le chêne qui doit porter au ciel le paysan-héros ; il tombe frappé d'un projectile lancé par un fusil parti spontanément, parce qu'une étincelle venant de l'arbre est tombée sur la poudre et lui a fait faire explosion. La perdrix et le paysan se trouvent souvent en rapport dans les traditions populaires. Les souliers que le paysan prend pour des perdrix sont passés en proverbe. Odoricus Forojuliensis parle, dans son *Itinéraire* d'un parti-

---

[1] Saint Antoine de Padoue dit de la perdrix : « Avis est dolosa et immunda et hypocritas habentes, ut dicit Petrus, oculos plenos adulterii et incessabilis delicti signa. » — Pied de perdrix (perdikos pous), est une locution proverbiale grecque qui signifie un pied trompeur.

culier de Trébizonde, qui se faisait conduire par quatre mille perdrix ; quand il voulait avancer, les perdrix s'envolaient dans les airs ; quand il s'arrêtait pour dormir, les perdrix s'abaissaient. D'après l'*Ornithologus*, les pygmées, dans leur guerre contre les grues, étaient montés sur des perdrix. On attribuait à ces oiseaux une intelligence et une faculté prophétique extraordinaires. Aldrovandi affirme, dans son Ornithologie, que les perdrix apprivoisées poussent de grands cris quand on prépare du poison dans la maison de leur maître. La perdrix portait aussi dans l'antiquité le nom de *dædala*, tant à cause de son intelligence, qu'en raison de la fable d'après laquelle Talaus, neveu de Dédale et inventeur de la versification, ayant été précipité de la citadelle d'Athènes par l'envoyé de Dédale, fut changé en perdrix par les dieux émus de son infortune.

Pour revenir au point d'où nous sommes partis, c'est-à-dire à l'oiseau de l'Inde appelé kapingala, nous devons faire remarquer que M. le Professeur Kuhn[1] voit plutôt en lui le coucou, que le coq de bruyère. Une légende de la *Brihaddevatá* nous apprend qu'Indra, désireux de recevoir des louanges, et s'étant changé en kapingala, se plaça à la droite du sage qui souhaitait de s'élever au ciel (par les mérites résultant pour lui des louanges qu'il adressait aux dieux); alors le sage ayant reconnu de son œil clairvoyant, le dieu sous le déguisement d'un oiseau, entonna à sa louange deux hymnes védiques, dont l'un commence par le mot *Kanikradat*[2]. Le dieu Indra se retrouve sous la forme

_______

[1] *Indische Studien*, I, 117, 118.

[2] Stutim tu punar evechanam indro bhûtvâ kapingalaḥ
Rîsher gigamishor âçâm vavâçe prati dakshinâm
Sa tam ârshena samprekshya cakshushâ pakshirûpinâm
Parâbhyâm api tushṭâva sûktâbhyâm tu kanikradat.

d'un coucou (kokila) dans le *Râmâyana*[1], où il envoie la nymphe Rambhâ pour séduire l'ascète Viçvâmitra et, afin d'augmenter la puissance des attraits de celle-ci, il se place auprès d'elle, déguisé en un coucou harmonieux. Mais Viçvâmitra, dont l'ascétisme est perspicace, s'aperçoit du piége que lui tend Indra et prononce sur la nymphe une malédiction qui la condamne à devenir pour dix mille ans une pierre inerte au milieu de la forêt.

Nous avons déjà vu, au premier chapitre du premier livre, que le coucou est en rapport avec Zeus tonnant et nous avons signalé le rôle qu'il joue en qualité d'observateur indiscret et d'agent des amours célestes. Dans le *Tuti-Namé*[2], le rossignol tient la place du coucou. Le rossignol tourne en ridicule le roi que son épouse a trompé, et le poursuit de ses éclats de rire. Le roi veut savoir ce que signifie le rire du rossignol, et Gûlfishân lui dévoile cette énigme, non pas tant parce qu'il comprend, comme on le suppose, le langage des oiseaux, que parce que, du haut de la tour où il était prisonnier, il a été témoin des entrevues de la reine et de son amant clandestin.

Nous trouvons rassemblés dans le mythe grec de Térée plusieurs des oiseaux dont il a été question jusqu'ici, et, avec eux, l'hirondelle ; le faisan tient la place de la perdrix et la huppe occupe celle du coucou. Itys, dont Térée, son père, a mangé la chair à son insu, est changé en faisan ; Térée, qui poursuit Progné, devient une huppe ; Progné, qui le fuit, est métamorphosée en hirondelle ; Philomèle, sœur de Progné, dont Zeus avait coupé la langue pour l'empêcher de parler, prend la

---

[1] I, 66.
[2] II, 79.

forme d'un rossignol, métamorphose qui inspira à Martial les vers suivants :

> « Flet Philomela nefas incesti Tereos, et quæ
> Muta puella fuit, garrula fertur avis. »

En ce qui regarde la huppe, il existe plusieurs croyances superstitieuses analogues à celles qui concernent le coucou et l'hirondelle. Dans plusieurs parties de l'Italie, on l'appelle (à cause de sa crête et parce qu'elle fait son apparition en ces mois) le petit coq de mars ou le petit coq de mai. Elle annonce le printemps. Quand les anciens l'entendaient chanter avant les vendanges, ils en tiraient un pronostic d'abondance et de bonne qualité pour la récolte du vin. Elle a la faculté de deviner les secrets ; quand elle glousse, c'est qu'un renard est caché dans l'herbe ; quand son cri est lugubre, elle annonce la pluie ; au moyen d'une certaine plante, elle ouvre les lieux fermés à secret[1]. D'après Cardan, si un homme se frotte les tempes avec le sang d'une huppe, il voit des choses merveilleuses en rêve. Albert le Grand nous dit que, quand une vieille huppe devient aveugle, ses petits lui frottent les yeux avec la plante qui ouvre les lieux fermés et qu'elle recouvre la vue. Cette superstition est en parfaite harmonie avec un conte indien (qui est une autre version de la légende du roi Lear) raconté par Elien, et dont voici le résumé. Un roi de l'Inde avait plusieurs fils ; le plus jeune était

---

[1] Comp. le chapitre du Pic. Une huppe, que je gardai quelque temps avec ses petits, avait été prise avec son nid dans le tronc d'un arbre qui avait été abattu et qu'elle avait creusé par en haut pour venir placer son nid dans la partie la plus basse et la plus profonde. *(Note de l'auteur).* — En Franche-Comté, c'est aux pics qu'on attribue la faculté de connaître une plante qui coupe le fer et qu'on peut recueillir en couvrant son nid d'un grillage en fil de fer. Elle le coupe et laisse tomber, au pied de l'arbre où est le nid, la plante qui lui sert à cet effet.

maltraité par ses frères qui finirent par maltraiter aussi
leur père et par le chasser. Le jeune frère resta seul
fidèle à ses parents et suivit leurs pas ; mais, chemin
faisant, ils expirèrent de fatigue ; le fils s'ouvrit la tête
avec son épée et les y ensevelit ; le soleil, ému de pitié
à ce spectacle, changea le jeune homme en un bel
oiseau muni d'un crête. Mais cet oiseau à crête est
peut-être l'alouette, à l'égard de laquelle les Grecs ont
une semblable légende, plutôt que la huppe.

Le coucou est l'oiseau du printemps ; quand il apparaît, on entend dans le ciel les premiers grondements
du tonnerre annonçant la belle saison. Selon Isidore,
c'est le milan qui transporte le coucou paresseux des
régions lointaines. Au temps de Pline, on supposait que
le coucou naissait de l'épervier, et, au moyen âge,
Albert le Grand émettait l'affirmation suivante: « Cuculus quidam componitur ex columba et niso sive spar-
verio ; alius ex columba et asture, mores etiam habet
ex utroque compositos. » Zoologiquement parlant, il
n'est rien de plus faux ; mais, par suite de ce fait, que
l'éclair porte le tonnerre, le faucon mythique peut bien
porter ou produire le coucou mythique. Du reste, les
mœurs du coucou sont très-singulières et n'ont rien de
commun avec celles du faucon et de la colombe, ni de
tout autre animal. On sait que parmi les noms sanskrits
du coucou, se trouve ceux d'*anyapushta* et d'*anya-
bhrita* qui signifient « élevé par un autre » ; (le corbeau
est appelé *anyabhrit* ou celui qui nourrit les autres,
parce qu'il couve les œufs du coucou, qui, d'ailleurs,
les dépose aussi dans le nid d'oiseaux beaucoup plus
petits[1].) Il était naturel de conclure de cette singulière

---

[1] J'ai eu, par exemple, pendant quelque temps un jeune coucou
trouvé dans le nid d'un petit oiseau très commun en Toscane qui

coutume du coucou, que le mâle forme un couple adultère avec l'oiseau femelle de race différente à laquelle il confie ensuite ses œufs, qui seraient, de la sorte, les produits bâtards de la femelle même qui les couve. Nous avons vu tout-à-l'heure qu'Indra prit la forme d'un coucou pour séduire Ramhbâ ; la légende d'Ahalyâ a vulgarisé aussi l'adultère d'Indra, et c'est le coq, qui est, dans ce cas, l'indiscret révélateur des amours clandestins du dieu. Dans un chant populaire de Bretagne, la belle-mère perfide, insinuant à son fils que sa jeune femme pourrait bien le trahir, lui dit : « Préservez votre nid du coucou »[1].

Le coucou est le soleil ou le rayon solaire dans les ténèbres, ou, plus souvent encore, la foudre cachée dans le nuage. *Dâtyûha*, qui est un des noms sanskrits du coucou, est aussi celui du nuage, dans lequel, dit-on, le coucou va boire. Comme image du soleil caché, le coucou est tantôt un mari absent, un mari qui voyage, un mari dans les forêts, et tantôt un adultère qui entretient secrètement des relations amoureuses avec la femme d'un autre. En tous cas, il est souvent un symbole phallique, et c'est pourquoi il se plaît dans le mystère. Il se tient sur le sceptre d'Hêra, la déesse tutélaire des mariages et des naissances, tandis que Zeus lui-même, le dieu qui lance la foudre, le tonnant, son frère adultère, est appelé *kokkux* ou coucou, parce qu'il avait pris la forme d'un coucou pour ne pas être reconnu, un jour qu'il s'était caché dans le sein d'Hêra. C'est de là que le chant du coucou était regardé comme de bon augure pour quiconque voulait se marier. Dans la chanson populaire du Montferrat qu'on chante à propos des œufs de

---

chante et se nourrit de grains, et qu'on appelle *scoperina* ou *scopina*.

[1] La Villemarqué, *Barzaz Breiz*, sixième édition, p. 493.

Pâques, le maître de la maison est adroitement informé
qu'il est temps de marier ses filles. Dans des chansons
suédoises et danoises, le coucou apporte aux noces la
noix nuptiale. Ce rôle ne résultait pas de sa réputation
d'adultère, mais de ce qu'il a une signification phallique,
de ce qu'il aime le mystère et qu'il se montre seulement
au printemps, dans la saison des amours. D'ailleurs,
comme adultère, il aurait été de mauvais augure pour
les mariages ; dans l'*Asinaire* de Plaute, une femme
appelle, en effet, son mari *cuculus*, parce qu'il a des
rapports avec d'autres femmes. Le coucou est donc
spécialement le mari trompeur, l'adultère, l'amant
clandestin. Le coucou est le moqueur, en Allemagne,
en Italie, comme en Angleterre ; quand les enfants
jouent à cache-cache, ils crient *coucou* à celui qui
cherche, sans pouvoir les trouver, ceux qui sont cachés.
Le mot latin *cucu*, par lequel on tournait en ridicule
ceux qui arrivaient en retard pour émonder la vigne,
le mot et le geste piémontais correspondants, dont il a
été question au premier chapitre de cet ouvrage,
et l'expression italienne *cuculiare*, dans le sens de ridiculiser, montrent que le coucou est un animal malicieux. De tous les oiseaux de passage, il est le premier
à se montrer et le premier à disparaître. En Allemagne,
on croit que les raisins mûrissent difficilement si le
coucou chante encore après la saint Jean. A la campagne, où il appelle les paysans à leurs travaux, il est
le messager bienvenu du printemps[1]. Hésiode dit que

---

[1] Un vieux chant populaire anglais le célèbre comme amenant avec
lui l'été :
        « Sumer is icumen in, lhude sing cuccu. »
Le vieux chant anglo-saxon de Saint-Guthlak fait du coucou le héraut
de l'année (*gencas gear budon*). En Allemagne, l'ancienne chanson de
Mai l'accueille en ces termes :
        « Le coucou égaie tout le monde par son chant. »

le moment de labourer est arrivé, quand le coucou chante dans les chênes.

Mais comme le coucou se montre rarement, qu'il représente essentiellement le soleil caché dans les nuages, et que le soleil caché dans les nuages a, comme nous le savons, plusieurs aspects contradictoires, celui d'un héros dont la sagesse va au fond de toute chose, celui d'un héros intrépide affrontant tous les dangers, celui d'un héros trahi, d'un mari trompé, d'un traître, d'un monstre ou d'un démon, — le coucou, lui aussi, prend parfois une physionomie ingrate et sinistre. L'adultère, qui fréquente en secret la femme d'autrui, devient l'époux absent, l'époux en voyage, l'époux dans la forêt pendant que sa femme a des hôtes au logis aux-

---

Une chanson populaire écossaise lui adresse les compliments qui suivent :

> « The cuckoo's a fine bird, he sings as he flies ;
> He bring us good tidings, he tells us no lies.
> He sucks little bird's eggs to make his voice clear,
> And when he sings cuckoo', the summer is near. »

Dans Shakspeare (*Love's labour lost*, v, 2), la chouette représente l'hiver et le coucou le printemps : « This side is Hiems, winter, this ver, the spring; the one maintened by the owl, the other by te cuckoo.»

Dans une églogue latine du moyen âge, citée dans le troisième volume des *Uhland's Schriften* (Abhandlung über die deutschen Volkslieder), on déplore en ces termes la mort du coucou :

> « Heu cuculus nobis fuerat cantare suetus,
> Quæ te nunc rapuit hora nefanda huis ?
> Omne genus hominum cuculum complangat ubique !
> Perditus est cuculus, heu perit ecce meus.
> Non pereat cuculus, veniet sub tempore veris.
> Et nobis veniens carmina læta ciet.
> Quis scit, si veniat ? timeo est submersus in undis,
> Vorticibus raptus atque necatus aquis. »

Un chant populaire allemand nous montre le coucou mouillé d'abord, puis séché par le soleil :

> « Der Kuckuck auf der Zaune sass
> Kuckuck, Kuckuck !
> Es regnet sehr und ward nass.
> Darnach da kam der Sonnenschein
> Kuckuck, Kuckuck !
> Der Kuckuck der ward hübsch und fein. »

Comp. auss l' « Entstehung des Kuckucks » dans les *Albanesische Märchen*, II, 141, 516, de Hahn.

quels elle fait fête ; ou bien, il est l'époux qui dort
pendant que sa femme est trop éveillée : de là le vers
de Plaute :

« At etiam cubat cuculus, surge, amator, i domum, »

ainsi que le mot français *cocu* et ceux cités par Du
Cange [1], comme *coucoul, couquiol, cucuault*, qui désignent le mari d'une femme adultère. Aristophane donne
le nom de *kokkyges* à des hommes dépourvus d'intelligence et d'expérience. D'après Pline, un coucou attaché
à une peau de lièvre procure le sommeil (c'est-à-dire
que le soleil se cache, la lune apparaît et le monde
s'endort). Quand le coucou approche d'une ville et surtout s'il y pénètre, c'est signe de pluie (c'est-à-dire que
le soleil caché dans les nuages provoque la pluie.)
Dans Plutarque (Vie d'Aratus), le coucou demande aux
autres oiseaux pourquoi ils s'enfuient quand ils le
voient, puisqu'il n'est pas féroce ; les oiseaux lui répondent qu'ils redoutent en lui l'épervier futur. Le
coucou qui vint se percher sur la lance de Luitprand,
roi des Lombards, fut considéré par lui comme de
sinistre augure ; il aurait été, d'après lui, un oiseau
funèbre. En Italie, nous disons « les années du
coucou, » et, en Piémont, « aussi vieux qu'un coucou » pour indiquer un grand âge. Une églogue du
moyen âge donne au coucou les années du soleil,
« Phœbo comes annus in aevum. » Comme nul ne sait
de quelle manière disparaît le coucou (l'opinion qu'il
est tué par les cigales n'est pas générale), on suppose
qu'il ne meurt pas, que c'est toujours le même coucou
qui chante chaque année dans le même bois. Étant immortel, il doit avoir tout vu et tout savoir. Les peuples
subalpins, les Allemands et les Slaves, demandent au

---

[1] Au mot *cucullus*.

coucou combien ils ont encore d'années à vivre. Celui qui l'interroge suppute les années sur lesquelles il peut compter d'après le nombre de fois que le coucou fait entendre son chant[1] ; la saison des pluies, qui s'appelle *varsha* en sanskrit, est celle qui marque dans l'Inde le commencement de l'année.

Nous avons dit au commencement de ce chapitre que le kokila est le rossignol des poètes de l'Inde ; nous venons de remarquer, en outre, que le coucou représente aussi le phallus. Dans le chapitre de l'Ane, nous avons vu que le même rôle est quelquefois tenu par ce quadrupède. Ces trois animaux se trouvent réunis dans l'apologue bien connu du coucou qui dispute le prix du chant au rossignol ; l'âne qu'on suppose, à cause de ses longues oreilles, le meilleur juge en matière musicale, est appelé à décider la question et donne gain de cause au coucou. (Dans la magnifique fable de Kriloff, l'oiseau auquel l'âne donne la préférence n'est pas le coucou, mais le coq ; le rossignol y est appelé l'amant et le chantre de l'aurore.) Le rossignol en appelle alors à l'homme de cette sentence injuste, en faisant entendre des chants mélodieux[2].

Une chanson allemande du seizième siècle[3] met le rossignol en opposition avec le coucou : « Il chante, il saute, il est toujours gai quand les autres petits oiseaux sont silencieux. »

Au témoignage de Pline, les rossignols des jeunes

---

[1] Cet usage existe aussi en Franche-Comté, où les enfants disent au coucou :

> Coucou,
> Bolotou (qui imite la belette et détruit les nichées).
> Regaide su ton grand livre
> Combien i a d'éuées è vivre.
>
> (*Note du trad.*)

[2] Comp. le chapitre du Paon.

[3] Comp. Uhland, *Schriften*, iii, 25.

Césars, fils de Claude, parlaient grec et latin et s'appliquaient chaque jour à apprendre quelque chose de nouveau. L'*Ornithologus* parle aussi de deux rossignols qui luttèrent à Ratisbonne, en 1546, à qui parlerait le mieux allemand ; dans un de ces débats, les rossignols prédirent la guerre qui devait avoir lieu entre Charles-Quint et les protestants. Dans le quarante-sixième conte du sixième livre d'*Afanassieff*, un rossignol, prisonnier dans une cage, chante avec mélancolie ; le vieillard à qui il appartient dit à son fils Basile qu'il donnerait la moitié de sa fortune pour savoir ce que pronostique le rossignol par son chant plaintif. L'enfant, qui comprend le langage de l'oiseau, annonce à ses parents que le rossignol prophétise qu'ils seront un jour à son service. Le père en est indigné ; un jour que l'enfant est endormi, il le porte dans une barque qu'il abandonne sur la mer. Le rossignol quitte immédiatement la maison, prend sa volée et vient se percher sur l'épaule du petit garçon. Un patron de navire trouve l'enfant et l'oiseau et les prend avec lui ; le rossignol prédit les tempêtes et l'approche des pirates. Ils arrivent enfin dans une ville où le palais royal est assailli par trois corbeaux, que nul de ceux qui l'ont essayé n'est parvenu à repousser ; le roi promet la moitié de son royaume et la plus jeune de ses filles à quiconque les chassera, mais en menaçant de mort celui qui tenterait l'entreprise en vain. Le jeune garçon, conseillé par le rossignol, se présente au roi et lui dit que le corbeau, sa compagne et son petit, doivent être jugés par lui (nous avons vu une légende indienne analogue au chapitre du Chien) ; ils veulent savoir si le jeune corbeau appartient à son père ou à sa mère. Le roi dit qu'il est au père ; alors le jeune corbeau s'envole avec celui-ci, tandis que la femelle part dans une autre direction. Le jeune garçon épouse la princesse, devient un grand seigneur, obtient la moitié du royaume, entreprend un voyage et se trouve être une nuit, à leur insu, l'hôte de ses parents, qui lui apportent de l'eau pour se laver. Ainsi s'accomplit la prédiction du rossignol. Dans la légende populaire russe d'Ilia Muromietz (Elie de Murom), le monstre brigand tué par la flèche du héros s'appelle Rossignol (Salavéi). Il a placé son nid sur douze chênes et tue rien qu'en sifflant tous les êtres qui se présentent sur son chemin[1]. Dans l'*Edda* de Sœmund, le nain Alwis dit du vent qu'il est appelé vent par les hommes, vagabond par les dieux, le bruyant par les puissants, le gémissant par les géants, le voyageur mugissant par les Alfes, et le sifflant dans le domaine de Hel, c'est-à-dire dans les régions infernales ; le monstre démoniaque rossignol de la tradition russe serait donc, il semble, le vent dans les ténèbres.

Le rossignol, comme le coucou, est appelé par Sapho, que cite Suidas, du nom de messager de Zeus (il représente alors tantôt la lune, tantôt le vent, tantôt le tonnerre qui annonce la pluie). Sous le nom de *paidolétôr* (celui qui tue ses enfants), que lui donne Euripide, il revêt aussi un aspect sinistre. Dans un chant populaire de Bretagne[2], le rossignol se plaint que le mois de mai soit passé avec ses fleurs. Dans un autre chant breton, le rossignol paraît avoir la signification phallique que lui donne le *Tuti-Namé*. Pendant la nuit le rossignol (la lune) cause l'inquiétude d'une femme ; son mari l'a pris dans un filet et se réjouit de l'avoir[3]. Le rossignol,

---

[1] Comp. *Afanassieff*, 1, 12.

[2] La Villemarqué, *Barzaz Breiz*, sixième édition, p. 342.

[3] « Quand il le tint, se mit à rire de tout son cœur. Il l'étouffa et le jeta dans le blanc giron de la pauvre dame. Tenez, tenez, ma jeune

comme l'indique le nom qu'il porte dans les langues germaniques, est le chantre de la nuit et un oiseau nocturne. C'est pour cela que Shakspeare, dans *Roméo et Juliette*, l'oppose à l'alouette, l'oiseau qui annonce le matin.

> JUL. « Wilt thou be gone? it ist not yet near day;
> It was the nigthingale, and not the lark,
> That pierced the fearful hollow of thine ear;
> Nigthly she sings on yon pomegranate tree :
> Believe me, love, it was the nigthingale.
> ROM. It was the lark, the herald of the morn,
> No nigthingale. »

Et c'est à titre d'oiseau nocturne, d'oiseau qui chante sans qu'on le voie, que le rossignol (comme la lune) charme les amants, qui font de lui leur messager mystérieux d'après les superstitions et les chants populaires d'Allemagne et de France. Dans le troisième conte du cinquième livre du *Pentamerone*, la jeune Betta fait un gâteau qui a la forme d'un beau jeune homme aux cheveux d'or ; par la faveur de la déesse de l'amour, le gâteau en forme de jeune homme obtient la faculté de parler et de marcher, et Betta l'épouse ; mais une reine le lui dérobe. Betta se met à sa recherche ; une vieille femme lui donne trois objets merveilleux à l'aide desquels elle obtient de la reine la permission de passer la nuit avec le jeune homme, devenu l'époux de la reine ; l'un de ces trois merveilleux objets est une cage d'or contenant un oiseau fait de pierres précieuses et d'or qui chante comme un rossignol. Dans des chants populaires allemands, les amants cherchent à se rendre le rossignol favorable en lui offrant de l'or, mais il répond qu'il ne saurait qu'en faire ; le rossignol

---

épouse, voici votre joli rossignol ; c'est pour vous que je l'ai attrapé ; je suppose, ma belle, qu'il vous fera plaisir. » La Villemarqué, *Barzaz Breiz*, p. 154.

(pareil au coucou, qui, bien qu'adultère, favorise les mariages), tantôt prête son aide aux amants, tantôt les oblige à se séparer. Dans un chant populaire anglais[1], deux amants vont ensemble dans la forêt ombreuse où chante le rossignol; la jeune fille a peur de lui; mais quand elle a épousé son jeune amant, elle ne craint plus ni le bois obscur, ni le gazouillement du rossignol. Bien que l'imagination des poètes ait embelli beaucoup sans doute de pareilles légendes, on peut encore se rendre compte de leur origine phallique. Un chant populaire allemand dit que le soleil (c'est-à-dire le jour) fait sécher le rossignol. Dans les coutumes nuptiales populaires, c'est une grande honte pour de nouveaux époux de se laisser surprendre au lit par le soleil, le matin qui suit la première nuit de leur noce; de là, la plaisanterie à laquelle se livrent fréquemment les amis du jeune marié et qui consiste à fermer les volets de la chambre nuptiale afin que les rayons du soleil ne puissent pas y pénétrer. Mais revenons à notre sujet, qu'il est temps de reprendre.

L'hirondelle a la même signification mythique que le coucou; elle est la joyeuse introductrice du printemps sortant du ténébreux hiver. En hiver, la vue de l'hirondelle est un sinistre présage; au printemps, au contraire, elle est de bon augure.

En Piémont, on appelle l'hirondelle le poulet de Notre-Seigneur. Dans l'*Edda,* sept hirondelles viennent l'une après l'autre conseiller à Sigurd, encore indécis, de tuer le monstre qui garde les trésors. Sigurd suit l'avis des hirondelles, découvre le trésor caché,

---

[1] Dixon, *Ancient Poems, Ballads and Songs of the Peasantry of England;* comp. aussi, pour les traditions russes relatives au coucou et au rossignol, *The Songs of the Russian people.*

s'en empare et reprend possession de son épouse (le soleil épouse le printemps, la terre verdoyante et fleurie, au moment où les hirondelles arrivent et commencent à chanter). Dans le cinquième conte du quatrième livre du *Pentamerone*, l'hirondelle crève les yeux de la sorcière qui l'avait chassée de son nid (l'hiver oblige l'hirondelle à partir; la saison chaude et lumineuse dissipe les ténèbres de l'hiver). En Allemagne, les hirondelles sont appelées les oiseaux de la Vierge ; saint François appelait les hirondelles ses sœurs ; et dans l'Oberinnthal, on croit qu'elles ont aidé Dieu à édifier le ciel. En Allemagne, comme en Italie, les hirondelles sont considérées comme des oiseaux d'excellent augure ; c'est un péché mortel de les tuer ou de détruire leurs nids. En Allemagne et en Hongrie, si quelqu'un détruit un nid d'hirondelle, sa vache, dit-on, ne donnera plus de lait, ou il sera mêlé de sang. Aussi est-il bon de laisser toujours une fenêtre ouverte parce que, si une hirondelle entre dans la maison, elle apporte avec elle toute sorte de félicité ; on croit, de même, que les hôtes apportent le bonheur dans une maison, et cette idée, si belle et si honorable pour le genre humain, est un des signes les plus évidents de la sociabilité de l'homme. Dans la comédie des *Oiseaux*, d'Aristophane, les hirondelles sont chargées du soin de construire la cité des oiseaux. Solin prétend que les oiseaux de proie eux-mêmes n'osent pas toucher à l'hirondelle, qui est un oiseau sacré. D'après Arrien, une hirondelle qui gazouillait autour de la tête d'Alexandre le Grand pendant qu'il dormait, le réveilla pour l'avertir des machinations que sa famille tramait contre lui. Dans un apologue, l'hirondelle conseille à la poule de ne pas couver les œufs du serpent. Autrefois les hirondelles servaient de messagères en temps de guerre.

D'après Pline, la tête d'une hirondelle, à laquelle on a donné à manger le matin, coupée à la pleine lune, attachée dans un linge et suspendue, est un excellent remède contre le mal de tête.

Dans un apologue où l'hirondelle se vante au corbeau de sa beauté, celui-ci répond qu'il est aussi beau un jour que l'autre, tandis qu'elle n'est belle qu'au printemps. Dans un autre apologue qui se trouve dans la lettre de saint Grégoire de Nazianze au prince Seleucus, les hirondelles se font gloire auprès des cygnes de gazouiller pour le plaisir de tous, tandis qu'eux ne chantent que pour eux-mêmes, rarement et dans des lieux solitaires. Les cygnes répliquent qu'il vaut mieux chanter peu et bien pour quelques personnes choisies, que beaucoup et mal pour tout le monde. Un proverbe grec recommande aux hommes de ne pas abriter d'hirondelles sous leurs toits, ce qui a pour but de mettre en garde contre les bavards. L'hirondelle prend évidemment ici, comme dans la tragédie mythique de Térée, un caractère sinistre, et c'est pourquoi Horace l'appelle, —

> « Infelix avis et Cecropiæ domus
> Æternum opprobrium. »

L'hirondelle, belle et de bon augure au printemps, devient laide et presque démoniaque dans les autres saisons. C'est pourquoi les anciens croyaient que rêver d'hirondelles était un funeste présage. D'après Xénophon, des hirondelles apparurent avant l'expédition de Cyrus contre les Scythes, et c'était un signe qu'elle serait malheureuse. Le même présage eut lieu pour Darius au moment où il marchait contre les Scythes, et, pour Antiochus en guerre avec les Parthes. On dit aussi que Pythagore ne voulait point d'hirondelles chez lui, parce qu'elles dévorent les insectes.

D'après Suidas, le mot *chelidôn* désigne parfois les parties sexuelles de la femme ; c'est peut-être pour cela que l'hirondelle est mise en opposition avec le moineau, symbole phallique ; on le sait, consacré (comme les colombes) à Vénus, qu'il accompagnait d'après Apulée [1], et à Asclepios. Le moineau détruit le nid de l'hirondelle, comme le dit une chanson populaire allemande de Michælstein : —

> « Als ich auszog, auszog,
> Hatt' ich Kisten und Kasten voll,
> Als ich wiederkam, wiederkam,
> Hatt' der Sperling,
> Der Dickkopf, der Dickkopf
> Alles verzehrt. »

L'hirondelle est encore une forme démoniaque et obscure que prend la belle fille, par l'effet des maléfices de la sorcière, quand elle se retrouve près de la fontaine (c'est-à-dire, près de l'océan de la nuit ou de l'hiver) [2].

---

[1] *Currum Deæ prosequentes, gannitu constrepenti lasciviunt passeres* ; *De Asino aureo*, VI.

[2] Le conte suivant m'a été récité par une femme d'Antignano, près de Leghorn. Il y avait une fois une jeune princesse qui attendait sous un arbre le retour de son mari, parti pour aller lui chercher des robes. Pendant qu'elle l'attend, arrive une négresse qui vient laver des vêtements et qui voit dans l'eau l'image de la belle princesse. Elle l'engage à descendre auprès d'elle en lui offrant de lui peigner les cheveux, mais elle lui plante dans la tête une épingle qui métamorphose la princesse en hirondelle. La négresse prend alors la place de la jeune femme auprès de son mari. L'hirondelle, pourtant, trouve le moyen de se laisser prendre par son mari qui, lui passant la main sur la tête, trouve l'épingle et l'arrache ; l'hirondelle redevient alors une belle princesse. Ce même conte se répète avec plus de détails en Piémont, dans d'autres parties de la Toscane, en Calabre et ailleurs encore ; mais la colombe est substituée à l'hirondelle, comme dans le *Tuti-Namé*.

# CHAPITRE VI

## LE HIBOU, LE CORBEAU, LA PIE ET LA CIGOGNE

### SOMMAIRE

Le hibou funèbre. — Le hibou et le vautour. — Le hibou et le corbeau. — Les hibous amis des cygnes et ennemis des corbeaux. — Le sage hibou. — L'Eulenspiegel. — La fille de Nyctée changée en hibou. — L'ennemi de Nyctée. — Un oiseau de mauvais augure. — Faculté prophétique du hibou. — Le hibou cornu. — Le hibou tisserand. — Le hibou et les pièces de monnaie. — Le corbeau et le paon. — Le corbeau et le rossignol. — Le corbeau et le cygne. — *Graculus ad fides*. — Le corbeau prophétique. — Le corbeau et le fromage. — Le corbeau, fils d'Indra; les Athéniens jurent par le corbeau et par Zeus. — Le corbeau et Sîtâ. — Le corbeau rusé. — Le corbeau, le perroquet et l'oiseau de proie. — Le corbeau considéré comme l'ombre d'un homme mort. — Yama considéré comme un corbeau. — Le corbeau blanc. — Aller aux corbeaux. — Les freux. — Le corbeau considéré comme un démon. — Il aide un vieillard à ramasser des grains de blé. — Le corbeau et le coucou. — Le corbeau et les eaux. — Le corbeau et les figues. — Le corbeau et l'hydromel. — Le corbeau et l'eau de vie et de mort. — Le corbeau considéré comme un oiseau de lumière. — Le corbeau sur une montagne couverte de diamants. — Les corbeaux frères et sœurs de l'héroïne et du héros. — Le corbeau messager de saint Oswald. — Le corbeau, la jeune fille et le crabe. — Le *corvus pica*. — La pie bleue. — Les deux pies. — Huginn et Muninn. — La pie qui apporte l'herbe balsamique. — La pie consacrée à Bacchus. — La pie et le rossignol. — Les filles d'Evippe changées en pies. — Le freux et la pie amoureux de l'or. — La pie considérée comme un oiseau infernal. — La méchanceté de la pie. — La pie blanche et noire. — La pie et les hôtes. — La cigogne. — La cigogne et le héron. — La cigogne qui apporte des enfants. — Funèbres présages fournis par la cigogne. — La cigogne et le vieillard. — Affection paternelle et filiale de la cigogne. — Les présents de la cigogne. — La cigogne sœur de la bécasse. — Les cigognes ivres. — Les cigognes dans l'autre monde.

Le hibou, le corbeau, la pie et la cigogne sont des oiseaux que relie les uns aux autres une étroite parenté mythique. Pour donner une idée du monstre qui rôde dans les ombres de la nuit, le *Rigveda* le compare à une *khargalâ* [1], probablement le hibou (appelé aussi *naktaçara*); un hymne engage aussi les adorateurs à maudire la mort et l'or des morts (à les écarter par des conjurations); quand le hibou fait entendre son cri lugubre et quand le *kapota*, ou la colombe noire, touche le feu [2] (c'est ainsi que nous lisons dans les fragments de Ménandre : « Si le hibou se met à crier, nous avons raison d'avoir peur); dans le *Pancatantra* [3], le roi des corbeaux compare aussi le hibou hostile qui apparaît à l'entrée de la nuit au dieu de la mort (*Yama*). En Hongrie, le hibou est appelé l'oiseau de la mort. Dans le *Mahâbhârata* [4], l'esprit des méchants qui perçoit distinctement des poissons dans l'eau trouble et qui commet habilement les actions coupables, est comparé au hibou lequel (sans doute comme l'image de la lune) voit clair dans la nuit. Dans le *Mahâbhârata* [5], le hibou tue les corbeaux pendant la nuit, alors qu'ils sont endormis. Dans le *Râmâyana* [6], le hibou (représentant la lune) se querelle avec le vautour (le soleil), qui s'est emparé de son nid; les deux parties en appellent à Râma qui demande à chacune d'elles depuis quand le nid lui appartient; le vautour répond : « Depuis que la terre est peuplée

---

[1] Pra yâ ghâṭi khargalâ nakṣam apa druhas tanvam guhamânâ; Rigv., VII, 104, 17.

[2] Yad ulûko yadati moghạm etad yat kapotaḥ padam agnau kṛṇoti, yasya dûtaḥ prahita eṣa etat tasmai yamâya namo astu mṛtyave; Rigv., L, 165, 4.

[3] Ib. III.

[4] III, 134, 456 et Harivaṃça, IV, 47.

[5] III, 308, 4, 68.

[6] VI, 64.

d'hommes », et le hibou : « Depuis que la terre est couverte d'arbres ». Râma décide équitablement en faveur du hibou, en faisant observer que son droit est le plus ancien, parce qu'il y avait des arbres avant qu'il n'y eût des hommes ; il voudrait aussi punir le vautour, mais il y renonce en apprenant qu'il était autrefois le roi Brahmadatta que le sage Gâutama a condamné à devenir un vautour, parce que, malgré sa qualité d'ascète, il lui avait offert à manger un jour de la viande et du poisson. Râma touche le vautour, et, l'effet de la malédiction cessant, il reprend immédiatement sa forme humaine. Le troisième livre du *Pancatantra* traite de la guerre des hiboux et des corbeaux. Les oiseaux sont las d'avoir un roi inutile comme Garuda qui ne pense qu'au dieu Vishnu et ne se préoccupe pas de protéger les nids des petits oiseaux, ses sujets ; ils forment le dessein d'élire un autre roi et sont sur le point de se décider pour le hibou[1], quand le corbeau, dont le *Pancatantra* dit qu'il est le plus rusé des oiseaux, comme le barbier est le plus rusé des hommes, le renard le plus rusé des quadrupèdes et les religieux mendiants les plus rusés des ascètes, vient imposer son veto. La guerre entre le hibou et le corbeau (la lune et la nuit sombre) est un sujet familier de la tradition indienne ; *kâkâri*, c'est-à-dire l'ennemi du corbeau, est un des noms sanskrits du hibou et le mot *kâkolûkîyâ*, qui désigne la guerre entre les hiboux et les cor-

---

[1] On lit dans les articles rédigés en l'an 1300 contre Bernard Saget et rapportés par Du Cange : « Aves elegerunt Regem quemdam avem vocatam Duc, et est avis pulchrior et major inter omnes aves, et accidit semel quod Pica conquesta fuerat de Accipitre dicto Domino Regi et congregatis avibus, dictus Rex nihil dixit nisi quod flavit (flevit ?). Vel (veluti) idem de rege nostro dicebat ipse Episcopus, qui ipse est pulchrior homo de mundo, et tamen nihil scit facere, nisi respicere homines. »

beaux, figure déjà dans la grammaire de Pânini, comme l'on remarqué plusieurs fois les savants qui se sont livrés à l'étude de la chronologie littéraire de l'Inde.

Dans le treizième conte du quatrième livre d'*Afanassieff*, le corbeau mange les œufs des oies et des cygnes. Le hibou, par haine contre le corbeau, l'accuse auprès de l'aigle; le corbeau nie effrontément, mais il n'en est pas moins condamné à être incarcéré.

On voit aussi au neuvième livre de l'*Histoire des Animaux* d'Aristote, que le corbeau se bat avec le hibou dont il détruit les œufs au milieu du jour, tandis que le hibou, de son côté, mange pendant la nuit les œufs du corbeau. En Italien, on emploie l'expression proverbiale, « le hibou est au milieu des corbeaux » pour indiquer un danger sérieux. Nous trouvons aussi dans Jean Tzétzès un apologue où le corbeau est sur le point d'être élu roi des oiseaux après s'être paré de plumes perdues par les oiseaux d'autres espèces, quand survient le hibou (dans Babrius, c'est l'hirondelle, au lieu du hibou) qui reconnaît une de ses plumes, l'arrache et donne l'exemple à tous les autres oiseaux, qui le dépouillent complètement en un clin d'œil. (Cet apologue est une autre version de la fable célèbre du corbeau (ou du geai) paré des plumes du paon et de la même fable du *Pancatantra*, dans laquelle c'est, au contraire, le corbeau qui est l'oiseau avisé, et le hibou, l'oiseau sot). Les fables nous fournissent d'autres exemples de la pénétration qu'on attribuait au hibou; il prédit aux oiseaux qu'un archer les tuera avec leurs propres plumes et leur recommande de ne pas laisser croître les chênes, parce que c'est sur ces arbres que pousse le gui duquel on tire la glu pour les prendre. L'Eulenspiegel allemand, le bouffon malicieux de la légende, qui porte un grand chapeau, est probablement de la même famille mythique.

Les Grecs considéraient le hibou comme une métamorphose de la fille de Nyctée de Lesbos, (selon d'autres du roi des Ethiopiens : Nyctée et l'Ethiopien basané, qui représentent tous deux la nuit, sont en rapport étroit l'un avec l'autre) qui, s'étant éprise de son père, couche avec lui sans qu'il le sache ; le père veut la tuer, mais Athéné a pitié d'elle, et la change en hibou, oiseau qui, se rappelant son crime, évite toujours la lumière (il s'éloigne du jour, comme la lune). Le hibou était consacré à Athéné, déesse de la sagesse, parce qu'il voit dans les ténèbres ; le vol de l'oiseau de la nuit était donc pour les Athéniens un signe que la déesse, protectrice de leur ville, leur était propice ; c'est de là que les hiboux d'Athènes passèrent en proverbe. A un autre point de vue, le hibou (d'après la croyance superstitieuse des anciens Grecs, dont Pline, parmi les Latins, fait mention), était l'ennemi de Dionysos (en qualité d'ivrogne, le dieu passionné pour le vin ; la lune qui préside à la saison d'hiver amène le froid, diminue la chaleur) ; c'est ce qui donna lieu à cette opinion de l'ancienne médecine, qu'on ramenait les ivrognes à la tempérance, en leur faisant prendre pendant trois jours des œufs de hibou dans le vin. Philostrate dans la vie d'Apollonius va jusqu'à dire, qu'après avoir mangé un œuf de hibou, on éprouve de la répugnance pour le vin, même avant d'y goûter. Cependant, dans l'antiquité même, le hibou était généralement considéré comme l'oiseau ignoble et de mauvais augure qu'il est réellement. On dit que Démosthène avant de partir pour l'exil, déclara qu'Athéné faisait ses délices de trois bêtes effrayantes, — le hibou, le dragon et le peuple d'Athènes. Elien et Apulée parlent des hiboux comme d'oiseaux de mauvais augure. Mais le hibou mâle était, et est encore spécialement regardé en Italie, en Russie, en Allemagne et en Hongrie[1] comme d'un caractère détestable et funèbre entre tous. D'après Virgile, au quatrième livre de l'*Énéide*, le chant du hibou mâle est funeste : —

> « Seraque culminibus ferali carmine bubo
> Visa queri et longas in fletum ducere voces. »

Les Romains purifiaient la ville avec de l'eau et du soufre, quand un hibou mâle ou un loup était entré dans le temple de Jupiter, ou dans le Capitole. Selon Silius Italicus, la défaite de Cannes fut prédite par le hibou mâle : —

> « Obseditque frequens castrorum limina bubo. »

Ovide dit aussi au dixième livre des *Métamorphoses* : —

> « Ignavus bubo dirum mortalibus omen,
> Nam dira mortis inunus esse solet. »

---

[1] D'après Aldrovandi, on porte, chez les Tartares, des plumes de hibou mâle en guise d'amulettes, probablement afin de conjurer le hibou lui-même, comme dans les hymnes védiques la Mort est invoquée pour qu'elle reste éloignée. Dans le *Khorda Avesta* (p. 147), traduction de Spiegel, le héros Verethraghna obtient sa force au moyen de plumes de hibou. — Nous connaissons déjà la lune funèbre sous la forme de Proserpine ; dans l'Inde, Manu était en relation avec la lune et on l'identifiait même avec elle. Manu, le premier des hommes, leur père, est aussi le premier des morts ; Manu donne le soma à Indra. Le soleil mourant est échangé contre la lune dans le royaume funèbre ; mais les âmes descendent du royaume de la lune et elles y retournent. A Manu se rattache le mot *Menerva*, forme latine qui désigne la déesse appelée, en grec, Athéné. Le hibou, symbole de Minerve, peut correspondre à Manu considéré comme la lune. Le rapport intime qui existe dans les mythes et dans les légendes entre la jeune Aurore et la jeune Lune est bien connu ; elles se rendent des services réciproques. Athéné peut avoir représenté également les deux filles sages : la Lune, qui voit tout dans la nuit obscure ; l'Aurore, qui sort des ténèbres de la nuit pour tout éclairer. La tête de Zeus, dont sort Athéné, paraît être une image de la partie orientale du ciel.

Au cinquième livre du même ouvrage, Ascalaphe est changé par Cérès en hibou mâle et condamné à prédire les événements malheureux, parce qu'il l'avait accusée auprès de Jupiter d'avoir mangé secrètement une grenade, malgré sa défense.

La faculté prophétique du hibou est si grande, d'après l'opinion populaire, qu'Albert le Grand a pu sérieusement écrire le passage suivant : « — Si cor ejus cum dextro pede super dormientem ponatur, statim tibi dicit quidquid fecerit, et quidquid ab eo interrogaveris. Et hoc a fratribus nostris expertum est moderno tempore. » Quand les sorcières de *Macbeth* font dans leur chaudière l'horrible mélange qui doit amener l'accomplissement de leurs présages sinistres, elles y jettent entre autres ingrédients malfaisants : —

> « Eye of newt, and toe of frog,
> Wool of bat, and tongue of dog,
> Adder's fork, and blind-worm's sting,
> Lizard's leg, and owlet's wing. »

En Sicile, les gémissements du hibou, les croassements du corbeau et les hurlements du chien qu'on entend pendant la nuit dans le voisinage de la maison où se trouve un malade, annoncent sa mort prochaine ; mais parmi les hibous, le hibou cornu (la lune cornue, c'est-à-dire décroissante ; on sait que la superstition populaire considère comme de mauvais augure le moment où la lune, après être arrivée au terme de sa croissance, commence à décroître) appelé *jacobu*, *chiovu* ou *chio* est spécialement redouté. Le hibou cornu vient chanter près de la maison d'un malade trois jours avant qu'il ne meure ; s'il n'y a pas de malade dans la maison, il annonce qu'un de ses habitants, au moins, sera atteint d'une esquinancie. Quand les paysans de Sicile entendent au printemps, pour la première fois, le cri lugubre du hibou cornu, ils viennent trouver leur maître et lui font part de leur intention de quitter son service; c'est de là qu'est tiré le proverbe sicilien :

> « Quannu canta lu chiò
> Cù' avi patruni, tinta canciar lu pò. »

Le poète sicilien Giovani Meli, dans son petit poème intitulé *Pianto di Palemone*, fait allusion, dans les vers suivants, aux présages sinistres dont le hibou cornu est le messager :

> « Ah ! miu patri la pedrissi
> E trimava 'ntra li robbi,
> Ch' eu nascivi 'ntra l'ecclissi
> E chiancianu li jacobbi. »

Dans la légende sicilienne populaire intitulée *La Principessa di Carini*, quand le moine vient jouer le rôle d'espion, la lune s'enveloppe de nuages et le hibou cornu vole autour de lui, en poussant son cri sinistre,

> « Lu jacobbu chianccnnu svulazzau. »

Dans plusieurs chansons populaires allemandes, le hibou cornu et le hibou commun se plaignent qu'ils sont seuls et abandonnés dans la forêt. Le hibou (représentant la lune) est aussi donné par la tradition allemande comme un tisserand nocturne[1]. Dans cette même tradition, le hibou funèbre est mentionné avec le corbeau funèbre[2].

---

[1] Selbst in sternloser Nacht ist keine Verborgenheit, es lauert eine græmliche Alte, die Eule ; sie sitzt in ihrem finstern Kœmmerlein, spinnt mit silbernen Spindelchen und sieht übel dazu, was in der Dunkelheit vorgeht. Der Holzschnit des alten Flugblattes zeigt die Eule auf einem Stühlchen am Spinnrocken sitzend. »

[2]   « Wenn durch die dünne Luft ein schwarzer Rabe fleucht
       Und kræhet sein Geschrei, und wenn des Eulen Fraue
       Ihr Wiggen-gwige heult : sind Losüngen sehr rauhe. »
                    (Rochholtz, I, p. 155 de l'ouvrage déjà cité).

J'ai déjà fait remarquer, au chapitre du Loup, que *vrika* peut signifier à la fois, dans les hymnes védiques, loup et corbeau. Le corbeau représente, comme le loup, la nuit obscure. Le hibou aux yeux jaunes (c'est pour cela qu'à Athènes certaines monnaies, portant l'effigie d'un hibou, étaient appelées « hibous, » et qu'en Italie, les pièces d'or portent le nom vulgaire d'œils de hibou) paraît représenter spécialement l'oiseau du crépuscule (ce qui nous explique pourquoi il était consacré d'une façon particulière à Athênê) et bien plus souvent encore, la nuit avec son œil jaune, qui est la lune. D'un autre côté, le corbeau paraît être l'image mythique de la nuit obscure ou du nuage. Le hibou, qui détruit le nid du corbeau et découvre sa supercherie quand il s'est revêtu des plumes d'autres oiseaux paraît identique à la lune qui dissipe les ténèbres ou au *sahasrâksha* (le paon céleste), qui ferme les mille yeux du ciel étoilé et fait pâlir les milliers d'étoiles du firmament. Le hibou, à titre de roi des oiseaux (nous connaissons aussi la lune sous la figure d'Indra, considérée comme *mrigarâga*, ou roi des animaux), paraît, en général, représenter la lune, la reine de la nuit. Indra est souvent le dieu-paon, le ciel bleu et étoilé de la nuit ; mais, le bleu et le noir, comme nous l'avons dit, sont deux couleurs équivalentes (le dieu bleu Indra devient le bleu ou le noir Krishna, et le corbeau, au contraire, prend la forme d'un paon) exprimées par un seul et même mot ; c'est pourquoi l'oiseau noir et l'oiseau bleu se substituent l'un à l'autre. D'après Festus, le corbeau était, avant le paon, consacré à Junon. Le corbeau-paon était déjà proverbial dans le *Pancatantra*[1], où

---

[1] I, 178.

nous lisons que l'idiot sans réflexion prend un corbeau pour un paon. La voix du paon est aussi désagréablement criarde que celle du corbeau ; dans le *Râmâyana*[1], la poule d'eau (*galakukkubha*, le héron, l'alcyon, le canard, le cygne) se moque du paon essayant de répondre au coucou. De même, le proverbe grec tourne en ridicule les corbeaux qui sont plus honorés que les rossignols (*korakes aêdonôn aidesimôteroi*). Martial les oppose aux cygnes,

« Inter Lædæos ridetur corvus olores. »

Un proverbe grec ridiculise le freux qui se trouve parmi les Muses (*koloios en tais mousais*) et le proverbe latin le geai ou le choucas (*graculus*) « ad fides. » Dans une autre version du quarante-sixième conte du sixième livre d'*Afanassieff*, le corbeau tient la place du rossignol prophétique. Le renard (le printemps ou l'aurore) prend le fromage (la lune) au corbeau (l'hiver ou la nuit) en le faisant chanter. Dans le *Mahâbhârata*[2], le monstre Râhu se déguise en dieu afin de pouvoir goûter à l'ambroisie ; le soleil et la lune dénoncent sa fourberie ; Râhu est reconnu et Vishnu lui coupe la tête de son disque ; c'est une ancienne forme de la fable du corbeau se mêlant aux paons. Pourtant, le déguisement du corbeau nous paraîtra très-naturel si nous réfléchissons qu'Indra est un paon et que, dans le *Râmâyana*[3], un corbeau savant (*pandito*) est appelé par Hanuman fils d'Indra (*putrah kîla tâ çakrasya* ; on lit dans les *Oiseaux* d'Aristophane, qu'à Athènes, les hommes juraient par le corbeau et par Zeus). J'ai déjà fait remarquer précédemment que l'Indra védique prend dans les

---

[1] II, 5.

[2] I, 1162.

[3] II, 165 ; V, 5.

poèmes de l'Inde un aspect sinistre et parfois même démoniaque. Dans le *Râmâyana*[1], un corbeau attaque Sîtâ avec ses ailes, son bec et ses griffes ; Râma lui lance un trait enchanté ; l'oiseau, protégé par les dieux, ne meurt pas, mais, en s'envolant à tire d'ailes à travers les gouttes de pluie qui tombent des nuages, il ne lui semble voir que des traits traversant les airs et leurs ombres qui passent à côté de lui. Il revient alors prier Râma de faire cesser cette hallucination ; Râma lui répond que l'enchantement doit avoir tous ses effets, mais qu'il peut les exercer sur une seule partie de son corps, et il lui laisse la faculté de choisir celle qu'il doit atteindre. L'oiseau rusé désigne un de ses yeux, dans l'espoir que Râma manquera le but ; Râma le vise et l'atteint à l'endroit indiqué, à la grande surprise de Sîtâ, à laquelle le corbeau avait commencé de s'attaquer après que Râma lui eut fait une marque rouge sur le front. J'ai signalé au chapitre précédent, et d'après le *Pancatantra*, la croyance populaire indienne qui regarde le corbeau comme le plus rusé des oiseaux et le renard comme le plus rusé des quadrupèdes. Aristote dit que le corbeau est l'ami du renard ; dans le *Râmâyana*, le stratagème employé par le renard dans les fables occidentales pour faire tomber le fromage du bec du corbeau, en l'obligeant à l'ouvrir et à laisser échapper son aubaine, est imaginé par le freux ou le corbeau (sârikâ ou *gracula religiosa*). Un oiseau de proie tient un perroquet dans ses serres et une sârikâ à son bec ; celle-ci dit au perroquet : « Mords le pied de notre ennemi pendant qu'il est isolé au milieu des airs et que son bec me presse ; et comme son bec est occupé et ne peut te

----

[1] *Ib*

mordre; mords-le pour qu'il te lâche; » la sârikâ ou le
freux espérait ainsi que l'oiseau de proie ouvrirait son
bec, ce qu'il ne fit pas sans peine, et qu'il le laisserait
partir. Dans Plaute, un serviteur adroit est comparé à
un corbeau. Le corbeau personnifie aussi dans la tradition de l'Inde l'ombre d'un homme mort; donner de
la nourriture aux corbeaux, est, pour les Indiens,
donner de la nourriture aux âmes des morts; aussi,
une partie de leur repas était toujours, et l'est encore,
si l'on en croit les voyageurs, réservée aux corbeaux.
Déjà dans le *Râmâyana*[1], Râma ordonne à Sîtâ de garder le reste du repas pour les corbeaux. Dans la fuite
des dieux devant les démons, telle qu'elle est décrite
au dernier livre du *Râmâyana*, Indra se déguise sous
la forme d'un paon et Yama, le dieu des morts, sous
celle d'un corbeau (dans la mythologie hellénique,
pendant la guerre contre les géants, c'est Apollon qui
se change en corbeau, mais probablement en corbeau
blanc, car les corbeaux blancs étaient, selon la
croyance des Grecs, dédiés au soleil. Jadis, est-il dit,
le corbeau était blanc, mais Apollon le rendit noir, indigné de ce que cet oiseau lui eût apporté la désagréable nouvelle de l'adultère de sa maîtresse, la princesse
Corônis; ici, le corbeau tient la place du coucou mythique. Dans un autre mythe hellénique, le corbeau perd
la faveur de Pallas pour avoir fait connaître qu'Erich-

---

[1] II, 105; comp. aussi Du Cange, au mot *corbitor*. — Dans la légende
allemande de l'empereur Frédéric Barberousse, l'empereur, enterré
sous une montagne, se réveille et demande si « les corbeaux volent
toujours autour de la montagne? » On lui répond qu'ils continuent d'y
voler. L'empereur soupire et se recouche en concluant que l'heure de
sa résurrection n'est pas encore arrivée. Ici le héros merveilleux à la
barbe rouge paraît être encore une personnification du héros solaire
qui se cache le soir sur la montagne et ne se réveille que quand les
corbeaux, c'est-à-dire les ombres de la nuit, cessent de voler et
s'abaissent.

thonius, fils de Pallas et du forgeron céleste, qui était tombé sur terre, avait été trouvé par les trois filles de Cécrops). En récompense de ses services, Yama accorda au corbeau le droit de manger la nourriture funèbre, et, c'est pourquoi les ombres des morts obtiennent la faculté de passer dans un meilleur monde quand cette nourriture est donnée au corbeau. Dans la comédie des *Nuages*, d'Aristophane, le proverbe grec : « va aux corbeaux » (ball' es korakas), signifie « meurs. » Aussi, dans l'Inde comme dans la Perse, en Russie comme en Allemagne, en Grèce comme en Italie, le corbeau est surtout un oiseau funèbre de sinistre présage. D'après Elien, les Vénitiens de l'ancienne Hadria envoyaient solennellement aux freux, pour les apaiser et pour obtenir qu'ils ne dévastassent pas les campagnes deux ambassadeurs, qui leur présentaient un mélange d'huile et de farine. Si les freux acceptaient l'offrande, c'était un bon signe. Au témoignage de Lambert d'Aschaffenburg, un pèlerin vit en rêve un corbeau hideux, qui volait en croassant autour de Cologne et que chassait un brillant cavalier ; le pèlerin expliqua que le corbeau était le diable et le cavalier saint George. Dans les Chroniques du bienheureux Antoine, nous trouvons la description de marais fétides et obscurs « in regione Puteolorum in Apulia, » d'où les âmes s'élèvent le soir des jours du Sabbat sous la forme d'oiseaux monstrueux qui ne mangent pas et ne se laissent pas prendre, mais errent çà et là jusqu'au matin ; alors, un énorme corbeau les oblige à se plonger dans les eaux. En Allemagne, suivant Rochholtz, quand un corbeau se pose sur le toit d'une maison où il y a un mort, c'est le signe que l'âme de ce mort est damnée. A Brusasco, en Piémont, les enfants chantent en chœur au corbeau, en contrefaisant sa voix, ces vers funèbres :

« Curnaiass
Porta 'l sciass,
Me mari l'è morta
Sut la porta.
· Qué ! »

(Corbeau apporte le tamis, ma mère est morte sous la porte, Qué !)

(Le tamis a probablement le même emploi que la balance sur laquelle saint Michel, dans la croyance piémontaise, pèse l'âme du trépassé ; le tamis doit faire passer l'âme ; si elle est sans péché, elle passe ; si elle est lourde, elle reste dans le tamis ; l'orient et l'occident sont les deux portes du ciel ; à la porte de l'occident, meurt le soleil avec l'aurore du soir ; à la porte de l'orient, meurt la nuit). Dans un chant populaire suédois, qui fait partie de la collection traduite en allemand par Warrens, se trouvent ces vers où le corbeau prend une forme tout-à-fait monstrueuse ; les hommes lui crachent dessus, comme ils font pour le diable : —

« Es flog ein Rabe über das Dach,
Hatt' Menschenfleisch in den Krallen,
Drei Tropfen Blutes träuften herab,
Ich spülte, wo sie gefallen. »

Dans le trente-neuvième conte du quatrième livre d'*Afanassieff*, un vieillard ayant laissé tomber du grain à terre dit que si le soleil l'échauffait, si la lune l'éclairait et si le corbeau l'aidait à ramasser le grain, il donnerait à chacun d'eux une de ses trois filles. Le soleil, la lune et le corbeau l'écoutent et épousent les trois jeunes filles. Quelque temps après, le vieillard vient rendre visite à son gendre le corbeau, qui lui fait monter une échelle sans fin, en le prenant à son bec ; mais quand ils sont à une grande hauteur, le corbeau laisse tomber le vieillard, qui se tue.

Comme Indra, ou Zeus, c'est-à-dire, le dieu de la

pluie, prend tantôt la forme d'un coucou, tantôt celle
d'un corbeau, le corbeau, dans le quinzième conte de
*Siddhikür*, annonce le voisinage de l'eau à un prince
qui souffre de la soif. Tommaso Badino, de Plaisance[1],
raconte un apologue qui nous rappelle la légende biblique du déluge. Phébus envoie le corbeau chercher
l'eau lustrale pour le sacrifice de Zeus[2]; mais le corbeau, en arrivant à la fontaine, aperçoit des figues; au
lieu de remplir son message, il attend que les figues
(fruits phalliques) mûrissent. Aussi le corbeau passe-t-il
proverbialement pour un retardataire. (La légende de
saint Athanase dit aussi que le corbeau est temporiseur
parce que son cri répète la syllabe « cras »). L'origine
biblique de l'idée du corbeau retardataire ne saurait
être admise, puisque nous trouvons cette idée expressément mentionnée et commentée par Ovide, dans la
fable des figues et celle du blé dont le corbeau attend
la maturité avant d'apporter l'eau. La signification du
mythe me paraît évidente ; le nuage du tonnerre et de
la pluie répand de l'eau vers la fin de juin quand les
premières figues mûrissent ainsi que le blé (dans la
vie de Nicias de Plutarque, au lieu des figues, nous
avons les dattes dorées); le corbeau représente le dieu
de la pluie ; de même que le coucou amène les pluies
du printemps, le corbeau produit celles de l'été, et, plus
tard, quand les dernières figues mûrissent, celles d'automne, qui annoncent l'hiver, la saison chère aux corbeaux[3] :

---

[1] Dans l'*Ornithologie* d'Aldrovandi. Le corbeau messager revient fréquemment dans les légendes.

[2] Dans Plutarque, deux corbeaux servent de guides à Alexandre le
Grand quand il va consulter l'oracle de Zeus Ammon.

[3] Aussi donne-t-on au corbeau le nom d'oiseau de Saint-Martin,
parce qu'il arrive ordinairement aux environs de la Saint-Martin. Nous
voyons aussi, dans Du Cange et dans le *Roman du Renart*, qu'on tirait

« Imbrium divina vis imminentum[1]. »

Dans un chant populaire suédois, l'hydromel est offert au corbeau messager; mais il sollicite, au lieu de cette boisson, des graines pour ses petits. Dans le cinquante-deuxième conte du sixième livre d'*Afanassieff*, on envoie chercher au corbeau l'eau de vie et de mort, et on lui en fait faire l'épreuve sur lui-même avant de l'apporter.

Mais des ténèbres sort la lumière, le soleil; de la nuit noire sort le jour brillant; du corbeau noir sort le corbeau blanc; aussi, voyons-nous dans le premier des contes esthoniens, le corbeau représenté comme l'oiseau de lumière, de même que, dans le mythe hellénique, il était consacré à Apollon. Dans le sixième des contes siciliens de M^me Gonzenbach, des corbeaux portent le petit Giuseppe enfermé dans un sac fait d'une peau de cheval séchée au soleil, sur une montagne couverte de diamants, et l'œuf d'un corbeau tue le monstre géant à la tête duquel il est jeté. Dans le neuvième conte du quatrième livre du *Pentamerone*, un roi voit sur du marbre blanc le sang d'un corbeau qui avait été tué et veut une épouse qui soit blanche comme le marbre, rouge comme le sang et dont la chevelure soit aussi noire que les plumes du corbeau. Dans un conte d'A-

---

des augures du vol du corbeau; la même coutume existait en Allemagne; comp., à cet égard, Simrock, p. 546 de l'ouvrage déjà cité. — De même que nous avons trouvé dans le chapitre du Loup cet animal en relation avec les figues, nous voyons une pareille relation entre les figues et le corbeau, l'équivalent mythique du loup.

[1] Horace, *Carm.*, III, 27. — Dans *Afanassieff* (IV, 36), on demande au freux où il s'est envolé. Il répond : « Dans les prairies pour écrire des lettres et soupirer après la jeune fille; » et la jeune fille reçoit le conseil de se hâter d'aller vers l'eau. La jeune fille déclare qu'elle a peur du crabe. Je crois reconnaître dans cette jeune fille qui a peur du crabe le signe de la Vierge (qu'attire le crabe de l'été), — la vierge qui s'approche de l'eau, de l'automne et des pluies d'automne; la vierge aimée du corbeau, l'ami des pluies.

*fanassieff*, (VI, 9), Ivan, le héros idiot, appelle les corbeaux ses petites sœurs et renverse pour eux la nourriture contenue dans les petits pots qu'il portait vendre. Dans des chants populaires allemands et scandinaves, où le corbeau apparaît souvent comme l'auxiliaire de la belle fille (le soleil ; *die Sonne* est, comme on le sait, féminin en allemand), cet oiseau est appelé le frère de l'héroïne. Le corbeau est le messager bien connu de saint Oswald, roi d'Engelland (la terre des Angles). Le corbeau porte souvent bonheur aux héros, même quand il se sacrifie ; la mort qui règne dans la nuit et durant l'hiver finit par ramener le jour et le printemps ; de là, ces deux vers célèbres d'Horace : —

> « Oscinem corvum prece suscitabo
> Solis ab ortu [1]. »

Plusieurs des caractères mythiques du corbeau, les principaux même, sont attribués aussi à la pie (*corvus pica*). Déjà dans un hymne védique, la pie bleue semble désignée comme un oiseau de mauvais augure et se trouve en rapport avec la maladie de consomption [2]. Dans le quarante-sixième conte d'*Afanassieff*, les pies sont en relation avec l'eau mythique ; une pie est envoyée à la recherche de l'eau de vie et de mort, et une autre doit rapporter l'eau qui donne l'usage de la parole, à l'effet de ressusciter les deux fils d'un prince et d'une princesse qu'une sorcière a touchés avec la main de la mort pendant qu'ils dormaient. Ces deux pies paraissent correspondre aux deux corbeaux Huginn et Muninn, que le dieu scandinave Odin, envoie chaque jour à travers le monde pour y apprendre les nouvelles, qu'ils lui font connaître en les lui murmurant à

---

[1] Horace, *Carm.*, III, 27.

[2] Sâkam yakshma pra pata câshena kikidîvinâ ; *Rigv.*, X, 97, 13.

l'oreille. Dans une légende allemande, citée par Grimm, la pie apporte l'herbe balsamique (*Springwurzel*). Les Grecs et les Latins considéraient la pie comme consacrée à Bacchus, parce qu'elle est en rapport avec l'ambroisie et qu'elle a la réputation d'être bavarde comme les gens ivres. Nous avons vu plus haut qu'il est question du freux au milieu des Muses; dans Théocrite, la pie porte au rossignol le défi de chanter aussi bien qu'elle; dans Galien, elle est l'émule proverbiale des sirènes; les neuf filles d'Evippe furent changées en pies pour avoir eu la présomption de rivaliser avec les Muses par leurs chants, — aussi Dante, dans une invocation à Calliope, exprime le désir de continuer de chanter

> « Con quel suono
> Di cui le Piche misere sentiro
> Lo colpo tal che disperar perdono. »

Le lecteur connaît sans doute, telle que la donne Ovide, la fable d'Arné, qui, dans sa soif de l'or, voulut livrer son pays à l'ennemi et qui fut changée en corneille (*monedula*), oiseau amoureux de l'or. Au dixième livre de son Histoire, Tite-Live fait un récit fabuleux d'après lequel un corbeau aurait mangé de l'or dans le Capitole. Dans une ballade populaire danoise, de l'or est offert au corbeau messager; il répond (comme le coucou) qu'il ne saurait en tirer parti et préfère de la nourriture qui convienne aux corbeaux. La pie, elle aussi, est devenue proverbiale comme voleuse d'or et d'argent, qu'elle cache, moins parce qu'elle aime les métaux brillants, que par aversion pour les objets ayant un trop grand éclat. Le corbeau et la pie cachent le soleil et les épis de blé dans la saison des pluies et des frimas. Dans la mythologie allemande, la pie est un oiseau infernal dont les sor-

cières prennent souvent la forme ou qu'elles chevauchent. Aussi, croit-on en Allemagne que la pie doit être
tuée pendant les douze jours compris entre Noël et
l'Épiphanie (quand les jours recommencent à croître).
Mais, comme on apprend en enfer des ruses de toute
sorte, la malice de la pie est plus proverbiale encore
que celle du corbeau. La pie fait usage de son savoir,
tantôt pour faire le mal, comme une méchante fée,
tantôt pour être utile aux hommes, comme une fée
bienfaisante ; la couleur bleue de la pie paraît tantôt
brillante, tantôt sombre ; les teintes blanches et noires
de cet oiseau (comme de l'hirondelle) représentent ses
deux caractères mythiques contradictoires. D'après la
croyance superstitieuse allemande, la pie annonce l'approche du loup ; aussi croit-on encore que cela porte
malheur de tuer une pie. Dans une chanson populaire
russe, la pie châtie le petit doigt paresseux, qui ne
veut pas aller au puits chercher de l'eau :

> « La pie, la pie
> A fait cuire le gruau,
> Elle a sauté sur le seuil de la porte,
> Elle a invité les hôtes [1]. »

Elle invite tous les hôtes, excepté le petit doigt, qui
est le plus petit des doigts à cause de sa paresse ; —
nous avons déjà fait mention, au premier chapitre
du premier livre, du petit frère paresseux qui refuse
d'aller chercher de l'eau. On croit en Russie que, quand
une pie vient se poser sur le seuil d'une porte, elle
annonce que des hôtes vont se présenter ; cette idée
nous rappelle la pie de Pétrone : « Super autem limen

---

[1] Sorotka, sorovka
Kashu varila
Na parok skakala
Gostiel sazivala.

cavea pendebat aurea, in quâ pica varia intrantes salutabat[1]. »

De même que le corbeau et la pie sont considérés en mythologie comme en relation avec l'eau et avec l'hiver funèbre et infernal, la cigogne représente spécialement la saison pluvieuse et l'hiver. Le héron, dont il a déjà été question dans le chapitre du Coucou, présente plusieurs des caractères mythiques de la cigogne. Dans le vingt-neuvième conte du quatrième livre d'*Afanassieff*, la cigogne ennuyée de vivre seule, va trouver le héron et lui propose de l'épouser. Le héron l'éconduit avec mépris ; mais elle n'est pas plus tôt partie, que le héron se repent et vient à son tour offrir de s'unir à la cigogne qui le repousse brutalement. Celle-ci regrette ensuite d'avoir refusé et revient trouver le héron qui la renvoie comme elle l'avait renvoyé lui-même. Le conte finit en disant que le héron et la cigogne continuent de se rendre mutuellement visite, mais qu'ils ne sont pas encore mariés. Quoique cette fable ait une intention satirique, elle implique aussi l'intime parenté mythique qui rattache le héron à la cigogne. Ce sont, en effet, deux oiseaux qui aiment également l'eau et qui représentent par conséquent le ciel pluvieux, le ciel d'hiver ou obscur, lequel, ainsi que nous l'avons déjà dit, est souvent représenté comme une mer sombre. De la nuit,

---

[1] La pie est proverbiale comme babillarde ; de là vient son nom italien de *gazza*, et le nom de *gazette* donné aux journaux parce qu'ils divulguent tous les secrets. — Dans le *Dialogus Creaturarum*, dial. 80, il est dit d'une pie appelée *Agazia* : « Pica est avis callidissima..... Hæc apud quemdam venatorem et humane et latine loquebatur, propter quod venator ipsam plenaria fulciebat. Pica autem non immemor beneficii, volens remunerare cum, volavit ad Agazias, et cum eis familiariter sedebat et humane sermocinabatur. Agaziæ quoque in hoc plurimum lætabantur cupientes et ipsæ garrire humanoque loqui. »

du nuage ou de l'hiver, sort le jeune soleil, le nouveau soleil, le héros-enfant qui avait été exposé au milieu des eaux ; de là, la croyance populaire allemande, relative aux enfants que les cigognes apportent de la fontaine [1]. Cependant à proprement dire, tant que la cigogne tient à son bec le héros-enfant, il n'est pas considéré comme ayant obtenu le jour; il ne naît qu'au moment où elle ouvre le bec et place l'enfant dans le giron de sa mère. La cigogne personnifie le ciel funèbre, le ciel où le héros céleste, c'est-à-dire le soleil, est mort. Aussi, croit-on en Allemagne que, quand les cigognes volent autour d'un groupe de personnes ou planent sur elles, il en est une qui ne tardera pas à mourir ; les nuages et les ombres qui se rassemblent, présagent la disparition ou la mort du soleil.

Dans les contes russes, la cigogne présente un double aspect (indépendamment de la fable, sans doute d'origine étrangère, de la cigogne et de son cousin le renard qui s'invitent à dîner). Dans le dix-septième conte du deuxième livre d'*Afanassieff*, un vieillard demande à la cigogne de lui tenir lieu de fils (l'affection paternelle et filiale des cigognes est célèbre depuis l'antiquité) [2]. La cigogne donne au vieillard un sac d'où sortent deux jeunes gens qui couvrent la table d'une nappe de soie munie de toute sorte de bonnes choses. Une commère, qui avait trois filles, change le sac du vieillard pendant qu'il fait route pour retourner chez lui.

---

[1] De là aussi, dans une chanson populaire, la prière adressée à la cigogne d'apporter une petite sœur ; comp. les chansons de la cigogne dans Kuhn et Schwartz, *N. S. M. u. G.*, p. 452. A titre de nourrice d'enfants, la cigogne est représentée comme l'ennemie du serpent ; comp. Tzetzès, I, 945.

[2] Comp. *Philé*, VI, 2, et Aristophane, qui dit dans sa comédie des *Oiseaux* :

« Del tous neotous t' patéra palin trephein. »

Raillé et battu par sa femme à son retour, il revient trouver la cigogne, qui lui donne un autre sac duquel sortent deux jeunes garçons, qui battent les gens à tour de bras. A l'aide de ce nouveau sac, le vieillard recouvre le premier et réduit sa femme à l'obéissance. Dans une autre version du même conte, la cigogne fait au héros idiot trois présents — un cheval qui devient un lingot d'argent quand on lui dit de s'arrêter et qui reprend sa première forme, quand il reçoit l'ordre de marcher ; une nappe qui s'étend et s'enlève d'elle-même ; et une corne d'où sortent les deux jeunes garçons qui donnent des coups à ceux qu'ils rencontrent. Dans le trente-septième conte du quatrième livre d'*Afanassieff*, la cigogne est le frère de la bécasse, mais les deux oiseaux se bornent à aller faucher de l'herbe ensemble. Nous avons parlé, au chapitre de l'Ours, des cigognes qui dévorent les moissons d'un paysan, parce qu'il avait menacé de leur couper les pattes. Elles renversent un tonneau de vin pour boire ce qu'il contient ; le paysan furieux s'empare d'elles et les attache à son chariot, mais les cigognes enivrées sont tellement fortes qu'elles emportent dans les airs le paysan, le chariot et le cheval. Ici, la cigogne prend un caractère démoniaque et représente la saison d'hiver ; le char du paysan est celui du soleil. Dans le cinquième conte du sixième livre d'*Afanassieff*, le soldat imposteur dit à une vieille femme qu'il retourne dans l'autre monde, où il a vu son fils qui menait paître des cigognes. Dans ce cas, ces oiseaux ont le caractère funèbre et infernal des corbeaux, qui, comme nous l'avons fait remarquer, sont dans les croyances aryennes, une des formes que prennent les âmes des morts.

# CHAPITRE VII

## LE PIC ET LE MARTIN-PÊCHEUR



Le pic a déjà eu l'honneur d'être étudié avec beaucoup d'érudition par M. le professeur Adalbert Kuhn, dans son excellent ouvrage sur le feu et l'eau célestes; j'y renvoie le lecteur pour les principaux mythes qui se rapportent à ce sujet, c'est-à-dire pour la comparaison du faucon védique et du feu-bhuranyu védique avec le Phoronée hellénique le *picus feronius*, l'*incendiaria avis*, le *picus* qui porte le tonnerre, qui se charge

de nourriture pour les jumeaux Romulus et Rémus[1]
et prend plaisir à boire du vin, enfin avec le roi
Picus, ancêtre d'une race d'hommes et avec les traditions allemandes correspondantes. Je me bornerai
seulement à signaler ici la parenté mythique qui existe
entre le *picus* et le *corvus pica* (le mot *picumnus* s'appliquait également au pic et à la pie) afin de remonter
au mot équivoque védique *vrika*, signifiant loup et
corbeau, duquel naquit peut-être et se perpétua la confusion existant entre la louve qui nourrit les héros jumeaux latins et le pic, qui, dans la même légende,
s'offre à les élever. Le pic, la pie et le loup personnifient également le dieu dans les ténèbres, le démon, le
nuage, le ciel de la nuit, la saison pluvieuse et la saison d'hiver; de la nuit et de l'hiver naît le nouveau
soleil que nourrit la louve ou l'oiseau funèbre; le bec
pénétrant du pic dans le nuage est le trait de la foudre; dans la nuit et dans la saison d'hiver, il est tantôt
la lune qui dissipe l'obscurité, et tantôt le rayon solaire qui sort des ténèbres. La foudre, la lune et le
rayon solaire prennent aussi quelquefois dans les
mythes la forme du phallus; le pic représentant le
phallus et le roi Picus, ancêtre d'un peuple, me paraissent identiques. La légende latine met *picus* en rapport
avec *picumnus*, *pilumnus*, le *pilum* et le *pistor*, de
même qu'un conte norvégien met en relation la farine
avec le coucou qui est, comme nous le savons déjà, un
symbole phallique ou, à proprement dire, celui qui
presse sous lui. Dans le dialecte piémontais, le nom
vulgaire du phallus est *piciu*; en italien, *pinco* et *pin-
cio* ont le même sens; *pincione* est le *pinson*, et *pincone*

---

[1]        « Lacte quis infantes nescit crevisse ferino ?
      Et picum expositis sæpe tulisse cibos ? »
                          (Ovide, *Fastes*, III).

signifie benêt, par la même raison que l'âne, en tant que symbole phallique, personnifie la sottise. Nous avons déjà vu Indra considéré comme un coucou, comme un paon et comme un faucon. Le *Tâittirîya-Brâhmana* nous offre une analogie remarquable, qui nous permet de retrouver Indra dans le pic. Indra y tue le sanglier caché dans les sept montagnes (les ombres de la nuit ou les nuages) en les fendant au contact de la tige d'une plante sacrée brillante et dorée ( sa darbhapingâlam uddhritya sapta girîn bhittvâ [1] ), qui peut être la lune dans la nuit, ou la foudre dans le nuage; la foudre est aussi représentée assez souvent dans les traditions âryennes sous la forme d'une baguette magique. C'est avec une baguette d'or, qu'au septième livre de l'*Enéide*, la magicienne Circé métamorphose le sage roi Picus, fils de Saturne (représentant Jupiter-Indra; Suidas parle aussi d'un Pêkos Zeus, enterré en Crète), en un oiseau, le *picus* consacré au dieu des guerriers (Mars-Indra), d'où lui vient son nom de *picus martius* — le pic, qui est supposé présager la pluie (comme Zeus et Indra),

> « Picus equûm domitor, quem capta cupidine conjux,
> Aurea percussum virga, versûmque venenis,
> Fecit avem Circe, sparsitque coloribus alas. »

Pline rapporte que le pic a la faculté d'ouvrir tous les lieux fermés en les touchant d'une certaine plante qui croît et décroît avec la lune [2]; cette herbe peut être

---

[1] Comp. *pingâla* à *pingala* et à *pingara*. — Dans l'hymne x, 28, 9, du *Rigveda*, nous voyons aussi la montagne qui est fendue de loin par une motte de terre : Adrim logena vy abhedam ârât. Cette analogie est d'autant plus remarquable qu'à la quatrième strophe du même hymne, il est aussi question du sanglier.

[2] Simrock, p. 415 de l'ouvrage cité plus haut, attribue au petit mar-

la lune elle-même qui ouvre les cavernes de la nuit;
ou la foudre qui ouvre les cavernes du nuage. On sait
que dans les hymnes védiques, Indra, qui est généralement le dieu de la pluie et du tonnerre, est fréquemment associé au soma (l'ambroisie et la lune), auquel
il s'identifie même. Pline nous dit, en outre, que, quiconque prend du miel dans une ruche avec le bec d'un
pic, ne saurait être piqué par les abeilles ; ce miel est
peut-être la pluie dans le nuage ainsi que l'ambroisie
lunaire ou la rosée que produit l'aurore du matin ; il
en résulte que le bec du pic peut être la foudre ainsi
que le rayon lunaire ou le rayon solaire. Il est question
de Beowulf (le loup des abeilles) à propos du pic,
comme à propos de l'ours : le *Bienenfresser* des légendes allemandes, ou la *pica merops*, explique la superstition latine et le Beowulf. Comme le corbeau, le
pic séjourne dans l'obscurité ; mais apporte l'eau,
cherche le miel et trouve la lumière. Dans l'*Aululaire*,
Plaute parle de pics qui vivent sur des montagnes
d'or (picos, qui aureos montes incolunt). En tant que
les pics annonçaient l'approche de l'hiver ou qu'on
les voyait à sa gauche, selon le vers bien connu
d'Horace [1];

« Teque nec lævus vetet ire picus, »

tinet (il est vraisemblable que le nom du guerrier *Martinus* est un
doublet du mot latin *Martius*, et que le *Martin's Vogel* n'est autre
chose que le *Martius Vogel*, le *Picus Martius*), en relation avec Vénus,
la même faculté d'ouvrir la montagne au moyen d'une certaine plante.
Voici le passage où il en est question : « Schon in einem Gedichte
Meister Altschwerts, ed. Holland, s. 70, wird der Zugang zu dem Berge
durch ein Kraut gefunden, das der Springwurzel oder blauen Schlüs-
selblume unserer Ortssagen gleicht. Kaum hat es der Dichter gebro-
chen, so kommt ein Martinsvœgelchen geflogen, das guter Vorbedeu-
tung zu sein pflegt ; diesem folgt er und begegnet einem Zwerge, der
ihn in den Berg zu Frau Venus führt. »

[1] *Carm.*, III, 27.

on les considérait comme des oiseaux de mauvais présage. Il est dit dans l'*Ornithologus*, que le pic vert (la lune, moyennant l'équivoque déjà indiquée à l'égard du mot *hiver*) pronostique l'hiver (la lune, comme nous l'avons dit, préside à la saison d'hiver). C'est pour cette raison que saint Epiphane a pu comparer le pic au démon. D'après Pline, le pic qui vint se poser sur la tête du préteur Lucius Tubero, pendant qu'il était occupé à rendre la justice, annonçait la ruine prochaine de l'empire, si on le laissait partir, et la mort du préteur dans un délai prochain, si l'oiseau était tué ; Lucius Tubero, obéissant à son patriotisme, saisit le pic, le tua et mourut bientôt après. Aussi, Pline a pu dire avec raison que les pics sont « in auspiciis magni. »

Dans le vingtième conte du troisième livre d'*Afanassieff*, le pic, qui montre généralement beaucoup d'intelligence, se laisse duper par le renard, qui mange ses petits, sous prétexte de leur apprendre un certain art. Dans le vingt-cinquième conte du quatrième livre, le pic, au contraire, prend un aspect héroïque et redoutable. Il se lie d'amitié avec un vieux chien qu'on a chassé de son chenil et lui offre d'être son pourvoyeur. Une femme porte à manger à son mari qui travaille dans la campagne. Le pic se met à voler devant elle, comme s'il voulait se laisser prendre ; la femme dépose, pour lui courir après, le dîner qu'elle porte, mais le chien vient en faire son régal (dans une variante du même conte, le pic fournit aussi au chien le moyen de se procurer à boire). Ensuite, le chien fait la rencontre du renard ; puis, pour faire plaisir au pic (se rappelant peut-être la fourberie à l'aide de laquelle le renard lui avait dévoré ses petits), il l'assaille et le maltraite. Un paysan vient à passer, qui frappe le pauvre chien et le fait périr sous les coups. Alors le pic, animé par le désir de le venger, devient furieux et se met à cribler de coups de bec, tantôt le paysan et tantôt ses chevaux ; le paysan veut lui donner des coups de fouet, mais il ne réussit qu'à atteindre ses chevaux, dont il cause ainsi la mort. Cependant, la vengeance du pic ne s'arrête pas là ; il va trouver la femme du paysan et lui donne des coups de bec ; elle veut le battre, mais, au lieu de l'atteindre, ses coups tombent sur ses enfants (ce sont deux autres versions du conte où la mère frappe son fils, au lieu de frapper l'âne, qui, comme nous l'avons déjà dit, correspond au pic à titre de symbole phallique. Le mythe de Silène, que nous avons déjà vu en rapport avec l'âne, est mis aussi en relation avec le pic par M. le professeur Kuhn. Au troisième livre du *Pancatantra*, nous voyons un oiseau dont la fiente est d'or, ce qui est un des caractères de l'âne mythique dans les contes de fées). Ici, le pic joue le même rôle qu'un autre conte russe attribue à la cigogne hivernale, à la cigogne oiseau funèbre et de mauvais présage représentant le soleil caché dans les ténèbres ou dans le nuage.

L'alcyon, qui annonce la tempête, et l'oiseau de saint Martin, le martin-pêcheur, sont du même caractère hivernal et phallique que le pic. En Piémont, on donne par dérision à un idiot le nom de Martin-Piciu (c'est le podex et le phallus, et aussi le phallus martin, ce qui nous rappelle le *picus pistor* et le *picus martius*) et l'expression italienne *pincone*, citée plus haut, lui est équivalente. Le soleil caché dans l'obscurité ou dans les nuages perd son pouvoir. Le symbole phallique est évident. Signalons à ce propos la fable hellénique de l'oiseau *Iynx tetraknamon*, à quatre raies, à la longue langue, toujours en mouvement (en France, on l'appelle *paille en cul*). Pan, dit-on, fut le père d'une fille appelée Iynx qui essaya de séduire Zeus et dont Hèrè se vengea en la changeant en un oiseau de ce nom. Dans Pindare, Jason se sert de cet oiseau, que lui a donné Aphrodite, pour se concilier l'amour de Médée. Dans Théocrite, les jeunes amantes l'invoquent pour qu'il leur amène leurs amants; les femmes en font usage pour les maléfices dont leurs amours secrets sont l'occasion.

D'après le cinquième livre de l'*Histoire des Animaux*, d'Aristote, l'alcyon couve ses œufs durant la période de jours sereins dont on jouit en hiver et que, pour ce motif, on appelle *alkyoneiai hèmerai*; ce philosophe cite le passage suivant de Simonide relatif à cet oiseau : « Quand Zeus produit dans la saison d'hiver deux fois sept jours chauds, les hommes disent, « cette douce température sert à élever les alcyons aux couleurs variées. » Ovide rapporte qu'Alcyon fut changée en un oiseau de ce nom, en pleurant son mari qui s'était noyé, ce qui a fait dire à Arioste :

> « E s'udir le Alcione alla marina
> Dell' antico infortunio lamentarse. »

Les marins attribuaient, comme on le sait, aux alcyons la faculté d'indiquer le temps ; on se servait à cet effet, non-seulement des alcyons vivants, mais, après leur mort, on les desséchait et on les suspendait pour en faire usage comme d'un baromètre. C'est pour cela que Shakspeare a comparé les courtisans à l'alcyon, qui suit, dans ses mouvements, la direction des vents. Cet oiseau, ainsi que le martin-pêcheur, plusieurs variétés de pic, le roitelet, le corbeau et le rouge-gorge, appelé en Écosse Robin rouge-gorge (en anglais *ruddock* ou *Robin-ruddock*) lui dont « le bec charitable »,

selon l'expression de Shakspeare dans *Cymbeline* [1],
jette des fleurs funèbres sur les cadavres privés de sépulture [2], sont tous des oiseaux consacrés à saint Martin, le fossoyeur béatifié, l'introducteur de l'hiver, qui,
d'après les légendes celtiques et germaines, coupa son
manteau pour en vêtir des pauvres. Les légendes allemandes sont remplies de détails relatifs à cet oiseau
funèbre et hivernal auquel sont assimilés, tantôt le funèbre oiseau norvégien de sainte Gertrude, tantôt le
coucou, tantôt l'*incendiaria avis*. Aussi, ce même rouge-
gorge, qui est consacré à saint Martin dans la tradition
allemande, est appelé *Jean rouge-gorge* dans les chants
populaires de la Bretagne, publiés par M. de la Villemarqué, et il y est consacré à saint Jean ; mais ce saint
Jean peut être celui d'hiver, dont la fête se célèbre le
27 de décembre, c'est-à-dire deux jours après la naissance du Christ, autrement, à l'époque où le soleil,
le sauveur, renaît et où la lumière augmente. Il est
question en ces termes, dans le chant breton intitulé
*Bran* (ou le prisonnier de guerre), d'oiseaux d'un caractère funèbre comme ceux de saint Martin : « A Ker-
loan, sur le champ de bataille, il est un chêne qui dé-

---

[1]                           « Thou shalt not lack
The flower that's like thy face, pale primrose ; nor
The azured hare-bell, like thy veins ; no, nor
The leaf of eglantine, whom not to slander
Out-sweetened not thy breath ; the ruddock would,
With charitable bill (O bill, sore-shaming
Those rich-left heirs, that let their fathers lie
Without a monument !), bring thee all this. »
                              IV, 2.

[2] Comp. ce qui est dit de la huppe, de la cigogne et de l'alouette. —
En ce qui regarde l'oiseau appelé *gaulus*, je trouve dans Du Cange le
passage suivant : « Gaulus Merops avis apibus infensa, unde et Apiastra
vocitatur. Papias : « Meropes, Genus avium, idem et Gauli, qui pa-
rentes suos recondere et alere dicuntur, sunt autem virides et vocantur
Apiastræ. »

ploie ses branches sur le rivage ; il est un chêne dans l'endroit où les Saxons se sont enfuis à l'aspect d'Evan le Grand. Sur ce chêne, quand la lune brille pendant la nuit, des oiseaux se réunissent, des oiseaux de mer au plumage blanc et noir, avec une petite tache de sang sur la tête ; avec eux arrive un vieux corbeau gris, qu'accompagne un jeune corbeau. Tous deux sont très-fatigués et leurs ailes sont humides ; ils viennent d'au-delà des mers, ils viennent de loin ; et les oiseaux chantent une chanson si belle que la mer immense se tait pour les écouter ; cette chanson, ils la chantent en chœur, à l'exception du vieux corbeau et du jeune ; alors, le corbeau dit : « Chantez, petits oiseaux ; chantez, chantez, petits oiseaux du pays ; vous n'irez pas mourir loin de la Bretagne. » Les mêmes oiseaux funèbres, qui ont pitié des morts, prennent aussi soin, comme la cigogne, des enfants nouveau-nés et ramènent la lumière. Le monstre du nuage, de la nuit ou de l'hiver découvre ses trésors ; l'oiseau funèbre enterre les morts et les rend à la vie ; son bec perce la montagne, trouve l'eau et le feu et déchire le voile de la mort ; sa tête brillante dissipe les ombres ténébreuses.

# CHAPITRE VIII

## L'ALOUETTE ET LA CAILLE



Dans la comédie des *Oiseaux* d'Aristophane, l'alouette
à aigrette reçoit le nom de roi et on lui attribue la
charité funèbre d'enterrer les morts privés de sépulture
que pratiquent aussi, comme nous l'avons vu, le rouge-
gorge hivernal, la cigogne et la huppe à aigrette. D'a-
près Aristophane, l'alouette est non-seulement le premier
des animaux créés, mais elle existait avant la terre,
avant les dieux Zeus et Kronos et avant les Titans. Aussi,

quand mourut le père de l'alouette, la terre manquait
pour l'ensevelir; alors l'alouette déposa son cadavre
dans sa propre tête (ou dans son aigrette pyramidale).
Goropius explique cette croyance que l'alouette existait
avant la terre, en faisant observer que l'alouette chante
sept fois par jour les louanges de Dieu du haut des airs, et
que la prière fut la première chose qui se produisit dans
le monde. Dans la cosmogonie indienne, quand Pragâpati, le créateur, veut se multiplier, il commence par
créer les *stomas* ou les hymnes[1]. Le père de l'alouette est
donc le dieu lui-même. L'alouette crêtée est identique
au soleil crêté, au soleil avec ses rayons. Je crois apercevoir dans la légende de saint Christophe une équivoque portant sur les mots *christos* et *crista* et j'y vois,
dans les deux cas, la personnification du soleil. Saint
Christophe, d'après la légende, porte le Christ et est en
relation avec l'alouette. Goropius étant enfant, manifesta
son étonnement de voir, sur un tableau représentant
saint Christophe, une alouette qui ne quittait pas l'arbre
dont il se servait comme de bâton de voyage, tandis que
les moineaux s'enfuyaient à son approche; on lui répondit que l'alouette n'a pas peur de saint Christophe,
parce que, sur les épaules du saint, elle voit Dieu, son
créateur. Le Christ, le père de l'alouette, meurt et
l'oiseau l'enterre dans sa crête (crista). De même,
une équivoque du langage fait de l'alouette (alauda)
la *laudatrice* de Dieu; c'est d'une manière identique, ce me semble, que l'équivoque entre les mots
*crista* et *christos* est passée dans la légende de saint
Christophe. Dans le dix-neuvième conte mongol, le
jeune homme pauvre ayant pieusement enseveli son
père est averti de son bonheur futur par une alouette

---

[1] *Taittirîya Yagurv.*, VII, 1, 4.

qui vient se poser sur son métier de tisserand ; après
la rencontre de cette alouette, il épouse en effet la fille
du roi. Cette alouette est une forme du jeune homme
lui même, du jeune soleil qui devient riche après avoir
été pauvre ; le métier sur lequel se perche l'alouette est
le ciel. Le nom grec de l'alouette crêtée (*korydalos*)
correspond au mot latin *galerita*. Les fables ésopiques
de l'alouette et ses petits et de l'alouette et l'oiseleur,
nous montrent en elle un oiseau rempli de perspicacité
et de sagesse. Comme les alouettes ne chantent les
louanges de Dieu que quand le ciel est pur et qu'elles
annoncent le matin ¹ et l'été, elles représentent le soleil
avec son aigrette de rayons qui éclaire toutes choses, le
soleil qui n'est que lumière, qui voit tout (le *viçvaveda*
védique), le soleil d'or. Dans le treizième conte esthonien, la jeune fille qui dort doit se réveiller quand elle
entendra le chant d'été des alouettes. (Ici la jeune fille
est la terre qui se réveille au printemps).

Le nom sanskrit de l'alouette n'est pas moins intéressant que le mot latin *alauda*. Bharadvâga, ou l'a-
louette, peut signifier celui qui apporte de la nourriture
et des biens (comme le soleil), celui qui produit du
bruit (le chanteur d'hymnes) et celui qui sacrifie. Le
mythe de l'alouette, presque tout entier, paraît être
contenu dans cette triple interprétation dont est sus-
ceptible le mot *bharadvâga*. Bharadvâga est aussi le
nom d'un poète célèbre et d'un des sept sages mythiques, qui, d'après la légende, fut nourri par une
alouette ; ce sage était, dit-on, le fils de Brĭhaspati, le
dieu du sacrifice, le dieu identifié à Divodâsa, l'un des
favoris du dieu Indra, qui détruit pour lui les puis-

______

¹ De là ce passage de Grégoire de Tours, cité par Du Cange : « In
Ecclesia Arverna, dum matutinæ celebrarentur Vigiliæ, in quadam
civitate avis Corydalus, quam Alaudam vocamus, ingressa est. »

santes citadelles célestes de Çambara. Le *Tâittirîya-brâhmana* nous montre aussi le sage Bharadvâga en rapport avec Indra. Bharadvâga est devenu vieux en passant successivement par les trois degrés de la vie d'un pénitent appliqué à l'étude des saintes écritures. Indra s'approche du sage qu'accablent les ans et lui demande à quel usage il emploierait sa vie, s'il lui restait plusieurs années à passer sur terre. Il répond qu'il continuerait à vivre dans la pénitence et l'étude. Dans les trois premiers degrés de la vie brâhmanique, Bharadvâga s'est livré à l'étude des trois védas (l'*Atharvaveda* n'étant pas encore composé, ou n'ayant été admis que plus tard au nombre des livres sacrés). Dans la quatrième période, Bharadvâga apprend la science universelle (*sarvavidyâ*, devient immortel et monte au ciel uni au soleil, *âdityasya sâyugyam*).

La caille est aussi dans un rapport étroit avec le soleil d'été et particulièrement avec la lune.

*Vartikâ* et *vartaka* sont les noms sanskrits de la caille; ces mots signifient, tourné vers, animé, préparé, alerte, vigilant (comp. l'Allemand *wachtel*); ils signifient aussi le pèlerin (comp. le mot russe *perepiolka*). Dans le *Rigveda*, les Açvins délivrent la caille des souffrances qu'elle endure; ils sauvent la caille de la rage du loup; ils l'arrachent aux dents du loup qui la dévore[1]. Dans le quarante et unième conte du sixième livre d'*Afanassieff*, la sage jeune fille arrive sur un lièvre avec une caille attachée à la main, et se présente devant le Tzar dont elle doit résoudre l'énigme afin de pouvoir l'épouser. Cette caille est le symbole du Tzar lui-même, ou du soleil;

---

[1] Vartikâm grasitâm amuncatam; *Rigv.*, I, 112, 8. — Amuncatam vartikâm anhasah; I, 118. 8. — *A*sno vrîkasya vartikâm abhîke yuvam narâ nâsatyâmumuktam; I, 116, 14. — Vrîkasya cid vartikâm antar âsyâd yuvam çaçîbhir grasitâm amuncatam; X, 39, 13.

la sage jeune fille est l'aurore (ou le printemps)
qui s'approche du soleil sur un lièvre, c'est-à-dire sur
la lune, en traversant les ombres de la nuit (ou de
l'hiver). Les Grecs et les Latins, remarquant peut-être
que la lune réveille la caille, dirent que cet oiseau
était consacré à Latone et racontent que Jupiter prit la
forme d'une caille pour obtenir les faveurs de celle-ci,
et que de leur union naquirent Diane et Apollon[1] (le
soleil et la lune). D'autres affirment aussi que la caille
était consacrée à Hercule, auquel l'odeur d'une caille
rendit l'existence que lui avait ravie Typhon. La caille
védique délivrée du loup et Hercule délivré du monstre
Typhon par la caille, sont évidemment deux formes
analogues du même mythe. On croit que quand la lune
se lève, la caille pousse des cris et se met en mouvement, comme si elle voulait s'attaquer à elle; on
croit aussi que la tête de la caille s'accroît ou diminue
de grosseur selon les influences de la lune. Comme
la caille paraît représenter le soleil et qu'elle aime la
chaleur, elle redoute la lune et le froid auquel cet
astre préside. Ce sont ces relations mythiques de la
caille qui donnèrent sans doute naissance à la crainte
que les anciens avaient de cet oiseau qui, pensaient-ils,
mangeait de l'ellébore vénéneux pendant la nuit et,
par conséquent, était empoisonné et sujet à l'épilepsie.

---

[1] Cette fable est rapportée aussi d'une manière différente : Jupiter
possède Latone et fait ensuite violence à sa sœur Astério, que les dieux
changent en caille par compassion. Jupiter se métamorphose en aigle
pour s'en emparer; les dieux changent alors la caille en pierre —
(comp. la fable d'Indra sous la forme d'un coucou et de Rambhâ,
ainsi que celle d'Indra sous la forme d'un coq et d'Ahalyâ. D'après une
superstition populaire, les cailles, comme les grues, laissent tomber
quand elles voyagent de petites pierres qui leur permettent de reconnaître, à leur retour, les lieux où elles ont passé une première fois) —
et cette pierre resta sous l'eau un temps assez long, après lequel elle
en sortit à la prière de Latone.

Plutarque rapporte dans ses *Apophthegmes*, qu'Auguste punit de mort un fonctionnaire d'Egypte pour avoir mangé une caille qui avait remporté le prix dans le combat : car c'était depuis longtemps la coutume de faire battre des cailles, de même qu'un divertissement favori des Athéniens était le jeu de la caille, qui consistait à placer plusieurs cailles en cercle ; il fallait en toucher une pour gagner toutes les autres. D'après Artémidore, les cailles annonçaient à ceux qui les élevaient les calamités qui pourraient leur survenir du côté de la mer. La caille qui s'agite contre la lune (Élien dit de même que le coq s'anime et pousse des cris de joie au lever de la lune)[1] pronostique la mauvaise saison, la saison des pluies ou de l'hiver, et se sert du présage même qu'elle fournit pour émigrer dans des régions plus chaudes. La caille veille, voyage et pousse des cris pendant la nuit ; les paysans de Toscane infèrent du nombre de fois qu'elle fait entendre successivement son cri dans la campagne quel sera le prix du blé ; comme la caille renouvelle ordinairement ce cri à trois ou quatre reprises, quand elle ne chante que trois fois, ils disent que le blé sera à bon marché, et quand elle se fait entendre quatre fois consécutives, ils prétendent qu'il sera cher ; aussi disent-ils que la caille met le blé

---

[1] Élien dit que le coq est le favori de la lune, soit parce qu'il rendit service à Latone en couches, soit parce qu'on le considère généralement (à titre de symbole de fécondité) comme facilitant les accouchements. Comme animal vigilant, il était naturel de voir en lui l'ami tout spécial de la lune, de celle qui veille pendant la nuit. — Le coq, considéré comme messager, était consacré à Mercure ; comme guérissant plusieurs maladies, à Esculape ; comme guerrier, à Mars, à Hercule et à Pallas, qui, d'après Pausanias, portait une poule sur son casque ; comme favorisant l'accroissement de la famille, aux Lares, etc. Les prêtres catholiques eux-mêmes daignent recevoir avec une faveur spéciale, *ad majorem Dei gloriam*, l'hommage de coqs, de chapons et de poulets.

à prix [1]. La caille arrive dans nos campagnes au printemps, en même temps que le soleil, et s'en retourne avec lui, en septembre. Dans le *Mahâbhârata* [2], quand le héros Bhîma est serré dans les nœuds d'un énorme serpent, une caille apparaît auprès du soleil ; elle est de couleur obscure (pratyâdityamabhâsvarâ), n'a qu'une aile, qu'un œil et qu'un pied ; elle est horrible à voir et vomit du sang (raktam vamantî). Cette caille représente soit le ciel rouge du soir à l'Occident, soit ce même ciel rouge à la fin de l'été.

------

[1] L'an dernier mes cailles poussaient leur cri six fois de suite, et comme le printemps avait été très pluvieux, le blé a été fort cher en Italie.

[2] III, 12,437.

# CHAPITRE IX

## LE COQ ET LA POULE

---

### SOMMAIRE

Alectryon (c'est le nom grec du coq) était le compagnon et le satellite de Mars. Quand Mars voulait passer la nuit avec Vénus, en l'absence de Vulcain, il plaçait Alectryon à la porte de la chambre à coucher pour faire le guet. Alectryon, pourtant, céda une fois au sommeil, et Mars, que surprit le mari à son retour, entra dans une furieuse colère et changea Alectryon en coq pour lui apprendre à être vigilant ; de là, ces vers d'Ausone : —

« Ter clara instantis Eoi
Signa canat serus, deprenso Marte satelles. »

D'après les Purânas, Indra, le Mars de l'Inde, épris d'Ahalyâ, épouse de Gâutama, et accompagné de *Candra* (la lune) prend la forme d'un *krikavâka*, (un coq ou un paon) et vient à minuit chanter auprès de la demeure d'Ahalyâ, en l'absence de son mari. Quittant alors la forme de coq (ou de paon), il laisse *Candra* à la porte pour faire le guet et va partager la couche d'Ahalyâ (la poule). Cependant, Gâutama revient chez lui, *Candra* n'ayant pas averti les amants de son arrivée, le saint change Ahalyâ en pierre et couvre le corps d'Indra d'un millier de matrices, qui furent submergées dans l'eau et que les dieux compatissants changèrent ensuite en un millier d'yeux (*sahasrâksha* est un des noms sanskrits d'Indra et du paon). D'après une autre version de cette légende, — qui est analogue à la fable de Zeus changé en caille pour séduire la sœur de Latone, ou de Latone elle-même changée en pierre et plongée dans les eaux, — Indra devient eunuque et obtient, en compensation, comme nous l'avons déjà vu, les deux testicules d'un bélier. Dans l'*Aitareya Brâhmana*, le dieu Brahma Pragâpati se change en bouc ou en chevreuil (*riçya*), pour jouir de sa propre fille, l'Aurore. Dans les trente-deuxième et trente-troisième hymnes du huitième livre du *Rigveda*, le dieu Indra et le dieu Brahmâ changent de rôles. Indra est d'abord beau (çiprin); ensuite, il devient une femme (strî hi brahmâ babhûvitha). Dans le *Râmâyana* [1], Gâutama condamne Indra à devenir impuissant et Ahalyâ à rester cachée dans la forêt, conchant dans les cendres (bhasmaçâyinî), jusqu'à ce que Râma vienne la délivrer. Le ciel de cendre, le ciel de pierre, le ciel chargé d'eau, sont une seule et même chose ; Ahalyâ (l'aurore du soir), qui couche dans les cendres, est le germe du conte de Cendrillon et de celui de la fille du roi de Dacie, persécutée par son amant, qui n'est autre que son père.

D'après une croyance populaire italienne, dont Pline et Columelle ont parlé, quand il tonne pendant qu'une poule couve, ses œufs sont perdus. Pour obvier à ce désastre, Pline donne le conseil de placer dans le foin sur lequel reposent les œufs, un clou ou un peu de terre ramené à la surface avec la soc d'une charrue. Columelle dit que plusieurs personnes emploient au même effet de petites branches de laurier, des têtes d'ail et des clous de fer. Ce sont toutes choses qui symbolisent (à cause de la forte odeur qu'elles exhalent) les traits sulfureux de la foudre et le foudre conçu comme une arme de fer ; ce préservatif, conforme au principe *similia similibus*, était recommandé par la même raison pour laquelle on invoquait le diable afin de le conjurer. En Sicile, quand une poule couve, on met au fond de son nid un clou, qui a, dit-on, la propriété d'attirer et d'absorber toute espèce de bruit de nature à nuire aux poussins. Il est intéressant, ce me semble, de rencontrer une croyance analogue dans l'antiquité védique. Dans une strophe, où le mot *ândâ* peut

---

[1] 1, 49.

être traduit par œufs comme par testicules, et qui nous
suggère par conséquent l'idée d'oiseaux ovipares et de
poussins aussi bien que celle d'hommes, Indra, le dieu
du tonnerre est invoqué en ces termes : — « Ne nous
fais point de mal, ô Indra ; ne nous fais pas périr ; ne
nous enlève pas les plaisirs que nous chérissons ; ne
brise pas, ô grand, ô fort, nos œufs (ou nos testicules) ;
ne détruis pas les fruits de nos entrailles »[1]. Indra peut
non-seulement devenir eunuque, mais faire que les
autres le deviennent ; le tonnerre nous frappe de stu-
peur, et, selon l'expression analogue que nous em-
ployons en Italie, nous fait de stuc ou nous change en
pierre.

Le coq et la poule ovipare, oiseaux qui sont des
symboles d'abondance à cause des œufs qu'ils produisent, et qui personnifient le soleil, étaient et sont
encore sacrés dans l'Inde et en Perse, où c'est un sacrilège de les tuer. Cicéron prétend dans son *Discours pour
Muréna* que, chez les anciens, celui qui tuait un coq de
propos délibéré, n'était pas moins coupable que s'il
avait étouffé son père. Nous lisons dans Du Cange, que
Geoffroi Ier, duc de Bretagne, étant en voyage pour Rome,
fut tué d'une pierre par une femme dont une des poules
avait été dévorée par un de ses éperviers. En Italie,
un grand nombre de ménagères entretiennent encore la
même superstition relativement aux poules.

Dans l'Avesta, le chant du coq accompagne la fuite
des démons, éveille l'aurore et fait lever les hommes[2].

---

[1] Mâ no vadhîr indra mâ parâ dâ mâ nah priyâ bhoganâni pra
moshîh andâ mâ no maghavan chakra nir bhen mâ nah pâtrâ bhet
sahagânushâni ; Rigv., I, 104, 8.

[2] Der Vogel der den Namen Parodars führt, o heiliger Zarathustra,
den die überredenden Menschen mit den Namen Kahrkatâç belegen,
dieser Vogel erhebt seine Stimme bei jeder gœttlichen Morgenrœthe :

Le poète chrétien Prudence lui-même, qui voit encore
un symbole solaire dans le *Christ*, le compare au coq
appelé aussi *cristiger, cristatus, cristeus* [1], et prie le
Christ de chasser le sommeil, de briser les fers de la
nuit, de détruire l'ancien péché et d'apporter la lumière
nouvelle, après avoir dit du coq : —

> « Ferunt vagantes dæmones
> Lætos tenebris noctium
> Gallo canente exterritos
> Sparsim timere et cedere.
> . . . . . . omnes credimus
> Illo quietis tempore
> Quo gallus exsultans canit
> Christum redisse ex inferis. »

Nous avons vu au chapitre précédent, l'alouette à
aigrette en relation avec saint Christophe. En Allemagne, on faisait danser des coqs, qu'on sacrifiait ensuite
le 25 juillet, jour consacré à saint Jacques [2] (le saint qui

---

Stehet auf, ihr Menschen, preiset die beste Reinheit, vertreibet die
Dâeva ; *Vendidad*, XVIII, 54-38, traduction de Spiegel.— Le coq Parodars
écarte spécialement avec son chant le démon Bûshyançta, qui enchaîne
les hommes dans les liens du sommeil, et il est encore question de lui
dans un fragment du *Khorda Avesta* (XXXIX) : Da vor dem Kommen der
Morgenrœthe, spricht dieser Vogel Parodars, der Vogel der mit Messern
verwundet, Worte gegen das Feuer aus. Bei seinem Sprechen lœuft
Bûshyançta mit langen Hænden herzu von der nœrdlichen Gegend,
von den nœrdlichen Gegenden, also sprechen, also sagend :« Schlafet,
o Menschen, schlafet, sündlich Lebende, schlafet, die ihr ein sündiges
Leben führt. » Comme dans l'hymne de Prudence, l'idée de sommeil
est alliée à celle de péché ; cette hymne fait naître l'idée qu'elle
est l'œuvre d'un poète initié aux mystères solaires du culte de Mithra.

[1] Comp. Du Cange au mot *gallus*. — Le même Du Cange cite un
ancien glossaire du moyen âge où le mot *gallina* est donné comme
signifiant Christ, sagesse et âme. — Le coq de l'Evangile annonce,
révèle, trahit le Christ trois fois, aux trois veilles de la nuit auxquelles
correspondent les trois fils des légendes.

[2] Dans la légende de Saint-Jacques, un vieux père et sa femme vont
avec leur jeune fils en pèlerinage à Saint-Jacques de Compostelle, en
Espagne. Chemin faisant, ils s'arrêtent dans une auberge à San
Domingo de Calzada, et la fille de l'hôtelier offre ses faveurs au jeune

vide la bouteille, comme on dit en Piémont), à saint Christophe et à l'ancien dieu du tonnerre Donar. Donar traverse une rivière en portant Oerwandil sur ses épaules, comme le géant Christophe porte le Christ.

Il existe une superstition très-répandue en Italie, en Allemagne et en Russie, d'après laquelle une poule qui se met à chanter comme un coq est du plus sinistre augure, et l'on croit généralement qu'il faut la tuer sur-le-champ, si l'on ne veut pas mourir avant elle. La même croyance existe en Perse et la discussion de Sadder, à cet égard, est intéressante : il essaie de prouver qu'il ne faut pas tuer une telle poule, parce que, si elle devient un coq, cela signifie qu'elle sera capable de tuer le démon (c'est pourquoi l'on avait coutume de mettre un coq en liberté sur les tombes des Perses[1]). En tenant compte

---

homme qui la repousse ; la jeune fille en tire vengeance en mettant dans le sac du jeune homme un plat d'argent, ce qui le fait arrêter et empaler comme voleur. Ses vieux parents continuent leur route pour Saint-Jacques ; saint Jacques a pitié de leur infortune et accomplit en leur faveur un miracle qu'ils ne connaissent que plus tard. Ils regagnent leur pays en passant encore par San Domingo ; ils y retrouvent plein de vie leur fils qu'ils avaient vu empalé et offrent, en raison de ce prodige, de solennelles actions de grâces à saint Jacques. Tous ceux qui les entendent sont frappés d'étonnement. Le gouverneur de l'endroit était à dîner quand la nouvelle lui en arrive ; il refuse d'y croire et dit que le jeune homme est vivant comme la volaille rôtie qu'il a sur sa table ; il n'a pas plutôt lâché ces paroles que le coq se met à chanter, retrouve ses plumes, saute hors du plat et s'envole à tire d'ailes. La fille de l'hôtelier est condamnée ; et en l'honneur de ce miracle, on révère le coq comme un animal sacré et les maisons de San Domingo sont ornées de plumes de coq. Sigonius prétend qu'un pareil miracle eut lieu au onzième siècle dans le Bolonais ; mais au lieu de saint Jacques, c'est le Christ et saint Pierre qui accomplissent ces prodiges. — Comp. aussi le rapport qui existe entre saint Élie (et le héros russe Ilya), dont on célèbre la fête le 21 juillet, quand le soleil entre dans le signe du Lion, et Helios, le soleil hellénique.

[1] Olearius, qui voyageait en Perse en 1637, fut témoin, à Kebrabath, près d'Ispahan, de l'usage suivant : Quand quelqu'un meurt, les parents laissent sortir un coq de la maison et le chassent au loin ; s'il est

des superstitions orientales et des croyances européennes, le savant professeur Spiegel trouvera plus
clair, je le crois, le passage suivant qui lui semblait
très-obscur : « Qui religione sinceri sunt, ludificationis
expertes, quando percipiunt ex gallina vociferationem
galli non debent illam gallinam interficere ominis causa,
quia eam interficiendi jus nullum habent..... Nam in
Persia si gallina fit gallus, ipsa infaustum diabolum
franget. Si autem alium gallum adhibueris in auxilium,
ut cum gallina consortium habeat, non erit incommodum ut tunc ille diabolus sit interfectus. » D'après un
proverbe sicilien, la poule qui chante comme le coq
ne doit être ni vendue ni donnée, mais il faut que sa
maîtresse la mange [1].

Dans le quarante-cinquième conte du cinquième livre
d'*Afanassieff*, les coqs chantent et la fumée du diable
disparaît. Dans le quarantième conte du même livre, le
coq chante et le diable quitte le royaume où il avait
changé tout homme et toute chose en pierre. Le fils
d'un paysan qui avait passé la nuit à prier à la lueur
des chandelles échappe seul aux maléfices du diable ;
après trois nuits de ce pieux exercice, tous les hommes
changés en pierre reviennent à la vie, et le jeune
paysan épouse la jolie fille du roi.

Dans le trentième conte du cinquième livre d'*Afanassieff*, le vieillard devient tout-à-coup immobile et silen-

---

emporté par un renard, c'est un bon augure et l'âme du trépassé est
sauvée. Mais si cette épreuve n'aboutit pas, ils ont recours à une
autre, qu'ils jugent infaillible. Ils habillent richement le mort et le
suspendent au mur du cimetière. Si les corbeaux ou quelques autres
oiseaux de proie viennent lui crever l'œil droit, ils ensevelissent le
cadavre avec honneur ; s'ils commencent, au contraire, par l'œil
gauche, c'est un signe de damnation et le cadavre est tenu en horreur.

La gallina cantatura<br>
Nun si vinui, nè si duna<br>
Si la mancia la patruna.

cieux quand le coq se met à chanter. Il y a peut-être là
une allusion au vieux soleil du soir et au chant du coq
vers la tombée du jour. Le coq de la nuit prend donc
quelquefois une forme démoniaque. Dans le vingt-
deuxième conte du cinquième livre d'*Afanassieff*, le
diable se change en coq afin de manger le blé dont le
jeune homme, qui avait été métamorphosé d'abord en
anneau d'or, prit ensuite la forme. Mais ce coq de la
nuit étant démoniaque, est de couleur noire, quoique
sa crête (le soleil) soit toujours rouge. Le coq est rouge
le matin et le soir ; pendant la nuit, il est noir avec
une crête rouge tournée tantôt à l'est, tantôt à l'ouest ;
c'est sur la petite patte d'une poule[1] que repose la
petite cabane mobile enchantée des contes russes, que
les jeunes héros et les jeunes héroïnes en voyage rencontrent dans la forêt et qui les fait retourner dans la
direction d'où ils sont venus.

Dans le neuvième conte du deuxième livre du *Pentamerone*, une reine donne l'ordre de tuer les coqs de la
ville pour faire cesser leurs chants, parce que, tant que
les coqs chanteront, elle ne pourra pas, par suite de la
malédiction d'une sorcière, reconnaître et embrasser
son fils. La sorcière prend évidemment ici la forme du
coq démoniaque qui chante pendant la nuit[2].

---

[1] Comp. *Afanassieff*, I, 3 ; II, 50 ; parfois la patte du chien tient lieu
de celle de la poule ; comp. v, 28.

[2] Je rapporterai à ce sujet un conte inédit que M. S. M. Greco m'a-
dresse de Cosenza, en Calabre : Une jeune fille pauvre est seule au milieu
des champs ; elle arrache une raiponce, voit un escalier, le descend et
arrive dans le palais des fées, qui ressentent à sa vue une vive passion
pour elle. Elle demande la permission de retourner près de sa mère et
l'obtient ; elle dit à sa mère qu'elle entend du bruit toutes les nuits,
sans voir ce qui peut le produire, et reçoit le conseil d'allumer une
chandelle pour en découvrir la cause. La nuit suivante, la jeune fille
fait ainsi et voit un jeune homme d'une grande beauté avec un miroir
sur la poitrine. La troisième nuit, elle agit de même, mais une goutte

Dans le premier conte du quatrième livre du *Penta-merone*, le vieux Minec' Aniello élève un coq avec beaucoup de soin, mais se trouvant à court d'argent, il le vend à deux magiciens qui se disent en s'en allant que le coq est précieux à cause de la pierre qu'il contient ; cette pierre, enchâssée dans un anneau, permettra à celui qui l'aura d'obtenir tout ce qu'il peut désirer (c'est le *lapillus alectorius* qui est, dit-on, de la grosseur d'une fève, pareil à du cristal et bon pour les femmes en couche et pour inspirer du courage ; on rapporte que Milon devait sa force à cette pierre). Minec' Aniello entend cette conversation, enlève le coq, le tue, prend la pierre et, grâce à elle, redevient jeune au milieu d'un beau palais d'or et d'argent. Mais les magiciens lui ravissent sa pierre avec l'anneau dans lequel elle est enchâssée ; le jeune homme, alors, retombe dans la

---

de cire tombe sur le miroir et réveille le jeune homme qui crie d'une voix lamentable : « Va-t'en d'ici. » La jeune fille veut partir ; les fées lui donnent un peloton de fil en lui recommandant d'aller au sommet de la plus haute montagne et d'y laisser le peloton agir de lui-même ; elle devra le suivre où il ira. Elle obéit et arrive dans une ville qui est en larmes à cause de l'absence du prince ; la reine aperçoit la jeune fille d'une des fenêtres de son palais et la fait entrer. Au bout de quelque temps, elle donne naissance à un bel enfant et un cordonnier qui travaille pendant la nuit se met à chanter :

> « Dors, dors, mon fils ;
> Si ta mère sait un jour
> Que tu es mon fils,
> Elle te fera dormir dans un berceau d'or
> Et dans des langes d'or.
> Dors, dors, mon fils. »

La reine apprend alors de la jeune fille que celui qui chante ainsi est le prince condamné à rester loin du palais, jusqu'à ce que le soleil se lève sans qu'il le voie. Des ordres sont donnés de tuer toute la volaille de la ville et de couvrir toutes les fenêtres d'un rideau noir parsemé de diamants, afin que le prince croie qu'il est toujours nuit et n'aperçoive pas le lever du soleil. On réussit à donner le change au prince ; il épouse la jeune fille qui est la favorite des fées et ils vivent heureux et contents,

> Tandis que moi, si vous voulez m'en croire,
> J'ai une épine dans le pied.

vieillesse et s'en va à la recherche de l'anneau qu'il a
perdu dans le royaume du trou profond (de Pertuso
cupo) qu'habite le rat ; les rats rongent le doigt du magicien qui possède l'anneau ; Minec' Aniello le recouvre
et change en ânes les deux magiciens ; il en monte un
et le précipite du haut des montagnes ; l'autre est
chargé de lard que Minec' Aniello envoie aux rats par
reconnaissance. Le coq est ici un animal nocturne ; la
pierre qui accomplit des prodiges quand elle est enchâssée dans un anneau, est le soleil, qui se manifeste
quand il est invoqué par le coq de la nuit. D'après la
croyance sicilienne, quand on rêve de poules cou-
veuses accompagnées de poussins, qui se trouvent
dans des maisons inhabitées et désertes, c'est un signe
que ces maisons contiennent des trésors cachés et qu'il
faut aller les déterrer.

Dans le premier des contes esthoniens, le coq qui
chante espionne la vieille femme[1]. Dans le troisième
conte esthonien, une femme donne à manger à son mari
trois œufs d'une poule noire afin d'obtenir trois héros
nains. Dans le vingt-deuxième conte esthonien, les bergers qui gardent le fils du roi persécuté, reconnaissent,
en voyant l'intelligence de l'enfant, la vérité de ce proverbe, que « l'œuf est plus avisé que la poule. » Dans
le neuvième conte esthonien, un jeune homme, qui a
fait un pacte avec le diable, le dupe en lui donnant le
sang d'un coq au lieu du sien. Dans le quatrième conte
esthonien, quand on frappe trois coups sur un rocher
avec une baguette d'or, il en sort un grand coq d'or qui
va se poser à la cime ; il bat des ailes et chante ; à
chaque cri qu'il pousse, il sort de la pierre un objet

---

[1] Die schlaue Alte brachte bald heraus, was der Dorfhahn hinter
ihrem Rücken der jüngsten Tochter ins Ohr gekræht hatte ; Kreutzwald
und Loewe, *Ehstnische Mærchen*.

merveilleux, tel qu'une nappe qui s'étend d'elle-même et une écuelle qui se remplit spontanément. Dans le vingt quatrième conte esthonien, une vieille fée donne à la reine un petit panier contenant un œuf d'oiseau ; la reine doit le porter pendant trois mois, comme une perle, dans son sein ; il en sortira d'abord un petit être vivant, qui deviendra, une fois réchauffé dans un panier couvert de laine, une véritable jeune fille ; au même moment où la poupée se changera en jeune fille, la reine donnera naissance à un bel enfant mâle. Dans la mythologie finnoise, Linda, l'épouse de Kalew, est née aussi de l'œuf d'une bécasse ou d'une poule de bruyère.

En Hongrie (où l'on place un coq de fer blanc, peint de différentes couleurs, au sommet des grands édifices pour indiquer la direction du vent, — c'est la girouette (*weathercock*) d'Angleterre et d'Italie ; nous avons tous entendu parler du coq de la tour de Saint-Marc à Venise, qui fait sonner les heures), on croit que pour apaiser le diable il faut lui sacrifier un coq noir. Le coq rouge, au contraire, est un signe d'incendie [1].

Dans le Montferrat, on croit qu'une poule noire

---

[1] Nous lisons le passage suivant dans les annales de la ville de Debreczen, pour l'année 1564 : « Æterna et exitialis memoria de incendio trium ordinum in anno præsenti : feria secunda proxima ante fest. nat. Mariæ gloriosæ exorta est flamma et incendium periculosum in platea Burgondia ; eadem similiter ebdomade exortum est incendium altera vice, de platea Csapo de domo inquilinari Stephani literati, multas domos..... in cinerem redegit, et quod majus inter cætera est, nobilissimi quoque templi divi Andreæ et turris tecturæ combustæ sunt, ex qua turri et ejus pinnaculo, gallus etiam æreus, a multis annis insomniter dies ac noctes jejuno stomacho stans et in omnes partes advigilans, flammam ignis sufferre non valens, invitus devolare, descendere et illam suam solitam stationem deserere coactus est, qui gallus tantæ cladis commiserescens ac nimio dolore obmutescens de pinnaculo desiliendo, collo confracto in terram coincidens et suæ vitæ propriæ quoque non parcens, fidele suum servitium invitus derelinquendo, misere expiravit et vitam suam finivit sic. »

fendue toute vivante par le milieu, et placée dans
l'endroit où l'on sent la douleur du *mal di punta*, enlève la maladie et la souffrance, à condition que, quand
cet étrange cataplasme est ôté, les plumes de la poule
soient brûlées dans la maison.

D'après un usage en vigueur dans les fêtes des com-
tés d'Essex et de Norfolk (usage dont il a été conservé
des traces dans le pot qu'essaie de frapper un homme
auquel on a bandé les yeux à la fête de la mi-carême
dans plusieurs localités de France et de Piémont), un
individu, les yeux bandés, gagne un coq s'il réussit
à l'atteindre sur les épaules d'une autre personne (ou
bien étant renfermé dans un pot élevé à douze ou
quatorze pieds de terre, contre lequel on lance des
projectiles [1]). Ce coq est une personnification du coq
funèbre dont sort, quand il est frappé, le feu du jour.
Le sacrifice d'un coq était en usage dans l'Inde, en
Grèce et en Allemagne.

De même que les anciens avaient coutume de faire
combattre des cailles, ils provoquaient aussi des
combats de coqs ; c'est pourquoi le coq était appelé
le fils de Mars (Arêos neottos). Nous savons déjà
que la crête du coq effraie le lion, l'animal à crinière ; la crête et la crinière sont équivalentes ; nous
avons vu aussi quelles vertus héroïques étaient attribuées au *lapillus alectorius*. Plutarque rapporte que les
Lacédémoniens sacrifiaient le coq à Mars pour obtenir
la victoire dans les batailles qu'ils livraient en plein
air. Pallas portait le coq sur son casque et Idoménée,
sur son bouclier. Plutarque dit aussi que les habitants

---

[1] Reinsberg von Düringsfeld fait observer *(Das festliche Jahr)* que
dans le North Walsham on remplace quelquefois, par plaisanterie, le
coq par un hibou, — autre symbole funèbre que nous connaissons
déjà.

de Carie avaient l'usage de porter un coq au bout de
leurs lances et fait remonter à Artaxerxès l'origine de
cette coutume, mais elle paraît être beaucoup plus ancienne, car les Cariens avaient déjà des casques munis
d'aigrettes dès le temps d'Hérodote, ce qui les faisait
appeler « coqs » par les Perses. Les combats de coqs
qui sont devenus si populaires en Angleterre, sont
aussi fréquents dans l'Inde. Le juif Philon raconte que
Miltiade enflamma l'ardeur de ses soldats avant la bataille de Marathon en les rendant témoins de combats
de coqs ; Thémistocle en fit de même à ce que rapporte Élien. Jean Goropius (qui donne les étymologies
extravagantes de *de hahnen* et *all hahnen* aux mots
*danen* et *alanen*) rapporte que les Danois avaient pour
coutume d'emporter deux coqs à la guerre, l'un pour
indiquer les heures et l'autre pour exciter les soldats au
combat. Du Cange nous apprend que les duels de coqs
étaient aussi en usage en France au dix-septième siècle,
et il cite des fragments de chartes du moyen âge où on
les interdit comme une coutume superstitieuse et
blâmable.

On sait que les anciens Romains prenaient les augures avec des coqs et des poulets, avant de livrer bataille,
quoique cet usage fût quelquefois tourné en ridicule. On
rapporte, par exemple, que Publius Claudius, sur le
point d'engager un combat naval lors de la première
guerre punique, consulta les augures pour ne pas violer
les coutumes nationales ; mais, quand les prêtres char-
gés de ce soin vinrent lui annoncer que les poulets ne
voulaient pas prendre de nourriture, il ordonna de les
jeter à la mer en disant: « Qu'ils boivent, puisqu'ils ne
veulent pas manger. »

On rendait à l'œuf une partie du culte dont on hono-
rait le coq et la poule ; le proverbe latin, « Gallus in

sterquilinio suo plurimum potest » montre le prix que
l'on attachait à l'œuf. La perle que le coq cherche dans
le fumier, n'est autre chose que son œuf; et l'œuf
de la poule dans le ciel, est le ciel lui-même. Pendant
la nuit, la poule céleste est noire, mais elle devient
blanche le matin; et comme elle est blanche à cause de
la neige, elle est la poule de l'hiver. La poule blanche
est propice à cause des poussins dorés qu'elle fait
éclore. Dans le Montferrat, on croit que les œufs qu'une
poule blanche a pondus le jour de l'Ascension[1] dans un
nouveau nid sont un bon remède pour les maux d'estomac, de tête et d'oreille, et, qu'en les déposant dans un
champ de blé, ils empêchent la nielle ou le charbon de
s'attaquer aux épis; déposés dans une vigne, ils la préservent de la grêle. Les œufs qu'on mange à Pâques et à
l'égard desquels tant d'usages populaires accompagnés
parfois de chants et de proverbes qui correspondent
entre eux au point de vue mythologique, restent en vigueur dans les différentes nations de l'Europe, sont un
symbole d'abondance[2] destiné à célébrer la résurrection de l'œuf céleste, du soleil de printemps. La poule
de la fable et des contes de fées qui fait des œufs d'or,

---

[1] Un usage semblable existe encore dans le Cosentin, en Toscane :
pour l'Ascension, les paysans apportent au lever du jour un panier
contenant des œufs au beau milieu de leur champ.

[2] Non-seulement l'œuf de la poule est un symbole d'abondance, mais
même les os des poulets servaient, dans la tradition populaire, à
représenter la foi conjugale et les rapports charnels. En Russie, quand
deux personnes (probablement le mari et la femme) mangent ensemble
un poulet, elles partagent entre elles l'os du cou, celui qu'on appelle
en anglais *merrythought*; chacune alors en prend un bout et promet
de se rappeler ce partage. Quand l'une des deux présente ensuite quelque chose à l'autre, celle-ci doit dire immédiatement : « Je me rappelle; » sinon, celui qui offre dit : « Prends et rappelle-toi. » Celui qui
a manqué de mémoire est le perdant. Un jeu semblable, qu'on appelle
« le vert, » a lieu en Toscane pendant le carême ; il est pratiqué entre
amants, qui se servent, à cet effet, d'une petite branche de buis.

est la poule mythique (la terre ou le ciel) qui donne chaque jour naissance au soleil. L'œuf d'or est le commencement de la vie dans la cosmogonie orphique et dans celle de l'Inde ; c'est par l'œuf d'or que le monde a commencé d'entrer en mouvement, et le mouvement est le principe du bien. L'œuf d'or produit le jour lumineux, actif et bienfaisant. Aussi, est-ce d'un excellent augure de commencer par l'œuf qui représente le principe du bien ; de là, vient le proverbe latin équivoque, « Ab ovo ad malum » qui signifiait « du bien au mal », ou bien, au sens propre « de l'œuf à la pomme », en vertu de la coutume romaine de commencer les repas par des œufs à la coque et de l'achever par des pommes (elle s'est conservée jusqu'à nos jours dans plusieurs familles italiennes[1]).

Mais commencer *ab ovo* signifie aussi prendre les choses par le commencement. Horace dit qu'il ne faut pas commencer par les œufs jumeaux la relation de la guerre de Troie : —

    « Nec gemino bellum Trojanum orditur *ab ovo*, »

allusion à l'œuf de Léda qu'avait aussi en vue le proverbe grec « sorti de l'œuf » (ex ôou exêlthen), appliqué à un beau jeune homme, par souvenir de la belle Hélène et des deux frères lumineux appelés les Dioscures. Mais dans ce cas, le coq blanc est devenu le cygne blanc dont nous allons nous occuper au chapitre qui suit.

----

[1] Le soleil est un œuf au commencement du jour ; il devient un pommier ou rencontre un pommier, le soir, dans le jardin occidental des Hespérides.

# CHAPITRE X

## LA COLOMBE, LE CANARD, L'OIE ET LE CYGNE

---

### SOMMAIRE

Colombes, canards, oies et cygnes de couleur blanche, rouge et brune.
— La colombe funèbre; elle est associée au hibou; le kapota. — Les
colombes fuient les personnes malheureuses. — La colombe et le
faucon. — Deux colombes qui se sacrifient l'une pour l'autre; une
forme des Açvins. — La colombe et la fourmi. — Changement du
héros et de l'héroïne en colombes. — Les deux colombes prophétiques
sur les traverses du mât. — Jeu funèbre consistant à tirer des flèches sur une colombe suspendue au mât d'un navire. — Les colombes
de Dodone. — La colombe et l'eau. — Sainte Radegonde sous la
forme d'une colombe préserve les marins du naufrage. — Une colombe sert de guide aux Argonautes. — L'âme de Sémiramis changée
en colombe. — C'est un sacrilège de manger une colombe. — Le
héros et l'héroïne changés en colombes afin de pouvoir s'échapper.
— La colombe qui apporte la joie, la lumière, le bien; elle est un
symbole du terme de l'hiver et du retour du printemps. — Les filles
d'Anius changées en colombes blanches. — Deux colombes trient
l'orge pour la jeune fille. — Le feu d'artifice, le poêle et le char
d'Indra accomplissent les mêmes prodiges, c'est-à-dire donnent la
beauté à la jeune fille dont la peau est hideuse. — Zózolla est assistée
par la colombe des fées. — La colombe sur le rosier. — La nymphe
Péristera aide Aphrodite à cueillir des fleurs. — La colombe phallique. — Le mot *hansa*; le *gus-lebedi* des contes russes. — Agni
sous la forme d'un hansa. — Les Maruts sous la forme de hansas. —
Les chevaux des deux Açvins considérés comme des hansas. — Le
canard fait son nid sur la tête du voleur. — Bribu sur la tête du voleur; Bribu sous la forme d'Indra et sous celle d'un oiseau. — Brahmâ sur les hansas. — Le soleil considéré comme un canard d'or. —
La fiancée sous la forme d'un canard. — Les traits de Râma considérés comme des hansas. — Kabandha conduit par des hansas. —
Les hansas, messagers d'amour. — Les oies-cygnes et le jeune héros
des contes russes. — La sorcière-serpent et la princesse sous la
forme d'un canard blanc. — Les œufs d'or et d'argent du canard. —

L'œuf d'or du canard cause la mort du cheval. — Les oies du Capitole. — L'oie qui ressuscite après avoir été cuite. — Les oies qui découvrent les ruses. — Les Valkiries sous la forme de cygnes. — Berthe, la reine Pédauque. — L'oie sauvage dans le buisson. — Les oies
qu'on mange à la Saint-Michel. — Le héros et le cygne. — Le
royaume du Saint Graal. — La légende de Lohengrin ; une variété du
mythe des Açvins ; Lohengrin et le frère d'Elsa sont le soleil et la
lune. — La légende des Dioscures ; Zeus sous la forme d'un cygne ;
les Dioscures délivrent Hélène comme Lohengrin délivre Elsa.

Comme il y a la colombe blanche et la colombe
brune [1], le canard blanc et l'oie de même couleur, le
canard et l'oie de teinte brune ou couleur de feu, le
cygne et le flammant blancs, le cygne roux et le cygne
noir, ces oiseaux, colombe, oie, canard et cygne,
ont pris, par suite de la diversité des couleurs qu'ils
revêtent sur terre, des aspects mythiques parfois
contradictoires, quand ils sont transportés dans le
ciel et qu'ils représentent des phénomènes célestes.
Tandis que les blancs ont fourni les images les plus
poétiques de la mythologie, les roux et les noirs ont
présenté des aspects tantôt propices, tantôt néfastes ;
tantôt ils conduisent le héros à sa perte, et tantôt ils
causent sa prospérité. Les teintes rouges, par exemple,
de la partie occidentale du ciel paraissent être des
flammes dans lesquelles la sorcière veut précipiter le
jeune héros ; les nuances roses du levant sont généralement, au contraire, le bûcher ou la fournaise où
le héros fait brûler la sorcière hideuse qui essaie de
causer sa perte ; de l'aurore du matin, du ciel blanc,
de la neige de l'hiver, de la terre blanche ou du
cygne blanc sort l'œuf d'or (le soleil) ; tantôt en naît la
belle jeune fille, tantôt le jeune héros, c'est-à-dire

---

[1] Le mot sanskrit *kapota*, signifiant colombe, s'applique aussi à la
couleur gris d'antimoine, qui est celle de l'espèce de colombes la plus
commune, des colombes, par exemple, élevées à la place Saint-Marc, à
Venise.

l'aurore et le soleil, ou bien le printemps et le soleil. Le soleil du soir et l'aurore dans la nuit, le soleil et la terre verdoyante, qui se dépouille en automne de sa parure multicolore, se voilent, se couvrent et se perdent; leurs teintes les plus vives s'obscurcissent dans les ténèbres nocturnes, ou sont ensevelies sous la neige de l'hiver; le héros devient une colombe brune, ou un cygne noir qui traverse les eaux. J'ai déjà fait remarquer plusieurs fois que la nuit de l'année correspond à celle du jour; le soleil qui se cache dans la nuit diurne, et le soleil qui se voile dans la nuit de l'hiver, sont souvent représentés par les mêmes images mythiques.

Nous allons examiner maintenant sous quels aspects mythiques la colombe, le canard et le cygne se sont manifestés en Orient, afin de comparer ces données avec ce qu'il en est dit dans les traditions de l'Occident.

Le *Rigveda* nous montre la colombe funèbre, la colombe grise ou brune, messagère des ténèbres de la nuit ou de l'hiver. En la voyant associée au hibou dans un hymne védique, on supposa qu'il s'agissait d'un autre oiseau que la colombe', et les traducteurs reconnaîtraient plus volontiers dans le *kapota* védique, le *turdus macrourus* que la colombe; mais cette interprétation me paraît inadmissible, car le kapota paraît être un oiseau domestique et qui s'approche de la demeure des hommes, habitude que n'ont pas les grives et qui convient aux colombes. Au soixante-cinquième hymne du dixième livre du *Rigveda*, on exorcise le kapota comme messager de la funèbre Nirriti, de la mort et de Yama, le dieu de la mort, afin qu'il ne cause point de mal. « Sois-nous propice, » s'écrie le poète, « sois nous propice, Kapota rapide (ou messager); que l'oi-

seau, ô dieux, nous soit inoffensif dans nos demeures.
Quand le hibou jette son cri lugubre, quand le Kapota
touche le feu, honneur soit rendu à Mrityu, à Yama,
dont il est le messager[1]. » Il faut aussi considérer
comme des oiseaux de mauvais présage les colombes
qui fuient les malheureux dans le *Pancatantra*[2]. Dans
la légende buddhiste de la colombe poursuivie par le
faucon (le faucon porte aussi en sanskrit le nom de
*kapotâri*, c'est-à-dire l'ennemi des colombes) et du roi
qui se sacrifie pour rester fidèle à sa parole, relatée
au chapitre du Faucon, celui-ci est une forme que
prend Indra, et la colombe est celle d'Agni, le dieu du
feu. La même légende se retrouve dans le *Tuti-Namé*,
avec cette variante que le vautour prend la place
du faucon, et Moïse celle du roi buddhiste. Afin de
remplir les devoirs de l'hospitalité, Moïse coupe un
morceau de sa chair d'un poids égal à celui de la
colombe, pour le donner au vautour, qui prend par
plaisanterie cette même partie du corps du héros
que la haine de race et le fanatisme religieux firent
exiger sérieusement de son débiteur par le Juif de
Venise immortalisé par le génie de Shakspeare. Dans
d'autres versions indiennes de la même légende du
héros qui se sacrifie, nous trouvons (dans le *Pancu-
tantra*) deux colombes qui se sacrifient l'une pour
l'autre ; deux colombes qui s'aiment (dans le *Tuti-Namé*[3]
ce sont deux tourterelles). Ici nous avons une forme
des deux Açvins, des deux frères dont l'un se sacrifie
pour l'autre ; la fable célèbre de La Fontaine, intitulée
*Les deux Pigeons*, est une réminiscence de cette légende

---

[1] Çivah kapota ishito no astu anâgâ devâh çakuno grîheshu ; str. 2.
— Comp., pour la quatrième strophe, le chapitre du Hibou.

[2] II, 9.

[3] II, 239 ; comp. le chapitre de l'Aigle.

orientale. De même, une autre version de la légende
des deux frères est contenue dans la fable d'Ésope et de
La Fontaine, dont le sujet est la colombe qui jette un
brin d'herbe dans l'eau pour sauver la fourmi sur le
point de se noyer ; en raison de quoi celle-ci, pénétrée
de reconnaissance, mord bientôt après le pied d'un
chasseur qui s'était emparé de la colombe et l'oblige
à la lâcher. Nous avons vu, au chapitre de l'Hirondelle, la belle fille que les maléfices de la sorcière
changent en hirondelle sur un arbre auprès de la
fontaine ; plusieurs autres légendes substituent à cette
métamorphose, le changement en colombe[1]. Les contes
de la jeune Filadoro et de l'île des Ogres dans le
*Pentamerone*[2]; un conte piémontais que m'a communiqué en 1866 un de mes amis, M. le Professeur
Alexandre Wesselofski, et qu'il a publié dans son essai
sur le poète Pucci ; le treizième conte sicilien de madame Gonzenbach (dont le douzième conte est une
autre version) ; le quarante-neuvième conte du sixième
livre d'*Afanassieff* (dont le cinquième des contes de
Santo Stephano di Calcinaia est également une autre
version), ainsi qu'un grand nombre de contes européens analogues, reproduisent ce sujet de la jeune fille
changée en colombe par la sorcière : de même que
l'hirondelle est blanche et noire, la colombe, en qui la
jeune fille est changée, est tantôt blanche et tantôt
noire. Les contes où ce sont de jeunes princes au lieu
de jeunes princesses, qui sont changés en colombes, ne
sont pas moins nombreux ; je donne ici deux contes

---

[1] Il me semble qu'il s'est produit la même confusion entre *coluber*
et *columba* qu'entre *chelydros*, espèce de serpent, et *chelidôn*, hirondelle. La belle fille sur un arbre se trouve même dans le *Tuti-Namé*,
I, 178 *et seqq*.

[2] II, 7 et V, 9.

toscans inédits, qui se rapportent à ce sujet et qui sont (le dernier surtout) fort intéressants [1].

-------

[1] Ils m'ont été récités à Antignano, près de Leghorn, par une paysanne nommée Uliva Selvi, dans les termes suivants :

Un gentilhomme avait douze fils et une fille qui avait été métamorphosée en aigle par l'effet d'un enchantement et qu'on gardait en cage. Le père conduit chaque jour ses douze fils à la messe, et chaque jour il rencontre une vieille mendiante à laquelle il fait l'aumône ; une fois pourtant, il se trouve sans argent et ne lui remet rien ; la vieille femme lui donne sa malédiction et lui dit qu'il ne verra plus ses fils. Aussitôt dit, aussitôt fait ; les douze garçons sont changés en douze colombes et s'enfuient à tire d'ailes. Le père et la mère, au désespoir, se mettent à pleurer, et, dans leur chagrin, ils oublient de donner à manger à l'aigle. Vis-à-vis de la maison du gentilhomme vivait un roi qui devient amoureux de l'aigle, comme s'il eût été une belle fille ; ce roi l'enlève et la remplace par un oiseau de même espèce. Non loin de là vivait une blanchisseuse qui avait une fille si belle qu'elle ne l'avait jamais laissée sortir que la nuit. Elles vont laver à une fontaine entourée de peupliers ; à minuit, pendant qu'elles sont occupées à laver, elles entendent un bruit dans les peupliers qui effraie la jeune fille. Une nuit, elles prêtent l'oreille et entendent les colombes qui parlent entre elles et se racontent les incidents de la journée ; elles disent où elles ont été et ce qu'elles ont fait. Elles s'envolent ensuite dans un beau jardin ; la jeune fille les suit ; elles entrent dans un palais magnifique, et la blanchisseuse rapporte ce qu'elle vient de voir au gentilhomme, qui s'en réjouit et promet une grande récompense à la blanchisseuse si elle veut lui montrer où ses fils vont passer la nuit. Le père et la mère vont pour les voir ; les colombes parlent entre elles et disent : « Si notre mère nous voyait. . . . . . . » puis elles s'envolent. Le gentilhomme consulte alors un astrologue, qui lui conseille d'attirer chez lui la vieille sorcière en lui promettant de lui faire l'aumône, de l'enfermer dans une chambre et de la contraindre de vive force d'indiquer les moyens de rendre aux colombes leur forme de jeunes garçons, et sinon de la tuer. La vieille lui donne une poudre qu'il doit répandre sur la plus haute montagne, ce qui aura pour effet de faire rentrer les colombes à la maison. Le père va sur la montagne, répand la poudre et revient chez lui, où il trouve ses fils qui sont occupés à chercher l'aigle. Quand ils l'ont trouvée ils ne la reconnaissent pas et s'en plaignent à leur mère. Cependant le jeune roi ne quitte pas son aigle et lui fait une cour assidue ; sa mère en est mécontente. Les douze frères rencontrent une fée qui, moyennant une aumône, leur dit où est leur aigle en ajoutant qu'elle ne tardera pas à revenir à la maison sous les traits d'une belle fille. L'aigle subit en effet cette métamorphose et devient l'épouse du roi.

Il y avait une fois un roi, dont le fils, qui était très beau, était amoureux d'une belle princesse. Des magiciens l'enlèvent avec deux serviteurs et le changent en pigeon ; les serviteurs subissent la même

Jusqu'ici la colombe nous est apparue comme une
forme lugubre et démoniaque que prennent le héros

métamorphose ; l'un devient vert, l'autre rouge et le troisième d'un
violet grisâtre (pavonazzo). Ils le placent dans un palais magnifique
où ils doivent rester sept ans. Chacun d'eux dispose d'un grand bassin,
l'un d'or, l'autre d'argent et le troisième de bronze. Quand ils y plon-
gent, ils redeviennent trois beaux garçons. Cependant, la princesse
meurt d'envie de savoir où son amant est parti ; elle va faire peigner
sa chevelure sur une terrasse ; les trois pigeons emportent son miroir,
puis le ruban qui sert à nouer ses cheveux, puis son peigne. Une
grande fête a lieu dans la ville et les demoiselles du pays s'y rendent
pendant la nuit ; chemin faisant, l'une d'elles se détourne un instant
vers l'heure où le jour point ; elle voit une porte d'or, rencontre à terre
une petite clé d'or, ouvre la porte et se trouve dans un beau jardin.
Au bout de l'allée qu'elle a prise s'élève un beau palais dans lequel
elle entre ; elle y voit les trois bassins d'or, d'argent et de bronze, ainsi
que les pigeons changés en jeunes garçons. Cependant, la fille du
roi tombe malade de chagrin et semble sur le point de mourir ; le
roi veut la guérir à tout prix. La demoiselle qui est entrée dans le palais
raconte à la fille du roi tout ce qu'elle y a vu ; ce récit la guérit et elle
se rend au palais avec la demoiselle ; elles le découvrent, y pénètrent
et voient une table servie pour trois personnes : les deux jeunes filles
se cachent. Le prince et la princesse se rencontrent, mais le prince en
la voyant est saisi de désespoir, et lui dit que son impatience a pro-
longé pour sept nouvelles années la durée de l'enchantement qu'il
subit, au moment où il n'avait plus que trois jours à attendre pour en
voir le terme. Il redevient pigeon et la jeune princesse doit rester sept
ans sur une tour exposée à toutes les intempéries. Les sept ans s'écoulent ; la princesse est devenue si laide qu'elle ressemble à un animal
sauvage, avec sa longue chevelure et sa peau brûlée du soleil. L'enchantement du prince a cessé au bout de sept ans ; il vient voir la princesse qui lui dit : « Combien j'ai souffert pour vous ! » Le prince ne la
reconnaît pas et l'abandonne ; elle reste toute nue au milieu d'une
épaisse forêt et se met à la recherche de son père. La nuit survient ; la
princesse et sa suivante ne savent où se réfugier et elles montent sur
un arbre d'où elles aperçoivent une lumière. Elles marchent dans cette
direction et trouvent un beau petit palais ; une belle dame, une fée,
apparaît et lui demande : « Est-ce vous Caroline ? » C'est le nom de
la princesse. Mais la fée ne peut pas lui donner de nouvelles du prince
et la renvoie à une autre fée, sa sœur, près de laquelle elle obtient le
même résultat ; elle se rend vers une troisième fée en faisant à chaque
fois une route deux fois plus longue que la précédente. Les trois fées
étaient trois reines que ce même jeune prince avait trahies. Les trois
fées donnent à la princesse une baguette magique ; elle doit aller trouver
le prince et lui faire ce qu'il lui a fait lui-même, c'est-à-dire lui cracher
au visage. Elle est conduite dans un bateau devant le palais du jeune
roi, et là, suivant les instructions de la fée, elle produit, au moyen de

ou l'héroïne, sous l'influence d'enchantements qu'ils subissent. Les deux colombes qui viennent se poser sur les traverses du mât du vaisseau dans lequel Gennariello apporte un faucon, un cheval et une fiancée blanche et rose avec des cheveux noirs, à son frère Milluccio (c'est une variante de la légende des deux Açvins et de celle du jeune homme qui se sacrifie pour son père) sont aussi d'un caractère funèbre. Elles conversent ensemble ; l'une dit que Gennariello amène à son frère Milluccio un faucon qui, aussitôt après son arrivée, lui arrachera les yeux, et que la personne, par laquelle Milluccio en serait informé ou qui ne lui remettrait pas le faucon, serait changée en marbre ; puis

---

sa baguette, un palais magnifique, un palais plus beau que celui du roi, ainsi qu'une belle fontaine. Le jeune roi veut aller le voir ; il aperçoit une belle princesse et lui envoie un baiser de la main ; mais, à sa vue, elle ferme sa fenêtre. Il l'invite à dîner, mais elle refuse. Il lui adresse un diamant magnifique qu'elle donne à son majordome en disant qu'elle en a quantité de plus beaux. Il lui envoie une parure splendide qui peut tenir dans le creux de la main ; elle la met en pièces et la donne au cuisinier pour en faire des torchons. Le jeune roi devient passionnément amoureux d'elle et lui envoie sa plus belle montre qu'elle donne aussi à son majordome. Il est atteint d'une fièvre dangereuse et charge sa mère d'aller la demander en mariage. La princesse se moque du prince et refuse de se rendre auprès de lui en disant : « Que ne vient-il lui-même ? » La mère du prince la supplie de nouveau de venir auprès de lui, mais elle lui répond : « Qu'il vienne. » Elle consent enfin à se rendre auprès de lui, mais à la condition que, pour aller de son palais à celui du roi, on construise un chemin couvert, si bien fait et si étroit, que pas un rayon de lumière n'y pénètre et qu'elle puisse cependant traverser avec son équipage. A mi-chemin, le couvert s'entrouvre, les rayons du soleil pénètrent et la princesse disparaît. (Comp. le mythe indien d'Urvaçî). Le roi étant sur le point de mourir, sa mère revient trouver la princesse qui demande qu'on le lui amène dans une bière comme s'il était mort. Le roi fait l'aveu d'avoir trahi quatre jeunes filles et reconnaît que c'est à cause de la quatrième qu'il est sur le point de mourir si misérablement. La princesse se moque de lui et lui crache deux fois à la figure ; à la troisième, il se relève, se réconcilie avec la princesse et l'épouse. (Le crachat de la princesse qui rend la santé au prince expirant est la rosée de l'ambroisie, ou du printemps, qui rappelle le soleil à la vie). — Comp. les contes II, V, IV ; 8 du *Pentamerone*, et V, 22 d'*Afanassieff*.

que Gennariello conduit à son frère Milluccio un cheval
qui lui cassera le cou dès qu'il le montera, mais que
la personne par laquelle Milluccio en serait informé ou
qui ne lui remettrait pas le cheval, serait changée en
marbre ; enfin, que Gennariello destine à son frère une
épouse qu'un dragon dévorera avec son mari la première nuit de leurs noces, mais que la personne par
laquelle Milluccio en serait informé ou qui ne lui con-
duirait pas la jeune femme, serait changée en marbre.
Le rusé Gennariello donne à Milluccio le faucon, le
cheval et la jeune fille ; mais il coupe la tête du faucon,
avant que son frère ne le prenne en main ; il coupe les
jambes du cheval, avant que son frère ne le monte ;
puis il tranche le chef du dragon, avant qu'il ne vienne
dévorer les deux jeunes époux. Milluccio, qui n'avait
pas vu le dragon et qui aperçoit un coutelas dans la
main de son frère, s'imagine qu'il est venu pour le
tuer ; il le fait saisir et condamner à mort. Pour éviter
le sort qui l'attend, Gennariello raconte tout et est
changé en marbre. Milluccio apprend qu'il peut rappeler son frère à la vie en frottant le marbre avec le
sang de ses deux fils ; il tue les enfants, et la mère au
désespoir va pour se jeter par la fenêtre, quand elle
voit arriver son père, qui la salue en lui disant :
« Driuto na nugola. » Il ressuscite les enfants et révèle
que c'est pour se venger qu'il leur a causé à tous
des peines si cuisantes, — se venger de Gennariello,
parce qu'il avait enlevé sa fille, de Milluccio, cause
de cet enlèvement et de sa fille parce qu'elle s'était
échappée de chez lui. Les deux colombes, posées
sur les traverses du mât, annonçaient donc la mort
du héros et de l'héroïne, de même que parfois elles
en sont, au contraire, les propres formes funèbres.
Le lecteur se rappellera sans doute qu'aux funérailles

de Patrocle, dans l'*Iliade*, l'un des jeux funèbres consiste à diriger des traits contre une colombe suspendue au mât d'un vaisseau. (On se rappellera aussi les deux colombes qui, perchées sur des chênes ou sur des hêtres, donnaient des réponses prophétiques à Dodone et criaient « Zeus a été, Zeus est, Zeus sera, ô Zeus, le plus grand des dieux ! »). La colombe paraît être en rapport avec les eaux funèbres ; on connaît aussi la fable de la colombe qui trouve la mort en se frappant la tête contre un mur sur lequel on a figuré de l'eau[1]. Dans la légende de Radegonde, la sainte reine sauve, sous la forme d'une colombe, les matelots du naufrage. D'après Apollonius, c'est une colombe qui servait de guide aux Argonautes. Il est dit que Sémiramis fut changée en colombe après sa mort. La colombe est aussi un symbole funèbre sur les monuments chrétiens ; c'est de là et parce qu'on en a fait l'emblème du Saint-Esprit, qu'est née la superstition d'après laquelle une grande partie de la population en Italie, en Allemagne, en Hollande et en Russie, considère comme un péché de manger une colombe. On sait de quel respect on entourait cet oiseau dans l'antiquité, particulièrement en Syrie et en Palestine.

Parfois les deux jeunes amants prennent volontairement la forme d'une colombe pour échapper à la poursuite du monstre ; c'est ce qui a lieu, par exemple, dans la sixième des *Novelline di santo Stefano*. Quelquefois la

------

[1] On dit qu'une tourterelle après avoir perdu sa compagne ne boit plus jamais dans une source d'eau limpide, pour ne pas voir sa propre image qui lui rappellerait l'époux ou l'épouse qui n'est plus. Les chrétiens prétendent que la voix de la tourterelle représente les gémissements, les soupirs et, après la résurrection du Christ, les cris de joie de Marie Madeleine. Élien dit que la tourterelle est consacrée non-seulement à la déesse de l'amour et à celle des moissons, mais encore aux Parques funèbres.

colombe funèbre (comme le corbeau funèbre) est une messagère qui apporte aux hommes et aux dieux la joie et des choses désirables. La colombe artificielle appelée la colombe des Pazzi (du nom de la famille noble de Florence qui jouissait de ce privilége) qu'on a coutume, à Florence, de faire partir le samedi veille de Pâques, de l'autel de la cathédrale pour venir allumer à midi les feux d'artifice sur la petite place comprise entre Santa Maria de Fiore et le baptistère de saint Jean et annoncer que le Christ est ressuscité à la foule de paysans venus de la campagne afin d'augurer du vol de la colombe si la récolte prochaine sera bonne, est un symbole de la fin de l'hiver et du retour du printemps. Dans les *Métamorphoses* d'Ovide, les filles d'Anius ont obtenu de Bacchus la faveur de changer tout ce qu'elles touchent en blé, en vin et en huile, comme le dit leur père :

> « Tactu natarum cuncta mearum
> In segetem, laticemque meri, baccamque Minervæ
> Transformabantur. »

Agamemnon veut les avoir avec lui pour approvisionner son armée ; elles refusent de l'accompagner et le roi se propose de les y contraindre de vive force, mais Bacchus les prend en commisération et les change en colombes blanches. Dans le trentième conte du sixième livre d'*Afanassieff*, deux colombes (une forme des Açvins) viennent trier l'orge pour Masha ou la petite Marie, la petite fille noire (*cornushka*), laide ou sale, la cendrillon persécutée ; elles la font monter ensuite sur le poêle et la changent en une jeune fille de toute beauté, renouvelant ainsi le prodige qu'accomplit Indra (et les Açvins), en rendant la beauté à la jeune fille dont la peau était hideuse. Les feux d'artifice de la coutume populaire toscane, le poêle et le char d'Indra produisent un prodige identique. Dans le sixième conte du premier livre du *Pentamerone*, la jeune Zezolla qu'on appelle à la maison « le chat ou la cendrillon, » parce que, maltraitée par sa belle-mère, elle garde toujours le coin du feu, est secourue par la colombe des fées de l'île de Sardaigne, qui lui apporte une plante chargée de dattes d'or, une bêche d'or, un petit seau d'or et une nappe de soie. La jeune fille doit cultiver cette plante et se rappeler de dire, quand elle veut obtenir quelque faveur :

> « Dattalo mio 'naurato,
> Co lo zappatella d'oro t'haggio zappato,
> Co lo secchietello d'oro t'haggio adacquato,
> Co lo tovaglia de seta t'haggio asciuttato ;
> Spoglia a te, e vieste a me. »

Le dattier donne alors ses richesses pour servir à parer la jeune fille. Aussi, quand le jeune roi donne une fête, elle s'y rend dans une toilette digne d'une princesse et jette en dansant un tel éclat, qu'elle éblouit comme le soleil. Une première fois, elle est suivie du prince et laisse tomber de l'or derrière elle ; la seconde fois elle sème des perles, la troisième elle perd sa pantoufle, au moyen de laquelle elle est reconnue et épousée par le roi. Dans le vingt-deuxième conte esthonien, quand arrive le jeune prince amoureux, deux colombes se posent sur le rosier dans lequel la jolie fille du jardinier se trouve emprisonnée par l'effet d'un enchantement ; la jeune fille sort du rosier et, ayant présenté la moitié de son anneau, épouse le jeune prince qui en avait conservé l'autre moitié. Dans le mythe hellénique, Aphrodite et l'Amour jouent à qui cueillera le plus de fleurs ; l'amour, qui a des ailes, est en train de remporter la victoire, mais la nymphe Péristera prête son aide à Aphrodite ; l'Amour, irrité, change la nymphe en

*peristera*, ou en colombe, oiseau qu'Aphrodite, afin de
la consoler, prend sous sa protection. Les colombes
tantôt conduisent le char de Vénus et tantôt accompagnent la déesse (comme les moineaux). Dans l'*Odyssée*,
les colombes apportent l'ambroisie à Zeus [1], et c'est
sous la forme d'une colombe que Zeus (l'*alter ego*
d'Indra, comme on le sait) rend visite à la jeune Phthie.
Catulle, à propos de la lubricité (*salacitas*) de César,
fait mention de l'oiseau appelé *columbulum albulum*, ou
petite colombe de Vénus [2]. Dans ce passage, la colombe
devient un symbole phallique ; et le proverbe italien de
sens équivoque : « La colombe qui rit manque la fève »
(qui s'applique à une femme se moquant de son
amant [3]) nous rappelle l'épisode mythique bien connu
de l'animal, oiseau ou poisson, qui rit. On rapporte
qu'Aphrodite guérit Aspasie d'une tumeur au moyen

---

[1] Dans la légende de saint Remi, c'est une colombe qui lui apporte
la fiole d'eau avec laquelle il doit baptiser Clovis.

[2]         « Et ille nunc superbus et superfluens
        Perambulabit omnium cubilia,
        Ut albulus columbus, aut Adoneus ?
        Cinædo Romule, hæc videbis et feres ? »

Ce passage est en contradiction avec la chasteté et la fidélité conjugale qu'on attribue proverbialement aux colombes. Catulle a évidemment observé avec attention les mœurs de ces oiseaux qui sont parfois,
au contraire, d'une inconstance éhontée. J'ai vu une colombe blanche
qui, en présence de sa compagne occupée de couver, violait le nid
nuptial d'une colombe grise au moment où son époux mangeait et
ne pouvait y mettre obstacle, comme son instinct jaloux l'y excitait ;
quant à la femelle, elle recevait les caresses de l'époux et de l'amant
dans la même attitude passive.

[3] C'est aussi le cas de réciter cet autre proverbe italien : « Prendre
deux colombes avec une même fève. » Dans la nomenclature anato-
mique italienne, une partie du phallus est appelée la fève (fava). Les
oiseaux, et spécialement les grives et les colombes ont, d'après la
croyance populaire, non-seulement la faculté de procréer d'autres
oiseaux, mais aussi celle de féconder les plantes. Le passage suivant
de Pline a déjà été cité par M. le professeur Kuhn : « Omnino autem
satum nullo modo nascitur, nec nisi per alvum avium redditum, maxime palumbis ac turdis. » *Hist. nat.*, XVI, 44.

d'une colombe ; dans cette circonstance, la colombe rend à Aspasie le même service que le gouvernail du char d'Indra rend à Apalâ dans la légende védique.

Mais dans la tradition mythique, les canards substitués aux cygnes tiennent parfois la place des colombes.

Le mot sanskrit *hansa* signifie tantôt cygne, tantôt canard (*anas*, *anser*), tantôt oie et tantôt phénicoptère. Il n'est donc pas étonnant que les mythes aient substitué les uns aux autres des oiseaux qui se trouvaient confondus sous une dénomination commune. Les contes russes appellent oies-cygnes (*guçlebedi*) ces oiseaux qui tantôt emportent et tantôt sauvent le jeune héros.

Dans les hymnes védiques, le *hansa* (canard-cygne ou oie-cygne) apparaît plusieurs fois. Dans un passage où l'on dit à Agni, ou au feu, de s'allumer dans les maisons en même temps que l'aurore, il est comparé à un cygne dans les eaux (c'est-à-dire à la lumière dans les ténèbres, au blanc sur le noir ou au soleil dans le ciel bleu [1]). Le dieu Agni est appelé lui-même *hansa*, le compagnon (comme foudre) des (vagues ou des nuages) mobiles, qui va de concert avec les eaux célestes [2]. Le chant des compagnons de Br*i*haspati, qui chantent des hymnes aux vaches ou à l'aurore du matin, ressemble à celui des *hansas* [3]. Les Maruts aux corps brillants (les vents qui produisent l'éclair, qui mugissent et qui font entendre les grondements du tonnerre) sont comparés

---

[1] Çvasity apsu hanso na sîdan kratvâ cetishtho viçâm usharbhut ; Rigv., I, 65, 9.

[2] Bibhatsûnâm sayugam hansam âhur apâm divyânâm sakhye carantam ; X, 124, 9.

[3] Hansâir iva sakhibhir vâvadadbhir açmanmayâni nahanâ vyâsyan brihaspatir abhi kanikradad gâ ; X, 67, 3.

à des hansas aux dos noirs [1] (qui nous rappellent les
hirondelles aux queues noires et aux queues blanches,
les corbeaux noirs et les corbeaux blancs, les cygnes
noirs et les cygnes blancs). Les chevaux des deux Açvins
sont appelés des hansas nourris d'ambroisie, innocents, aux ailes d'or, qui s'éveillent avec l'aurore
(car ils sont les rayons du soleil) et nagent dans les
eaux, joyeux et gais [2]. Dans les contes russes d'*Afanassieff*, un canard vient faire son nid sur la tête d'un voleur tombé du ciel au milieu des eaux. Le canard pond
dans ce nid, le matin un œuf d'or (le soleil), le soir
un œuf d'argent (la lune). Il est dit dans le **Rig**veda
que Bribu, pareil à la vaste forêt du Gange dans sa partie la plus élevée, est venu se placer, en répandant des
milliers de dons, sur la tête des voleurs (panayas [3]). Je
crois reconnaître dans Bribu un oiseau et une personnification d'Indra. Çânkhâyana représente Bribu comme
un *takshan*, c'est-à-dire un fabricant, un artisan, un
charpentier ; par suite, on suppose que Bribu est le
charpentier des panis. Mais cette hypothèse semble im-
probable et se trouve en contradiction avec la strophe
védique. Le sens propre et primitif du mot *takshan* est
« celui qui coupe, » « qui met en morceaux » ; Bribu, à
mon avis, serait donc, non pas le charpentier, mais le
destructeur des panis. Comme nous trouvons aussi
dans un autre hymne [4] Bribu rapproché de deux autres oiseaux, à savoir le bharadvaya (l'alouette) et le

---

[1] Sasvaç cid dhi tanvah çumbhamânâ â hansâso nîlaprishthâ
npaptan ; VII, 59, 7.

[2] Comp. le chapitre des Abeilles.

[3] Adhi bribuh paninâm varshishthe mûrdhann asthât uruh kaksho
na gângyah ; Rigv., VI, 45, 31. — Bribum sahasradâtamam sûrim
sahasrasâtamam ; Rigv., VI, 45. 33. — Comp. aussi la trente-deuxième
strophe.

[4] Rigv., VI, 46.

sloka (le coucou), je suis porté à croire qu'il est lui-même un oiseau. Enfin, *Bribu* étant en relation avec Indra, je vois dans cet oiseau qui se pose sur la tête des panis, une forme du dieu Indra lui-même. Le canard des contes russes dépose son œuf sur la tête du voleur ; c'est ainsi qu'Indra enlève sur la tête des panis les trésors qu'ils possèdent. Nous sommes déjà familiarisés avec les perles qui tombent de la tête de la bonne fée peignée par la jeune fille vertueuse ; nous savons aussi que les eaux mythiques sont en relation avec les trésors. C'est ici le lieu de rappeler, en outre, la légende du *Râmâyana*, relative à l'origine du Gange, qui, avant de verser ses eaux sur terre les laissa circuler longtemps sur la tête chevelue du dieu Çiva, lequel est la forme supérieure de Kuvera, le dieu des richesses [1]. Nous savons enfin que la perle et l'œuf sont dans les mythes deux objets identiques.

Le dieu Brahma est représenté dans la mythologie indienne monté sur un hansa blanc.

Dans le *Râmâyana*, le ciel est comparé à un lac, dont le soleil resplendissant est le canard d'or [2]. Râma (une forme du soleil Vishnu), dont la voix a

---

[1] L'oie se trouve en rapport avec les voleurs dans le vingt-troisième conte du sixième livre d'*Afanassieff*. Deux serviteurs du roi lui dérobent une perle de prix ; sur le point d'être découverts, ils donnent, sur le conseil d'une vieille femme, cette perle à l'oie grise dans un morceau de lard ; ils disent ensuite que c'est l'oie qui a volé la perle. On la tue, on trouve la perle et les deux voleurs s'en tirent sains et saufs.

[2] V, 55. — Dans le quarante-neuvième conte du cinquième livre d'*Afanassieff*, se trouve une énigme où la fiancée est représentée comme un canard. Un père envoie son fils chercher la femme qui lui est prédestinée, en lui donnant les instructions énigmatiques que voici : « Va-t'en à Moscou ; il s'y trouve un lac ; dans le lac est un filet ; si le canard est tombé dans le filet, mets ta main sur le canard ; sinon, retire le filet. » Le fils revient à la maison avec le canard, c'est-à-dire avec sa fiancée.

l'accent du *hansa* ivre d'amour [1], lance avec son arc divin un trait qui traverse sept palmiers, la montagne et la terre, dont il sort, et revient à Râma sous la forme d'un *hansa* [2]. Kabandha, qui a quitté en traversant le feu sa forme monstrueuse, est conduit au ciel par des *hansas* [3]. Enfin, on connaît les *hansas* qui servaient de messagers d'amour entre le prince Nala et la princesse Damayantî, dans le célèbre épisode du *Mahâbhârata*.

Dans le quatrième conte du premier livre d'*Afanassieff*, Petit-Jean (Ivasco) est monté sur un chêne, que la sorcière ronge avec les dents, afin de s'emparer de lui; trois bandes d'oies-cygnes viennent à passer les unes à la suite des autres; Petit-Jean implore leur assistance; la première bande lui répond par un refus; il en est de même de la seconde; les oiseaux qui composent la troisième prennent Petit-Jean sur leurs ailes et le rapportent chez lui [4]. Dans le dix-neuvième conte du sixième livre, les oies-cygnes prennent, au contraire, un caractère malfaisant et emportent sur leurs ailes le petit garçon que sa sœur néglige de surveiller. Le conte ajoute que ces animaux avaient depuis longtemps la mauvaise réputation d'enlever les petits enfants. Les oies-cygnes portent le petit garçon dans la maison d'une fée où il joue avec des pommes d'or. Sa sœur suit ses traces; elle demande à un poêle, à un pommier, à un ruisseau de lait, dans quel endroit les oies-cygnes ont emporté l'enfant, mais elle n'obtient aucun renseignement; enfin, un petit animal rusé, l'oursin de mer (*iosz*), lui révèle le secret qu'elle désire connaître. Elle reprend son frère et le rapporte à la maison, mais, che-

---

[1] II, 46.

[2] IV, 11.

[3] III, 75.

[4] Comp. *Afanassieff*, VI, 17, et une autre version du conte VI, 19.

min faisant, elle est poursuivie par les oies-cygnes, et doit recourir pour l'aider à se cacher, au ruisseau, au pommier et au poêle.

Cependant, si les oies, les canards et les cygnes font quelquefois du mal, ou sont, en certains cas, des formes démoniaques dues aux maléfices de la sorcière, généralement ils font du bien et conduisent au bien. Dans une variante du quarante-sixième conte du sixième livre d'*Afanassieff*, les oies prédisent l'avenir à Ivan, le fils du marchand, qui, ayant eu le diable pour maître d'école, a appris, auprès de lui, entre autres choses, le langage des oiseaux. Dans le soixantième conte du sixième livre d'*Afanassieff*, le cygne, qui est une belle jeune fille, prête assistance au malheureux Danilo, auquel le prince a donné l'ordre de lui confectionner une pelisse qui ait des lions d'or en guise de boutons, et des oiseaux d'au-delà des mers pour tenir lieu de boutonnières; le même cygne accomplit d'autres prodiges en faveur du jeune homme pour lequel il a de l'amitié. Dans le quarante-sixième conte du quatrième livre d'*Afanassieff*, la vieille sorcière-serpent change la princesse en cane blanche en l'absence du prince. La cane pond trois œufs, qui donnent naissance à trois garçons, dont deux sont de belle figure, tandis que le troisième est laid, mais très-intelligent. La sorcière tue pendant leur sommeil les deux beaux enfants et les change en canards ; le troisième évite la mort, grâce à son habileté; la cane blanche, inquiète sur la mort de ses fils, s'envole au palais du prince et se met à chanter : —

> « Krià, krià, mes petits enfants !
> Krià, krià, mes petits pigeons !
> La vieille sorcière vous a tués,
> La vieille sorcière, le serpent malfaisant,
> Le serpent malfaisant et fourbe !

Votre père vous a emportés,
Votre père, qui est mon époux !
— Elle nous a noyés dans le torrent rapide,
Elle nous a changés en petits canards blancs,
Et elle vit entourée d'une pompe royale ! »

Le prince prend la cane par les ailes, et lui dit :
« Mets-toi derrière, blanc bouleau ; mets-toi devant,
belle fille. » A cette formule magique, l'arbre invoqué
s'élève derrière lui, et, devant lui, se trouve la belle
princesse, sa femme. Il contraint ensuite la sorcière à
rappeler à la vie ses petits enfants.

La mort du canard produit quelquefois la prospérité
du héros ou de l'héroïne, à cause de l'œuf qu'il pond
(le soleil, le matin, et la lune, le soir). Dans le cinquante-troisième conte du cinquième livre d'*Afanassieff*,
le jeune héros, sur le conseil d'un jeune homme inconnu, va chercher sous les racines d'un bouleau un
canard qui pond un jour (le matin) un œuf d'or, et le
lendemain (le soir) un œuf d'argent ; sur sa poitrine
sont écrits en lettres d'or les mots suivants : « Celui qui
mange sa tête, deviendra roi ; celui qui mange son
cœur, crachera de l'or. » Il le porte à sa mère au
moment où son père est absent, et où celle-ci se
livre à une intrigue amoureuse avec un gentilhomme.
Le gentilhomme lit l'inscription en lettres d'or et dit à
la femme de faire cuire le canard ; mais les deux fils
de la maison le préviennent : pendant que leur mère
est à la messe, l'un mange la tête et l'autre le cœur,
puis, ils ont les aventures que nous avons rapportées au chapitre du Cheval[1]. L'œuf d'or du canard
cause la mort de la sorcière et du monstre dans plusieurs contes slaves. Dans le trente-troisième conte du

---

[1] Comparez une autre version intéressante de ce conte dans les
*Griechische und Albanische Mærchen*, de Hahn.

cinquième livre d'*Afanassieff*, une oie merveilleuse, de la même nature que celles du Capitole par lesquelles les Romains furent avertis de la surprise des Gaulois, fait connaître les traîtres. La femme d'un riche marchand demande à son mari de lui procurer la merveille des merveilles. Le mari achète d'un vieillard[1], dans le vingt-septième monde et dans le trentième royaume (qui est le royaume de l'autre monde nocturne) une oie qui revient à la vie, après avoir été cuite et mangée, à l'exception des os. L'oie accomplit le même prodige dans la maison du marchand; le matin, quand le mari est absent, sa femme invite son amant à venir la voir et se propose de faire cuire l'oie pour le recevoir. Elle lui dit : « Viens ici »; l'oie obéit; elle lui ordonne ensuite d'aller dans la poêle à frire, mais elle s'y refuse. La femme l'y mettant de force, reste attachée à la poêle[2]; son amant veut la délivrer, et se prend aussi à la poêle; les serviteurs viennent à la rescousse, mais ils adhèrent les uns aux autres et à la poêle; alors arrive le mari, auquel sa femme est obligée de tout avouer; il châtie l'amant et rend à sa femme la liberté de ses mouvements.

Dans le *Pentamerone*, les oies contribuent aussi à la découverte des fourberies. Marziella répand autour d'elle des perles et des fleurs en boutons, quand elle peigne sa chevelure; lorsqu'elle marche, les lis et les violettes croissent sous ses pas[3]; son père Ciommo

---

[1] C'est ainsi que, dans un conte norwégien, la petite Cendrillon enlève aux magiciens des canards d'argent. — Dans le huitième conte esthonien, le troisième frère est envoyé en enfer pour y chercher les canards et les oies aux plumes d'or.

[2] Dans une autre version scandinave et italienne de ce conte, nous avons, au lieu de l'oie, l'aigle et les aiglons; dans le premier conte du cinquième livre du *Pentamerone*, l'oie joue le même rôle que dans le conte russe, mais avec quelques détails plus grossiers et peu décents.

[3] L'image des fleurs qui croissent sous les pas est fort ancienne;

doit la mener au roi, qui la prend pour épouse, mais,
la vieille tante fait un échange de fiancées et substitue
sa laide fille à sa charmante nièce. Le roi, furieux, envoie Ciommo garder les oies ; il les néglige, mais
Marziella, qu'une sirène avait enlevée, sort du fond de la
mer pour les nourrir de « pasta riale » et leur donner à
boire de « l'eau de rose ». Les oies deviennent gras-
ses et chantent près du palais du roi les paroles suivantes : —

> « Pire, pire, pire ;
> Assai bello è lo sole co la luna ;
> Assai chiù bella è chi coverna a nuie. »

Le roi dépêche quelqu'un auprès des oies et découvre ainsi tout ce qui s'est passé ; il veut épouser la
belle fille, mais la sirène la tient attachée avec une
chaîne d'or ; le roi, muni d'une lime sourde, coupe
de sa propre main la chaîne attachée au pied de
la jeune fille, puis il l'épouse[1]. Dans le douzième
conte esthonien, c'est un gardeur d'oie qui délivre

---

ceux qui sont familiers avec la littérature sanskrite se rappelleront le
passage de la légende de Çunahçepa dans l'*Aitareya Br.*, où il est dit,
*pushpinyâu carato ganghe.*

[1] La neuvième des *Novelline di Santo Stefano di Calcinaia* est une
autre version intéressante de ce conte ; la belle fille qui donne à
manger aux oies est déguisée sous la peau d'une vieille femme ; les
oies qui la voient toute nue s'écrient : « Cocò, la bella padrona
ch'i' ho ; ». le prince au moyen d'une lime sourde, fait entrer le
cuisinier dans la chambre de la jeune fille dont il enlève, pendant qu'elle dort, la peau de vieille femme et l'épouse ensuite. — Le
conte suivant, qui est inédit et que m'a communiqué M. Greco de
Cosenza, en Calabre, est une intéressante variante de celui du *Pentamerone :*

Sept princes ont une sœur qui est de toute beauté. Un empereur est
décidé à l'épouser, mais à condition que, s'il ne la trouve pas à son
gré, il fera décapiter les sept frères. Ils se mettent en route tous
ensemble et leur belle-mère les accompagne avec sa propre fille. Chemin faisant, il survient une grande chaleur, et le frère aîné s'écrie :
« Solabella, défends-toi de la chaleur, car il faut que tu plaises au
roi. » La belle-mère lui dit d'ôter ses colliers et de les mettre à sa

la belle femme de son mari, un monstre qui tue ses femmes (une forme de Barbe-Bleue).

Dans le conte russe, les fées (la Vierge Marie, dans les traditions allemandes) prennent parfois pour traverser les eaux la forme d'oies-cygnes ; c'est ainsi que dans les *Eddas*, trois Valkyries filent sur les bords du lac, avec leurs peaux de cygnes tout auprès derrière elles. « Les jeunes filles », est-il dit, dans le poème de Vœlund, « s'envolèrent du sud à travers Mœrkved, afin que, le jeune Allhvit pût accomplir sa destinée. Les filles du Sud s'assirent sur le bord de la mer pour filer l'étoffe précieuse. L'une d'elles, la plus belle fille du monde, était enlacée à la blanche poitrine d'Egil ; Svanhvit, la

---

sœur. Le second frère se plaignant à son tour de la chaleur, la belle-mère lui dit d'ôter sa parure d'or et de la donner à sa sœur. De cette façon, la belle-mère finit par la mettre toute nue ; ils arrivent près de la mer, et la belle-mère la jette dedans ; une sirène s'en empare et lui met au pied une chaîne d'or. Les princes arrivent avec la sœur laide ; le roi l'épouse et coupe la tête aux sept frères. En se promenant dans la mer, la jeune fille demande aux canards du roi des nouvelles de ses frères ; les canards répondent qu'ils ont été mis à mort. Elle pleure et ses larmes sont des perles dont les canards se nourrissent. La nouvelle de ce prodige vient aux oreilles du roi, qui suit les canards et demande à la jeune fille pour quel motif elle évite la société des hommes ; elle lui répond : « Hélas ! comment ferais-je autrement ? Je suis attachée par une chaîne d'or, » et elle lui raconte tout ce qui s'est passé. Le roi, qui reconnaît sa fiancée, lui donne le conseil de demander comment elle pourrait se délivrer si la sirène venait à mourir ; puis il se retire. Le jour suivant, Solabella dit au roi que la sirène ne peut pas mourir, parce que sa vie dépend de celle d'un petit oiseau qui se trouve dans une cage d'argent, enfermée dans une boîte de marbre et sept boîtes de fer dont elle seule a les clefs, et que, si cependant la sirène venait à mourir, il faudrait, pour couper la chaîne, un cavalier, un cheval blanc et une grande épée. Le roi lui apporte une certaine eau qu'il lui dit de donner à boire à la sirène ; elle s'endormira et la jeune fille pourra prendre les clefs et tuer le petit oiseau. Cela fait, le cheval blanc plonge dans la mer et l'épée tranche la chaîne. Alors le roi conduit au palais sa belle fiancée et fait brûler la vieille belle-mère dans une chemise enduite de poix. Quant aux sept frères, ils sont frottés avec un onguent qui les ressuscite, et chacun d'eux s'écrie en revenant à la vie : « Oh ! quel beau rêve j'ai fait. »

deuxième, portait des plumes de cygnes ; la troisième, embrassait le cou blanc de Vœlund[1] ». Berthe, l'héroïne de la tradition allemande, n'a gardé que le pied de l'oie blanche ou du cygne des Valkyries, de là, son nom de Pied-d'oie ou de *reine Pédauque* ; de même, la déesse Freya n'a conservé que le pied du cygne.

Quand la peau du canard, de l'oie ou du cygne est détruite, il ne reste que le jeune héros ou la jeune héroïne. Dans une tradition allemande, rapportée par Simrock dans sa *Mythologie allemande*, nous voyons un chasseur enchanté qui atteint au vol une oie sauvage ; elle tombe dans un buisson, mais quand il arrive pour la prendre, il trouve à sa place (de même que nous avons vu plus haut le rosier sur lequel les colombes se posent) une femme nue. La tradition fait remonter la coutume de manger une oie le jour de la saint Michel à l'époque de la reine Elisabeth, qui venait de manger de l'oie quand elle reçut, le jour de saint Michel, la nouvelle de la destruction de l'Invincible Armada. Mais, comme l'usage de manger de l'oie à la saint Michel date, d'après le baron de Reinsberg-Düringsfield, du règne d'Edouard IV, nous devons admettre que la reine Elisabeth se conformait en cette circonstance à une habitude populaire, déjà en vigueur dans son royaume[2]. L'oie

______

[1] La vieille ogresse du neuvième conte du cinquième livre du *Pentamerone*, gardant trois belles jeunes filles enfermées dans trois citronniers et élevant des ânes qui donnent des coups de pied aux cygnes sur les bords de la rivière, est une variété du même mythe.

[2] On mangeait aussi solennellement des cygnes, au lieu d'oies ; un chant populaire allemand du moyen âge, rédigé en latin, nous donne les plaintes du cygne qu'on fait rôtir ; comp. Uhland's, *Schriften*, III, 71, 138. — Dans le *Pancatantra*, le cygne est sacrifié par le hibou. Pour attirer le cygne, le hibou funèbre, qui veut le tuer, l'invite à venir dans un bosquet émaillé de fleurs de lotus, mais dans la seule intention de l'introduire ensuite dans une sombre caverne, où des marchands en voyage tuent le cygne, qu'ils prennent pour un hibou.

de saint Michel annonce l'hiver, comme l'alcyon. On la mange comme pour augurer le terme de la saison de la pluie et des frimas ; en effet, quand l'oiseau aquatique, l'alcyon, l'oie, le canard ou le cygne ne trouvent plus d'eau, quand la mer de la nuit ou la neige de l'hiver s'évapore, quand l'oiseau aquatique est blessé, ou mangé, ou quand il périt, l'œuf d'or se manifeste, le soleil apparaît, l'aurore revient, le printemps se fait sentir de nouveau, le jeune héros et la belle jeune fille se montrent. Quand le héros, ou l'héroïne, se change en oiseau aquatique [1], quand il devient un cygne, qu'il est conduit par un cygne ou qu'il monte un cygne, c'est l'indication qu'il traverse la mer de la mort et qu'il retourne au royaume du Saint-Graal. Lorsqu'il s'avance sur le cygne à la rencontre de la belle fille, nul ne doit lui demander d'où il vient. Le cygne l'attend et veut le soumettre une fois de plus à son pouvoir magique et l'entraîner dans son royaume obscur, dès que le vivant se rappelle ce royaume. L'imagination des nations celtiques et germaniques a entouré d'un mystère solennel, d'un cycle de légendes nombreuses et fascinantes, ce mythe auquel la musique inspirée et classique de Richard Wagner a donné dans Lohengrin une magie nouvelle et pleine de charme. Lohengrin, le *recens natus*, le héros né spontanément, arrive dans un bateau conduit par un cygne, en qui une sorcière a changé le jeune frère d'Elsa ; il vient délivrer la princesse Elsa et est sur le point de l'épouser, mais il n'oublie pas que, plus il restera avec elle, plus durera le supplice de son frère et plus longtemps il aura à souffrir sous la forme d'un cygne ; malheur à lui si quelqu'un lui demande qui il

---

[1] Dans les *Eddas*, quand le héros Sigurd expire, les oies pleurent sa mort.

est, d'où il est venu, ou bien quel est ce cygne, car il serait obligé alors de se rappeler que l'oiseau attend qu'il le délivre. Lohengrin doit renoncer à son amour pour Elsa, ou trahir sa foi chevaleresque à l'égard du cygne, dont il connaît la mystérieuse nature ; il donne un adieu funèbre à son amante, la réunit à son jeune frère et disparaît tristement sur les eaux obscures dont les profondeurs éclairées de la lune ont vu son arrivée. Nous avons là la légende des deux frères, dont le génie du Nord a développé à son plus haut degré la poésie et l'idéal. Le soleil et la lune se montrent chacun à son tour avant l'aurore et avant le printemps. Les deux astres sont séparés et l'un effectue la délivrance de l'autre, dans les légendes inspirées par le bon génie de l'homme, de même que celui-ci persécute et trompe celui-là, dans celles qui sont dues à son mauvais génie. Nous voyons déjà, dans les hymnes védiques, les Açvins, les divins jumeaux, conduits par des cygnes, s'identifier tantôt aux crépuscules et tantôt au soleil et à la lune ; Lohengrin est le soleil ; le frère d'Elsa est la lune. Quand l'aurore du soir, quand la terre dans la saison d'automne, perd le soleil, l'une et l'autre retrouvent la lune ; quand l'aurore du matin, ou la terre au printemps, perd la lune, le soleil prend sa place ; les amants changent de situation. L'un des cygnes cause la naissance de l'autre, porte l'autre, meurt pour l'autre, comme la colombe agit à l'égard de sa compagne, et comme les Dioscures donnent leur vie l'un pour l'autre. La légende des Dioscures est, en effet, en merveilleux accord, à quelques égards, avec les légendes des peuples du Nord sur le cavalier dont le cygne est le coursier. Zeus se change en cygne et s'unit à Léda, femme de Tyndare, qui donne naissance au soleil et à la lune, à Polydeucos et à Hélène ; d'après Homère, Hélène seule est fille de Zeus, tandis que Polydeucos et Castor sont fils de Tyndare ; d'après Hérodote, Hélène, au contraire, est la fille de Tyndare et, en cela, il est d'accord avec Euripide qui nous dit que les Dioscures sont fils de Zeus. Dans les *Héroïdes* d'Ovide, où la tradition primitive s'est déjà altérée, Léda, après s'être unie à Zeus qui a pris la forme de cygne, donne naissance à deux œufs ; Hélène sort de l'un d'eux ; Castor et Pollux sortent de l'autre. Il y a évidemment ici *tot capita tot sententiæ*, mais ces contradictions, loin d'exclure le mythe du soleil, de la lune et de l'aurore (ou du printemps), le confirment. Il est toujours difficile de déterminer la paternité d'un enfant issu d'une union irrégulière, et la naissance d'Hélène et de ses deux frères était certainement étrange. L'important, ici, c'est que nous avons le cygne qui donne des fils à Léda ; ces fils, qui tiennent de la nature de l'oiseau et de celle de la femme, doivent prendre une double forme : tantôt ils deviennent des cygnes comme leur père, et tantôt ils ont tout l'éclat de la beauté de leur mère ; si nous réfléchissons, en outre, qu'un seul des frères était, avec Hélène, l'enfant du cygne, il devient naturel de penser que l'autre frère peut aimer Hélène sans se rendre coupable d'inceste [1]. Avant de devenir célèbre par les vicissitudes de la guerre de Troie, Hélène, étant jeune fille, avait eu des aventures ; Thésée l'avait séduite et enlevée. Les Dioscures viennent la délivrer, comme Lohengrin accourt sur le cygne pour délivrer Elsa, au moment où son séducteur est sur le point de consommer sa perte. Enfin,

---

[1] Comp. aussi, à ce sujet, le vingt-quatrième conte esthonien, où il est question de la princesse née d'un œuf, dont le frère, que la mère a enfanté naturellement, devient amoureux.

les aventures des deux Dioscures, dont l'un se sacrifie pour l'autre, correspondent à la légende du Schwanritter, le frère, ou le beau-frère, qui offre sa vie pour le cygne. Ainsi, l'Inde, la Grèce et l'Allemagne combinèrent, de différentes manières, l'image du cygne avec la légende des deux frères, ou des deux compagnons. L'Inde a créé le mythe, la Grèce l'a orné de couleurs et l'Allemagne lui a infusé l'énergie et la passion.

# CHAPITRE XI

## LE PERROQUET

**SOMMAIRE**

Hari et harit; harayas et hari; le vert et le jaune désignés sous une dénomination commune. — La lune considérée comme un arbre vert et comme un perroquet vert; le perroquet assimilé à l'arbre. — La lune sage et le perroquet sage; la lune phallique et le perroquet phallique dans plusieurs contes d'amour. — Le dieu de l'amour à cheval sur le perroquet. — Le perroquet et le loup prennent ensemble leurs repas.

Le mythe du perroquet a pris naissance en Orient et s'est développé presque exclusivement dans les nations orientales.

J'ai fait voir au chapitre de l'Ane que les mots *hari* et *harit* signifient non-seulement, « celui qui a un pelage doré, » mais aussi « vert » et que cette équivoque a donné naissance au mythe épique des monstres à figures de perroquets, ou conduits par des perroquets. Les chevaux du soleil sont appelés *harayas*; *hari* est le nom des deux chevaux d'Indra; Hari désigne Indra lui-même, mais plus spécialement Vishnu; pourtant, il y a encore dans le ciel d'autres figures mythiques qu'on se représente avec une chevelure blonde; la foudre dorée, qui traverse le nuage, et la lune dorée, la voyageuse nocturne, sont de ce nombre. De plus,

comme le vert et le jaune ont reçu cette dénomination
qui leur est commune, tous ces êtres brillants, et la
lune particulièrement, ont pris la forme tantôt d'un
arbre vert, tantôt d'un perroquet vert. Une strophe védique bien intéressante nous en fournit la preuve certaine. Les chevaux du soleil (ou le soleil lui-même,
sous le nom de Hari) disent qu'ils ont donné la couleur *hari* aux perroquets, aux faisans (ou aux paons [1];
Benfey et le Dictionnaire de Saint-Pétersbourg expliquent toutefois le mot *ropanâkâ* par « *drossel,* » c'est-
à-dire, « grive ») et aux arbres, qui sont appelés, en
conséquence, *harayas*. Les perroquets, en général, sont
verts comme les arbres (parfois aussi, ils sont verts
et rouges, et la dénomination de *hari* leur est toujours
applicable) [2]. La lune, en raison de sa couleur, est
tantôt un arbre (vert), tantôt un pommier avec des
branches d'or et des pommes d'or et tantôt un perroquet (doré ou vert, et brillant). La lune, dans la nuit,
est la fée sage qui connaît tout et qui peut tout ensei-
gner. Dans l'introduction du *Mahâbhârata*, le nom de
Çuka ou de perroquet est donné au fils de *Krishna*,
ou du noir, qui lit (parce qu'il est la lune) le *Mahâbhârata* aux monstres. Nous avons vu au chapitre de
l'Ane, cet animal et le monstre du *Râmâyana* avec des
figures de perroquets. Mais comme l'âne est un symbole
phallique, le perroquet est monté aussi par le dieu de

---

[1] Le perroquet est rapproché de cet oiseau par Stace, au deuxième
livre des *Sylves :*

> « Lux volucrum, plagæ regnator Eoæ
> Quam non gemmata volucri Junonia cauda
> Vinceret aspectu, gelidi non phasidis ales. »

[2] Une élégie émue en distiques sanskrits conçus dans l'esprit
du buddhisme et dont je ne me rappelle pas en ce moment
l'auteur, nous montre le *çuka* ou le perroquet qui veut mourir
quand l'arbre *açoka*, qui lui avait toujours servi de refuge, s'est
desséché.

l'amour indien, Kâma (d'où son épithète de Çukavâha).
La lune (dont le nom sanskrit est souvent masculin)
sert, comme nous l'avons vu au premier chapitre du
premier livre, de symbole phallique ; de même que la
foudre perce le nuage, la lune perce l'obscurité nocturne ; elle pénètre et révèle les secrets de la nuit.
Aussi le perroquet étant identifié à la nuit dans la
*Çukasaptati* et dans d'autres recueils de contes indiens, apparaît souvent dans des récits amoureux et
révèle les secrets des amants.

Quelques contes où le perroquet joue un rôle ont
passé en Occident, et cette transmission s'est faite sans
doute par des moyens littéraires, c'est-à-dire par les
traductions arabes et latines des contes indiens[1] qui
ont été faites au moyen âge.

Certaines croyances indiennes relatives au perroquet
s'étaient déjà introduites dans l'ancienne Grèce, et
nous voyons qu'Elien connaissait bien le culte sacré
que les Brâhmanes de l'Inde rendaient à cet oiseau. Oppien rapporte aussi une superstition qui confirme ce

---

[1] Tel est, par exemple, le conte inédit que voici ; il m'a été communiqué par M. le docteur Ferraro, qui l'a entendu réciter dans le
Montferrat ; je me rappelle en avoir aussi entendu raconter une
autre version à Turin, quand j'étais encore enfant :

Un roi qui partait en guerre et qui craignait qu'un autre roi, son
rival, ne profitât de son absence pour séduire sa femme, met à côté
d'elle un de ses amis changé en perroquet ; cet ami l'engage à rester
fidèle chaque fois que le roi rival essaie de lui faire oublier ses devoirs
par l'entremise d'une vieille femme pleine d'adresse. La reine écoute
les conseils du perroquet et garde fidélité à son mari jusqu'au moment
de son retour. Nous avons là, en peu de mots, le résumé des soixante-
dix contes indiens du perroquet, dont le *Tuti-Namé* est une traduction
persane. — Dans le conte que j'ai entendu à Turin, la reine, au contraire, est infidèle et enveloppe la cage du perroquet pour qu'il ne
puisse rien voir ; elle fait ensuite frire des poissons pour fêter son
amant ; le perroquet s'imagine qu'il pleut. Le poisson et la pluie
nous rappellent le mythe du coucou, emblème du phallus et de la
saison pluvieuse.

que nous avons dit du caractère essentiellement lunaire du perroquet mythique ; il dit que le perroquet et le loup prennent ensemble leurs repas, parce que les loups aiment cet oiseau vert ; ce qui revient à dire, que la nuit obscure aime la lune. Rappelons-nous aussi, à ce propos, qu'une des épithètes sanskrites données à la lune est *raganîkara*, c'est-à-dire, « celui qui produit la nuit. »

# CHAPITRE XII

## LE PAON

—

**SOMMAIRE**

Le ciel étoilé et le soleil avec ses rayons. — Le paon se change en
corbeau; le corbeau se change en paon. — Le paon et le cygne ; la
colombe et le paon. — Le kokila et le paon. — Indra tantôt sous
la forme d'un paon, tantôt sous celle d'un coucou. — La plume
du paon. — Les chevaux d'Indra ont des p'umes et des queues de
paons. — Skanda chevauche le paon. — Argus changé en paon.
— Le paon considéré comme *avis Junonia* ; Jupiter est l'oiseau
de Junon.

Nous terminons notre voyage mythique dans le domaine des animaux ailés par l'oiseau multicolore.

Le ciel serein et étoilé et le soleil dans son éclat
sont des paons. Les cieux calmes, azurés, parsemés de
mille étoiles, de mille yeux resplendissants, et le soleil qui brille des couleurs de l'arc-en-ciel, offrent
l'aspect d'un paon dans toute la splendeur de son
plumage constellé d'yeux. Quand le ciel, ou le soleil
aux mille rayons (sahasrâñçu), se trouvent cachés
sous les nuages, ou voilés par les brumes humides
de l'automne, ils ressemblent encore au paon, qui, à
l'époque où l'année s'assombrit, perd son magnifique plumage, comme un grand nombre d'oiseaux aux
brillantes couleurs, et devient terne et dépourvu de
beauté ; le corbeau qui s'était revêtu des plumes du

paon retourne croasser parmi les corbeaux funèbres.
En hiver, il ne reste plus au paon, devenu corbeau, que
son cri désagréable et non sans analogie avec celui de
l'autre. On dit habituellement du paon qu'il a les
plumes d'un ange, la voix d'un démon et la démarche
d'un voleur. Quant au corbeau déguisé en paon, il est
devenu proverbial [1].

Le paon se cache quand il devient laid ; ainsi fait le
ciel, ainsi fait le soleil, quand ils se couvrent des
nuages d'automne ; mais dans les nuages d'été, le
tonnerre gronde et il produit sur les races d'hommes
primitives l'effet d'une mélodie irrésistible, chérie et
désirée, ressemblant à la voix harmonieuse du kokila
(le coucou) ou d'un oiseau aquatique (le héron, l'alcyon, le canard ou le cygne [2]). Dans le *Râmâyana*,
comme je l'ai fait observer au chapitre du Coucou, le
paon et le kokila sont rivaux pour le chant ; quoique
la poule d'eau se moque de la prétention du paon,
cette rivalité est une preuve assez forte de l'identité
mythique des deux émules [3]. Le mythe indien nous

---

[1] Comp. le chapitre du Corbeau.

[2] « Wie wir den Hugschapler sogar auf den Pfauen schwœren sehen,
legten sie die Angelsachsen auf den Schwan ab (R. A., 900), den wir
wohl nach den obigen Gesange Ngœrdhs, s. 313 als den ihm geheiligten
Vogel (ales gratissima nautis, Myth. 1074) zu fassen haben, etc. »
Simrock, p. 547 de l'ouvrage cité plus haut. — Un proverbe indien
met en ces termes la colombe en rapport avec le paon, « mieux vaut un
pigeon pour aujourd'hui qu'un paon pour demain » (Varamadya kapoto
na çvo mayûra*h*). D'après Aldrovandi dans son *Ornithologie*, les paons
sont les amis des colombes, parce qu'ils tiennent à distance les serpents et tous les animaux venimeux.

[3] La fable russe de Kriloff fait de l'âne l'arbitre entre le rossignol
(le kokila des poètes d'Occident) et le coq dans une lutte qu'ils soutiennent ensemble pour le chant : le mot *çikhin* ou « crété » signifie coq
et paon ; à côté de *mayûra*, « paon, » nous avons *mayûracalaka*, « coq
domestique. » Mayûra est aussi le nom d'un poète de l'Inde. — Nous
avons vu, au chapitre du Coucou, le coucou et le rossignol riva-
lisant à qui chantera le mieux ; le kokila et le paon sont les équi-

montre, en effet, le dieu Indra (tantôt le ciel, tantôt le
soleil) sous les traits d'un paon et sous ceux d'un coucou (comme Zeus). Quand le ciel est bleu, calme et
étoilé, et quand le soleil brille de ses mille rayons et
se revêt des couleurs de l'arc-en-ciel, Indra le Sahasrâksha, le dieu aux mille yeux, est considéré comme
un paon ; quand le ciel ou le soleil couverts de nuages
font gronder le tonnerre et briller l'éclair, Indra devient un kokila qui fait entendre ses chants. Dans le
vingtième des contes de Santo Stefano di Calcinaia,
deux frères aînés dérobent une plume de paon à leur
jeune frère et le tuent (c'est-à-dire qu'ils tuent le paon,
de même que dans le conte russe, la sœur tue son petit
frère pour lui enlever ses bottines rouges). Dans le lieu
où le petit frère à la plume de paon est tué et enterré,
croît un petit arbre, dont on fait un bâton, puis un
sifflet, qui, lorsqu'on en tire des sons, chante le récit
funèbre de la mort du petit frère tué pour une plume
de paon[1]. Quand le ciel lumineux ou quand le soleil
est caché sous les nuages, quand les plumes brillantes
du paon sont arrachées, quand le paon est enterré,
l'arbre qui est planté sur son tombeau (le nuage) fait
entendre sa voix au retour du printemps, comme le
cornouiller de Polidore dans Virgile et le tronc de Pier
delle Vigne dans l'*Enfer* de Dante ; l'arbre devient un
roseau, une flûte magique, un kokila mélodieux. Indra,
sous la forme d'un kokila, nous rappelle Indra sous la
forme d'un paon, Indra, dont les chevaux ont déjà dans

valents du rossignol et du coucou ; nous avons aussi identifié le coucou
à l'hirondelle, et nous avons vu que les hirondelles rivalisent avec les
cygnes pour le chant ; comp. le chapitre du Corbeau.

[1] Aussi Aldrovandi a-t-il raison de dire que la fumée produite par
des plumes de paon (c'est-à-dire du paon céleste) qu'on fait brûler,
dissipe la rougeur des yeux.

les hymnes védiques « des plumes de paon [1] » et « une
queue (ou un phallus) de paon [2]. » Nous avons déjà vu
que le corps d'Indra, après ses relations adultères (en
tant que soleil) avec Ahalyâ, fut couvert de mille matrices (vagues ou nuages ; comp. l'épithète équivoque
*sahasradhâra*, donnée au disque solaire, au sens propre, parce qu'il a mille traits qui font des blessures)
qui étaient déjà mille yeux (les étoiles ou les rayons du
soleil), d'où ses épithètes de *sahasradriç, sahasra-
nayana, sahasranetra* et *sahasrâksha*, qui sont synonymes. La longue queue brillante du paon prit une
forme phallique. D'après le Dictionnaire de Saint-Pétersbourg, *mayûreçvara* (ou le paon Çiva) est la dési-
gnation propre du linga ou du phallus, l'emblème
bien connu de Çiva ; ce fait attire aussi notre attention sur les mots *mayûraratha, mayûraketu, çikhi-
vâhana* et *çikidhvaga*, épithètes de Skanda, dieu de
la guerre, lequel est aussi un dieu phallique, comme
Mars l'amant de Vénus et comme l'indien Kâmadeva,
ou le dieu de l'amour, dont la monture est un perroquet et qui nous ramène ainsi à cet oiseau considéré
comme un symbole lunaire et phallique [3]. Le ciel avec

---

[1] *A mandrâir indra haribhir yâhi mayûraromabhih* ; Rigv., III, 45, 1.

[2] *A tvâ rathe hiranyaye hari mayûraçepyâ* ; VIII, 1, 25. — Cléarque,
cité par Athénée, rapporte qu'un paon de Leucade aimait tellement une
jeune fille qu'il expira immédiatement après elle.

[3] D'après le *Pancatantra* (I, 175), les animaux se font la guerre dans
le palais même de Çiva (le dieu phallique); le serpent (la nuit) veut
dévorer la souris (qui paraît être ici le crépuscule gris); le paon (qui
est peut-être dans ce cas la lune) veut manger le serpent (comp.
les précédentes notes ; d'après Élien, un individu qui voulait enlever au roi d'Égypte un paon qu'on supposait sacré, trouva un aspic
à sa place); le lion (le soleil) veut manger le paon. (Le nom de
*mayûrâri* ou d'ennemi du paon donné au caméléon est digne de
remarque ; l'animal qui change de couleur est le rival de l'oiseau qui
est de toute couleur ; les dieux et les démons sont également *viçvarupas*
et *kâmarûpas*).

le soleil, ainsi qu'avec la lune, est remplacé par le ciel
étoilé avec les étoiles de la nuit ou les nuages de l'automne ; le phallus tombe ; le ciel reste impuissant, —
il devient Indra l'eunuque, Indra aux mille matrices,
Indra plongé dans les vagues des nuages tachetés, le
bélier Indra, Indra le dieu de la pluie ou de l'automne,
Indra perdu dans l'océan de l'hiver, le poisson Indra,
Indra sans rayons, sans éclairs et sans tonnerre, Indra
frappé de malédiction, lui qui était naguère beau et
resplendissant, comme un paon orné d'aigrette (çikhin),
le paon Indra ennemi du serpent (*ahidvish, ahiripu*),
forme qu'il retrouve grâce à la compassion des dieux.
D'après le *Tuti-Namé*, quand une femme rêve d'un
paon, c'est signe qu'elle obtiendra un fils très-beau.

Les Grecs connaissaient aussi le mythe du paon et le
développèrent. Dans le premier livre des *Métamorphoses*, d'Ovide, Argus aux cent yeux, qui voit tout,
(Panoptès et fils de Zeus), obéissant aux ordres de la
déesse Junon, l'épouse brillante et orgueilleuse de Jupiter, à laquelle le paon est consacré (c'est pourquoi on l'appelle *avis Junonia, ales Junonia ;* le paon de
Junon est Jupiter lui-même, de même que, comme
nous l'avons déjà vu, le coucou de Jupiter n'est autre
que Jupiter ; Argus, le fils de Zeus, est Zeus en personne) surveille avec ses autres yeux (les étoiles), tandis qu'il en est deux (le soleil et la lune peut-être) qui
dorment, Io (la fille d'Argus lui-même, la prêtresse de
Junon identifiée à Isis, la lune, aimée de Jupiter).
Mercure endort Argus en faisant de la musique, et le
tue pendant qu'il sommeille. Les yeux du mort, les yeux
d'Argus, passent sur la queue du paon (c'est-à-dire
que le paon ressuscite après sa mort). Le paon, qui
perd et renouvelle chaque année l'éclat de ses couleurs
variées et dont la progéniture est nombreuse, servit,

comme le phénix, à symboliser l'immortalité et à personnifier les phénomènes selon lesquels le ciel s'obscurcit et se rassérène, le soleil meurt et ressuscite,
la lune se lève, s'obscurcit, se couche, se cache et renaît. Il est dit de Pythagore qu'il croyait avoir été autrefois un paon, que l'âme du paon passa dans Euphorbe, celle d'Euphorbe, dans Homère, et celle d'Homère en lui. On ajoutait aussi que l'âme de l'ancien
paon le quitta pour entrer dans le corps du poète En-
nius, ce qui fit dire à Perse :

> « Postquam destitit esse
> Mæonides quintus pavone ex Pythagoræo. »

Si le paon est Zeus, si Zeus est Dyâus, si Dyâus est le
ciel brillant et splendide, la lumière divine, est-il un
seul de mes lecteurs qui veuille s'inscrire en faux
contre la croyance pythagoricienne? Le rêve qui considère les hommes comme les fils de la divine lumière et comme des êtres destinés à retourner dans
leur patrie céleste est certainement beaucoup plus con-
solant que la froide conclusion de la science moderne
nous rabaissant dans notre origine et notre fin au rôle
des végétaux inconscients qui croissent à la surface
de la terre. Il ne manque qu'une chose ; c'est que,
cette mythologie hérétique qui, même dans ses aspects
les plus grossiers, tels que les formes animales,
ouvre souvent à notre raison incrédule un rayon
d'espoir dans l'immortalité de l'âme, qui ressuscite
et transfigure les morts en de nouvelles formes vi-
vantes, ne nous permet pas d'attendre une éternité de
bonheur dans le ciel : le ciel, comme la terre, est en
perpétuel mouvement et les dieux de l'Olympe ne sont
pas plus tranquilles sur leur trône divin que les auto-
mates royaux qui sont assis sur les trônes de la terre.

La métempsychose n'a pas trouvé son terme quand les
âmes ont atteint le ciel ; au contraire, c'est dans le ciel
qu'elles sont destinées à subir les transformations les
plus extraordinaires et les plus diverses ; nous les
avons vu passer d'une forme héroïque dans celle d'un
quadrupède ou d'un bipède. Et, cependant, la malédiction n'a pas encore produit tous ses effets ; le dieu ou le
héros s'humilient davantage encore et sont sujets à revêtir les organismes les plus imparfaits de l'échelle
zoologique ; le dieu, devenu animal, ira jusqu'à perdre
le don de la voix sous la forme d'un poisson stupide ;
il ira jusqu'à ramper comme un serpent ou à sauter
grotesquement comme un crapaud hideux.

# TROISIÈME PARTIE

## LES ANIMAUX DE L'EAU

### CHAPITRE PREMIER

LES POISSONS ET PRINCIPALEMENT LE BROCHET, LE POISSON SACRÉ OU LE POISSON DE SAINT PIERRE, LA CARPE, LA MERLUCHE, LE HARENG, L'ANGUILLE, LE PETIT POISSON ROUGE, L'OURSIN DE MER, LA PETITE PERCHE, LA BRÊME, LE DAUPHIN ET LA BALEINE.

#### SOMMAIRE

Pourquoi Indra, le héros intrépide, s'enfuit après avoir défait le serpent; le poisson cause la mort du héros intrépide. — Çakrâvatâra et le pêcheur. — La pierre et le poisson. — Adrikâ, Girikâ, la mère des poissons. — La nation des matsyas. — Çaradvat. — Pradyumna. — Guha. — Les poissons rient. — Le poisson garde le baome blanc. — L'eau du poisson bue par le cuisinier. — Le diable vole les poissons. — Le nain Audvarri et le brochet qui gardent l'or et un anneau. — Le poisson rouge et le brochet. — Le nain Vishnu sous la forme d'un petit poisson rouge. — La légende du déluge. — Vishnu sous la forme d'un poisson à corne conduit le vaisseau de Manu; l'oursin de mer ou le hérisson du Gange, le petit animal destructeur. — Le dauphin avec le taureau à cornes conduit le char ou le vaisseau des Açvins. — La petite perche turbulente. — Les arêtes des oursins comparées à cent rames. — La baleine considérée comme un pont ou une île; la baleine engloutit une flotte. — Le brochet. — La brême. — Les poissons phalliques; le phallus et l'idiot. — Pourquoi on mange du poisson pendant le carême, c'est-à-dire au printemps, et le vendredi, c'est-à dire le jour de Freya ou de Vénus. — Le poisson d'avril. — Le hareng. — L'anguille. — La brème nettoie l'artisan. — L'anguille phallique et démoniaque; *anguilla* et *anguis*. — L'anguille et le roseau; *ikshu* et *ikshvâku*. — Poissons démoniaques. — Le mulet rouge. — La brème et l'anneau. — *Cimedia*. — La baleine vomit les vaisseaux; la baleine considérée comme une île. — La petite perche trouve l'anneau et tire la cassette avec l'aide des dauphins. — La guerre de la petite perche avec les autres poissons. — La lamproie, la perche. — L'esturgeon. — La petite perche est le renard des poissons. — Les mots *matsya*, *matto*, *mad*, *matt*, *matta*, *madidus*. — Le brochet ivre. — Les trois poissons. — Çakuntalâ, la perle et le poisson. — Les genres cyprin et perche; *lucius*, *lucioperca sandra:* la corne lunaire. — Le dauphin, la carpe. — Le poisson appelé *Zeus Chalkeus*; le poisson *faber*; le poisson de saint Pierre; le poisson de saint Christophe; l'équivoque entre *crista* et *christus* encore en rapport avec la légende de saint Christophe.

Dans le Rigveda, le dieu Indra s'enfuit épouvanté après avoir tué le monstre, et traverse les quatre-vingt-dix-neuf rivières navigables. Le dieu de la pluie, après avoir fait briller l'éclair, dardé la foudre et fait gronder le tonnerre, est effrayé de son propre ouvrage ; le poète védique lui demande ce qu'il a vu, mais le dieu continue sa course et ne répond pas ; en tuant le monstre, il a déchaîné les eaux ; le dieu de la pluie s'est blessé en blessant son ennemi ; l'ombre du monstre ou sa propre ombre le poursuit ; les eaux grossissent et menacent de l'engloutir. Le dieu Indra craint ces mêmes eaux qu'il a fait couler. Il avait été condamné à rester caché dans les eaux (de la nuit et de l'hiver), pendant la période de la malédiction qu'il avait encourue pour avoir commis un adultère dans le lit nuptial d'Ahalyâ. Le dieu enfermé dans les eaux, le dieu mouillé, se trouve en cet état sous sa forme la plus déshonorante et la plus ravalée[1]. La mé-

---

[1] Indra, en tant que dieu belliqueux, ne connaît pas la crainte, ou plutôt il tue la crainte (l'hymne dit « Aher yâtâram kam apaçya indra hridi yat te yaghnuso bhîr agacchat; *Rigv.*, I, 32, 14); pourtant, il se

tamorphose céleste en poisson est la plus vile et par
conséquent la plus redoutée des transformations animales ; les poissons vivent surtout pour se reproduire ;
il était donc naturel de représenter la déchéance du
dieu, après un crime phallique sous la forme d'une
condamnation le faisant vivre au sein des eaux. Nous
savons que le pêcheur du drame de *Çakuntalâ* passe
sa vie à Çakrâvatâra, mot qui signifie « la chute
d'Indra. » Nous avons vu que la sœur de Latone, ainsi
que Rambhâ et Ahalyâ, après avoir eu des relations
coupables, l'une avec Zeus, les autres avec Indra,
furent changées en pierres placées au milieu des eaux.
Le poisson rendu impuissant et dépourvu d'intelligence, devient inerte et immobile comme une pierre
(le soleil et la lune disparaissent dans le ciel ou dans
le nuage). Nous trouvons déjà, dans le *Rigveda*[1], l'image
de la pierre et du miel, en relation étroite avec celle
du poisson qui repose dans l'eau peu profonde, ou
du poisson rendu impuissant et privé de ses énergies
vitales.

-----

laisse épouvanter pour une cause futile, qui peut être soit une ombre
nocturne (l'homme sombre des contes de fées), soit un poisson (la
lune) qui saute sur lui du sein des eaux qu'il a laissées échapper. —
Dans le vingt-deuxième des contes toscans que j'ai publiés, le jeune
héros qui a affronté sans frayeur tous les dangers de l'enfer, meurt de
peur à la vue de son ombre. (Nous avons aussi cité cette circonstance
à propos du chien et du lion qui se laissent attirer à leur perte par
leur ombre). — Dans le quarante-sixième conte du cinquième livre
d'*Afanassieff*, le fils du marchand, qui ne connaissait pas la crainte,
qui n'avait peur ni des ténèbres, ni des brigands, ni de la mort, meurt
de frayeur en tombant dans l'eau, parce que la petite perche est
entrée dans son sein pendant qu'il dormait dans son bateau de
pêcheur. — Il est facile aussi de passer de l'idée d'Indra, qui s'enivre
avec le *soma*, à celle de poisson, si nous remarquons que le mot
sanskrit *matsya*, « poisson, » formé de la racine *mad*, « enivrer,
rendre joyeux, » signifie, au sens propre, « celui qui est enivré. »

[1] Açnâpinaddham madhu pury apaçyam matsyam na dîna udani
kshiyantam ; *Rigv.*, x, 68, 8.

La légende de la nymphe Adrikâ (dont le nom est
dérivé du mot *adri*, signifiant pierre, roche, montagne
ou nuage) offre la même analogie entre la pierre-nuage
c'est-à-dire la pierre dans les eaux, et le poisson. Par
l'effet d'une malédiction divine, Adrikâ est changée en
poisson et vit dans la Yamunâ. En cet état elle avale
une feuille sur laquelle est tombée la liqueur séminale
du roi Uparicara, amoureux de Girikâ (ou d'Adrikâ elle-
même, car les deux mots *adrikâ* et *girikâ* sont équivalents) ; c'est l'oiseau çyéna, c'est-à-dire le faucon qui
avait laissé tomber cette feuille dans les eaux de la Yamunâ. Après avoir mangé ce sperme, la nymphe
changée en poisson est prise par un pêcheur et portée
au roi Uparicara ; le poisson est ouvert et la nymphe
reprend sa forme céleste ; elle donne naissance à un
fils et à une fille, qui sont Matsya, le poisson mâle, et
Matsyâ, le poison femelle[1]. Le mâle, après être devenu
roi des Matsyas ou des poissons, (que certains savants
ont essayé, vainement à mon avis, d'identifier à une
nation connue de l'histoire, car il ne suffit pas, du moment où nous savons que la base du *Mahâbhârata* est
toute mythologique, de trouver dans ce poème les Matsyas désignés comme un peuple particulier, pour en
conclure à la réalité de leur existence. Du reste, quand
nous trouvons la mention des Matsyas dans les hymnes
védiques, nous avons un argument de plus pour attribuer un caractère mythique à ce peuple que le *Rigveda* met en rapport avec les eaux). Dans une autre
légende du *Mahâbhârata*, la liqueur séminale de l'ascète Çaradvat (au sens propre, l'automnal ou le pluvieux) dont l'émission avait été provoquée par la vue
d'une nymphe charmante, tombe sur le bois d'une

---

[1] *Mbh.*, 2371-2392.

flèche ; ce bois se partage en deux morceaux, qui donnent au roi deux fils ; nous verrons plus loin une variété de cette légende à propos des traditions occidentales qui se rattachent à la fable du poisson[1].

Les quatre-vingt-dix-neuf rivières que traverse Indra correspondent aux quatre-vingt-dix-neuf ou aux cent cités de Çambara (les nuages). Dans le *Vishnu Purâna*[2], un poisson accueille le héros Pradyumna (dont le nom est une des épithètes du dieu de l'amour), précipité dans la mer par Çambara, et le met à même de retrouver et d'épouser Mâyâdévî.

Le roi Guha (le caché, le sombre), le roi des noirs Nishâdas, le roi de Çringavera (en qui nous avons déjà reconnu la lune), qui reçoit Râma pendant la nuit sur les bords du Gange, lui fait un accueil hospitalier et lui offre à boire. à manger et des poissons[3].

Dans la *Çukasaptati* et dans le *Tuti-Namé*, les poissons se moquent de la pruderie d'une servante adultère ; nous avons déjà montré au premier chapitre du premier livre la signification phallique du poisson qui rit.

Dans le *Khorda-Avesta*, nous voyons un poisson à la vue perçante (Karo-maçyo, appelé plus haut Kharmâhî) qui garde le haomâ blanc, c'est-à-dire l'ambroisie (à laquelle le sperme s'identifie aussi).

Dans le *Pseudo-Callisthène*, Alexandre, arrivé près d'une fontaine lumineuse qui exhale des senteurs parfumées, demande à son cuisinier quelque chose à

---

[1] *Mbh.*, I, 5078-5086. — Dans une autre version du même mythe, la liqueur séminale du sage Bharadvâga est émise à la vue d'une nymphe ; le sage la reçoit dans une coupe d'où sort Drona, l'archer par excellence ; I, 5103-5108.

[2] V, 27.

[3] *Râmây.*, II, 92.

manger ; le cuisinier se prépare à laver le poisson dans l'eau au brillant éclat ; le poisson revient à la vie et disparaît ; mais le cuisinier boit de l'eau du poisson et en fait boire à Uné, la fille d'Alexandre, que son père maudit et qui devient une néréide ou une nymphe marine, tandis qu'il fait mettre une pierre au cou du cuisinier et ordonne de le jeter au fond de la mer. Il est inutile de démontrer l'analogie qui existe entre cette légende et le mythe d'Indra, ou d'insister sur la signification phallique qu'elle comporte.

Nous savons déjà que parfois les images phalliques et les images démoniaques sont en rapport les unes avec les autres ; c'est de là que, dans le neuvième conte esthonien, le diable vole les poissons des pêcheurs ; c'est de là aussi que, dans les *Eddas*, le brigand Loki prend tantôt la forme d'un saumon et tantôt s'empare du brochet, dont le nain Andvarri a revêtu la figure. Le brochet est le gardien de l'or et d'un anneau qui lui est enlevé ; le poisson pénètre dans la pierre et prédit que l'or causera la mort des deux frères. La pluie, l'ambroisie, qui sort du nuage et la rosée, qui est une autre forme de l'ambroisie, sont l'eau dans laquelle le poisson est lavé, et l'ambroisie sous forme de rosée, est l'eau ou la semence du poisson ; la lune aux blonds cheveux, la lune argentée dans l'océan de la nuit est le petit poisson d'or et le petit poisson d'argent, qui annoncent la saison des pluies, l'automne, le déluge. De l'océan des nuages, de la nuit ou de l'hiver, sort le soleil, la perle perdue au sein de la mer que rapporte le poisson d'or ou d'argent.

Le petit poisson rouge de nos aquariums, le *cyprinus chrysoparius*, le *cyprinus auratus*, le *cyprinus sophore* (le *çaphara* de l'Inde, *çaphari* au féminin) et le brochet brillant peuvent, comme la lune, se dilater et se contracter. Nous connaissons déjà le monstre marin, qui (pareil à la sirène) attire à lui, dans le *Râmâyana*, du sein de la mer où il réside, l'ombre de Hanumant et peut à volonté diminuer ou augmenter de grosseur ; nous avons vu que le nain Andvarri des Eddas se cache sous la forme d'un brochet ; nous avons vu aussi que le dieu Vishnu ou Hari devient géant, après avoir été nain (Hari signifie blond ou doré et se rapporte tantôt au soleil et tantôt à la lune) ; Vishnu, en devenant poisson, se métamorphose d'abord en petit poisson rouge appelé çapharî ; et, sous cette forme, il est spécialement identifié à la lune, la régente de la saison des pluies. De même que la lune (que nous connaissons déjà sous la forme d'une petite poupée savante) s'accroît par quartiers et devient grosse après avoir été très-petite, le dieu Vishnu ou Hari, d'après la légende indienne du déluge rapportée dans les *Brâhmanas*, dans le *Mahâbhârata* et dans les *Purânas*, commence par être un très-petit poisson, un çaphara, qui supplie l'ascète Manu de le tirer de la grande rivière, du Gange, où il craint de devenir la proie des monstres aquatiques. Manu place le petit poisson dans le vase d'eau qui lui sert à accomplir ses ablutions ; (un proverbe de l'Inde dit que la çapharî manifeste sa pétulance en s'agitant dans un pouce d'eau, tandis que le rohita, espèce de carpe, ne montre pas d'orgueil, même au sein de masses d'eau dont la profondeur est inconnue[1]); en une nuit (évidemment en tant que lune), le poisson devient si gros qu'il ne peut plus tenir dans le vase ; Manu le transporte dans un étang, puis dans le Gange ; enfin, il atteint une grosseur telle, que Manu, qui reconnait en lui Vishnu, est obligé de lui donner toute

---

[1] Comp. Bœthlingk, *Indische Sprüche*, I, 89.

II.

23

liberté en le mettant dans la mer. Alors, le poisson reconnaissant lui annonce que dans sept jours les eaux inonderont le monde et que tous les méchants périront ; il lui ordonne (comme le Dieu de la Bible à Noé) de construire un vaisseau. « Tu y prendras place », lui dit Vishnu, « avec sept sages, un couple de chaque espèce d'animal, et des semences de chaque sorte de plante. Tu y attendras la fin de la nuit de Brahmâ ; et quand le vaisseau sera agité par les vagues, tu l'attacheras au moyen d'un long serpent à la corne d'un poisson énorme qui s'approchera de toi et qui te guidera au milieu des flots de l'immense Océan. » Au jour fixé, les eaux de la mer s'élevèrent sur la surface de la terre et le poisson se présenta pour conduire le vaisseau et sauver Manu. Le vaisseau s'arrête sur la corne, c'est-à-dire sur la cime d'une montagne. Or, ce petit poisson rouge, dont Vishnu a revêtu la forme, s'assimile, quand il porte une corne pour tirer le vaisseau de Manu, à un autre animal marin intéressant, l'oursin de mer, ou le hérisson du Gange (çinçumâra), mot qui sert aussi à désigner le nain Vishnu (nous avons déjà vu Vishnu sous la forme d'un sanglier) et qui signifie, au sens propre, le petit destructeur. La dix-huitième strophe d'un hymne précieux, le cent seizième du premier livre du *Rigveda*, nous montre le çinçumâra, ou l'oursin de mer, accompagné d'un autre animal cornu, le taureau (nous avons déjà vu la lune représentée sous la forme d'un taureau cornu) conduisant le char des Açvins qui est rempli de richesses [1] ; nous savons que ce char est souvent un vaisseau. Çinçumâra est aussi

---

[1] Revad uvâha sacano ratho vâm vrishabhaç ça çinçumâraç ça yuktâ.

en sanskrit le nom du dauphin [1], et les dauphins, ainsi
que le poisson appelé jorsh (la petite perche), avec
ses petites cornes, ses nageoires munies de piquants,
sa forme déliée, affilée d'un bout comme un pieu, qui
reçoit l'épithète de turbulent (kropacishko) dans les
contes russes, se trouvent en rapport l'un avec l'autre
pour retirer la cassette ; le jorsh tient la place du « petit
destructeur », du çinçumâra, de l'oursin, à l'égard
duquel il existe un très-intéressant dicton Sicilien qui
compare ses piquants à cent rames dont il se sert pour
emporter les enfants qui l'invoquent ; les petits garçons
siciliens, en effet, quand ils s'en sont emparés, le sau-
poudrent d'un peu de sel et lui chantent les paroles
suivantes :

> « Vocami, vocami, centu rimi,
> Vocami, vocami, centu rimi. »

(Rame pour moi, rame pour moi, toi qui as cent rames).
Alors il se met en mouvement et les enfants sont enchantés. Dans le petit poème russe de Jershoff, intitulé
*Kaniok-Garbunok*, que nous avons déjà cité dans le
chapitre du Cheval, Yvan doit aller chercher pour le
Sultan un anneau enfermé dans une cassette tombée
à la mer (le soleil du soir ou d'automne). Ivan,
monté sur son cheval bossu, arrive au milieu de la
mer où se trouve une baleine qui ne peut pas bouger,
parce qu'elle a avalé une flotte, c'est-à-dire le vaisseau solaire. Le rôle joué ici par la baleine est le

---

[1] Nos lecteurs ne s'étonneront pas de voir le dauphin, la baleine et
l'oursin classés ici avec les poissons. Nous ne traitons pas l'histoire naturelle d'après les classifications de la science, mais selon les divisions
tracées à grands traits par l'imagination impressionnable du peuple.
De même, nous parlerons du serpent parmi les animaux des eaux,
quoiqu'il soit amphibie, parce que la croyance populaire fait garder
les eaux par le dragon.

même que celui du monstre marin qui avale Hanumant
dans le *Râmâyana*, pour le rendre ensuite, comme dans
la légende du Jonas biblique (la nuit dévore le soleil
ou le porte dans l'intérieur de son corps). Hanumant
entre dans le poisson par la gueule et en sort par la
queue ; cependant, dans le récit qu'il fait lui-même
de cette aventure, au cinquante-sixième chapitre du
cinquième livre du même poème, il dit que le monstre-
marin ayant fermé la gueule, il en sortit par l'oreille
droite. Quand la nuit est éclairée par la lune, le
taureau-lune ou le poisson-lune, au lieu d'avaler le
héros, le porte ou lui sert comme d'un pont. Dans
les contes de fées russes, le brochet brun (qu'on appelle la veuve chaste, en raison de sa couleur)[1] est

---

[1] Le brochet devient au printemps de couleur bleue, bleuâtre ou
bleue-grise ; de là le nom de *golubbi-pero* (c'est-à-dire aux nageoires
bleues ou bleuâtres ; en allemand, la couleur bleuâtre est appelée *echt-
grau*, c'est-à-dire gris de brochet ; dans le dix-neuvième des contes
russes d'*Erlenwein*, le brochet a des nageoires d'or) qu'on lui donne
aussi en Russie. *Golub*, c'est-à-dire brun, violet ou bleu, est le nom
qu'on donne en Russie à la colombe ; de même, en Italie, nous disons
du pigeon qu'il est *pavonazzo* (au sens propre, de la couleur du paon,
qui est ordinairement bleu et vert). Or, en sanskrit, un des noms du
paon est *hari*, mot qui désigne à la fois la lune et le soleil. En vertu
de cette même analogie, le brochet bleuâtre ou grisâtre peut représenter la lune. Mais une autre analogie, qui résulte d'une conception
du même genre, se retrouve dans le mot *çyâma*, qui signifie noir, bleu
et argenté ; aussi sert-il à désigner le *convolvolus argenteus* (rappelons-
nous que le nom latin du brochet est *lucius*, comp. le grec *lykios*,
c'est-à-dire le brillant). Le brochet prend la couleur de l'eau dans
laquelle il vit, et les eaux sont sombres, noires, verdâtres, argentées ; en tant que de couleur bleue, verdâtre ou argentée, le brochet représente la lune ; en tant que de couleur sombre, il est le
symbole de la nuit ténébreuse, du nuage, de la saison d'hiver. —
Dans le trente-deuxième conte du quatrième livre d'*Afanassieff*, la
perche raconte qu'autrefois (c'est-à-dire au printemps) le brochet était
brillant, et qu'il devint noir après l'embrasement du lac de Rasloff du
jour de Saint-Pierre (29 juin) au jour de Saint-Élie (20 juillet), c'est-à-
dire au commencement de l'été. Comme nous l'apprenons dans le
*Pseudo-Callisthéne*, il y a près de la pierre noire, qui rend noir
quiconque la touche, des poissons cuits dans de l'eau froide, et

tantôt une forme prise par le diable pour dévorer le jeune héros changé en perche [1] et tantôt un poisson énorme aux longues dents, qui détruit les petits poissons [2], tantôt, au contraire, il sert de pont à Ivan Tzarévic cherchant l'œuf du canard qui est dans le lièvre sous le chêne au milieu de la mer [3]; tantôt il est pris dans la fontaine (comme la lune, c'est-à-dire le soma, dans le puits) par Emile l'idiot paresseux, et, comme Emile lui sauve la vie, il l'enrichit en accomplissant pour lui plusieurs prodiges, tels que ceux relatifs aux tonneaux pleins d'eau, aux arbres de la forêt, aux chariots ou aux poêles qui se mettent d'eux-mêmes en mouvement et, finalement, au coffre jeté à la mer, dans lequel Emile est enfermé avec la jolie fille du Tzar et qui arrive au bord où il s'entrouvre [4]. Tantôt le brochet phallique aux nageoires d'or [5] est pris, lavé,

---

non pas au feu. Je rappellerai aussi à ce propos que le *Hecht-kœnig*, ou le roi des brochets, est dépeint comme jaune avec des taches noires.

[1] *Afanassieff*, V, 22.

[2] *Afanassieff*, I, 2. — Comp. la onzième des *Novelline di Santo Stefano di Calcinaia*; un poisson monstrueux dévore la princesse; ce poisson est un requin (pesce cane); comp. aussi le conte V, 8, du *Pentamerone*.

[3] Comp. *Afanassieff*, II, 24.

[4] Comp. *Afanassieff*, V, 55; VI, 52. — C'est le même poisson qui, sauvé par la jeune fille que persécute sa belle-mère, vient à son aide, sépare pour elle le blé de l'orge (comme la Madone, la lune fée purificatrice, qui nettoie le ciel pendant la nuit), et lui fait présent de robes magnifiques dans le conte VI, 29. — Dans le conte V, 54, nous trouvons, au lieu du brochet fécondateur, la brème qu'on appelle aussi le poisson « aux nageoires d'or » (szlatopioravo), dont les couleurs sont les mêmes que celles du brochet.

[5] Dans le dix-neuvième conte russe d'*Erlenwein*, et dans une autre version du même conte, qui fait partie du dernier livre des contes d'*Afanassieff*. — Dans un conte inédit du Montferrat, que m'a communiqué M. le docteur Ferraro, un pêcheur prend un gros poisson qui lui dit : « Laisse-moi la liberté et tu réussiras en toute occasion. » La femme du pêcheur s'y oppose, fait rôtir et mange le poisson, des os

mis en morceaux et rôti ; l'eau salie est jetée de côté et bue par la vache (dans *Afanassieff*) ou par la jument (dans *Erlenwein*); un morceau du poisson est mangé par la servante noire, pendant qu'elle est occupée à le servir, et la reine mange le reste ; il en résulte la naissance de trois jeunes héros, considérés comme frères, auxquels la vache (ou la jument), la fille noire et la reine donnent le jour en même temps. Tantôt le brochet (comme dans la fable satirique de Kriloff) conduit la voiture en compagnie du crabe et du héron; et il semble ici que ces deux animaux sont plutôt dépourvus d'intelligence qu'avisés, car, tandis que le brochet conduit la voiture dans l'eau, le crabe s'efforce de la ramener à terre et le héron, de l'enlever dans les airs. Nous avons ici la relation habituelle du symbole phallique et de l'idiot. C'est ainsi que, dans le dialecte piémontais, le phallus et l'idiot sont appelés *merlu* (merle). Du mot *merlo* (lat. *merula*), est dérivé le nom du poisson appelé *merluccio* ou *merluzzo* (*gadus merlucius*, la merluche ou l'aiglefin), que les Romains appelaient *asellus* et les Grecs *onos*. L'âne est un symbole phallique bien connu et, Bacchus étant aussi un dieu phallique, nous lisons dans Pline, « Asellorum duo genera, Callariæ minores et Bacchi, qui non nisi in alto (en pleine mer) capiuntur. » Le nom de *baccalà*, que la morue porte en Italie, me paraît dériver de l'assemblage des deux mots Bacchus et Callaria. Il y a aussi un poisson appelé *merula* dont les anciens ont décrit la lubricité, qui est telle qu'elle le consume littéralement et qu'il finit par en périr[1]. Nous avons en italien les proverbes phalliques suivants : « Le merle a passé le Pô »

---

duquel naissent au pêcheur trois fils, trois chevaux et trois chiens. Il est évident que ce conte a été altéré.

[1] Comp. Salvianus, *Aquatilium animalium historiæ*, Romæ, 1544.

et « le merle a passé la rivière » qui s'appliquent à une
femme ou à un homme épuisés et réduits à l'impuissance. Les anciens ont dit du poisson appelé *chryso-
phrys* par les Grecs et *aurata* en latin, qu'il se laisse
prendre à la main par les enfants et les femmes, et
(d'après Athénée) il était consacré à Aphrodite. Aphrodite ou Vénus, la déesse de l'amour, représentait spécialement dans les mythes l'aurore et le printemps
(c'est pourquoi nous mangeons des poissons en carême
et le vendredi (en anglais *friday*, le jour de Freya) *dies
veneris*); aussi, les *gemini pisces*, les deux poissons
réunis en un seul, étaient consacrés à cette divinité
et la plaisanterie du poisson d'avril, dont j'ai déjà parlé
au premier chapitre du premier livre, est un amusement d'origine phallique qui devrait être abandonné[1].
Aphrodite et Eros, poursuivis par Typhon, se changèrent en poissons et se jetèrent dans l'Euphrate. Nous
avons déjà dit que le dieu de l'amour, dans l'Inde,
avait un poisson pour étendard. On représentait aussi
l'Eros hellénique monté sur un dauphin (au lieu du
papillon phallique); selon d'autres renseignements, il
chevauche un cygne et des dauphins le précèdent.
Dans une épigramme de l'*Anthologie grecque*, le dauphin porte aussi un rossignol fatigué. Dans différentes
parties de l'Alsace, les jeunes filles, le soir de la
Saint-André, mangent des harengs afin de voir en rêve
le mari qui doit étancher leur soif[2]. Le poisson que

---

[1] A Berlin, les enfants chantent les paroles suivantes le premier
d'avril :

« April, april, april !
Man kann den Narren schicken wohin man will. »

[2] Un autre usage relatif aux harengs, qui se pratique dans le Lim-
bourg le mercredi des Cendres, au retour de l'église, est décrit en ces
termes par le baron de Reinsberg : « Begiebt man sich zuerst nach
Hause, um nach gewohnter Weise den Hæring abzubeissen. Sobald
man næmlich aus der Kirche kommt, wird ein Hæring, nun muss

Pline appelle *julis*, se nomme *donzella* (demoiselle) en italien et *menchia di re* (phallus de roi) à Naples et en Vénétie ; d'autres poissons encore empruntent leurs noms aux mots qui désignent les organes de la génération[1]. A Naples, le phallus est appelé *u pesce*, et en italien, l'expression *nuovo pesce* (nouveau poisson) signifie un idiot. L'anguille, en outre, que les Béotiens, d'après Agatharchide cité par Hippolytus Salvianus, couronnaient comme une victime et sacrifiaient solennullement, que les Egyptiens, au témoignage d'Hérodote, vénéraient comme un poisson divin et qu'Athénée appelle pompeusement l'Hélène des festins, porte un caractère essentiellement phallique. L'anguille est devenue proverbiale ; les proverbes italiens : « Prendre l'anguille, » « Tenir l'anguille par la queue, » « Quand l'anguille a pris l'hameçon, il faut qu'elle aille où on la conduit » renferment tous une équivoque. Les Allemands ont aussi un proverbe relatif à l'anguille qui nous rappelle la fable du cuisinier volant le poisson d'Alexandre et buvant l'eau de ce poisson avec la fille du héros[2]. Le phallus découvre les secrets, et c'est pour cela que, dans une légende allemande[3], la fa-

jeder mit geschlossenen Beinen, die Arme fest an der Leibe gedrückt, in die Hœhe springen und dabei suchen, ein Stück abzubeissen. » Karl Simrock dit aussi à la page 561 de l'ouvrage cité plus haut : « In der Mark muss man zu Neujahr Hirse oder Hæringe essen, im Wittenbergischen Herringssalat, so hat man das ganze Jahr über Gold. »

[1] Comp. Salvianus, ouvrage déjà cité. L'habitude qu'ont certains poissons de rendre de l'écume par la gueule peut avoir suggéré une image phallique.

[2] Bei Hans Sacks, Nürnberger, Ausgabe von 1560, II, 11, 96. Eine Frau und Magd essen den für den Herrn bestimmten Aal ; eine Elster schwatzt es aus ; um sich zu rœchen, rupfen die Weiber ihr den Kopf kahl. Daher man sprichwœrtlich von einem kahlen Mœnche sagt : der hat gewiss vom Aale ausgeschwatzt ; *Menzel, Die Forchristliche Unsterblichkeits-Lehre.*

On lit dans le même ouvrage : « So erzælil Gilbert bei Leibnitz,

culté de voir tout ce qui est sous l'eau est attribuée à une femme qui a mangé une anguille (c'est une autre version du conte du poisson qui rit, lequel, dans le neuvième conte du troisième livre d'*Afanassieff*, enrichit celui qui le possède, et de celui du poisson *silurus* (la brême), dont le nom dérive des mots grecs *sillô* et *oura*, parce qu'il agite la queue, qui, dans le cinquante-huitième conte du sixième livre d'*Afanassieff*, nettoie l'artisan tombé dans la boue et fait rire la princesse qui n'avait jamais ri). Dans le dix-huitième conte de Santo Stefano di Calcinaia, un pêcheur prend une anguille à deux queues et à deux têtes, si grosse qu'il a besoin d'aide pour l'emporter. L'anguille lui adresse la parole et lui recommande de planter ses deux queues dans le jardin, de donner ses entrailles à la chienne et ses deux têtes à la femme du pêcheur. Les queues plantées dans le jardin produisent deux épées (nous avons vu dans la légende indienne, naître deux enfants du bois de la flèche de Çaradvat); les intestins jetés à la chienne donnent naissance à deux chiens et les têtes que mange la femme la font accoucher de deux beaux garçons (les deux Açvins, que conduit l'oursin de mer, comme nous l'avons vu dans l'hymne védique). Nous avons fait remarquer, au chapitre de la Colombe, que les deux jeunes amants poursuivis prennent la forme de colombes. Dans le quatorzième conte sicilien de madame Gonzenbach, le jeune homme et la jeune fille que poursuit la sorcière se changent d'abord en église et en sacristain, puis en jardin et en jardinier, puis en rose et en rosier, et, finalement, en fontaine et en anguille. Dans le pre-

---

Script. rer. Brunsw., I, 987. Ein Frauenzimmer, welches Aal gegessen, habe plœtzlich Alles sehen kœnnen was unter Wasser war. »

mier volume du *Cabinet des Fées*, la fée Anguillette est prise sous la forme d'une anguille. Dans le quatrième conte de Santo Stefano di Calcinaia, la belle fille est invitée par la servante du prêtre (c'est-à-dire par la servante de l'homme noir, par la femme noire ou la nuit) qui était venue laver du linge à la fontaine, à descendre de l'arbre. La jeune fille descend, est précipitée dans la fontaine et dévorée par une énorme anguille. Des pêcheurs prennent l'anguille et la portent au prince ; la sorcière la tue et la jette dans un fourré de roseau. L'anguille est changée alors en un grand et magnifique roseau qu'on apporte aussi au prince ; il l'entaille légèrement avec un canif et en fait sortir la belle fille (cette légende est une autre version de celle de la fille de bois)[1]. Cette forme démoniaque de l'anguille est en rapport étroit avec le monstre-serpent ; l'*anguilla* rappelle l'*anguis* ; aussi, dans le neuvième conte du premier livre du *Pentamerone*, trouvons-nous, au lieu de l'anguille fécondatrice, comme dans le dix-huitième conte toscan, le poisson appelé *draco marinus* (*trascina*, en italien), à propos duquel Volaterranus fournit ce curieux renseignement, — « Si manu dextra adripias eum contumacem renitentemque experieris, si læva subsequentem, » — comme s'il eût voulu faire entendre que la main gauche est la main du diable. Dans le même ordre d'idées, Oppien décrit le mariage de la murène (*murena*) avec le serpent (la vipère, d'après Élien et Pline). D'autres poissons ont pris un caractère essentiellement démoniaque. Tel est

---

[1] On sait que le mot *ikshvâku* a été rapproché étymologiquement du mot *ikshu*, « canne à sucre. » Au quarantième chapitre du premier livre du *Râmâyana*, une des deux femmes de Sagara donne naissance à un fils qui continue sa race ; son autre femme accouche d'un ikshvâku (une gourde ou une canne) contenant 60,000 fils.

le poisson appelé *alôpêx* (*vulpes*, *vulpecula*, en latin),
dont Élien rapporte qu'il happe l'hameçon et le vomit
avec ses intestins ; la *rana piscatrix*, appelée aussi le
diable marin ; la *trygôn* (Lat. *pastinaca*, It. *bruco*) qui,
d'après Oppien, cause la mort des hommes avec son
dard (on dit qu'Ulysse fut tué avec l'arête d'une *trygôn*) et fait sécher les arbres (quoiqu'il soit étrange que
pour se guérir d'une blessure si redoutable, car les anciens croyaient ce poisson venimeux, Dioscoride se
borne à prescrire une décoction de sauge) ; le scorpion
de mer (dont les morsures, au témoignage des anciens,
étaient guéries au moyen de la *trigla* ou du mulet
rouge — lat. *mullus* — consacré, d'après Athénée et
Apollodore à Artémis, ou à Diane *Trivia*, la lune ; Plutarque dit qu'il était consacré à Diane à titre de poisson
chasseur, parce qu'il tue le lièvre de mer, qui est nui-
sible à l'homme ; mais nous avons vu que le lièvre
mythique est la lune elle-même) la brême (*silurus*,
*glanis* ou *piscis barbatus*) qui avait en Hongrie, d'après
Mannhardt (Manardus, cité au seizième siècle par Hippolytus Salvianus), la réputation de s'attaquer aux
hommes ; on disait même qu'on avait trouvé dans l'estomac d'un de ces poissons, qui sont à la vérité très-
voraces, une main d'homme munie de bagues. Mais
ces bagues trouvées dans le corps du poisson (comme
la pierre précieuse appelée *cimedia*[1], qui, d'après la
croyance populaire, se trouve dans le cerveau d'un
grand nombre de poissons) nous ramènent au poème
de Jershoff que nous avons laissé un moment de côté,
ainsi qu'à la petite perche, aux dauphins, à la baleine
et à l'anneau tombé dans l'eau et retrouvé par un poisson, — ce qui, dans le cycle mythique des poissons,

---

[1] Comp. Du Cange sur ce mot et Salvianus, ouvrage cité plus haut.

constitue peut-être le plus intéressant sujet de légendes et, pour ainsi dire, l'exploit épique de ces animaux.

Ivan, donc, s'est avancé sur son petit cheval bossu au milieu de la mer, près de la baleine, qui a avalé une flotte[1] ; une forêt a poussée sur le dos de cette baleine et des femmes viennent chercher des champignons dans ses moustaches. Ivan fait connaître son désir et la baleine convoque tous les poissons pour obtenir des informations, mais nul n'en peut donner qu'un petit poisson, le petit jorsh, ou la petite perche, qui, pourtant, est occupé en ce moment à poursuivre un de ses adversaires. La baleine dépêche des envoyés au jorsh, qui cesse le combat pendant un instant et à contre cœur, afin de chercher la cassette ; il la trouve, mais il n'est pas assez fort pour l'enlever. La nombreuse armée des harengs essaie aussi de le faire ; mais leurs efforts sont vains ; enfin, arrivent deux dauphins, qui apportent la cassette. Ivan reçoit l'anneau désiré ; la malédiction que subit la baleine prend fin ; elle vomit la flotte, et peut reprendre la liberté de

---

[1] Dans le treizième conte du premier livre d'*Afanassieff* (dont le conte bohémien de *Grandpère Vsievedas* est une autre version bien connue) la baleine se plaint que, piétons et cavaliers, chacun lui passe dessus et lui use la chair jusqu'aux os. Elle prie le héros Basile de demander au serpent combien elle a encore de temps à subir ce triste destin ; le serpent répond qu'il cessera quand elle aura rejeté les dix vaisseaux du riche Mark. — Dans le huitième conte du quatrième livre du *Pentamerone*, la baleine enseigne à Cianna le moyen de trouver la mère du temps et lui demande, en récompense, de lui indiquer le chemin par lequel une baleine peut parcourir librement la mer sans rencontrer de rochers ni de bancs de sable. Cianna lui répond qu'il faut, pour cela, qu'elle se lie d'amitié avec la souris de mer (*lo sorece marino*, animal identique peut-être à l'oursin, qui lui servira de guide. — Dans le huitième conte du cinquième livre du *Pentamerone*, la petite fille est reçue dans la mer par un grand poisson enchanté, dans le ventre duquel elle trouve de beaux compagnons, des jardins et un palais magnifique, pourvu d'objets de toute nature. Le poisson apporte la jeune fille au rivage.

ses mouvements, tandis que la petite perche retourne
à la poursuite de ses ennemis. Cette guerre de la perche
contre ses antagonistes a trouvé dans la tradition populaire russe ses Hérodotes et ses Homères, qui l'ont célébrée en prose et en vers. *Afanassieff* nous donne,
au troisième livre de ses contes, d'après un manuscrit du siècle dernier, le récit du jugement de la
petite perche (jorsh) devant le tribunal des poissons.
La brême (leçç) accuse le petit jorsh, le guerrier mé-
chant (comme l'oursin de mer est le plus destructeur ; la confusion entre l'oursin et la petite perche,
est d'autant plus facile dans les légendes russes, que
celui-là est appelé josz et celle-ci jorsh), qui a blessé
tous les autres poissons avec ses nageoires acérées
et qui les a forcés d'abandonner le lac de Rastoff. Le
jorsh se défend en disant que sa force lui est inhé-
rente ; qu'il n'est pas un brigand, mais un bon sujet,
connu de tous et très-estimé des grands seigneurs,
qui le font accommoder à différentes sauces et le
mangent avec délices. Le brême en appelle au témoignage des autres poissons, qui déposent contre la
petite perche, laquelle se plaint alors que les autres
poissons, dans l'importance outrecuidante qu'ils s'ar-
rogent, veulent se servir des tribunaux pour la perdre
avec ses compagnes et se prévalent de sa petitesse. Les
juges appellent en témoignage la perche, la lotte et
le hareng. La perche envoie la lotte, qui s'excuse
de ne pas comparaître en disant que son ventre est
chargé de graisse et qu'elle ne peut pas se remuer ;
que ses yeux sont petits et qu'elle ne voit pas bien
clair ; que ses lèvres sont épaisses et qu'elle ne sait
pas s'exprimer devant des personnes de distinction. Le
hareng, de son côté, témoigne en faveur de la brême et
contre la petite perche. Parmi ceux qui portent témoi-

gnage contre le jorsh apparaît aussi l'esturgeon ; il attaque le jorsh en alléguant que, quand il veut le manger, il a plus à recracher qu'il n'avale et se plaint que,
suivant un jour le Volga pour arriver au lac Rastoff, la
petite perche l'a appelé son frère et l'a trompé en lui
disant, pour l'engager à quitter le lac, qu'elle était jadis
si grosse que sa queue ressemblait à la voile d'un navire, et qu'elle est devenue si petite après être entrée
dans le lac Rastoff. Il ajoute qu'il fut effrayé et resta
dans la rivière où ses fils et ses compagnons périrent
de faim, tandis qu'il se voyait lui-même réduit aux
dernières extrémités. Il porte encore contre le jorsh la
grave accusation de l'avoir fait passer devant lui, afin
qu'il tombe entre les mains des pêcheurs, en lui donnant à entendre que les frères aînés devaient précéder
les cadets. L'esturgeon avoue qu'il fut dupe de cette
agréable flatterie et qu'il tomba dans une nasse, semblable aux portes des palais des grands seigneurs, —
grands quand on y entre et petits quand on en sort ;
il fut pris dans le filet où le jorsh l'aperçut et lui
dit en manière de raillerie « souffre pour l'amour du
Christ. » La déposition de l'esturgeon fait un grand
effet sur l'esprit des juges qui ordonnent de donner le
knout au petit jorsh et de l'empaler en l'exposant à la
grande chaleur, en punition de sa mauvaise foi ; l'écrevisse met le sceau à la sentence avec une de ses pinces.
Mais le jorsh, qui vient d'entendre sa condamnation, la
déclare injuste, crache dans les yeux des juges, saute
dans un fourré de ronces et disparaît de la vue des
poissons qui restent confondus de honte et de dépit.

Dans le trente-deuxième conte du quatrième livre
d'*Afanassieff*, nous trouvons deux autres versions de
cette légende zoologique.

Le turbulent jorsh entre dans le lac Rastoff et en

prend possession. Appelé devant les tribunaux par la brême, il répond que du jour de saint Pierre à celui de saint Elie, tout le lac était en feu ; il donne pour preuve de cette assertion que les yeux du gardon et les nageoires de la perche sont restés rouges depuis cet événement, que le brochet en est devenu brun et la lotte noire. Ces poissons, appelés en témoignage, ne se présentent pas ou nient l'exactitude de ces affirmations. Le jorsh est arrêté et chargé de chaînes, mais la pluie survient et l'endroit où le jugement s'exécute devient marécageux ; le jorsh s'échappe, et, passant d'un ruisseau dans un autre, il arrive à la rivière Kama où le brochet et l'esturgeon le rencontrent et le ramènent subir sa sentence.

Le jorsh (d'après la seconde de ces versions) ayant été arrêté et amené devant les juges, demande la permission d'aller faire un tour, pendant une heure seulement, dans le lac Rastoff, mais, à l'expiration du délai fixé, il néglige de quitter le lac et tourmente de toute manière les autres poissons qu'il pique et provoque. Les poissons ont recours à l'esturgeon pour obtenir justice ; celui-ci envoie le brochet à la recherche du jorsh qu'il trouve au milieu des pierres et qui s'excuse, en alléguant qu'on est au samedi et qu'il y a fête chez son père ; il engage en conséquence, le brochet à prendre patience et à se divertir, lui promettant que le lendemain matin, quoique ce soit dimanche, il se présentera devant les juges (l'analogie entre la façon d'agir du jorsh et celle de Reincke Fuchs est très-remarquable). Dans l'intervalle, le jorsh enivre le brochet. Le nom sanskrit du poisson, *matsya*, dérivé de la racine *mad*, signifie, nous le savons, ivre et joyeux, au sens propre (latin *madidus* et *matus*, employé dans le même sens par Pétrone) ; en italien *briaco* et *folle* sont quelquefois synonymes; dans le dialecte piémontais, *bagnà* (mouillé) et *imbecil* (idiot) sont des mots qui ont le même sens. L'ivresse est de deux sortes : il en est une qui rend impuissant et une autre qui fait perdre la raison ; cela dépend de la quantité et de la qualité de ce que l'on a bu, et de la nature de la constitution dont on jouit. Il y a de même deux espèces de folie: celle qui rend l'homme furieux et qui nécessite l'emploi de la camisole de force, et celle qui, épuisant toute sa vigueur, le jette dans la prostration et la faiblesse. Indra, quand il est ivre, devient un héros ; le brochet enivré est dépourvu d'intelligence (comp. l'italien *matto*, en anglais *mad*, qui signifie fou, faible d'esprit, à l'allemand *matt*, dont le sens est, abattu, épuisé [1]). Quand le jorsh a enivré le brochet, il le renferme dans une meule de paille, où le poisson qui a trop bu doit périr. Alors la brême vient prendre la petite perche au milieu des pierres et l'amène devant le juge. Le jorsh demande le jugement de Dieu. Il dit à ses juges de le mettre dans un filet ; s'il y reste, il sera coupable ; s'il en sort, son innocence deva être admise ; le jorsh se démène de telle sorte dans le filet qu'il trouve le moyen de s'échapper. Le juge l'acquitte et lui donne le droit d'agir dans le lac en toute liberté; alors le jorsh prend de fréquentes revanches sur les petits poissons et déploie son adresse dans les efforts constants auxquels il se livre pour causer leur perte.

De même que l'homme ivre et le fou tantôt voient accroître leur force et tantôt la perdent, tantôt leur intelligence s'augmente et tantôt elle s'éteint. Aussi, trou-

---

[1] Si je ne me trompe, les mots allemands *narr*, fou, et *nass*, humide, sont en relation l'un avec l'autre, en vertu de la même analogie qui nous a donné le sanskrit *matta*, ivre, et le latin *madidus*, humide, dérivés l'un et l'autre de la racine *mad*.

vons-nous des poissons mythiques dont les uns sont
sages et les autres stupides. Un conte très-populaire,
est celui des trois poissons d'intelligence différente :
l'un, nonchalant et imprévoyant, se laisse prendre par
les pêcheurs, tandis que ses deux compagnons parviennent à s'échapper ; ce conte se trouve au premier
livre du *Pançatantra*. Une autre version se trouve au
cinquième livre du même recueil : il y est question
d'un poisson qui a de l'intelligence comme cent (Çata-
buddhi), d'un autre qui a de l'intelligence comme mille
(Sahasrabuddhi) et de la grenouille qui n'a de l'intelligence que comme un seul (Ekabuddhi) ; mais l'intelligence des poissons n'est que de la présomption ; l'intelligence unique de la grenouille l'emporte sur l'intelligence multiple des poissons. La grenouille s'esquive tandis que les deux poissons tombent aux mains
des pêcheurs.

L'oursin (le nain Vishnu et le dauphin lui correspondent, car le mot sanskrit *çinçumâra* est équivoque)
conduit dans le *Rigveda* le char des richesses ; dans
les *Eddas*, un nain sous la forme d'un brochet (en
grec *lykios*, lat. *lucius*), surveille et garde l'anneau ;
dans les légendes russes, le petit jorsh (redoutable
comme le josz, avec ses piquants acérés) s'associe aux
dauphins et retire de la mer la cassette qui contient
l'anneau du sultan. La corne de la lune, aperçue dans
la mer de la nuit, est donnée tantôt au taureau qui
porte le héros fugitif, tantôt au poisson çaphari, qui,
devenu gros, prend à la remorque le vaisseau de Manu,
le sauve des eaux et l'empêche de faire naufrage. Tantôt, c'est le héros ou l'héroïne solaires qui prennent la
forme d'un poisson pour se sauver ; tantôt le poisson
aide le héros ou l'héroïne solaires à se sauver ; tantôt, le petit poisson doré ou brillant plonge dans la

mer, ou dans la rivière, pour chercher la perle ou l'anneau que le héros ou l'héroïne ont laissé tomber, l'anneau sans lequel le roi Dushyanta ne peut reconnaître sa fiancée Çakuntalâ ; tantôt il rend par la bouche ou dans ses déjections ce qu'il a avalé, — le héros, la perle, l'anneau (le disque solaire).

Au sixième acte de *Çakuntalâ*, le pêcheur trouve dans l'estomac d'un poisson (le *cyprinus dentatus*) la perle enchâssée dans l'anneau que le roi Dushyanta avait donné à Çakuntalâ, afin de pouvoir la reconnaître quand ils se retrouveraient ensemble. Les genres *cyprinus* et *perca* qui, parmi les poissons, sont munis de piquants et blessent les autres, ont fourni le plus grand nombre de héros à la mythologie ; l'oursin s'identifie à ces poissons, en raison de ses piquants ; les noms de *hecht*, *brochet*, *pike* qu'on donne en Allemagne, en France et en Angleterre au *lucius*, expriment la faculté qu'il possède de piquer ou de fendre avec sa gueule plate et tranchante (le poisson appelé *lucioperca sandra*, est une forme intermédiaire entre la perche et le brochet). La corne lunaire, la foudre, le rayon du soleil ont la même prérogative que ces poissons ; le dauphin peut bien, en raison des nageoires en forme de faux de son extrémité antérieure, ou de la nageoire épaisse et courbée qu'il a sur le dos, ainsi qu'à cause de sa couleur noire et argentée, servir à représenter les deux cornes lunaires et les phases de la lune. De même le brochet et la brême, dont le dos est brun ou bleuâtre, sont blancs sous le ventre. Le dauphin a aussi la gueule plate et les dents aigües du brochet[1]. La corne de la lune annonce la pluie ; de même la nageoire en faux du

---

[1] Une croyance superstitieuse relative à la torpille et rapportée par

dauphin, apparaissant sur les vagues de l'Océan, est pour les navigateurs un signe de tempête qui les prévient du naufrage et leur fournit le moyen d'y échapper; aussi, le dauphin a-t-il pu, à titre de çinçumâra, comme l'oursin, traîner le char, c'est-à-dire le vaisseau, des Açvins, chargé de richesses. Le dauphin qui surveille Amphitrite par l'ordre de Poseidôn, d'après le mythe hellénique, est le même que le dauphin, espion de l'Océan, ou que la lune, espionne du ciel de la nuit ou de l'hiver. Comme le ciel de la nuit ou de l'hiver a été comparé au royaume des morts, le dauphin et la lune, d'après la croyance hellénique, transportaient les âmes des morts.

Le cyprin par excellence, la carpe (lat. *carpus*), a été célébrée dans ses rapports avec l'or, dans un élégant petit poème latin de Jérôme Frascator. Carpus était le nom d'un passeur du lac de Garde, qui, voyant fuir Saturne, le prit pour un voleur enlevant de l'or, et essaya de le lui soustraire; alors Saturne prononça sur lui et sur ses compagnons la malédiction suivante :

> « Gens inimica Deum, dabitur quod poscitis aurum :
> Hoc imo sub fonte aurum pascetis avari.
> Dixerat : ast illis veniam poscentibus et vox
> Deficit, et jam se cernunt mutescere et ora
> In rictum late patulum producta dehiscunt,
> In pinnas abiere manus, vestisque rigescit
> In squamas, caudamque pedes sinuantur in imam ;
> Qui fuerat subita abductus formidine mansit
> Pallidus ore color, quanquam livoris iniqui
> Indicium suffusa nigris sunt corpora guttis ;
> Carpus aquas, primus numen qui læsit, in amplas
> Se primus dedit et fundo se condidit imo. »

Il est impossible de ne pas admettre, d'après les

---

Pline, mérite d'être mentionnée ici : « Mirum, » dit-il, « quod de Torpedine invenio, si capta cum Luna in Libra fuerit, triduoque asservetur sub dio, faciles partus facere postea quoties inferatur. »

comparaisons que nous venons d'établir, que l'exploit du poisson qui cherche l'or ou la perle, qui le trouve ou qui le renferme en lui, ne soit une tradition âryenne très-ancienne. Dans les hymnes védiques, nous voyons tantôt Indra, tantôt les Açvins, sauver le héros du naufrage et apporter les richesses aux hommes; nous avons vu aussi le çinçumâra (l'oursin, le dauphin, ou Vishnu) qui conduit le char des Açvins, apportant des richesses. Les Grecs donnaient à un poisson, dont la forme est étrange, le nom de Zeus ou de Chalkeus (épithète d'Héphaistos, de Mulciber ou de Vulcain, l'artisan des métaux) c'est-à-dire, forgeron, d'où le nom de *Zeus faber*, sous lequel il est connu des Latins. La forme de ce poisson est réellement monstrueuse. Son dos est brunâtre, avec des raies jaunes; le reste de son corps est gris d'argent; il a sur les flancs deux taches du noir le plus foncé. Sa nageoire dorsale se déploie comme un éventail, avec des branches qui se dirigent en tous sens, et elle est munie de fortes arêtes qui lui donnent l'aspect d'une crête. Nous nous rappelons que le coq et l'alouette ont été comparés au Christ et à Christophe, à cause de leur crête; le même fait a eu lieu pour le Zeus faber[1]. La légende italienne dit que ces deux taches (qui font ressembler le corps de ce poisson à une forge, et d'où lui vient le nom de forgeron) ont été produites par les marques qu'a laissées sur lui saint Christophe, un jour qu'il portait le Christ sur ses épaules pour lui faire traverser une rivière. Le

---

[1] Du Cange dit au mot *citula*, à propos du poisson appelé Faber ou Zeus : « Idem forte piscis, quem Galli doream vocant ab aureo laterum colore, nostri et Hispani Galli Baionenses jau, id est gallum, a dorsi pinnis surrectis veluti gallorum gallinaceorum cristis. » Le poisson Zeus vit solitairement; aussi me paraît-il être le même que le poisson sacré appelé anthias, qui, d'après Aristote, *Histoire des animaux*, livre IX, vit dans les lieux où ne se rencontre aucun autre animal.

poisson qui porte la crête et Christophe se trouvent ainsi identifiés. Mais ce n'est pas tout ; à Rome, à Gênes et à Naples, ce même poisson est appelé le poisson de saint Pierre, parce qu'il est, dit-on, celui qui fut pris par ce saint, au témoignage de l'Évangile, et dans la gueule duquel (en qualité de forgeron ou de chalkeus il devait savoir battre monnaie), par l'effet d'un miracle du Christ, saint Pierre trouva la pièce de monnaie qu'il lui fallait pour payer le tribut. Faut-il en conclure que la légende du poisson apportant l'or dans sa gueule, si commune dans les mythes âryens, circulait en Judée ? Je ne le pense pas ; car le mauvais calembour gréco-latin en rapport avec le poisson, que fit le Christ sur les mots *petrus* et *petra*, est une autre circonstance mythique qui me rappelle au monde âryen et m'éloigne du milieu sémitique et de la foi puérile dans l'authenticité judaïque de la légende évangélique, sans nuire pour cela à la persuasion que j'ai de la sainteté de la doctrine[1].

---

[1] Je ne saurais terminer ce chapitre sans exprimer ma profonde reconnaissance pour un savant français qui réunit, de la façon la plus brillante, une vaste érudition et une critique créatrice admirable. M. Lenormand, dans son mémoire sur la *Légende de Sémiramis*, qui vient de paraître chez l'éditeur Maisonneuve, et dans le second volume de son magnifique recueil intitulé *Les Premières civilisations*, publié chez le même éditeur, nous fournit des détails nouveaux et précieux sur la légende du Poisson. Sans admettre l'opinion d'après laquelle, selon M. Lenormand, la notion mythique du Poisson serait passée, par voie d'emprunt, de la mythologie assyrienne dans celles des autres peuples, les faits qu'il a reprochés (je signalerai spécialement les pages 25-27 du mémoire sur Sémiramis) suffisent, à mon avis, pour démontrer la nécessité d'élargir le terrain des études de mythologie comparée. La lumière que les savants français et anglais ont jetée dans ces derniers temps sur l'histoire des antiquités assyriennes, nous permettra désormais de comprendre, dans nos comparaisons légendaires, la mythologie des peuples qui ont séparé les Sémites des Aryens et dont l'étude finira par servir de trait d'union qui les rapproche.

# CHAPITRE II

## LE CRABE

—

### SOMMAIRE

L'énigme : Qu'est-ce qu'un poisson qui n'est pas un poisson ? — Le crabe apparaît et le soleil recule ; le crabe-lune tire en arrière le héros solaire. — La grue et le crabe. — Le crabe tue le serpent et délivre le héros solaire. — Le crabe traîne le char. — Palinure. — Le crabe pince le héros et le réveille. — La course du crabe et du renard. — Le prince se change en crabe pour délivrer sa bien-aimée retenue dans les eaux. — Le rossignol, le cerf et le crabe considérés comme animaux qui éveillent. — Le crabe considéré comme antidote du venin du serpent et comme remède contre la pierre.

Dans le huitième conte esthonien, un mari bat sa femme parce qu'elle ne peut résoudre l'énigme qu'il lui propose, de donner à manger un poisson qui ne soit pas un poisson et dont les yeux ne se trouvent pas dans la tête. Le troisième frère, l'avisé, recommande à sa mère de faire cuire le crabe, qui vit dans l'eau comme un poisson, et dont les yeux ne sont pas dans la tête.

Au mois de juin, quand le soleil paraît entrer dans le tropique que désigne le signe du crabe (lat. *cancer* ; gr. *karkinos* ; sanskrit, *karakata, karka, karkataka* ; en sanskrit, le signe du crabe ou du cancer est appelé *karkin*, c'est-à-dire, muni du crabe, de même que la lune, qui va par bonds, qui est munie du lièvre, s'appelle *çaçin*), on dit qu'il revient sur ses pas ; au début même de l'été, les jours commencent à diminuer, de même qu'à l'entrée de l'hiver, ils commencent à grandir ; au mois de juin, le soleil était donc comparé à un crabe marchant à reculons, ou bien, on le représentait comme traîné par un crabe, qui, dans ce cas, symbolisait spécialement la lune. Nous connaissons tous le mythe d'Héraclès qui fut saisi et tiré en arrière en combattant l'hydre de Lerne par le crabe dont Héra, pour ce motif, opéra la métamorphose et fit la constellation céleste du crabe ou du cancer. Dans le Pseudo-Callisthène, Alexandre revient épouvanté de son voyage à la fontaine de l'immortalité, parce qu'il s'aperçoit que les crabes ramènent ses vaisseaux en pleine mer. Nous voyons dans le même ouvrage un crabe dont on fait capture et qui contient sept perles de prix ; Alexandre le fait enfermer dans un vase, qui est placé dans une grande cage, attachée par une chaîne de fer ; un poisson emporte la cage de fer à un mille de là, dans la direction de la mer ; Alexandre, à demi-mort d'épouvante, remercie les dieux de l'avertissement qu'ils lui donnent et de ce qu'ils lui sauvent la vie, car il se convainc par là, qu'il n'a pas à tenter des entreprises impossibles. Dans le septième conte du premier livre du *Pancatantra*, la vieille grue épouvante le crabe et les poissons en les menaçant d'une visite des dieux dans le char de Rohini, l'épouse rousse de la lune, c'est-à-dire, dans la constellation du Chariot ou des Taureaux (la quatrième lunaison), ce qui aura pour effet d'empêcher la pluie de tomber, de dessécher le marais et de faire périr les écrevisses et les poissons ; ceux-ci se laissent duper par la grue, qui profite de leur crédulité pour en faire sa proie ; mais le crabe, qui s'a-

perçoit, au contraire, de la fourberie de la grue, la tue
et rentre au marais. M. le professeur Benfey a trouvé
une autre version de ce conte dans les livres sacrés
et historiques des Buddhistes de Ceylan. Dans les
fables ésopiques, le crabe tue le serpent. Dans le
vingtième conte du premier livre du *Pancatantra*, le
crabe fait périr en même temps le serpent et la grue,
par l'entremise de l'ichneumon ; quand le crabe, qui
marche tantôt en arrière et tantôt en avant, est transporté dans le ciel, il cause soit la mort du héros solaire, soit celle du monstre, et délivre le héros solaire du monstre qui le persécute, ou l'entraîne au
fond des eaux. Dans le quinzième et dernier conte
du cinquième livre du *Pancatantra*, le jeune héros
Brahmadatta prend pour compagnon de voyage le
crabe, qui tue le serpent venu pour faire périr Brahmadatta endormi à l'ombre d'un arbre. Le crabe mythique, cet animal rouge qui tue le serpent, est quelquefois le soleil, mais on peut peut-être le comparer
surtout à la lune munie de cornes qui s'accroît et diminue, et qui délivre le héros solaire endormi à l'ombre
de la nuit et de l'hiver, du serpent noir qui essaie de le
précipiter dans le sommeil de la mort ; lorsque Brahmadatta s'éveille, il reconnaît le crabe pour son libérateur. Nous avons déjà vu plusieurs fois ainsi la
lune considérée sous différentes formes comme la libératrice du héros et de l'héroïne solaires. Le soir,
quand le soleil descend à l'ouest, il doit nécessairement
aller à reculons, comme le crabe, pour reparaître le
matin du même côté oriental d'où il est venu ; lorsque
le soleil revient sur ses pas et que les jours raccourcis-
sent, après le solstice d'été, le crabe revient en arrière
sur le cercle zodiacal. Quand le soleil recule, la lune
préside aux ténèbres de la froide nuit, ou bien elle pro-

duit en automne les pluies de cette saison ; les cornes
de la lune, et celles du crabe, servent tantôt à tirer
le héros dans les eaux (le soir, et après le solstice d'été),
tantôt à le faire sortir des eaux (à l'aurore et au printemps). Le soleil est tantôt représenté comme ayant
pris la forme de la lune, et tantôt comme ayant été
trompé ou sauvé par la lune. Le soleil qui revient sur
ses pas est un crabe ; la lune qui traîne en arrière
ou en avant est aussi un crabe, et elle paraît, à cet
égard, jouer le même rôle que l'oursin aux cent rames,
ou que le dauphin, à la nageoire en faux, qui conduisent le char du héros solaire ou portent le héros
solaire lui-même. Dans la fable de Kriloff, le crabe
traîne le char avec le brochet et le héron (ce dernier
prenant ici la place de la grue que nous avons vue plus
haut en relation avec le crabe et qui porte aussi en
sanskrit le même nom que le crabe, c'est-à-dire celui
de kârka*t*a). On sait que le crabe de mer, *palinurus
vulgaris*, a reçu son nom du pilote Palinure, qui tomba
dans la mer. Dans le quatorzième conte du premier livre
d'*Afanassieff*, les crabes pincent et éveillent le jeune héros
Théodore (dont le nom, « don de Dieu » est l'équivalent
de Brahmadatta, c'est-à-dire, « donné par le dieu Brahmâ »), endormi par la sorcière ; ils ont de la reconnaissance pour le héros, parce qu'il leur avait partagé en
portions égales le caviar qu'ils se disputaient.

Nous avons vu la lutte à la course entre le lièvre
et la locuste, où l'un et l'autre paraissent vaincus.
Plus loin, nous avons relaté le défi de vitesse que
portent à l'aigle, l'escarbot et le roitelet, dont l'animal qui symbolise la lune sort vainqueur. De même,
comme juin, ou le mois du crabe, succède au printemps, nous trouvons dans le cinquième conte du quatrième livre d'*Afanassieff*, la description d'une course

entre le renard (qui représente les équinoxes de l'année,
comme il symbolise les crépuscules du jour) et le crabe
(on sait que le crabe dé mer, *palinurus vulgaris*, était
appelé *locusta* en latin). Le crabe s'attache à la queue
du renard qui arrive au but sans s'apercevoir de sa
présence il se retourne alors pour voir si son concur-
rent est encore loin, mais celui-ci, lui lâchant la queue,
et se laissant tomber tout doucement à terre, le regarde
et lui fait tranquillement croire qu'il y a déjà quelques
instants qu'il l'attend [1].

Dans le premier des contes esthoniens, le jeune prince
afin de délivrer des eaux sa bien-aimée changée en
lotus, se dépouille de ses vêtements sur les conseils de
l'aigle, se couvre de boue et dit, en se tenant le nez
avec les doigts: « que je passe d'homme en crabe ; » il
est sur-le-champ changé en crabe et va chercher le
lotus au milieu de l'étang, l'apporte au bord auprès
d'une pierre et lui dit, aussitôt arrivé « de lotus, deviens jeune fille ; de crabe, que je redevienne homme. »
Je ferai remarquer que, parmi les différentes significations du mot sanskrit *karkata*, crabe, il y a celle de
bouquet de lotus. »

Nous avons déjà vu le rossignol et le cerf employés comme symboles de la lune; nous trouvons
aussi un crabe servant d'image lunaire. La lune est
la veilleuse nocturne ; soit qu'elle dorme les yeux
ouverts, comme le lièvre, ou qu'elle se tienne éveillée
comme le cerf ou comme un rossignol, elle confirme
le proverbe grec, relatif aux veilleurs qui dorment

---

[1] « Ce conte se retrouve sous différentes formes dans l'ancienne
Grèce (Ésope, ed. Coray, n° 287) ; en Arménie (Vartan, n° 8); en Arabie
(Lokman, n° 20); à Siam (Bastian *apud* Benfey's Orient und Occident,
III, 497); et à Ceylan (Steele's *Kusa Jatakaya*, p, 257). » F. Liebrecht,
*the Academy*, n° 74, juin 1873.

moins que les rossignols (oud'hoson Aëdones hypnôousin); ou bien, à titre de crabe, elle éveille avec ses pinces ceux qui dorment alors qu'un danger les menace[1]. Nous voyons dans Pline le rossignol, le cerf et le crabe concourant au même effet ; il nous dit que les yeux du crabe, liés dans une peau de cerf, avec de la chair de rossignol, sont utiles pour tenir un homme éveillé. La lune, en effet, non-seulement veille elle-même, mais elle fait veiller les hommes ou prolonge leur insomnie ; nous savons aussi l'agitation que sa présence produit chez la caille, qui ne peut dormir quand la lune brille dans le ciel. Pline recommande l'écrevisse coupée en petits morceaux et prise dans un breuvage comme un contre-poison et, principalement, comme un remède contre le venin que lance le crapaud. Nous lisons dans les *Heisterbac. Hist. Miracul.*, qu'un homme appelé Théodoric et surnommé Cancer, était persécuté par le diable sous la forme d'un crapaud ; il tue à plusieurs reprises le crapaud diabolique, lequel reparaît toujours ; alors Cancer, reconnaissant le diable dans ce crapaud et prenant une résolution héroïque, découvre une de ses cuisses et se laisse mordre par lui ; la cuisse enfle, mais finit par se guérir et, à partir de ce jour, Cancer entreprend et continue de mener une sainte vie. La superstition allemande est donc d'accord avec la superstition gréco-latine, pour

---

[1] Nous savons que l'expression « avoir des yeux de lynx » s'applique aux personnes qui ont la vue très perçante ; les médecins de l'antiquité recommandaient, pour la pierre ou la gravelle, tantôt le lyncurium ou la pierre qu'on supposait formée par l'urine des lynx que l'Inde avait donnés à Bacchus, selon l'expression d'Ovide, et tantôt des yeux d'écrevisses. La lune détruit, par sa lumière, le ciel de pierre, le ciel de la nuit ; c'est pourquoi les yeux d'écrevisses sont prescrits pour guérir la maladie de la pierre. Quand la lune est absente du ciel de la nuit, la pierre s'y trouve.

considérer le crabe comme ennemi du monstre ; mais,
de même que dans les croyances gréco-latines, il se
trouve, à côté du crabe qui éveille, le crabe qui cherche
la perte du héros solaire, dans les traditions mythiques allemandes, la mort du héros solaire et diurne
Baldur a lieu, quand le soleil entre dans le signe zodiacal du Cancer.

# CHAPITRE III

## LA TORTUE

---



### SOMMAIRE

Equivoque entre les mots *kacchapa* et *kaçyapa* (au moyen de la forme intermédiaire *kaçapa*). — Explication du mythe de la production de l'ambroisie à l'aide du mandara. — Manthara considéré comme une tortue. — Kûrma. — Kacchapa maître des rivages. — La tortue et l'éléphant. — Kaçyapa sous la figure de Pragâpati. — Soma et Savitar. — Kaçyapa et les treize filles de Daksha ; Dakshagâ. — La tortue funèbre et la grenouille. — La tortue et la lyre ; le schild·krœte; les boucliers des Curètes; kaccha; kacchapî; Kûrma considéré comme poète et comme *flatus ventris*. — La tortue et les guerriers. — Les boucliers tombés du ciel. — La tortue démoniaque. — La tortue considérée comme une île. — Le lièvre et la tortue. — La tortue est victorieuse de l'aigle.



Des trois principaux noms sanskrits de la tortue, *kûrma*, *kacchapa* et *kaçyapa*, le troisième surtout, en le rattachant au second, paraît avoir une certaine importance dans l'histoire des mythes. L'expression *kûrma* est le mot habituellement employé pour désigner la tortue réelle, tandis que *kaçyapa* a donné naissance à des équivoques mythiques qui méritent d'être étudiées.

Nous connaissons la fameuse incarnation de Vishnu en tortue, qui forme le sujet du *Kûrma Purâna*. Il s'agissait d'agiter la mer de lait pour produire l'ambroisie; comme la terre n'existait pas encore, la mer n'avait pas de fond ; il fallait donc, pour mettre en mouvement les eaux de l'océan, un objet de dimensions énormes ; les dieux eurent recours au mandara, qui devait servir à leur dessein, en qualité de reine des verges, *kaçapa* ; les dieux et les démons agitent la verge, et l'ambroisie se produit ; dès que l'ambroisie est créée, le monde et les êtres animés commencent de prendre naissance. Le caractère de cette cosmogonie est un mysticisme phallique ; la blanche écume de la mer (produite par les organes génitaux d'Ouranos, rendu eunuque par son fils Kronos), d'où sort Aphrodite, et l'ambroisie cosmique, ne sont autre chose que le sperme fécondant. Plus tard, le mandara fut regardé comme une montagne et les mots *kaçapa* et *kacchapa* (altérés dans la suite en *kaçyapa*) s'étant confondus, la reine des verges, ou le phallus par excellence, se changea en tortue. Le mandara (de la racine *mand-mad* enivrer, rendre joyeux) pourrait signifier pourtant, ce qui agite, ce qui rend joyeux, mais de même que de la racine *mad* est dérivé le mot *matsya*, le poisson tantôt ivre, tantôt stupide, le mot *mandara* signifie aussi, dans son acception propre, « lent » et « large, » et se trouve en relation étroite avec *manda* qui, indépendamment du sens de « lent, » « paresseux, » « doux, » a aussi celui d' « ivre », avec *mandaka* « idiot », et avec *mandana*, « joyeux » ; et, par là nous pouvons comprendre pour quelle raison se trouvait dans le Paradis céleste, dans le *mandana* ou le lieu qui rend joyeux, l'arbre *mandara*, l'arbre qui enivre. Enfin, ce même mot *mandara* se rattache à *manthana*, « ce qui agite, » et s'identifie à *manthara* signifiant aussi « ce qui agite » et « ce qui est lent, paresseux. » Mais une autre analogie encore nous offre le moyen de nous rendre compte de quelle façon l'équivoque résultant de la confusion de *kaçapa* et de *kacchapa*, qui a donné naissance au mot *kacyapa* « tortue, » se vulgarisa, précisément à l'aide du mot *kûrma*, lequel signifie également, comme nous l'avons dit, « tortue. » Dès que le mandara, ou le manthara, eut été conçu comme l'instrument qui produit l'ambroisie, on identifia le manthara lui-même (le lent, le tardif, le convexe) à la tortue; *manthara* est, en effet, le nom donné à une tortue dans le *Hitopadeça* et le mot *mantharaka* est appliqué à un autre animal du même genre dans *Somadeva* et dans le *Pancatantra*. En considérant uniquement dans ce mot l'idée de « lent » et de « convexe, » celle de « tortue, » qui s'accommode de ces épithètes, se développa naturellement à côté des sens qu'il avait déjà; le mythe primitif se compliqua; le *mandara* et le *kaçapa* qui étaient, à l'origine, une seule et même chose, finirent par se distinguer l'un de l'autre (*kaçapa, kacyapa,* ou *kacchapa* signifiant tortue, ainsi que *mandara* ou *manthara*); ces mots, dans le cours des temps, perdant leurs significations primitives, le *mandara* (par suite du sens de « lent ») devint une montagne (qui ne bouge pas) et le *kaçapa*, une tortue supportant la montagne, en même temps énorme, lourde et inerte. Comme il arrive souvent en mythologie que deux personnes distinctes résultent de deux noms appliqués d'abord à un même objet ou à un même être mythique, et que les deux noms dont il s'agit indiquaient quelque chose de lourd, on imagina que l'une de ces deux choses lourdes supportait l'autre et que la lourde tortue, en qui le dieu Vishnu s'était métamorphosé, soutenait le poids de la lourde montagne placée sur lui par son *alter ego* Indra. Les idées de « lourd » et de « convexe » se trouvant réunies dans les mots *mandara* et *kaçapa*, la tortue, en vertu de son nom de *kûrma*, est bien appropriée à remplir ce rôle de *porteuse* si, comme je le crois, le mot *kûr-ma* contient la même racine que le sanskrit *gur-u-s*, fém. *gur-v-î*, superlat. *gar-ishth-a* (lat. *gra-v-is* pour *garvis*) et le latin *curvus*[1].

En ce qui regarde le mot *kacchapa*, auquel on pourrait rapporter l'épithète sanskrite équivoque de *kaçyapa* appliquée à la tortue, il signifie, au sens propre, « le maître, le gardien des rivages », « celui qui occupe les rivages », et convient parfaitement pour désigner la tortue; cette expression s'applique très-bien au fait relaté dans la légende que nous avons citée au chapitre de l'Éléphant. Deux animaux (le soleil et la lune) fréquentent les bords d'un même lac et ont conçu l'un pour l'autre une mortelle aversion, qui n'est que la continuation sous leurs formes grossières d'une querelle qui s'était élevée entre eux à une époque où ils étaient, non-seulement deux hommes, mais deux frères. Comme l'éléphant et la tortue fréquentent l'un et l'autre les bords du même lac, ces animaux se contrarient mutuellement, renouvelant ainsi et poursuivant dans la zoologie mythique le débat de leurs frères mythiques qui luttent pour la possession du royaume du ciel, sous la forme de crépuscules, d'équinoxes, de soleil et de lune, de crépuscule et de soleil ou de crépuscule et de lune, en un mot, dans toutes les situations diverses qui peuvent être appliquées, en s'appuyant sur une même base réelle, au mythe des Açvins, selon l'aspect qu'ils prennent parmi les phénomènes célestes, (phénomènes qui, tout en étant distincts, ont pourtant une grande ressemblance entre eux). Dans cette lutte mythique spéciale, qui a lieu entre la tortue et l'éléphant et que termine l'oiseau Garuda en les enlevant l'un et

---

[1] Comp. les racines sanskrites *kar, kur, gur, gûr*.

l'autre dans les airs, afin de les dévorer, ces deux animaux semblent pourtant personnifier particulièrement les deux crépuscules du jour et les deux crépuscules de l'année, — c'est-à-dire, les équinoxes, ou le soleil et la lune à l'heure crépusculaire, le soleil et la lune dans le jour équinoxial, sur les bords du grand lac du ciel.

Mais dans la légende du *Mahâbhârata*[1], relative à la tortue et à l'éléphant emportés dans les airs par l'oiseau de Vishnu, il se trouve une autre circonstance, ou une variante intéressante corroborant l'interprétation cosmique que je propose du mythe de la tortue. Il y est question du divin Kaçyapa; il désire un fils, et, en conséquence, il est servi par les dieux (puisque ce sont les dieux qui font tourner le mandara, l'objet qui produit l'ambroisie) dans le sacrifice qui a pour objet la procréation des enfants. Le phallique Indra porte sur ses épaules une montagne de bois, qui correspond évidemment au mandara ou au kaça-pa, et, chemin faisant, il blesse les nains ermites nés des poils du corps de Brahma, c'est-à-dire ses poils mêmes; ce Kaçyapa reçoit le nom de Pragâpati ou de maître de la génération. Nous retrouvons ici le phallus monstrueux qui produit l'ambroisie ( ou le Soma à qui correspond Savitar le père et le maître des créatures[2]) et qui engendre les êtres vivants. Kaçyapa étant considéré comme l'engendreur, fut mis en relation avec les mouvements de la lune et du soleil qui sont aussi des générateurs (comme Soma et Savitar) ; et c'est à ce point de vue que Kaçyapa apparaît aussi comme

---

[1] I, 1383-1456.

[2] Savitâ vâi prasavânâmiço, *Ait. Br.* légende de Çunahçepa. Il est évidemment une forme de Pragâpati.

le fécondateur des treize filles de Daksha, qui correspondent aux treize mois de l'année lunaire (Dakshagâ est le nom d'un astérisme lunaire et de la femme du phallique Çiva ; *dakshagâpati* est une des épithètes sanskrites de la lune ; Daksha est identifié aussi à Pragâpati ; il en résulte que Kaçyapa a dû s'unir, probablement sous forme de lune phallique, à ses propres filles, c'est-à-dire, à ses treize lunaisons). Des treize femmes que féconde Kaçyapa, naissent tous les êtres vivants — les dieux, les démons, les hommes et les animaux, — de sorte que, dans la cosmogonie du mandara, de Kaçapa, et, par suite, de la tortue, le mandara, quand il fut agité, produisit l'ambroisie phallique, dont tous les êtres animés furent spontanément engendrés.

Mais la tortue, en relation avec la lune, a quelquefois aussi une signification funèbre. Les âmes des morts vont dans le monde de la lune, dans le ciel de la nuit, et les âmes des vivants descendent du monde de la lune, c'est-à-dire, de la nuit ; Çiva, le dieu du paradis, devient le dieu destructeur ; Plutus et Pluton sont identifiés. C'est ainsi que, dans une note de M. le professeur Haugh sur l'*Aitareya Brâhmana*, je crois reconnaître la tortue considérée comme un symbole spécial de la lune mourante, de la lune consumée, dont le feu du printemps est la tombe, autour du cadavre de laquelle la lune se meut aussi sous la forme équivalente alors d'une grenouille (car elle est *hari*, mot qui signifie en même temps jaune et vert) et qui est elle-même mise de côté ensuite. Nous savons que *hari* ou Vishnu représente tantôt le soleil et tantôt la lune (le soleil et la lune, considérés comme Indra et Soma, étaient appelés ensemble *rakshohandu* ou ceux qui tuent le monstre) ; il s'identifie tantôt à la tortue et tantôt à l'oiseau Garuda, l'ennemi de la tortue. Voici, toutefois, la note de M. le professeur Haug : « A chaque Atirâtra du Gavâm ayanam, a lieu la cérémonie qu'on appelle Chayana, qui a pour objet la construction de l'Uttarâ Vedi (l'autel du nord) sous la forme d'un aigle. Ce travail exige l'emploi d'environ quatorze cent quarante briques, dont chacune est consacrée par un *yagusmantra* distinct. Cet autel représente l'univers. On y enterre une tortue vivante et on porte alentour une grenouille vivante qu'on met ensuite de côté. » D'après Pline, le sang de la tortue est un antidote contre le venin du crapaud (de même que le lièvre et la corne de cerf ont aussi, dit-on, la même efficacité, d'après le vieux principe *similia similibus* ; le lièvre est la lune, la corne de cerf est la corne de la lune ; le sang de la tortue représenterait, parait-il, la lune elle-même chassant en quelque sorte l'obscurité de la nuit). La tortue se trouve aussi en relation avec les grenouilles dans une fable d'Abstémius : la tortue porte envie aux grenouilles qui peuvent se mouvoir avec rapidité, mais elle cesse de se plaindre quand elle les voit devenir la proie de l'anguille.

Une des dix étoiles de la constellation de la tortue situuée dans la partie septentrionale du ciel, c'est-à-dire dans le ciel nuageux et ténébreux de l'automne, qui est, par conséquent, régi spécialement par la lune, était appelée la Lyre par les Grecs, et la fable disait que la tortue dont Hermès s'était servi pour faire la lyre avait été changée en cette étoile. Je ferai remarquer ici que le nom allemand de la tortue est *schild-kræte* (c'est-à-dire « crapaud muni d'un bouclier ») que les Corybantes[1]

---

[1] Les Corybantes nous rappellent les Saliens latins, auxquels Numa donna des armes et pour lequels il composa des vers qu'ils devaient chanter en dansant. Voici un distique d'Ovide relatif à ce fait :

produisaient leur musique bruyante et accompagnaient les danses pyrrhiques auxquelles ils se livraient, avec des timbales et le son résultant du choc des armes, qu'enfin les Curètes, pour cacher à Kronos la naissance de Zeus, frappèrent leurs boucliers avec leurs lances. Il est intéressant d'observer qu'en sanskrit aussi, *kaccha* est le nom donné aux petits boucliers de la tortue ou du *kacchapa*; que *kacchapi* est le terme appliqué au bruit de la tonnante Sarasvatî ou du tonnerre; que plusieurs poètes védiques se sont appelés Kaçyapa; que Kûrma (une autre dénomination de la tortue) est aussi le nom d'un poète védique, fils de Gritsamada et sert d'épithète au *flatus ventris*, comparé au bruit du tonnerre (comp. les racines *kar*, *kur*, *gar*, *gur*). Nous avons vu au chapitre de l'Âne, que son *flatus* est comparé au bruit d'une trompette ou d'une timbale; nous avons ici les traits de la foudre qui frappent les boucliers, les taches de la tortue céleste, de la lune pluvieuse, les nuages qu'attirent ou que forment les taches de la lune, — c'est-à-dire qui produisent le tonnerre. D'après le mythe hellénique, la tortue obtint de Zeus lui-même, — c'est-à-dire du dieu de la pluie, du dieu des nuages, du dieu qui est en rapport avec les nuages-boucliers par lesquels sa naissance fut dissimulée, et, pouvons-nous ajouter, du dieu-tortue, — la faculté de se cacher sous un bouclier et de porter sa maison avec elle. Les Romains avaient coutume de baigner les enfants nouveaux-nés dans une écaille de tortue, comme dans un bouclier. On prédit que Clodius Albinus obtiendrait un jour la puissance souveraine, parce qu'au moment de sa naissance, des

---

« Jam dederat Sallis (a saltu nomina ducunt)
Armaque et ad certos verba canenda modos. »
(*Fastes*, III, 389.)

pêcheurs apportèrent à son père une énorme tortue. La tortue protége Zeus le dieu guerrier nouveau-né ; la tortue, en raison de son bouclier, fait un guerrier de l'enfant nouveau-né et lui prédit la souveraineté ; les lecteurs se rappellent sans doute que, d'après les vers suivants d'Ovide, un bouclier tombé du ciel annonça aux Romains la gloire qu'ils obtiendraient comme peuple guerrier :

> «  . . . . . Totum jam sol emerserat orbem
> Et gravis ætherio venit ab axe fragor.
> Ter tonuit sine nube Deus, tria fulgura misit.
> Credite dicenti : mira sed acta loquor.
> A media cœlum régione dehiscere cœpit ;
> Submisere oculos cum duce turba suo.
> Ecce levi scutum versatum leniter aura
> Decidit : a populo clamor ad astra venit. »

A ce point de vue, la tortue devient la lune sombre opposée à la lune brillante, la lune lente contrastant avec la lune qui saute. Etant lente ou tardigrade, la tortue mythique est la lune, mais la lune d'hiver ; parfois elle devient aussi, soit le nuage, soit la terre, soit même l'obscurité (elle apparaît comme telle dans une légende allemande, d'après laquelle deux démons qui avaient pris la forme de tortues monstrueuses empêchaient de faire les fondations de la cathédrale de Mersebourg ; on exorcisa les tortues, on les tua et, en mémoire de ce fait, on conserva, dit-on, leurs écailles, qui furent suspendues dans l'église ; il est dit aussi, au quatorzième fargad du *Vendidad*, que les tortues doivent être tuées parce qu'elles sont démoniaques). Nous avons vu au premier chapitre du premier livre que le chariot de la vache passe sur le lièvre-lune et l'écrase, ce qui nous suggère l'idée du nuage (qui, comme la lune, est tantôt un pont, tantôt une île du ciel considéré comme une mer) passant sur la lune, et peut-être aussi celle d'une éclipse de lune occasionnée par la terre, qu'en sanskrit on appelle aussi la vache. En sanskrit, la terre, qui sort des eaux — sous la forme d'une île [1] (comme la lune et le nuage sont les îles du ciel) — reçoit le nom de Kûrma, c'est-à-dire de tortue (au sens propre « la convexe, » « la bossue, » « celle qui s'élève, » « qui est proéminente ; » manthara est aussi un des noms de la tortue, et la femme bossue qui cause les malheurs de Râma dans le *Râmâyana* s'appelle Mantharâ). Aussi, avons-nous nous-même, dans l'occident, à côté des fables du lièvre qui saute (la lune) et de la vache, de la locuste qui saute (la lune) et de la fourmi, l'apologue du lièvre et de la tortue qui se livrent ensemble à une lutte à la course ; le lièvre, comptant sur la vitesse de ses pattes, s'endort et arrive le dernier, tandis que la tortue, grâce à sa persévérance, remporte la victoire.

---

[1] Il est intéressant, à propos de ce rapport, de trouver le passage suivant dans la traduction par Lane de l'ouvrage du treizième siècle intitulé *Agaïb-el-Makhloukat (Les Merveilles de la Création)* : « La tortue est un animal qui vit dans la mer et sur terre. La tortue marine est énorme, aussi ceux qui sont embarqués sur un navire s'imaginent-ils que c'est une île. Un marchand rapporte ce qui suit à l'égard de cet animal : « Nous trouvâmes en mer une île qui s'élevait au-dessus des eaux, couverte de plantes vertes, et nous nous avançâmes vers elle avec des ustensiles pour faire la cuisine ; l'île se mit alors en mouvement et les matelots nous dirent : « Revenez à votre place, car c'est une tortue que la chaleur du feu a incommodée et elle pourrait vous entraîner avec elle. » En raison de l'énormité de son corps, dit-il (c'est-à-dire le narrateur cité plus haut), elle ressemblait à une île et la terre s'était amassée sur son dos avec le temps, de telle sorte qu'elle était devenue une espèce de champ où croissaient des plantes. » La tortue tient évidemment ici la même place que celle qu'occupe la baleine lunaire dans les traditions populaires, selon ce que nous en avons dit au chapitre des Poissons. — Comparez Lane, *The Thousand and One Nights*, London, 1841, vol. III, chapitre xx, n. 1 et 8, p. 80 et *seqq.* — Grein, *Bibliothek der angelsæchsischen Poesie*, Gœttingen, 1857, I, 235 ; la légende celtique de Saint-Brandan et le *Pseudo-Callisthène*.

Nous avons déjà vu que, dans les légendes indiennes, la tortue est la rivale de l'aigle ou de Garuda, l'oiseau de Vishnu. Ceux-ci sont tantôt identifiés et tantôt en lutte l'un avec l'autre (il faut nous rappeler que ce fut sur le conseil de Kaçyapa que l'oiseau Garuda enleva l'ambroisie aux serpents). En Grèce, avait déjà cours le récit proverbial de la tortue qui remporte la victoire sur l'aigle; tantôt c'est l'aigle qui emporte la tortue dans les airs, ou plutôt, qui la fait voler, tantôt c'est, au contraire, la tortue qui défie l'aigle d'arriver le premier. Il est intéressant de comparer à ces fables l'apologue siamois, publié par M. A. Bastian, dans la revue *Orient und Occident,* et dont l'origine indienne est évidente. L'oiseau Khruth, sans doute une forme tronquée et spéciale de Garuda (lequel est probablement le soleil); veut manger une tortue (peut-être, ici, la lune) qui se trouve sur le bord d'un lac. La tortue consent à être mangée à condition que Khruth accepte de lutter avec elle de vitesse et arrive de l'autre côté du lac, en prenant la route des airs, plus tôt qu'elle, en traversant l'eau. L'oiseau Khruth accepte le défi; alors la tortue convoque des millions de tortues qu'elle fait placer de façon à entourer le lac et à quelques pas de distance du bord de l'eau. Elle donne ensuite à l'oiseau le signal du départ. Khruth s'élève dans les airs et se dirige vers la rive opposée, mais partout où il veut se poser, il rencontre la tortue qui s'y trouve avant lui. (Ce mythe représente, peut-être, le rapport du soleil et des lunaisons.)

# CHAPITRE IV

## LA GRENOUILLE, LE LÉZARD VERT ET LE CRAPAUD

---



### SOMMAIRE

Les mandûkas ou les grenouilles considérées comme des nuages dans le *Rigveda*. — Bhéka. — La grenouille annonce l'été ; la *canta-rana* annonce le Christ. — Le serpent, le héros et la grenouille. — La grenouille et le bœuf. — Dionysos et les grenouilles. — Indra et les grenouilles. — Les grenouilles muettes. — Proserpine et la grenouille. — Rana cum gryllo. — La grenouille retrouve l'anneau du sultan. — La grenouille et le freux. — La grenouille, fille du serpent. — La grenouille démoniaque. — La grenouille jaune et la grenouille verte. — La belle fille sous la forme d'une grenouille. — Le crapaud démoniaque. — Le crapaud sacré. — La belle fille sous la forme d'un crapaud. — Le crapaud en Toscane, en Sicile et en Allemagne. — Le beau jeune homme sous la forme d'un crapaud. — Femmes qui donnent le jour à des crapauds. — Le crapaud venimeux et le crapaud alexipharmaque. — Krœte et Schild-Krœte. — Le crapaud boit la rosée. — La pierre de la grenouille. — Le lézard cornu. — Eidechse, lagedisse. — Apollon sauroktone. — Le lézard à la sainte Agnès. — En Sicile on ne tue pas les petits lézards parce qu'ils servent d'intercesseurs devant Dieu. — L'amphisbène. — Le lézard vert. — La couleuvre considérée comme une bonne fée.



J'ai regret d'avoir à le dire, mais je ne saurais être tout-à-fait d'accord avec l'illustre professeur Max Müller, quand il fait remarquer, à propos d'un hymne du *Rigveda*, dont il donne la traduction dans son *Histoire de l'ancienne littérature sanskrite*, que « le cent troisième hymne du septième mandala, qu'on appelle n panégyrique des grenouilles, est évidemment une satire dirigée contre les prêtres. » Il est possible qu'à une époque postérieure, et dans l'intention de tourner en ridicule une école brâhmanique pareille à celle des Mândûkas, on ait attribué à cet hymne un sens satirique, mais il ne me semble pas qu'un tel but ait été celui de l'auteur. M. Max Müller a parfaitement démontré dans cet ouvrage combien les hymnes védiques ont eu à souffrir des interprétations arbitraires des Brâhmanes ; l'intéressante histoire du dieu hypothétique Ka en est une preuve bien convaincante ; il est donc possible, et même probable, que des tentatives ont été faites pour employer cet hymne védique comme une arme satirique ; mais, si je ne me trompe, l'hymne, en lui-même, ne contient aucune trace de satire. Je ferai observer, surtout, que l'Anukramanikâ du Rigveda désigne simplement cet hymne sous le nom de parganyastuti, ou d'hymne en l'honneur de Parganya, d'hymne de la tempête ; en second lieu, il ne paraît pas possible qu'un hymne destiné à ridiculiser les prêtres ait pu trouver sa place dans le septième livre du Rigveda, qui est attribué à Vasishtha, le plus pieux de tous les Brâhmanes légendaires et celui qui soutint, pour la gloire du Brâhmanisme et les prérogatives de la caste sacerdotale, une guerre si prolongée et si désastreuse contre Viçvâmitra, le champion de la caste guerrière ; aussi, si je n'eusse pas trouvé extraordinaire de voir un hymne satirique à l'adresse des prêtres dans le troisième livre du Rigveda, qui est attribué au sage Viçvâmitra, il me semblerait hors de sa place au milieu de ceux dont la composition est rapportée à Vasishtha.

Je crois plutôt, qu'en parlant de grenouilles, l'hymne a en vue, non pas les grenouilles terrestres, mais les nuages, les nuages-grenouilles qu'attire la lune pluvieuse, quand la tempête est dans toute son

Intensité. Nous savons que, dans le *Rigveda*, les épouses des dieux entonnent des hymnes en l'honneur d'Indra, dieu de l'éclair et du tonnerre, qui a tué le monstre-serpent par lequel étaient retenues les eaux du nuage céleste ; nous avons entendu aussi, au premier chapitre du premier livre, les vaches qui mugissent et manifestent leur joie devant Indra, leur libérateur, qui répand sa semence au milieu d'elles, dès qu'elles ont été délivrées de la caverne où elles étaient prisonnières. Les hymnes cent un et cent deux du septième livre sont adressés à Indra sous la forme de Parganya ; l'hymne cent trois est aussi en son honneur, mais il est chanté par les nuages du ciel eux-mêmes, par les grenouilles célestes, car les grenouilles qui coassent ne sont autre chose, quand elles sont transportées dans le ciel, que le nuage où retentit le tonnerre ; d'ailleurs, le mot sanskrit *bheka*, qui signifie grenouille, a aussi le sens de nuage. Le coucou, qui chante au printemps et qui rappelle aux travailleurs des champs que le moment de reprendre leurs travaux est arrivé, personnifie, comme nous l'avons vu, le tonnerre grondant au ciel : la grenouille remplit le même rôle ; comme le tonnerre, elle annonce l'approche de la tempête. Et, par suite de ce que les premiers grondements du tonnerre signalent l'arrivée de l'été, la grenouille qui coasse et la grenouille qui chante avaient pour mission spéciale d'annoncer cette saison. Je me rappelle qu'il existait il y a peu d'années encore à Turin, un usage, parmi les enfants, de faire résonner, pendant la semaine sainte (afin de célébrer l'approche de la fête de la résurrection du Christ qui mourut au milieu de la lueur des éclairs et des grondements du tonnerre), un instrument de bois qui rend un grincement aigu comme le coassement d'une grenouille et qu'on appelle, pour

cette raison, *canta-rana* (la grenouille qui chante). C'était
aussi la coutume, la veille de Pâques, de frapper aux portes de toutes ses forces avec des bâtons comme pour reproduire sous une autre forme le son de la *canta-rana*.

D'après Pline, les grenouilles périssent en hiver et
renaissent au printemps ; quand les grenouilles demandent un roi et obtiennent un serpent, selon la
fable grecque[1], et un héron, dans l'apologue russe de
Kriloff, le serpent et le héron symbolisent l'automne
et la saison d'hiver. Indra, Zeus et le Christ sont
nés et ressuscités au milieu du bruit des instruments
de musique, des boucliers, des armes, des vents et du
tonnerre, parmi le mugissement des vaches, le bêle-
ment des chèvres, le braiment des ânes et le coassement des grenouilles, qu'Aristophane appelle *philôdon
genos*. Au cent troisième hymne du septième livre
du Rigveda, un *mandûka* (grenouille ou nuage) mugit
comme une vache (gomâyu) ; un autre fait entendre le
cri de la chèvre (agamâyu) ; un troisième est *prçni* ou
moucheté ; un autre encore *harita* ou blond, doré,
roux (le nuage né de l'éclair et de l'impétuosité
du vent) et, en tant que grenouille, vert ou gris ; le
*mandûka* ou la grenouille étant transporté dans le ciel
ou identifié, comme gomâyu, à la vache, il n'y a pas
à s'étonner que, dans la fable, la grenouille ait la présomption de croire qu'elle peut atteindre en se gonflant
à la grosseur d'un bœuf ; mais quand le petit nuage s'est
élargi, il finit par crever, comme le fait la grenouille,
en s'efforçant de s'étendre et de devenir aussi grosse

---

[1] Comp. le premier conte du quatrième livre du *Pancatantra*, où le
roi des grenouilles invoque l'aide d'un serpent noir pour se venger de
certaines grenouilles ses ennemies, mais au lieu d'obtenir ce résultat,
il ne réussit qu'à causer la mort de toutes les grenouilles et de son
propre fils.

que le bœuf. (Dans le dix-huitième conte esthonien, nous trouvons un monstre dont le corps est pareil à celui d'un bœuf et dont les pattes ressemblent à celles d'une grenouille.)

Quand Indra et Zeus ont accompli leur œuvre dans le nuage céleste, quand le nuage s'est éloigné et dispersé, quand les grenouilles se sont enivrées d'eau, elles cessent de coasser ; aussi, lorsque Dionysos (Nyseios Dios), dans les *Grenouilles* d'Aristophane, a traversé le marais stygien, elles ne font plus entendre leurs coassements ; tandis que Zeus, au contraire, couvre la terre d'eau, elles se retirent (Dios pheugontes ombron) dans les profondeurs des eaux pour danser en chœur (comme les ap-saras). Avant que le dieu de la pluie ne satisfasse leurs désirs, avant qu'il ne pleuve, elles coassent incessamment ; le tonnerre se fait toujours entendre avant la pluie et au moment où la tempête éclate ; aussi, même dans le *Rig-veda*, Indu (la lune) considéré comme le dispensateur de la pluie (ou comme la pluie elle-même), est supplié de se rendre en hâte auprès d'Indra, dieu de la pluie, et de plaider avec lui pour satisfaire le désir de la grenouille [1]. Ici donc, c'est spécialement Indu qui donne satisfaction aux grenouilles désirant la pluie. Indu, en tant que lune, apporte ou annonce le soma ou la pluie ; la grenouille, en coassant, annonce ou amène la pluie ; et, à cet égard, la grenouille, d'abord identifiée au nuage, s'identifie aussi à la lune pluvieuse. Un autre caractère de la grenouille rend cette identification des plus naturelles, c'est sa couleur verte (harit). On désignait par le mot *harit* (qui, comme nous l'avons déjà fait remarquer plusieurs fois, signifie en sanskrit jaune

---

[1] Vâr in mandûka ichatindrayendo pari srava ; *Rigv.*, IX, 112.

et vert), non-seulement la lune, mais le perroquet vert, ainsi que la grenouille. L'identification effectuée, les Grecs purent alors imaginer les fables relatives à la grenouille de l'île de Seriphos (batrachos ek Seriphou), qui était muette ; nous lisons de même dans la vie de saint Regulus et dans celle de saint Benno, que, quand ces deux saints étaient interrompus en prêchant la foi chrétienne par le coassement des grenouilles, ils leur ordonnaient de se taire et qu'elles devenaient silencieuses pour toujours. Les grenouilles, en effet, restent muettes (et périssent même d'après Pline) en hiver, c'est-à-dire dans la saison à laquelle préside spécialement la lune silencieuse ; la grenouille et la lune se substituent l'une à l'autre.

Ovide insère la métamorphose de la grenouille dans le mythe lunaire, c'est-à-dire dans celui de Proserpine ; la forme de la grenouille est celle que revêtirent certains paysans de Lycie qui souillèrent l'eau dont Cérès et Proserpine voulaient boire ; le coassement (coax) fut la punition à laquelle les déesses les condamnèrent, parce que leurs bouches avaient laissé échapper dans ces eaux un son ignoble [1]. Une grande preuve de l'identité de la grenouille et de la lune, est le proverbe latin « Rana cum gryllo, » qui se dit postérieurement de deux objets opposés, mais qui sont en réalité deux animaux considérés comme semblables en raison de leur voix perçante, de leur façon d'aller en sautant et de leur rapport mythique avec la lune qui saute. La guerre des grenouilles et des souris, qui se déciment mutuelle-

---

[1] La même tradition avait cours relativement à la tarentule (*stellio*). Cérès, souffrant de la soif, voulait boire ; un petit garçon, appelé Stellès, se moqua d'elle et la déesse le changea en *stellio*. D'après Ulpion, c'est du mot stellio qu'est dérivé *stellionatus*, le crime de stellionat.

ment, jusqu'à ce que le faucon (le soleil) les anéantisse impartialement les unes et les autres, nous rappelle la lune et les nuages, ou les ombres nocturnes.

Nous retrouvons aussi le petit poisson rouge, la lune blonde et le brochet dans la grenouille du *Tuti-Namé*, qui rend au jeune héros, en remerciement de ce qu'il l'avait préservé du serpent qui allait le dévorer, la bague du sultan tombée dans la rivière ; il est dit que la grenouille et le serpent étaient deux fées qui, délivrées de la malédiction qui pesait sur elles, s'unirent pour protéger le jeune héros (le nouveau soleil). Dans le vingt-troisième conte mongol, la grenouille d'or (la lune) danse ; le freux (la nuit) l'emporte pour la manger ; la grenouille lui recommande de la laver dans de l'eau, le freux s'y laisse prendre et la grenouille, comme le jorsh des contes russes, réussit à s'échapper ; cette grenouille est, dit-on, la fille du prince des dragons, qui garde la perle. Comme fille d'un serpent, la grenouille d'or (la lune), quand elle est obscurcie, se manifeste sous la forme d'un serpent diabolique ou d'un python et ressemble davantage à un crapaud qu'à une grenouille ; alors, c'est un service méritoire, comme le dit Sadder, de tuer les grenouilles : « Ranas si interfecerit aliquis quicumque fortis eorum adversarius, ejus quidem merita propterea erunt mille et ducenta. Aquam eximat eamque removeat et locum siccum faciat et tum eas necabit a capite ad calcem. Hinc Diaboli damnum percipientes maximum flebunt et ploratum edent copiosissimum. »

Dans le deuxième conte kalmouck de Siddikur, deux dragons qui empêchent de couler la rivière par laquelle la terre est arrosée et fécondée et qui mangent un homme tous les ans, prennent la forme de grenouilles (l'une jaune et l'autre verte) et s'indiquent l'un l'autre

le moyen à l'aide duquel on peut les tuer. Le fils
du roi comprend leur langage et les tue aidé d'un
pauvre de ses amis, avec lequel il s'enrichit, mais
seulement pour courir ensuite (comme les deux frères
mythiques) les plus dangereuses aventures.

Mais quelquefois la belle jeune fille (ou le beau jeune
homme) prend la forme d'une grenouille démoniaque
par l'effet d'une malédiction ou d'un enchantement.
Il en est ainsi dans un conte intéressant d'*Afanassieff*,
le vingt-troisième du second livre. Un Tzar a trois fils;
chacun d'eux doit lancer une flèche dans les airs et
trouver l'épouse qui lui est prédestinée au lieu où la
flèche tombera. Les deux frères aînés épousent ainsi
deux belles jeunes femmes; mais la flèche d'Ivan, le
plus jeune frère, est prise par une grenouille qu'il est
obligé d'épouser. Le Tzar veut savoir quelle est celle des
trois fiancées qui fera le plus beau présent à son mari.
Toutes trois donnent une chemise à leur mari, mais
celle de la grenouille est la plus belle; car pendant le
sommeil d'Ivan (c'est-à-dire dans la nuit), elle met sa
peau de côté, devient la belle Hélène (ordinairement
l'aurore, mais dans ce cas, semble-t-il, l'aurore devenue
la bonne fée ou la lune) et donne l'ordre à ses suivantes
de préparer la chemise la plus fine possible; elle redevient ensuite grenouille. Le Tzar (un Tzar vraiment
patriarcal) veut après cela connaître laquelle de ses
trois belles-filles fait le mieux cuire le pain; les deux
premières ne savent comment s'y prendre et envoient
secrètement examiner ce que fait la grenouille; celle-
ci, qui voit tout, se doute de la ruse et fait à dessein de mauvais pain; plus tard, quand elle est seule,
et qu'Ivan est endormi, elle redevient la belle Hélène
et dit à ses suivantes de faire du pain comme celui que
mange son père les jours de fête. Le pain de la gre-

nouille est jugé le meilleur. Le Tzar veut savoir enfin
quelle est celle de ses belles-filles qui danse le mieux.
Ivan est contrarié à la pensée que son épouse est une
grenouille ; mais Hélène le console en lui disant d'aller
au bal, où elle ira le rejoindre ; Ivan se réjouit de
voir que sa femme a la faculté de parler, et se rend
au bal ; la grenouille sort ses robes, devient une nouvelle fois la belle Hélène, fait une toilette magnifique et
arrive au bal où chacun s'écrie en la voyant passer
(comme à la vue de l'Hélène d'Homère) : « Qu'elle est
belle ! » On commence par se mettre à table pour
dîner ; Hélène prend des os d'une main et de l'eau de
l'autre ; ses belles-sœurs l'imitent. Ensuite, a lieu le bal.
Hélène jette l'eau qu'elle porte à la main : des bosquets
apparaissent et des fontaines jaillissent ; puis elle jette
les os qu'elle porte de l'autre main (nous nous rappelons les os de la vache qui jouissent de la même vertu)
et il en sort des oiseaux qui se mettent à voltiger dans
les airs (j'ai entendu réciter le même conte en Piémont
quand j'étais enfant). Cependant, Ivan court chez lui
pour brûler la peau de grenouille. Hélène revient à son
tour et se chagrine de ne plus pouvoir redevenir grenouille ; elle va se coucher auprès d'Ivan et lui dit le
matin en s'éveillant : « Ivan Tzarevic, tu n'as pas eu
assez de patience ; j'aurais voulu être à toi ; mais il faut
que la volonté de Dieu s'accomplisse, adieu ! Cherche-
moi dans la vingt-septième terre, dans le trentième
royaume » (c'est-à-dire, à ce que je crois, en enfer,
dans la nuit où descendent la lune et l'aurore et d'où
la lune renaît et se renouvelle au bout de vingt-sept
jours ; le conte russe est évidemment une autre version
de la fable de Cupidon et Psyché[1]). Elle disparaît

---

[1] Comp. aussi *Afanassieff*, VI, 55 ; Masha (Marie), l'épouse d'Ivan, est
d'abord une oie, puis une grenouille, un lézard et un fuseau.

après avoir prononcé ces paroles. Ivan va chercher sa femme dans la demeure de la mère de la grenouille, qui est une sorcière ; il lui prend le fuseau avec lequel on file l'or et en jette un morceau devant lui et le reste derrière. Hélène reparaît et le couple est emporté sur le tapis volant. Il y a ici assimilation de l'aurore secourue et de la lune secourante.

Cependant, dans les contes populaires, le héros et l'héroïne, sous l'influence d'un sortilége, prennent, au lieu de la forme d'une grenouille de couleur sombre, celle d'un crapaud et parfois celle d'un lézard cornu [1]; d'où ce vers de Mehun : —

« Boteraulx et couleuvres, visions de deables. »

Comme forme spéciale du démon, le crapaud est redouté et pourchassé ; quand, au contraire, on le considère comme une forme diabolique imposée de force à un être divin ou à un prince, il est respecté et vénéré comme un animal sacré. En Toscane, les paysans regardent comme un sacrilége de tuer un crapaud. Une chanson toscane que j'ai entendue à Santo Stephano di Calcinaia, relate le changement de la jeune fille en crapaud ; la femelle du crapaud adresse des consolations à sa fille, en lui donnant l'espoir de se marier bientôt au fils du roi : —

> « Batta, gragna [2],
> Il figlio del re che poco ti ama,
> Se non t'ama, t'amerà,
> Quando per isposa lui t'avrà. »

---

[1] Dans le huitième conte du premier livre du *Pentamerone*, c'est une lacerta cornuta (lézard cornu, la lune) qui veille sur le sort de la jeune Renzolle (l'aurore).

[2]
> « Crapaude, la grêle tombe,
> Le fils du roi qui t'aime peu,
> S'il ne t'aime pas, il t'aimera
> Dès qu'il t'aura épousée. »

Le prince épouse la fille du crapaud, qui est immédiatement changée en une belle fille. En ce qui regarde les superstitions qui ont cours en Sicile sur le crapaud, il est intéressant de rapporter les renseignements qui me sont donnés par mon ami Giuseppe Pitré : — Le crapaud porte bonheur; celui qui n'est pas favorisé de la fortune doit se procurer un crapaud et le nourrir chez lui [1] avec du pain et du vin, nourriture consacrée, car, à ce qu'on prétend, les crapauds sont, ou des « seigneurs », ou des « femmes du dehors », ou des « génies incompris », ou des « fées puissantes » qui ont subi une déchéance sous l'effet de

---

Les dictionnaires italiens ne donnent pas le mot *gragnare* comme verbe, mais puisque *gragnuola*, diminutif de *gragna*, signifie *grêle*, il est évident qu'ici le verbe ne peut signifier que « *la grêle tombe,* » et, par conséquent, qu'il est le parfait équivalent de *grandinare* ; il existe en Italie une croyance superstitieuse d'après laquelle les crapauds seraient engendrés par les premières grosses gouttes de pluie qui tombent dans la poussière au commencement d'un orage.

[1] Une superstition semblable a cours en Allemagne, ainsi que le dit Rochholtz à la page 147 du premier volume de l'ouvrage cité plus haut: « Auch die Hauskrœte, Unke, Muhme genannt, wohnt in Hauskeller und hælt durch ihren Einfluss die hier verwahrten Lebensmittel in einem gedeihlichen Zustand. Dadurch kommt Wohlstand ins Haus, und das Thier heisst daher Schatzkrœte. In Verwechslung mit dem braunschwarzen Kellermolch wird sie auch Gmœhl genannt und soll eben so oft ihre Farbe verændern, als der Familie eine Verænderung bevorsteht. » — Les différentes superstitions populaires relatives à la salamandre sont bien connues ; on sait qu'elle résiste au pouvoir du feu, qu'elle vit dans le feu, qu'elle devient pareille au feu : « immo ad ignem usque elementarem orbi lunari finitimum ascendere » (d'après Aldrovandi); et que, privée de poils, elle fait tomber le poil des autres animaux ou des hommes au moyen de sa salive, ce qui a fait dire à Martial souhaitant qu'une femme devînt chauve :

« Hoc salamandra caput, aut sæva novacula nudet. »

Aussi, Pline recommande, contre le venin dangereux qu'on attribue à la salamandre, la graine de l'ortie aux feuilles velues et exhalant une odeur forte, et du bouillon de tortue (qui lui ressemble par ses taches jaunes). La salamandre de la superstition populaire me paraît représenter la lune qui luit par elle-même, qui vit par son propre feu, qui n'a ni rayons ni poils qui lui sont propres, et qui fait tomber les rayons ou les poils du soleil.

quelque malédiction. Aussi, non-seulement on ne les tue pas, mais on ne les inquiète pas, de crainte, en leur causant du mal, de s'exposer à ce qu'ils ne viennent pendant la nuit cracher de l'eau dans les yeux de ceux qui les auraient maltraités, lesquels n'en guériraient jamais, pas même en se recommandant à sainte Lucie. C'est ce qui a fait dire au poète Méli dans ses *Fata Galanti* qu'il empêcha un paysan de tuer un crapaud : —

> « Jeu ch' avia 'ntisu da li miei maggiuri
> Che li buffi ' un si divinu ammazzari,
> Fici in modu chi l'ira e lu rancuri
> A ddu viddanu cci fici passari. »

Pour le récompenser de lui avoir sauvé la vie, le crapaud ne tarda pas à lui apparaître sous la forme d'une très-belle femme et lui fit la promesse de lui être utile tous les jours de sa vie : —

> « Oh picciotti furtunatu !
> Eu ti prutiggirò d' ora nn' avanti,
> Ieu su ' dda buffa, chi tu, gratu e umanu
> Sarvasti antura da l'impiu viddanu. »

J'ai entendu réciter en Piémont un conte populaire[1],

---

[1] Il m'a été raconté dans les termes suivants par une paysanne de Cavour, en Piémont :

Un paralytique, a trois filles, Catherine, Clorinde et Marguerite ; il se met en route pour consulter un médecin célèbre et demande à ses filles ce qu'elles veulent qu'il leur rapporte à son retour ; Marguerite dit qu'elle se contentera d'une fleur. Il arrive dans un château qui est le lieu de sa destination ; tout est prêt pour le recevoir, mais le médecin ne s'y rencontre pas. Chemin faisant pour revenir chez lui, il se ressouvient de la fleur qu'il avait oubliée ; il revient au jardin du château et se dispose à cueillir une marguerite, quand un crapaud l'avertit qu'il mourra dans trois jours s'il ne lui donne pas une de ses filles en mariage. Le père en fait part à ses filles : les deux aînées refusent d'épouser le crapaud, mais la plus jeune y consent pour sauver la vie de son père. Celui-ci se guérit et la noce a lieu ; pendant la nuit, le crapaud devient un beau jeune homme,

dans lequel le crapaud est, au contraire, une forme
démoniaque prise par un jeune homme. Aldrovandi

mais il recommande à sa femme de ne le dire à personne, car si elle
en parlait, il conserverait toujours sa forme de crapaud, puis il lui
donne un anneau avec lequel elle peut obtenir tout ce qu'elle désire.
Les sœurs de la jeune femme soupçonnent quelque mystère et lui font
révéler son secret ; le crapaud tombe malade et disparaît ; son épouse
se sert de l'anneau pour le faire revenir, mais ses efforts sont vains ;
voyant l'inutilité de son anneau, elle le jette dans un marais ; le jeune
homme reparaît alors et ne reprend plus jamais la forme de crapaud
et ils passent ensemble, à partir de ce moment, des jours d'une félicité
inaltérable.

Dans un conte toscan inédit, qui m'a été récité par Uliva Selvi, à
Antignano, près Léghorn, nous avons, au lieu du crapaud, un magicien
d'un aspect effrayant. Le père des trois filles est un navigateur ; il promet d'apporter un châle à la première, un chapeau à la seconde et une
rose à la troisième. Le but de son voyage atteint, il se dispose à
revenir, mais il a oublié la rose et le vaisseau refuse de se mettre en
marche ; il est obligé de retourner chercher cette fleur dans un jardin ;
un magicien offre au père la rose avec une petite boîte qu'il donnera à
une de ses filles que le magicien doit épouser. A minuit, le père,
de retour chez lui, raconte à sa troisième fille tout ce qui est arrivé.
La petite boîte est ouverte ; elle transporte la troisième fille auprès du
magicien, qui se trouve être le roi de Pietraverde et dont la forme est
alors celle d'un beau jeune homme. Il lui fait voir trois chambres du
palais dont l'une est rouge, une autre blanche et la troisième noire.
Ils coulent ensemble des jours heureux. Cependant, la sœur aînée est
sur le point de se marier ; le magicien conduit sa femme dans la
chambre rouge ; elle veut assister à la noce et le magicien y consent,
mais il lui prescrit de ne pas révéler qui il est ni de dire quoi que ce
soit qui le touche, si elle ne veut pas le perdre, car elle ne le retrouve-
rait ensuite qu'après avoir usé tous les souliers qu'il y a sur la terre. Il
lui donne une parure dont le frôlement se fait entendre au loin quand
elle marche ; et il lui dit que si son épingle venait à tomber, de la
laisser ramasser et garder par la fiancée ; il lui prescrit aussi de ne
rien boire ni manger de ce qui lui sera offert. Elle observe toutes ces
recommandations à la lettre. La seconde sœur se prépare à son tour à
se marier ; le magicien conduit sa femme dans la chambre blanche
et lui donne les mêmes instructions, seulement, cette fois, c'est son
anneau de brillants qu'elle doit laisser perdre. Le père des jeunes
femmes vient à mourir ; le magicien conduit alors sa femme dans la
chambre noire, la chambre de tristesse. Elle veut aller à la cérémonie
des funérailles, et elle en obtient la permission après les recommandations d'usage ; le magicien lui donne en outre un anneau ; si son
anneau devient noir, elle perdra son époux ; elle oublie les recommandations qui lui ont été faites et le perd. Elle voyage sept ans à travers
le monde et personne ne peut lui donner de nouvelles du roi de

cite plusieurs exemples de femmes qui donnèrent naissance à des crapauds [1].

---

Pietraverde ; elle se déguise alors en homme et arrive dans une ville où le palefrenier du roi la prend à son service ; elle n'a pas plus tôt mis la main aux attelages qu'ils deviennent éclatants de propreté. La reine passant par là est surprise de la bonne mine de la jeune femme déguisée ; elle la fait travailler à la cuisine, puis servir à table et finit par en faire son valet de chambre. La reine en devient amoureuse et veut la posséder à tout prix ; mais ses efforts sont vains ; alors elle l'accuse d'avoir formé le dessein de la tuer. Le roi, quoique à regret, fait jeter en prison le faux valet de chambre, mais il ne tarde pas à avoir pitié de lui et lui rend la liberté. La jeune femme continue ses voyages ; elle arrive dans une ville et demande des nouvelles du roi de Pietraverde ; on lui répond qu'il est mort depuis longtemps et on lui indique un lieu où son cercueil repose sur des colonnes de cire ou sur des chandelles ; il ne doit revenir à la vie que lorsque les chandelles seront usées. Elle s'y rend et verse des larmes ; le roi arrache trois poils de sa barbe et lui recommande de les garder soigneusement. Elle continue sa route, toujours déguisée en homme et est gagée par les palefreniers d'un autre roi, à titre d'auxiliaire. Le roi apprend avec quel zèle elle remplit ses fonctions et la fait occuper à la cuisine. La reine la voit et en tombe amoureuse ; mais elle n'est pas payée de retour et l'accuse auprès du roi, qui la fait jeter en prison ; elle est condamnée à mort et l'instrument du supplice est préparé. En marchant à la mort, elle se rappelle les trois cheveux et elle en fait brûler un ; alors apparaît une armée de soldats envoyés par le roi de Pietraverde ; ils jettent la terreur parmi les gens du roi et les obligent à remettre l'exécution au lendemain. Le jour suivant elle agit comme la veille, et les mêmes événements se renouvellent. Le troisième jour elle fait usage du troisième cheveu ; la cavalerie apparaît sous les ordres du roi de Pietraverde en personne et paré de telle sorte qu'il resplendit comme un diamant et ressemble au soleil ; il délivre la jeune femme, lui donne des vêtements de princesse et la fait comparaître devant une cour de justice ; son innocence est établie et la reine est condamnée à avoir la tête tranchée.

[1] « Suessanus tradit, quod bufonem quempiam obviam fieri felicissimum augurium fuisse antiquitas existimavit. — Anno 1553, in villa quadam thuringia ad Unstrum, a muliere bufo caudatus natus est, quemadmodum in libro de prodigiis et ostentis habetur. Nec mirum quia Cœlius Aurelianus et Platearius scribunt mulieres aliquando cum fœto humano bufones et alia animalia hujus generis eniti. Sed hujus monstrosæ conceptionis causam non assignant. Tradit quidem Platearius illa præsidia, quæ ad provocandos menses commendantur, ducere ; etiam bufonem fratrem Salernitanorum quemadmodum aliqui lacertum fratrem Longobardorum nominant. Quoniam mulieres Salernitanæ potissimum in principio conceptionis succum apii et porrorum potant, ut hoc animal interimant, antequam fœtus viviscat. Insuper mulier quædam ex Gesnero, recens nupta cum omnium opinione prægnans

L'aspect double et contradictoire sous lequel le crapaud était considéré, fit que la médecine populaire, tout en partant de l'idée que la liqueur que lance le crapaud par derrière, quand il est excité, est dangereuse, et qu'elle est un poison, non-seulement pour l'homme, mais pour les plantes sur lesquelles elle tombe, prescrit de porter des crapauds desséchés sous les aisselles en guise d'amulettes contre la peste et les substances vénéneuses. On attribuait aussi la même vertu alexipharmaque à la pierre qu'on appelait et qu'on croyait être la pierre de crapaud (ou la bufonite); elle changeait, disait-on, de couleur quand celui qui la portait était empoisonné. On supposait que la bufonite se trouvait dans la tête du crapaud, mais la science a démontré que la substance que les charlatans vendent sous ce nom provient de la dent d'un poisson fossile[1]. C'est du crapaud, du sombre animal de la nuit, de l'obscurité ou de l'hiver que sort la perle solaire ; aussi, les contes populaires allemands considèrent-ils la *schild-krœte* (crapaud à écaille) comme sacrée, en raison de la perle qu'on suppose contenue dans sa tête. On dit en Hongrie que le crapaud boit la rosée dans la saison sèche; on croit aussi que la grenouille, comme le serpent, rejette au printemps une pierre précieuse appelée la pierre du serpent ou la pierre de la grenouille. D'après une note qui m'est

---

diceretur, quatuor animalia bufonibus similia peperit et optime valuit.» — Aldrovandi dit aussi avoir lu : « apud Heisterbaccensem in historia miraculorum, » que des moines trouvèrent un crapaud vivant dans le ventre d'une poule au lieu des intestins. D'après le même auteur, un prêtre trouva un énorme crapaud au fond d'une cruche de vin ; pendant qu'il se demandait comment un si gros animal avait pu passer par un orifice si étroit, le crapaud disparut.

[1] Comp. Targioni Tozzetti, *Lezioni di Materia Medica*, Florence, 1821.

fournie par le comte Geza Kuun, il est fait mention, dans le testament d'un habitant de Kaisa, de trois anneaux d'or, dont l'un contenait une « pierre de grenouille. »

J'ai fait remarquer précédemment que la place du crapaud est prise quelquefois dans les contes populaires par le lézard cornu; le lézard représente aussi une forme démoniaque, la forme d'une sorcière. Il y a à cet égard une intéressante discussion de Karl Simrock sur le mot allemand *eidechse* (lézard) dérivé de l'ancienne forme *hagedisse* qui correspond à *hexe*, sorcière. C'est comme sorcière que, dans le mythe grec, le lézard est tué par Apollon qui reçut pour cet exploit le nom de *Sauroctone*[1]. Mais comme les lézards se montrent au printemps et annoncent le retour de la belle saison, on les considérait (d'après Porphyre) comme consacrés au soleil, et, par conséquent, comme de bon augure. Il y a un proverbe bolonais qui dit « Sant' Agnes, la luserta cor pr'al paes; » il indique que la saison commence à devenir meilleure, alors qu'à la saint Agnès, c'est-à-dire au commencement de mars, le printemps fait ressentir ses premiers effets, et que les lézards commencent à se montrer. On croit en Sicile qu'il ne faut pas tuer les petits lézards appe-

---

[1] On lit dans Aldrovandi, *De Quadrup. digit. vivip.*, *Lib.* III : « Gyrardus etiam Apollinem Sauroctanum (sic) nempe lacerticidam a priscis appellatum fuisse autumat. Propterea quod ipsum adhuc puberem subrepenti lacertæ sagitta cominus insidiantem observaverint. » — Aldrovandi parle aussi de quelques lézards extrordinaires dont la nature est demi-sacrée et demi-monstrueuse : « Præter illud memorabile, quod Mizaldus recitat accidisse anno Domini 1551, mense Julii in Hungaria prope pagum Zichsum juxta Theisum fluvium nimirum in multorum hominum alvo lacertas naturalibus similes ortas fuisse. Interdum contingit, ut animadvertit Schenchius, lacertam viridem in cœti magnitudinem excrescere, qualis aliquando Lutetiæ visa est. Sæpe etiam lacertæ duobus et tribus caudis refertæ nascuntur, quas vulgus ludentibus favorabiles esse nugatur. »

lés San Giovanni, parce qu'ils sont en présence de
Dieu dans le ciel et qu'ils allument la petite lampe
du Seigneur (de même que, comme nous l'avons
déjà vu, la mouche lumineuse éclaire le blé). Et pour
éviter leur malédiction, quand il est arrivé qu'on en
a tué un, il faut dire, en s'adressant à la queue qui
s'agite encore, qu'on n'est pas le véritable meurtrier,
mais que le crime a été commis par le chien de saint
Mathieu :

> « Nun fu 'ieu, nun fu 'ieu :
> Fu lu cani di San Matteu. »

On les considère comme de puissants intercesseurs
auprès de Dieu, et c'est pour cela qu'en Sicile les
enfants les réchauffent dans leur poitrine et leur donnent à manger des miettes de pain trempées dans
de l'eau.

Mais c'est surtout au lézard vert (it. *ramarro*, sicilien, *vanuzzu*, diminutif de Giovanni) et à l'amphisbène qui, dans l'opinion des anciens, avait deux têtes
(comme le *ahiraui* de l'Inde) parce qu'ils prenaient
sa queue pour une tête, qu'on attribuait un caractère de
ce genre. Dans l'Inde, l'amphisbène est encore vénérée
et considérée comme un animal sacré[1]. Le lézard vert
de la superstition populaire est en partie solaire et en

---

[1] Il est dit, dans le *Mahâbhârata*, I, 981-1003, que les serpents
amphisbènes (*dundubha, dundu, nâgabhrit*, identiques, je crois, aux
*mannuni* du Malabar) sont bons et ne doivent pas être tués ; une
amphisbène raconte qu'elle était jadis le sage Sahasrapâd (mot à mot
celui qui a mille pieds ; l'amphisbène paraît être un lézard sans pattes,
muni d'une tête de la grosseur de sa queue, ce qui fit croire qu'elle
avait deux têtes ; elle semble, comme le serpent, une personnification du cycle de l'année) ; que ce sage fut changé en serpent par suite
d'une malédiction qu'il avait encourue pour avoir fait peur à un Brâhmane au moyen d'un serpent artificiel fabriqué avec de l'herbe ; à l'aspect du sage Kuru, l'amphisbène voit cesser l'effet de la malédiction
qu'elle subit.

partie lunaire ; la mouche lumineuse et la caille sont
consacrées au soleil à titre d'animaux d'été ; comme
veilleurs nocturnes, ils le sont à la lune. De même, le
lézard vert paraît être en relation particulière avec le
soleil comme un animal d'été qui chasse le serpent de
l'hiver ; mais, comme il est aussi le serpent de la nuit,
le lézard vert ou le *ramarro* vert prend la place du
crabe-lune, c'est-à-dire éveille le jeune héros solaire
qui dort pendent la nuit et éveille l'homme endormi de
crainte que le serpent ne le morde. La lune de l'hiver
éveille le soleil du printemps, la lune de la nuit éveille
le soleil de jour ; la lune-lézard, comme la lune-crabe
chasse le serpent ou le monstre noir. En Piémont, en
Toscane et en Sicile, le lézard vert passe pour être
l'ami de l'homme ; on l'appelle, en effet, en Sicile,
*guarda omu* et l'on croit qu'il délivre des enchantements
peut-être à cause de la croix jaune qu'on s'imagine lui
voir sur la tête. A Santo Stefano di Calcinaia, on dit que
le lézard vert siffle à l'oreille des hommes, à l'approche
d'un serpent, comme pourrait le faire un homme. On
cite même plusieurs exemples de bergers ou de paysans
qui, se trouvant endormis, furent sauvés par le lézard
vert venant leur passer sur le corps. (Aldrovandi parle
d'une superstition du même genre). On croit encore
que le lézard vert pris et jeté dans un vase rempli
d'huile, produit l'huile de *romarro* qui, dit-on, guérit
les blessures et les empoisonnements. Dans les *Contes
Merveilleux* de Porchat, une fée protége le pauvre Laric
et lui porte bonheur en se présentant à lui sous la forme
d'une couleuvre reconnaissante qu'il avait trouvée
saisie de froid en hiver et réchauffée dans sa poitrine.
La couleuvre fait tomber du bec de certaines perdrix
des pièces de monnaie brillantes destinées à Laric, elle
le met à même de se procurer tout ce dont il a besoin

et passe une chaîne d'or autour du cou de sa femme.
Ainsi, les mythes du poisson doré (ou vert), de la grenouille dorée (ou verte), du lézard doré (ou vert) correspondent les uns aux autres dans le beau mythe de
la bonne fée-lune qui protége le héros ou l'héroïne solaires dans la nuit diurne et dans la nuit annuelle.

# CHAPITRE V

## LE SERPENT ET LE MONSTRE AQUATIQUE


### SOMMAIRE

Les pieds et la queue; le serpent est la forme favorite du démon; le
diable est trahi par sa queue. — Le serpent et les eaux; le dragon
qui retient les eaux et qui garde les trésors; le diable évoqué du sein
des eaux. — La loutre. — Le principal exploit d'Indra consiste à
tuer le serpent. — Les différents noms du serpent védique; *arbuda* et
*reptilis*. — Description du serpent védique. — Les épouses des démons et les épouses des dieux; Indra fait une blessure à l'épouse du
démon dans le *yoni* et frappe le démon en brisant les œufs; la mort
du serpent consiste dans la destruction de l'œuf; œufs, peaux, vases,
boîtes et testicules brisés. — Le dieu considéré comme un serpent;
le python. — Les dieux et les démons, les oiseaux et les serpents se
disputent la possession de l'ambroisie. — Le phallique Ananta de la
cosmogonie; les deux phallus. — Nâgalatâ; le jeu des serpents,
nâga, nâgapada, nâgapaça. — Le caducée. — Kaçyapa Pragâpati,
père des oiseaux et des serpents. — Kumbhakarna. — Le héros
meurt dès qu'il touche le serpent. — La corde funèbre de Yama est un
serpent; le collier d'Héphaistos. — Les serpents portent Sîtâ sur
leurs têtes. — La ville de Bhogavatî. — Le héros changé en monstre
aquatique par l'effet d'une malédiction. — Le serpent délivré des
flammes. — La sagesse du serpent devient celle du héros. — Le serpent à trois têtes. — Le serpent, animal sacré dans l'Inde et en
Allemagne. — La pierre du serpent. — Le serpent et l'arbre. —
L'arbre et le phallus. — Le cyprès. — L'arbre, la jeune fille et le
serpent à la fontaine. — L'arbre de la croix. — Le serpent est tout
à fait démoniaque dans la tradition persane. — Le serpent, animal
mythique, est amphibie au physique et au moral. — Le héros, la grenouille et le serpent. — Le serpent reconnaissant. — Dialogue entre
deux petits serpents dans une légende, variante de celle du roi
Lear. — Le serpent brûlé. — Serpents et vers. — Le serpent, époux
de la belle fille. — Les têtes du serpent. — Le serpent de la
Mer Noire. — La fée-serpent rend la vue à la femme aveugle. —

Le serpent vengeur. — A quelle heure le serpent s'endort. — Le serpent au jardin des Hespérides. — Le serpent magicien. — Le baiser du serpent. — Le serpent qui siffle. — Les ailes du serpent mouillées; encore le mythe védique.

L'animal mythique par lequel je termine l'étude de la zoologie traditionnelle est peut-être le plus populaire de toute la série. Le démon omniforme fait prendre au dieu ou au héros tombé en son pouvoir les formes zoologiques les plus diverses dans le champ des métamorphoses qu'il a la faculté d'opérer et dont il possède le secret; mais il réserve presque toujours pour lui-même la forme du serpent qui jouit de sa prédilection. Le diable, dit le proverbe populaire, se reconnaît à sa queue; et pour montrer que les femmes sont plus savantes que lui, on ajoute qu'elles savent aussi où le diable cache sa queue, ou bien, où il cache son venin, car son venin et son pouvoir de nuire résident dans sa queue. Un diable sans queue ne serait pas un vrai diable; c'est sa queue qui le trahit, et cette queue est la queue du serpent[1]. Dans le quarante-cinquième conte du cinquième livre d'*Afanassieff*, le diable-serpent vient rendre visite chaque nuit à la jeune veuve sous la forme du mari qu'elle a perdu; il partage son repas et dort à côté d'elle jusqu'au matin; cependant chaque nuit, elle devient de plus en plus maigre et se fond comme une chandelle devant le feu; alors sa mère lui donne le conseil de laisser tomber une cuillère à terre quand elle est à table avec son hôte, afin de pouvoir, en la ramassant, examiner ses pieds, mais au lieu de pieds, elle ne voit qu'une queue. A la suite de cette

---

[1] Saint Augustin *(Hom.* 36) dit du diable : « Leo et Draco est; Leo propter impetum, Draco propter insidias; » en Albanie, on appelle le diable *dreikj* et en Roumanie *dracu.*

découverte, la veuve se rend à l'église, afin d'être purifiée [1].

Le serpent démon paraît être en relation toute spéciale avec les eaux infernales (les ténèbres de la nuit et de l'hiver, et le ciel couvert de nuages) qui recèlent des trésors, la perle, le héros ou l'héroïne solaires avec les eaux de jeunesse et de vie. Le serpent-démon attire à lui toutes les belles choses, tantôt pour les dévorer, tantôt pour les conserver et veiller sur elles comme un avare. Le dragon devint le symbole de celui qui retient les eaux, de celui qui garde les trésors, de celui qui dévore ou attire à lui tout ce qui brille. Le nom de *dracus* est donné dans Du Cange à une espèce de démons « qui circa Rhodanum fluvium in Provincia visuntur forma hominis, et in cavernis mansionem habent. » Dans un ancien document latin manuscrit cité aussi par Du Cange, le diable est appelé *hydros* ou serpent d'eau. Hincmar de Reims croit que c'est du sein des eaux que l'on peut faire apparaître le diable [2], et, d'après saint Augustin, Numa puisait ses inspirations dans les eaux ou dans les fantasmagories que les démons faisaient apparaître sur l'eau [3]. C'est de là que vient la coutume, si fréquente

----

[1] Un proverbe du *Râmâyana* dit qu'il n'y a qu'un serpent femelle qui puisse distinguer les pieds d'un serpent mâle (Ahirova hyahoh pâdân vigâuiyânna samçayah ; V, 58). Les pieds du serpent, comme les pieds du diable, qui ne sont autre chose que sa queue (ou le phallus du mâle), ne peuvent être aperçus que par une femelle ; les femmes savent où le diable met sa queue.

[2] Tom. I : « Sunt qui in aquæ inspectione umbras dæmonum evocant, et imagiones vel ludificationes ibi videre et ab iis aliqua audire se perhibent. »

[3] Nous lisons ce passage au septième livre de la *Cité de Dieu* : « Ipse Numas ad quem nullus Dei propheta, nullus Sanctus Angelus mittebatur, Hydromantiam facere compulsus est, ut in aqua videret imagines deorum vel potius ludificationes dæmonum, a quibus audiret, quid in sacris constituere atque observare deberet, quod genus divinationis idem Varro a Persis dicit allatum. »

en Allemagne et dans les pays slaves[1], de bénir l'eau pour en chasser les monstres. Il faut attribuer aussi à la même cause, l'usage dont j'ai été témoin dans plusieurs provinces de Russie, où les enfants, avant de se baigner dans les rivières, et dès qu'ils ont mis le pied dans l'eau, s'inclinent respectueusement et font le signe de la croix; ce fait rapporté par Du Cange, qu'au moyen-âge le dieu des eaux, Neptune, devint sous le nom d'*Aquatiquus* une personnification du diable[2]; enfin ce que dit l'*Edda* de la loutre (*enydris*), qui y revêt un caractère démoniaque et dont les Ases prennent la peau pour la remplir d'or enlevé au nain-brochet, Andvarri; ainsi que le récit contenu dans le sixième conte du premier livre d'*Afanassieff*, dans lequel la loutre détruit les animaux de la ménagerie d'un Tzar et finit par entraîner Ivan, le fils du Tzar, sous une énorme pierre blanche (l'hiver neigeux) qui se trouve dans le monde inférieur, où sont des palais d'or et d'argent et trois jeunes filles, sœurs du monstre loutre, qui dort dans la mer et ronfle si fort qu'il lance les vagues à une distance de sept verstes; mais Ivan, après avoir bu l'eau de force, coupe d'un seul coup la tête du monstre, qui tombe alors dans la mer.

Mais pour suivre l'ordre que nous avons généralement observé jusqu'ici, nous allons étudier d'abord

---

[1] Cet usage existe aussi en Roumanie, où l'on célèbre la nouvelle année solaire par la bénédiction des eaux, comme pour exorciser les démons qui y résident.

[2] Du Cange, *Codex Reg.*, 5600 ann. circ. 800, fol. 101 : « Sunt aliqui rustici homines, qui credunt aliquas mulieres, quod vulgum dicitur strias, esse debeant, et ad infantes vel pecora nocere possint, vel dusiolus, vel Aquatiquus, vel geniscus esse debeat. » Neptunus vel aliquis genius, quia quis præest designari videtur.

la tradition du monstre aquatique, dragon ou serpent, dans la mythologie de l'Inde.

Le plus important des exploits héroïques accomplis par le dieu védique Indra consiste, comme nous l'avons déjà fait remarquer, à tuer le monstre ; et même, l'entreprise dirigée par Indra contre le monstre est le thème de tous les grands poèmes épiques populaires indo-perses, greco-latins, turco-slaves, franco-germaniques et franco-celtiques, comme aussi, de la plupart des contes populaires qui sont la véritable matière épique des nouvelles épopées. Indra, Vishnu, Ahura-Mazda, Feridun, Apollon, Héraclês, Cadmus, Jason, Odin, Sigurd et plusieurs autres dieux et héros sont célébrés pour avoir tué le serpent. Dans les hymnes védiques, le monstre noir (*krishna*), le monstre qui grandit (*râuhin*)[1], le monstre qui a atteint tout son développement (*pipru*), le monstre enveloppant (*vritra*), le monstre qui dessèche (*çushna*), le monstre qui retient (*namuci*), apparaissent généralement sous le nom et sous la forme de serpents ou, s'ils n'en ont pas toujours la forme, ils sont assimilés à ces reptiles et certainement tendent à le devenir en ce qu'ils serrent, qu'ils sont de couleur noire et qu'ils possèdent d'autres caractères en commun avec le serpent (*ahi*)[2].

Le monstre tué par Indra, le monstre à la voix horrible, qu'Indra frappe de la foudre sur la tête est, comme

---

[1] Les monstres qui montent au ciel par des artifices magiques et qui sont tués par Indra, rampent, dit-on, comme des serpents : Mâyâbhir utsisripsata indra dyâm ; Rigv., VIII, 14, 14.

[2] Le monstre appelé *Arbuda*, qu'Indra, le bélier (mesha), écrase (car *ni-kram* me paraît avoir cette signification) sous ses pieds pendant qu'il est couché, n'est pas autre chose qu'un serpent ; de plus, comme il a pour peuple les *sarpas*, c'est-à-dire les serpents, il est le roi des serpents. Je rapprocherais volontiers d'*arbuda* les mots latins *rep-ere*, *rept-are*, *rept-ilis*.

le serpent, dépourvu de mains et d'épaules [1]. Mais, dans le *Rigveda*, le serpent se trouve aussi fréquemment désigné d'une manière explicite comme un monstre qui retient les eaux, et qui est tué par Indra. Le serpent, le premier né des serpents, était couché sur la montagne [2]; il était couché sous sa mère [3], il gardait les eaux, ses épouses, qu'il tenait enfermées, comme un avare enferme son trésor, ou un voleur les vaches qu'il a dérobées [4]; avare ou riche voleur [5], pareil à un magicien, il se tenait enfermé dans une caverne et y gardait les eaux [6]; il était couché et peut-être endormi [7]; il se tenait près des sept torrents [8]; Indra le réveille [9]; cependant, dans un autre hymne, le serpent, qui fait un grand bruit, provoque Indra et s'avance contre lui [10]. Quand Indra tue le serpent avec la foudre, ou l'écrase sous

---

[1] Apâd ahasto apritanyad indram âsya vagram adhi sânâu gaghana ; Rigv., I, 32, 7. — Yo vyansam gahrishânena manyunâ yah çambaram yo ahan piprum avratam ; I, 101, 2. — Apâdam atram mahatâ vadhena ni duryona âvrinan mridhravâcam ; V, 32, 8.

[2] Ahann ahim parvate çiçriyânam ; I, 32, 2. — Ahann enam prathamagâm ahînâm ; I, 32, 3.

[3] Nîcâvayâ abhavad vritraputrendro asyâ ava vadhar gabhâra — uttarâ sûr adharah putra âsîd dânuh çaye sahavatsâ na dhenuh ; I, 32, 9. — A vrai dire, les vers du *Rigveda* parlent ici de Vritra, et non pas d'Ahi ; mais celui qui couvre et celui qui serre étant équivalents, il me semble qu'il ne s'agit pas de deux êtres qui se trouveraient distingués par deux appellations analogues dans un même hymne.

[4] Dâsapatnîr ahigopâ atishthan niruddhâ âpah panineva gâvah ; I, 32, 11. — Le lecteur se rappellera, à ce propos, la discussion relative au proverbe « Fermer l'étable après que les bœufs ont été volés, » qui se trouve au premier chapitre du premier livre.

[5] Avâdaho diva â dâsyum uccâ ; I, 33, 7.

[6] Guhâhitam guhyam gûlham apsu apivritam mâyinam kshiyantam uto apo dyâm tastabhvânsam ahann ahim çura vîryena ; II, 11, 5.

[7] Açayânam ahim vagrena maghavan vi vriçcah ; IV, 17, 7.

[8] Sapta prati pravata âçayânam ahim vagrena vi rinâ aparvan ; IV, 19, 3.

[9] Sasantam vagrenâbodhayo 'him ; I, 103, 7.

[10] Navatam ahim sam pinag rigishin ; VI, 17, 10.

ses pieds, ou bien encore, le brûle, il ouvre la voie au
torrent des eaux et les fait couler vers la mer ; il fait
naître le soleil et trouve les vaches [1] ; il met à néant les
machinations du sorcier, engendre le soleil, le jour et
l'aurore, écarte au loin tous ses ennemis [2], fait tomber
à terre le tronc du serpent, comme un arbre frappé de
la hache ou déraciné [3], et (de même que dans les contes
russes, le héros, après avoir abattu la tête du monstre,
en jette le tronc dans la mer) les eaux qui courent
joyeusement passent sur le monstre privé de vie et
gisant à terre [4] ; les dieux qui ont donné à Indra trois
cents bœufs à manger (cent seulement, d'après un
autre hymne) et trois lacs d'ambroisie à boire, afin
qu'il soit vainqueur d'Ahi, sont joyeux avec leurs
femmes et les oiseaux, du triomphe qu'il a remporté
sur le serpent ; de plus, les femmes, les épouses des
dieux, composent à cette occasion un hymne en l'honneur d'Indra [5].

Nous avons déjà vu plusieurs fois dans le cours de
cet ouvrage qu'en faisant périr la forme monstrueuse
que revêt le héros, ou l'héroïne, on effectue sa délivrance ; les eaux ou les nuages pluvieux, qui sont

---

[1] Sa mâhina indro arno apâm prâirayad ahihâchâ samudram aga-
nayat sûryam vidad gâh ; II, 19, 3. — *Srigah* sindhûnr ahinâ gagrasâ-
nâu ; *Rigv.*, IV, 17, 1. — Ahanu ahim anv apas talarda pra vakshanâ
abhinat parvatânâm ; I, 32, 2.

[2] Yad indrâhan prathamagâm ahinâm ân mâyinâm aminâh prota
mâyah — ôt sûryam gûnayan dyâm ushasâm tâditnâ çatrum na kilâ
vivitse ; I, 32, 4.

[3] Ahau vritram vritataram vyansam indro vagrena mahatâ vadhena
skandhansiva kuliçenâ vivrtknâhih çayata upaprik prithivyâh ; I, 32,
5. — Ud vriha rakshah sahamûlam indra vriçca madhyam praty
agram çrinihi ; III, 30, 17.

[4] Çayânam mano ruhânâ ati yanty âpah ; I, 32, 8.

[5] Anu tvâ patnir hrishitam vayaç ca viçve devâso amadann anu tvâ ;
I, 105, 7. — Asmâ id u gnâç cid devapatnir indrâyârkam ahihatya
ûvuh ; I, 61, 8.

les épouses monstrueuses des démons, tant que le
monstre les garde dans les ténèbres, deviennent les
épouses radieuses des dieux quand elles sont délivrées. On peut en dire autant de l'aurore, retenue captive par le monstre obscur ou humide de la nuit, ou de
la saison printanière emprisonnée dans le triste
royaume de l'hiver : tant que l'une et l'autre sont au
pouvoir du démon ténébreux, elles sont noires et
monstrueuses et vivent avec lui dans le royaume
infernal ; mais, après leur délivrance, elles deviennent de belles filles ou des princesses d'un éclat
éblouissant. Quand le monstre livre bataille au dieu
ou au héros solaire armé de la foudre, il arme aussi
ses femmes et s'en fait de puissants auxiliaires [1] ;
aussi, Indra dirige-t-il ses coups contre elles et met-
il en pièces les sorcières aux noires matrices [2], tandis que lui-même est condamné à devenir plus tard
*sahasrayoni*. Toutefois, dans la tradition populaire
âryenne, c'est souvent la fille, la femme ou la sœur du
monstre qui révèle au héros le moyen de le tuer. Un
des moyens les plus fréquemment recommandés dans
les contes russes pour assurer la mort du monstre, est
de prendre l'œuf contenu dans le canard qui se trouve
sous l'arbre au milieu de la mer, et de l'écraser sur le
front du monstre qui périt immédiatement après ; dès
qu'il est mort, les deux jeunes amants, — la fille, la

---

[1] Striyo hi dâsa âyudhâni cakre ; *Rigv.*, v, 30, 9.

[2] Sa vritrahendrah krishnayonîh puramdaro dâsîr âirayad vi ; II,
20, 7. — Vritra qui tue Pipru, Indra *puramdara*, mot à mot « qui
frappe celui qui est plein ou enflé » et de là « celui qui frappe la cité »,
et Indra, qui met en pièces les sorcières aux matrices noires, sont des
types mythiques équivalents ; comp. ce qui a été dit de la foudre considérée comme un phallus, au premier chapitre du premier livre à
propos du coucou, et au chapitre du Coucou, deuxième livre. —
Dans l'hymne I, 32, 9, Indra blesse aussi par dessous la mère du
monstre : Indro asyâ ava vadhar gabhâra.

femme ou la sœur du monstre et le jeune héros, — se marient ensemble. Nous venons de voir que quand Indra a tué le monstre-serpent, les eaux prennent leur cours et le soleil se montre. Dans un autre hymne védique, nous trouvons aussi l'intéressante circonstance de l'œuf, qui nous rappelle, d'une part, le détail des contes russes populaires dont il vient d'être question, et, de l'autre, la croyance citée par nous au chapitre de la Poule, d'après laquelle la foudre tuerait les poussins dans l'œuf. Indra, faisant usage de sa force, brise les œufs du monstre qui dessèche les eaux et fait la conquête des eaux brillantes [1] ; il écrase les œufs ou blesse les testicules du monstre des ténèbres et il en fait sortir le soleil ; ensuite, le monstre expire [2]. La représentation symbolique de l'année solaire sous la forme d'un serpent qui se mord la queue équivaut au mythe du monstre-serpent qui périt quand ses œufs sont brisés, c'est-à-dire quand la lumière sort de sa ténébreuse enveloppe.

[1] Uto nu cid ya ogasâ çushnasyândâni bhedati geshat svarvatir apâh ; Rigv., VIII, 40, 10. — Il est dit à l'hymne I, 54, 10, que le nuage-montagne se trouve dans les intestins de celui qui enveloppe ; on pourrait dire que le serpent enchaîne le nuage en prenant la forme de boyaux. Le lecteur se rappelle les remarques que nous avons faites à l'égard des entrailles, du cœur et du foie de la victime du sacrifice au premier chapitre du premier livre.

[2] Nous trouvons, dans le vingtième conte du cinquième livre d'*Afanassieff*, une variante singulière, d'une certaine importance dans l'histoire de la mythologie et du langage. Une princesse demande au serpent, son mari, ce qui pourrait lui causer la mort. Le serpent répond qu'il peut périr sous les coups du héros Nikita Kaszemiaka, qui vient, effectivement, le tuer en le plongeant dans la mer. Nikita est appelé, dit-on, Kaszemiaka, parce que son temps se passait à déchirer des peaux. Les peaux déchirées (comp. aussi *Jupiter Ægiocus*) tiennent la place de l'œuf de canard brisé sur le serpent et des œufs du monstre cassés par Indra. En italien, *coccio* signifie un fragment de vase brisé ; c'est aussi un terme de botanique qui veut dire la pellicule d'une graine ; *incocciarsi* a le sens d' « être en colère ». En Piémont, on dit de quelqu'un qui ennuie les autres qu'il casse les boîtes, et plus vulgairement qu'il casse les testicules.

Néanmoins, comme il jaillit du monstre-serpent — c'est-à-dire du nuage et des ténèbres — des éclairs, des traits fulgureux, des rayons solaires, des langues de feu, les serpents eux-mêmes prennent quelquefois dans les hymnes védiques un caractère divin. Agni, le dieu védique du feu, celui qui est né des eaux (napatâm apâm) et qui est appelé Ahir-budhnya, a déjà été comparé au *Pythôn ophis*, au serpent Python des Grecs. Agni est comparé aussi à un serpent portant une crinière d'or [1], ce qui nous rappelle le monstre cornu qui dessèche, dont un autre hymne dit qu'il fut tué par Indra [2]. Indra lui-même reçoit l'épithète de « celui qui a la force du serpent [3]. » Les Maruts ont la colère du serpent [4] ; et comme les Maruts resplendissent sous des parures et des ornements d'or, de même les monstres apparaissent couverts d'or et de perles [5]. Dans l'*Aitareya Brâhmana* [6], le serpent Arbuda est même devenu un *ri*shi, un poète et un sage, comme le python devint en Grèce l'oracle de la sagesse ; et les serpents opposent un Véda qui leur est propre (sarpaveda) aux Védas des dieux. Nous avons aussi dans l'*Aitareya Brâhmana* [7], la description d'une lutte entre les dieux et un serpent venimeux qui jette sur le soma des regards de convoitise et qui veut s'en rendre maître. Les dieux lui bandent les yeux ; le serpent chante un vers en l'honneur du soma ; les dieux, de leur côté, chantent plu-

---

[1] *Hiranyakeço 'hih* ; *Rigv.*, I, 79, 1.
[2] *Vi çringinam abhinac chushnam indrah* ; I, 33, 12.
[3] *Ahiçushmasattvâ* ; V, 33, 5.
[4] *Ahimanyavah* ; I, 64, 9.
[5] *Cakrânâsah parnaham prithivyâ hiranyena maninâ çumbhamânâh* ; I, 33, 8.
[6] VI, 1, 1.
[7] Au passage cité plus haut.

sieurs vers comme une incantation contradictoire destinée à réagir contre les effets du vers du serpent. De
plus, la sorcière (âsurî) à la longue langue (Dîrgha-
gihvî) qui, aussi d'après l'*Aitareya Brâhmana*[1], lèche
la libation offerte aux dieux le matin et qui la rend eni-
vrante, est sans doute un serpent. Le *Râmâyana* relate
que la sorcière à la longue langue (Dîrghagihvâ), celle
qui dévore, fut tuée par Indra. La lutte entre les dieux
et les serpents pour la possession de l'ambroisie est le
sujet d'un long épisode du premier livre du *Mahâbhârata*[2]. Le serpent aime l'humidité, l'eau, l'ambroisie et
la pluie. Quand Bhîma, le fils du vent, est jeté dans les
eaux du Gange, il tombe dans le royaume des serpents,
qui lui donnent à boire l'eau de force[3]. Dans le *Mahâbhârata*, la mère des serpents qui ont été brûlés par
le soleil, invoque la pluie pour qu'elle les fasse revivre;
Indra couvre le ciel de nuages afin de lui être agréable[4]. Dans le *Râmâyana*, ce sont les singes, au lieu
des serpents, que la pluie ressuscite. Les pluies du
printemps réveillent aussi la terre, à laquelle l'*Aitareya Brâhmana* donne l'épithète de *Sarparagnî* et qui
était dans le principe glabre comme les serpents, c'est-
à-dire dépourvue de végétation ; en invoquant la vache
céleste, elle se couvrit de plantes. Dans la cosmogonie

---

[1] 1, 3, 22. — Il est souvent fait mention, dans les contes russes, d'un
serpent ou d'une sorcière essayant de limer ou de percer avec sa
langue les portes de fer qui renferment la forge dans laquelle le héros
poursuivi s'est réfugié ; celui-ci, aidé dans sa retraite par des forgerons
divins, arrache la langue de la sorcière avec des tenailles rougies au
feu et la fait périr ainsi ; il ouvre ensuite les portes de la forge, qui
représentent tantôt le ciel rouge du soir, tantôt celui du matin.

[2] 1, 792 *et seqq.* — Comp. aussi le deuxième conte esthonien, où le
jeune héros, qui se trouve dans le royaume des serpents, boit du lait
dans la coupe du roi des serpents lui-même.

[3] *Mbh.*, I, 5008 *et seqq.*

[4] I, 1283-1293.

indienne, que nous avons rapportée au chapitre de la Tortue, on rend compte d'une façon très-intéressante de la manière dont la grande verge ou le phallus, qui engendra le monde, reçut un mouvement circulaire. Le serpent Ananta (l'infini) ou Vâsuki [1], qui fait tourner la montagne, est enroulé autour d'elle ; la montagne et le serpent sont identiques [2] ; ce sont deux phallus qui se frottent mutuellement et produisent la semence (nâgalatâ, ou le serpent qui grimpe, le serpent rampant, est un des noms sanskrits du phallus ; en Piémont, on dit d'un homme qui se livre à l'acte vénérien « qu'il grimpe sur la femme ; » de plus, en sanskrit, les mots *nâga*, *nâgapada*, *nâgapâça*, *nâgapâçaka* désignent l'union charnelle à la manière des serpents qui rapprochent leurs corps l'un de l'autre dans toute leur longueur [3], de la même façon que le feu est

---

[1] Comp. *Râmâyana*, I, 46 et *Mahâbhârata*, I, 1053-1150. — Il est dit, dans le *Râmâyana* (VI, 26), que les traits des monstres enlacent comme des serpents ; à l'apparition de l'oiseau Garuda, les serpents desserrent leurs nœuds, les chaînes se détachent ; Râma et Lakshmana, qui semblaient morts, se relèvent plus forts qu'auparavant.

[2] De même que, comme nous l'avons vu, *mandara* est l'équivalent de *manthara*, un des noms de la tortue qui, d'après la légende cosmogonique, supporte le poids de la montagne, ou la verge énorme qui produit la montagne, Ananta, dans une autre légende indienne (comp. *Mbh.*, I, 1587-1588), soutient le poids du monde. — La verge de perles qui, lorsqu'elle est placée dans de la graisse, permet au jeune prince d'obtenir tout ce qu'il souhaite, paraît avoir eu à l'origine la même signification phallique que le mandara ; c'est le roi des serpents qui l'offre au jeune prince. La graisse est peut-être, dans le ciel mythique, le lait de l'aube du matin, ou la pluie du nuage, ou la neige, ou bien encore la rosée ; dès que la foudre touche la graisse des nuages ou de la neige, où dès que le rayon s'claire touche le lait de l'aube, le soleil, la richesse et le bonheur se produisent.

[3] Le coït est appelé aussi un jeu de serpents dans le *Tuti-Namé*. Preller et Kuhn ont déjà démontré le sens phallique du caducée (tripetélon) d'Hermès, qu'on représente tantôt muni de deux ailes et tantôt entouré de deux serpents. Le serpent phallique est la cause de la chute du premier homme.

produit par le frottement de deux morceaux de bois,
appelés les *araṇî*). Ananta ou Vâsuki et Mandara ou
Kaçapa et Kaçyapa, sont identifiés l'un à l'autre ;
et cette conjecture est d'autant plus plausible que Kaçyapa est appelé aussi Vâsuka et que Kaçyapa lui-
même, dans une autre légende cosmogonique du *Mahâbhârata*, a rendues fécondes deux femmes appelées
Kadrû, c'est-à-dire « la brune » et Vinatâ[1], « la concave, » « la courbée » ou « l'enflée » (deux appellatifs
qui paraissent désigner également le *yoni* ou la ma-
trice); l'une d'elles accouche de l'œuf duquel éclosent
les serpents et, spécialement les serpents nâgas qui,
comme les démons, ont des figures humaines ; l'autre
produit l'œuf d'où sortent Aruna et Garuda (qui sont
une forme des Açvins). D'après le *Mahâbhârata*, tandis
que le serpent Vâsuki se frotte contre le mandara et le
fait tourner, il lance par la gueule du vent, de la fumée
et des flammes qui forment des nuages avec l'eau desquels les dieux créateurs se rafraîchissent plus tard.
Quoique cette dernière circonstance nous montre les
serpents s'occupant de faire du bien aux dieux, ils
jouent, dans la tradition de l'Inde, le même rôle attribué à Anhromainyu, ou à Ahrimane, dans celle de la
Perse : tandis que l'un des phallus donne naissance
aux phénomènes lumineux et aux êtres bienfaisants,
l'autre produit les phénomènes ténébreux et les créatures perverses.

---

[1] *Vinatâ* est aussi le nom d'une maladie de femme, et, autant que
nous en pouvons juger par le passage du *Mahâbhârata* (III, 14,480) qui
concerne cette maladie, il s'agit d'un génie malfaisant qui détruit le
fœtus dans le sein d'une femme enceinte. Ce génie est désigné sous le
nom de *çakunigrâhî*, c'est-à-dire, au sens propre, celui qui saisit
l'oiseau. Kaçyapa, le phallus universel, le Pragâpati, s'unit sans doute
à Vinatâ, sous la forme d'un oiseau phallique, comme il s'unit à Kadrû
sous celle d'un serpent phallique.

Parmi les productions du génie des ténèbres sous forme de phallus et de serpent, se trouvent les nuages. Dans le *Râmâyana*[1], le monstre Kumbhakarna dort pendant six mois ; les tambours, les trompes, quel qu'en soit le nombre, ni tout autre bruit n'est capable de le réveiller ; on le frappe à coups de marteau, mais il ne sent rien ; des éléphants lui passent sur le corps sans qu'il bouge ; enfin, le cliquetis des ornements d'or que porte une jolie femme suffit à le faire sortir de son sommeil. Il se lève ; ses bras ressemblent à deux grands serpents et sa bouche à celle de l'enfer. Il bâille, et ce bâillement laisse échapper un souffle pareil à l'ouragan impétueux qui sera le prélude de la fin du monde. L'aspect de Kumbhakarna quand il se relève rappelle celui d'un nuage immense gonflé de pluie vers la fin de l'été ; il a des cornes, comme une montagne, et mugit, comme un nuage au sein duquel gronde le tonnerre. Comme il ne peut être éveillé qu'un jour dans l'année (c'est-à-dire en automne), par l'effet d'une malédiction que Brahmâ a jetée sur lui, dès qu'il est né, il demande à manger et dévore des buffles, des sangliers, des hommes et des femmes ; il avala même une fois les dix nymphes, ou Apsaras (les nuages qui déchaînent les vents sur les eaux), du dieu Indra ; il trouve que le monde ne contient pas assez d'animaux pour satisfaire sa faim. Quand Kumbhakarna s'avance pour se battre contre les singes de Râma, il attire ses ennemis à lui pour les dévorer, il attire et reçoit le choc de montagnes entières sans en être ébranlé. Râma abat un de ses bras, et le membre tranché (c'est-à-dire le serpent ou le nuage abattu, pareil au bâton des contes de fées qui frappe de lui-même) continue de

_______

[1] VI, 37-38, 48.

massacrer les singes. Râma coupe l'autre bras de
Kumbhakarna dont la main tient un tronc énorme de
shorea ; mais le bras et le tronc continuent de massacrer les ennemis indépendamment du corps auquel ils
appartenaient[1]. Enfin Râma l'atteint à la bouche et au
cœur ; le monstre tombe et écrase dans sa chute deux
mille singes sous son corps immense. Nous revoyons
donc ici le monstre et le serpent en relation avec les
nuages et les eaux. Toucher le serpent, c'est-à-dire la
saison pluvieuse ou la nuit, est pour le héros ou l'héroïne solaires la même chose que mourir. Dans le *Mahâbhârata*[2], la jeune fille Pramâdvarâ tombe morte pour
avoir mis par mégarde le pied sur un serpent ; Ruru la
ressuscite en abandonnant en sa faveur la moitié de sa
propre existence. Dans cette légende, l'année ou le jour
personnifient la vie ; l'été se sacrifie pour l'hiver, l'hiver
pour l'été, le jour pour la nuit, la nuit pour le jour, le
soleil pour la lune et la lune pour le soleil. Dans la
belle légende de Savitrî, l'épouse se sacrifie et s'offre à
Yama, le dieu de la mort, par fidélité pour son mari.

Dans le même poème du *Mahâbhârata*[3], le roi
Parîkshit tombe au pouvoir de Takshaka, le roi des
serpents, qui est une forme de Yama, le dieu de la
mort (qui s'appelle aussi Ananta), parce qu'il avait jeté
un serpent mort sur les épaules d'un Brâhmane. Il est
dit dans le *Râmâyana*[4], qu'un homme tombant dans
son sommeil aux mains de Yama, le dieu de la mort,
est mordu par un serpent venimeux. La corde même
dont Yama se sert pour enchaîner les hommes est un
serpent. Il faut rapporter à la corde-serpent de Yama le

---

[1] Comp. à ce sujet les premier et second chapitres du premier livre.
[2] I, 949, 974.
[3] I, 1671, 1980 *et seqq.*
[4] IV, 16.

collier fatal composé de sept serpents et de sept perles (symbole de l'année, dont une moitié est lumineuse et l'autre, obscure) qu'Héphaistos donne à Harmonie et à Cadmus à l'occasion de leur mariage. Cadmus et Harmonie deviennent des serpents et sont reçus dans le ciel par les dieux. Les filles de Cadmus éprouvent toutes une fin malheureuse. Le collier tombe ensuite dans la possession d'Eriphyle, ce qui porte malheur à Amphiaraüs et plus tard à Alcméon.

Quand Sîtâ[1], pour échapper aux injustes soupçons de son mari et aux calomnies du vulgaire, veut se soustraire à la vue des hommes et descendre sous terre, les serpents (*pannagas*, ceux qui marchent sans pieds) la portent sur leur tête (de même que, dans la tradition chrétienne, la vierge écrase la tête du serpent séducteur) et l'on entend une voix qui s'écrie des entrailles de la terre : « Il est difficile d'obtenir la vue de cette femme qui réside dans les trois mondes ; résidant ici-bas, elle est honorée par les serpents (*pûgyate nâgâih*) et dans le monde des mortels, par les hommes ; elle est le nectar des bienheureux qui rassasie les immortels. »

Le royaume des nâgas, ou la ville de Bhogavatî (mot équivoque qui signifie à la fois munie de richesses et peuplée de serpents) est rempli de trésors, comme l'enfer de la tradition occidentale. Ce monde de l'enfer fut définitivement placé sous terre quand les dieux déchus prirent des formes plus humbles sur terre et sur les eaux de la terre ; le monde inférieur devint le royaume des serpents et des démons du ciel nuageux et ténébreux du véda (démons et serpents que la tradition juive représente très-justement pour ce motif comme des anges déchus). Les richesses du ciel, ca-

---

[1] *Râmây.*, VII, 104, 105.

chées par le monstre nuageux ou ténébreux de la nuit
ou de l'hiver, passèrent dans la terre, et l'observation
des phénomènes célestes favorisa cette conception.
Les véritables trésors mythiques sont le soleil et la
lune dans leur éclat ; quand ces astres se couchent, ils
semblent se cacher sous terre ; le héros solaire se rend
dans le monde souterrain, il descend en enfer après
avoir perdu tous ses trésors et toutes ses richesses ; il
est pauvre quand il entreprend son voyage aux enfers ;
lorsque le soleil se lève derrière la montagne, il paraît
sortir de dessous terre ; le héros solaire revient de son
voyage à travers l'enfer, il reparaît éclatant et riche ; le
démon de l'enfer lui rend une partie des trésors qu'il
possède et qu'il lui avait enlevés, ou bien le jeune
héros les reconquiert par sa valeur. Mais cet enfer était
autrefois le ciel même, le ciel chargé d'eau, le ciel de
l'hiver et de la nuit d'où sortent tantôt le soleil et tantôt
la lune ; le héros ou le dieu étaient obscurcis ou éclip-
sés et prenaient dans le ciel même une forme ténébreuse ; et, comme nous l'avons dit déjà[1], celui qui
détruit, déchire ou fait périr cette forme rend service
au pauvre Juif-errant maudit qui l'a revêtue.

Le *Râmâyana*[2] nous remet en mémoire le monstre
aquatique en nous présentant le gandharva[3] Tumburu
qui prit, sous l'effet d'une malédiction, la forme du monstre Virâdha, lequel enlève Sîtâ à son époux Râma dans
l'unique dessein de se faire tuer par lui pour échapper
à la malédiction qui l'a frappé et de pouvoir retrouver
le bonheur dans le ciel. De même, Hanumant délivre

---

[1] Comp., sur ce sujet spécial, le premier chapitre du premier livre,
le chapitre du Loup et celui de la Grenouille.

[2] III, 8.

[3] Comp. la discussion relative aux gandharvas, qui se trouve au chapitre de l'Âne.

de la malédiction qui pèse sur elle l'ogresse du lac, la rapace (grâhî), la dévorante, qui était autrefois une nymphe[1]. Le corps du vieux *rishi* Çarabhaṅga nous donne aussi l'idée du corps d'un serpent. Çarabhaṅga voudrait s'en débarrasser, comme un serpent quitte sa vieille peau. Il entre alors dans le feu, le feu le consume et Çarabhaṅga en sort jeune, beau et brillant comme le feu[2]. Dans le célèbre épisode de Nala[3], le serpent Karkotaka, qui est au milieu des flammes, demande, au contraire, à Nala de le délivrer ; le serpent se rapetisse pour que Nala puisse l'emporter ; Nala se rend à son désir, mais le serpent le mord ; il perd alors sa forme pour revêtir celle du serpent. Sous cette forme nouvelle et démoniaque, Nala devient invulnérable et invisible. Le rôle divers que joue le feu dans les légendes se comprend par rapport au héros solaire considéré sous différents aspects, selon que l'on est au matin ou au soir, au printemps ou en automne : le matin et au printemps, le serpent de la nuit entre dans les flammes et redevient un beau jeune homme ; le soir et en automne, le serpent sort des flammes de l'aurore du soir ou de l'été et devient la lune après avoir fait disparaître le soleil ou l'avoir rendu invisible ou invulnérable. Dans le quarante-septième conte du sixième livre d'*Afanassieff*, un chas-

---

[1] *Râmây.*, VI, 82. — Cette nymphe devint *grâhî*, parce qu'il lui était arrivé d'atteindre un saint Brâhmane avec son char. La même cause est attribuée à la malédiction par l'effet de laquelle le roi Nahusha fut changé en un énorme serpent, qui étreignit dans ses nœuds mortels le héros Bhîma ; son frère, Yudhishthira, accourt et répond de la manière la plus satisfaisante aux subtiles questions philosophiques que lui adresse le serpent, qui relâche alors Bhîma, quitte la peau dont il est recouvert et monte au ciel sous la forme humaine de Nahusha ; *Mbh.*, III, 12,556 *et seqq.*

[2] *Râmây.*, III, 8.

[3] *Mbh.*, III, 2609 *et seqq.*

seur (le héros solaire chassant) se dispose à allumer le
poêle ; un serpent, qui s'y trouve couché, lui promet,
s'il veut retirer le feu, de le rendre heureux et de lui
apprendre le langage de tous les animaux. Il dit au
chasseur de mettre le bout de son bâton dans le feu, ce
qui lui permettra de s'échapper ; le chasseur se rend
à ce désir, mais il est averti qu'il mourra s'il révèle ce
secret à quelqu'un.

Le serpent de la tradition indienne est donc non-
seulement monstrueux et malfaisant, mais en même
temps doué de savoir, et il communique le savoir ;
il se sacrifie pour permettre au héros d'emporter
l'élixir de vie, l'eau de force, la plante salutaire ou
le trésor ; non-seulement il épargne souvent, mais il
favorise le héros prédestiné ; il détruit les individus,
mais il ménage les espèces ; il dévore les nations, mais
il laisse vivre les rois qui doivent les repeupler ; il
donne aux plantes leur venin et plonge les hommes
dans un profond sommeil, mais il rend dans son
royaume occulte une nouvelle force au soleil, qui ra-
jeunit le monde chaque matin et chaque printemps.
Dans le ciel védique, le serpent est un magicien habile
dans tous les arts magiques ; le jeune héros égaré dans
le royaume des serpents y retrouve son éclat, sa sagesse et sa force victorieuse. De cette conception, a dé-
coulé le culte que reçoit le serpent dans l'Inde, où on le
vénère comme le symbole du savoir sous toutes ses
formes. Nous avons trouvé précédemment le serpent à
cornes, ou à crête, qui personnifie dans le *Rigveda* le
feu ou le dieu Agni, et nous devons voir en lui la crête
ou la crinière du soleil sortant des ténèbres ; c'est ainsi
que le dieu Hari ou Vishnu repose sur un serpent à
crête ou sur un serpent à plusieurs têtes. Des serpents
ou des dragons à trois têtes, comme ceux des contes de

fées, sont mentionnés dans le *Harivança*[1] et correspondent au monstre védique Triçiras, c'est-à-dire, à trois têtes. La crête du serpent est le dieu Vishnu lui-même, considéré comme un dieu solaire qui sort du corps du serpent. C'est de là que le serpent à coiffe, appelé Nalla Pâmba dans le Malabar[2] est l'objet dans l'Inde d'un culte spécial. « L'apparition soudaine d'un des serpents », écrit de l'Inde Lazzaro Papi, « est considérée comme le présage d'un événement heureux ou funeste. Le serpent est la divinité elle-même cachée sous cette forme animale, ou du moins un messager envoyé par elle qui apporte de sa part la récompense ou le châtiment. Quoique ce reptile soit extrêmement venimeux, non-seulement on évite de le tuer, de le pourchasser ou de lui faire du mal dans la maison où il pénètre, mais il est respecté et même caressé et adoré par les personnes sur lesquelles la superstition a le plus d'empire. On lui donne à boire du lait et l'on prend des dispositions pour favoriser ses habitudes ; on lui bâtit de petites cabanes et on lui prépare des refuges et des nids sous les grands arbres. Ces usages me rappellent ceux des anciens habitants de la Prusse qui nourrissaient de lait un grand nombre de serpents en l'honneur de leur dieu, Patriumpho ou Patrimpos. La famille au milieu de laquelle un de ces serpents élit domicile, se croit favorisée du ciel et désormais à l'abri de la pauvreté et d'autres infortunes ; et s'il arrive, comme il n'est pas rare, que quelqu'un soit mordu de lui et meure victime de sa crédulité, c'est, dit-on, un châtiment dont Dieu le frappe en punition d'un crime qu'il a commis. » Cette croyance

---

[1] Triçîrshâ iva nâgapotâs ; 12,744.

[2] Comp. Tapi, *Lettere sulle Indie Orientali*, Lucca, 1829 ; c'est la *cobra de capello* des Portugais.

est à peu près semblable à celle à laquelle ont donné lieu le crapaud et l'amphisbène et dont il a été question au chapitre qui concerne ces animaux. En Hongrie, d'après un renseignement qui m'est fourni par le comte Geza Kuun, on dit que certaines fées naissent avec une peau de serpent et ne reprennent leur forme qu'après que cette peau à tombé par l'effet de la mue. Une pierre précieuse se trouve, dit-on, sous la langue des serpents. Quand ils se chauffent au soleil du printemps, ils rejettent cette pierre (ou le soleil lui-même) en respirant, et la cachent ensuite sous la langue d'un serpent plus gros, du roi des serpents.

Le serpent, suppose-t-on, protége et surveille les trésors égarés et garde l'âme du héros qui a perdu la vie; aussi les serpents, de même que les corbeaux parmi les oiseaux, sont-ils honorés dans l'Inde comme les formes matérielles où sont incorporées les âmes des morts. En Allemagne [1], le serpent blanc (c'est-à-dire l'hiver neigeux) donne, d'après la légende populaire, à quiconque en mange (ou à celui dont il lèche l'intérieur des oreilles) le don de comprendre le langage des oiseaux et de tout connaître (c'est durant la nuit de Noël, c'est-à-dire, au milieu de la neige, que ceux qui sont prédestinés à voir des choses miraculeuses, comprennent dans les étables le langage du bétail et dans les bois, le langage des oiseaux; selon la légende, Charles le Gros vit, pendant la nuit de Noël, le ciel et l'enfer entrouverts et put y reconnaître ses ancêtres). De même en Grèce, Mélampus, Cassandre et Tirésias obtinrent la faculté divinatoire par l'effet de leurs rapports avec le serpent, que symbolisèrent plus tard le

---

[1] Comp. Simrock, *Deutsche Mythologie*, p. 478, 513, 514; et Rochholtz, *Deutscher Glaube und Brauch*, I, 146.

python et la pythonisse considérés comme les déposi-
taires de tous les oracles de la sagesse. Dans la mythologie scandinave, Odin prend aussi la forme d'un
serpent (ormr) sous le nom d'Ofnir, de même que Zeus
devient un serpent dans la mythologie grecque, quand il
veut créer Zagreus, le dieu à la tête de taureau, qui est
un autre Zeus ou un autre Dionysos. Nous trouvons dans
Rochholtz et dans Simrock les indications d'un même
culte que celui dont le serpent est l'objet dans l'Inde, où
il est regardé comme un génie domestique bienfaisant.
On donne du lait à boire à certains petits serpents
domestiques; on leur confie la garde des enfants au
berceau, avec lesquels ils partagent leur nourriture; ils
portent bonheur aux petits enfants auprès desquels ils
se tiennent; on considère donc comme un sacrilége funeste
de les tuer. On raconte aussi qu'il arrive parfois
qu'un enfant naisse avec un serpent enroulé autour du
cou, et que, dans ce cas, le serpent et l'enfant sont à
jamais inséparables (image de l'année et du jour dont
la moitié lumineuse et la moitié ténébreuse sont unies
d'une manière indissoluble). Le serpent garde le bétail dans les étables et procure aux filles belles et
bonnes des maris dignes d'elles. D'après une légende
populaire, il se trouve dans chaque maison deux serpents (un mâle et une femelle) qui ne se montrent que
pour annoncer la mort prochaine du maître ou de la maîtresse; ces serpents cessent de vivre en même temps
que les chefs de famille. En tuer un, c'est tuer ceux-ci.

A cet égard et considéré comme protecteur des enfants, comme procurant des époux aux jeunes filles
et s'identifiant au père de famille, le serpent est encore un symbole phallique. Du serpent ténébreux de
la nuit ou de l'hiver sort le ciel de la nuit et de l'hiver
éclairé par la lune, et de la lune blanche naît le

soleil du jour, le soleil du printemps, le jour et la
saison lumineuse et chaude. L'ogre, dragon ou serpent, retient les eaux dans le nuage et dans les rivières, il réside auprès des fontaines, il se tient au
pied de l'arbre qui donne le miel, de l'arbre qui distille l'ambroisie, de l'arbre qui est au milieu du lac
de lait; l'arbre et le phallus sont identifiés de nouveau. Le Phrygien Attis, aimé de Cybèle, est privé de
son phallus et expire; Cybèle le change en un pin
(arbre conique et toujours vert, qui résiste, comme la
lune, aux rigueurs mêmes de l'hiver) qui personnifie le
phallus funèbre et régénérateur; le cyprès (conique et
toujours vert) sur lequel les trois frères des contes de
fées doivent veiller pendant la nuit et que le plus jeune
réussit seul à délivrer du dragon ou du serpent qui
l'emporte, est aussi représenté dans la tradition persane comme placé au milieu du lac d'ambroisie. Le
serpent ravit cet arbre, de même que dans le mythe
indien il dérobe aux dieux l'ambroisie; il sait bien
qu'en lui réside la force régénératrice du héros qu'il a
mordu; parfois il lui enlève l'arbre, et parfois il le
protége. De la pomme d'or ou de l'orange provenant de
l'arbre que garde le dragon dans les contes populaires,
sort la belle fille; le dragon l'arrête une seconde
fois sur son chemin, en la faisant monter sur un arbre,
ou bien, en la jetant dans la fontaine près de laquelle
la belle fille devient un poisson brun ou un oiseau
brun (une hirondelle ou une colombe) pour quitter encore cette forme et retrouver la sienne propre. L'amour
qu'éprouve, dans les contes russes, la jeune princesse
pour le jeune héros, tire son origine de l'œuf de canard
pris sous l'arbre, et c'est cet œuf qui cause la mort du
serpent-dragon. Ici, le monstre ténébreux de la nuit et
de l'hiver, le monstre-serpent, parait être, sous la tutelle

de la lune protectrice des mariages, comme un arbre qui donne l'ambroisie et toujours vert, et comme le cyprès, l'arbre funèbre, qui est en même temps un symbole d'immortalité. De la lune de l'hiver et de la nuit, sortent le héros solaire du printemps et du jour, la jeune fille printemps et la jeune aurore. Le serpent, comme le crapaud, la grenouille, le poisson et l'oiseau, tantôt désire pour lui-même la lune de l'hiver et de la nuit et tantôt l'offre au jeune héros, qu'il protége.

La lune apparaît quand le soleil, l'astre du jour, descend à l'ouest ; c'est pourquoi le jardin des Hespérides était, comme son nom l'indique, situé à l'ouest ; la lune préside à la région septentrionale du ciel, à la saison froide de l'année ; c'est la raison pour laquelle Apollodore plaçait ce même jardin des Hespérides au nord, parmi les Hyperboréens, où croissait aussi, d'après Élien, l'arbre d'oubli. Dans l'Inde, l'arbre de l'ambroisie, l'arbre d'immortalité, l'arbre du paradis de Brahmâ, était aussi placé, comme la lune et le dieu Çiva (le dieu du paradis et de l'enfer, le dieu phallique et destructeur), au nord, sur le mont Méru, la montagne phallique et primitive, qui se trouvait près de la mer d'oubli et que gardait un dragon ; mais en raison de ce que le dragon, ou le serpent, représente plus souvent le mal que le bien, en raison de ce que Çiva, la lune et le cyprès, ont un double aspect phallique et funèbre, paradisiaque et infernal, en raison de ce que Kaçyapa, le grand phallus primitif, créa les choses opposées sous la forme d'un oiseau et sous celle d'un serpent, deux arbres figurent aussi sur le mont Méru, l'arbre du bien et l'arbre du mal, l'arbre de la vie et celui de la mort, qui nous rappellent les traditions juives et mahométanes. Les légendes relatives à l'arbre aux pommes ou aux figues d'or, qui produit le

miel ou l'ambroisie, que gardent des dragons et duquel
la vie, la fortune, la gloire, la force et la richesse du
héros tirent leur origine, sont nombreuses chez tous les
peuples de race âryenne; dans l'Inde et en Perse, en
Russie et en Pologne, en Suède et en Allemagne, en
Grèce et en Italie, des mythes populaires, des poèmes,
des chansons, et des contes de fées amplifient, avec une
grande variété de détails incidents dans une partie desquels la notion du sens primitif s'est perdue, ce thème
étrange de cosmogonie phallique [1].

---

[1] Comp. encore la légende d'Adam et d'Ève, de l'arbre et du serpent,
et du péché originel. Dans la comédie du moyen-âge intitulée : *La
Sibila del Oriente*, Adam dit à son fils en mourant : Mira en cima de
mi sepulcro, que un arbol nace. » Dans les contes russes, le jeune
héros doit être favorisé du sort tantôt parce qu'il a veillé sur la tombe
de son père, tantôt parce qu'il a défendu le cyprès paternel contre le
démon qui voulait l'emporter. Dans la légende de l'arbre de la croix et
d'après un sermon d'Hermann de Fristlar (comp. Mussafia, *Sulla
Leggenda del legno della croce*), l'arbre duquel fut faite la croix sur
laquelle le Christ mourut était, dit-on, un cyprès. La même légende du
moyen âge fait la description du paradis terrestre d'où Adam fut
chassé, et dans lequel Seth se rend pour obtenir d'Adam l'huile de
pitié. L'arbre s'élève jusqu'au ciel et plonge ses racines jusqu'en enfer,
où Seth aperçoit l'âme de son frère Abel. Au sommet de cet arbre est
un enfant, le fils de Dieu, l'huile promise. L'ange donne à Seth trois
grains qu'il doit mettre dans la bouche d'Adam ; il en sort trois reje-
tons dont la taille ne dépasse pas une coudée jusqu'au temps de Moïse,
qui les convertit en baguettes magiques et les replante avant de
mourir ; David les retrouve et s'en sert pour accomplir des prodiges.
Les trois arbrisseaux grandissent et atteignent fièrement la taille d'un
arbre. Salomon veut en employer le bois à la construction du temple,
mais les ouvriers refusent de s'en servir ; il fait alors transporter ce
bois dans le temple ; une sybille veut s'asseoir dessus, mais ses vêtements s'enflamment ; elle s'écrie : « Jésus mon Dieu, mon Seigneur ! »
et prophétise que le fils de Dieu sera suspendu à ce bois. Elle est condamnée à mort et le bois est jeté dans un vivier qui acquiert la faculté
d'opérer des miracles ; le bois en sort et l'on veut s'en servir pour faire
un pont ; la reine de l'Orient ou de Saba refuse de passer sur ce pont, car
elle a un pressentiment que Jésus mourra sur le bois dont il est fait.
Abia le fait enterrer et un étang vient le couvrir. — Voici maintenant
ce qu'écrit, relativement au serpent symbolique, un auteur qui n'est
pas suspect d'hérésie (Martigny, *Dictionnaire des Antiquités chré-
tiennes*) : « Les ophites, suivant en cela les nicolaïtes et les premiers

La cosmogonie de la Perse porte un caractère moins matérialiste que celle de l'Inde, mais son principe est le même. Ahuramazda et Anhromainyu, qui tiennent le premier rang comme créateurs du monde, sont aussi deux êtres mâles opposés l'un à l'autre. D'Ahuramazda descend Thraetaona ou Feridun, qui tue le serpent (azhi) Daháka ou Dahak, ou Zohak, le dragon à trois têtes qu'Anhromainyu avait créé et dont il avait fait le plus fort des monstres, pour détruire le beau dans ce monde[1]. Dans la tradition de l'Inde, nous voyons l'oiseau Garuda se trouver du côté des dieux, tandis que le nâga ou le serpent est du parti des démons ; de même, dans la tradition de la Perse, l'oiseau Simurg est avec les dieux, et le serpent ou le monstre marin, avec les démons. C'est au milieu des eaux que le héros Kereçâçpa rencontre le grand serpent Çruvara, qui dévore les hommes et les chevaux et qui lance un jet de

gnostiques, rendirent au serpent lui-même un culte direct d'adoration, et les manichéens le mirent aussi à la place de Jésus-Christ (Saint-Augustin, *Hæres.*, cap. XVII et XLVI). Et nous devons regarder comme extrêmement probable que les talismans et les amulettes avec la figure du serpent qui sont arrivés jusqu'à nous, proviennent des hérétiques de la race de Basilide, et non pas des païens comme on le suppose communément. » C'est aux continuateurs des admirables études de Strauss et de Renan qu'est réservée la tâche de rechercher le sens caché par ce mythe que la morale évangélique a poétisé. Quand nous pourrons apporter dans les études sémitiques la même liberté de critique scientifique dont nous jouissons pour les études âryennes, nous aurons une mythologie sémitique; quant à présent, la foi, un sentiment naturel de répugnance à abandonner des superstitions chères à notre crédule enfance et, par dessus tout, un sentiment moins honorable qu'inspire le respect humain, ont empêché les savants d'examiner l'histoire et la tradition juives avec un esprit sévère et absolument impartial. Nous ne voulons pas paraître voltairiens, et nous préférons fermer nos yeux pour ne pas voir et boucher nos oreilles pour ne pas entendre ce que l'histoire étudiée d'une manière critique et rationnelle présente de désagréable à notre orgueil comme hommes, et à notre vanité comme chrétiens.

[1] Comp. Yaçna, IX, 25-27; comp. aussi l'introduction de M. le professeur Spiegel au *Khorda-Avesta*, p. 59, 60.

venin gros comme le pouce d'un homme. Le prenant
probablement pour une île[1], il fait cuire sur lui ses ali-
ments ; le serpent sent la chaleur et commence à s'agiter ; il jette alors à la renverse le courageux Kereçaçpa.
Il paraît y avoir quelque analogie entre ce mythe du
Yaçna de l'*Avesta* et l'aventure du héros intrépide du
conte russe qui, s'étant endormi dans un bateau, tombe
dans la rivière par suite de l'effroi que lui cause le
petit poisson qui saute sur lui. (Le serpent paraît être
aussi l'ennemi du feu dans le *Khorda-Avesta*[2].) Le serpent occasionne les maladies que Thraetaona est prié
de guérir ; il empoisonne tout ce qu'il voit et tout ce
qu'il touche ; et, d'après le *Khorda-Avesta*[3], les méchants sont condamnés à se nourrir de poison après
leur mort. Dans le *Shah-Namé*, le soleil disparaît dévoré par un monstre marin ou par un crocodile. Dans
la troisième aventure d'Isfendiar, le héros est presque
enivré par la fumée venimeuse et l'haleine pestilentielle exhalées par le dragon qu'il a victorieusement combattu ; après avoir remporté la victoire, il
tombe, comme privé de vie ; c'est ainsi qu'Indra, après
la défaite du monstre-serpent, s'enfuit terrifié sur les
rivières, comme un homme atteint d'hydrophobie ; la
cause de son effroi est l'ombre, la fumée ou l'eau du
serpent mort, et il redoute que cette ombre, qui est
peut-être la sienne, et non celle de son ennemi, ne le
submerge dans ces flots empoisonnés et ne le change
en un monstre marin, l'assimilant ainsi à son adversaire ; car le démon, comme le dieu, cherche à rendre
l'homme semblable à lui. Le serpent est donc générale-

---

[1] Comp. le chapitre des Poissons et celui de la Tortue.

[2] Comp. l'introduction de M. le professeur Spiegel au *Khorda-Avesta*,
p. 60.

[3] XXXVIII, 56.

ment regardé en Perse comme un animal démoniaque et monstrueux, qui personnifie le mal. Si des prières lui sont adressées, c'est pour le conjurer de s'éloigner, pour obtenir qu'il se tienne à distance, selon la méthode dont se servent principalement les Arabes et les Tatares afin d'écarter le diable. Le génie Persan est moins mobile, moins flexible et moins élastique que celui de l'Inde ; les images mythiques qu'il a conçues sont plus rigides et plus uniformes ; aussi, le serpent est-il demeuré dans la tradition de la Perse l'animal démoniaque par excellence. Au contraire, dans le *Tuti-Namé* qui tire son origine de l'Inde, le serpent a pris un double aspect. Le serpent veut manger la grenouille. (Dans le quinzième conte du troisième livre du *Pancatantra*, les grenouilles chevauchent le serpent et s'amusent à lui sauter dessus, comme les grenouilles de Phèdre sur le roi soliveau que Jupiter leur avait envoyé pour se moquer d'elles ; le serpent est, dans cette fable, assimilé à la verge de bois.) Le héros sauve la vie de la grenouille, mais le serpent le lui reproche en disant qu'il lui ravit ainsi sa nourriture ; le héros coupe alors un morceau de sa chair pour la donner au serpent[1] ; celui-ci devient le protecteur constant du héros et

---

[1] Nous avons là une autre version de la légende indienne du faucon (Indra), de la colombe (Agni) et du roi Çivi, qui, pour arracher la colombe au faucon, donne à celui-ci de sa chair à manger. Ici, le serpent est identifié au faucon ou à l'aigle ; cependant, dans le conte mongol, le dragon est reconnaissant envers l'homme qui l'avait délivré de l'oiseau Garuda ; le roi des dragons garde les perles blanches et arrive sur un cheval blanc, revêtu de blanc (probablement la neige de l'hiver ou la lune) ; il récompense le héros en lui donnant une chemise rousse, un peu de graisse et un collier de perles. — Dans le sixième conte du *Pancatantra*, nous avons le serpent et le corbeau, dont l'un est au pied de l'arbre et l'autre à la cime ; le serpent dévore les œufs du corbeau et le corbeau se venge en dérobant un collier d'or à la reine et en le jetant dans le trou du serpent ; les hommes, qui cherchent le collier, trouvent le serpent et le tuent.

guérit avec un onguent la fille du roi, qui avait été mordue par un autre serpent ; le roi, après la guérison de sa fille, la donne en mariage au héros qui avait apaisé la faim du serpent.

Dans le dixième conte du troisième livre du *Pancatantra*, deux petits serpents qui conversent ensemble, causent leur perte et font le bonheur du héros et de l'héroïne. Le fils d'un roi a, sans le savoir, un serpent dans le corps et tombe malade ; désespéré, il quitte le palais de son père et s'en va mendier ; par dédain pour lui, on lui donne pour femme la seconde fille d'un autre roi qui, contrairement à sa sœur aînée, n'avait jamais dit de choses aimables à son père (autre version de la légende de Cordélia et du roi Lear) ; un jour que le jeune prince s'est endormi, la tête posée sur une fourmilière, le petit serpent qui est dans son corps tire la tête pour respirer un peu d'air frais et aperçoit un autre serpent qui sort de la fourmilière [1] ; les deux petits serpents commencent à se disputer et à s'invectiver mutuellement ; celui-ci accuse l'autre de faire souffrir le jeune prince dans le corps duquel il réside et l'accusé répond en disant à son adversaire qu'il cache deux vases remplis d'or sous la fourmilière [2]. En continuant leur querelle, ils se disent réciproquement par quels moyens faciles on peut les tuer l'un et l'autre ; un petit grain de moutarde suffirait pour venir à bout du premier, et un peu

---

[1] Nous avons vu, au chapitre de la Fourmi, que ces insectes font sortir les serpents de leurs trous ; en Bavière, d'après le baron Reinsberg de Düringsfeld (p. 259 de l'ouvrage cité plus haut), un aspic (*natter*) qu'on prend en août doit être renfermé dans un vase pour l'y faire mourir de faim et de soif ; puis, on le place sur un nid de fourmis pour que celles-ci en mangent la chair ; on fait de ce qui reste une sorte d'amulette qu'on croit souveraine contre toute espèce d'éruption à la tête.

[2] Comp. ce qui est dit de l'incalculable richesse du serpent-uhlan dans le conte vi, 11, d'*Afanassieff*.

d'huile bouillante ferait périr le second (on fait périr le serpent en le brûlant ; le riche serpent-uhlan du conte russe est brûlé dans le tronc d'un chêne où il s'était réfugié par crainte du feu et de l'éclair). La femme du prince, cachée près de là, entend tout ce que disent les serpents, puis délivre son mari du petit serpent qu'il a dans le corps et fait périr l'autre pour prendre possession du trésor qu'il cache [1].

Dans le quatorzième conte de Santo Stefano di Calcinaia, la troisième des jeunes filles, pour sauver la vie à son père, consent à épouser le serpent qui la porte sur sa queue dans son palais où il prend la figure d'un bel homme, sous le nom de Sor Fiorante aux bas rouges et blancs. Mais sa femme ne doit révéler ce secret à personne. La jeune femme (comme dans la fable de Cupidon et de Psyché) ne peut résister à la tentation d'en parler à ses sœurs, sur quoi son mari disparaît ; elle le retrouve après avoir rempli sept bouteilles de ses larmes ; elle casse d'abord une noix, puis une noisette, et, finalement, une amande, dont chacune contient une robe magnifique, puis elle retrouve son mari qui la reconnaît [2]. Dans une autre version du même conte, qui

---

[1] Nous avons ici un serpent qui en chasse un autre et qui cause sa perte. De même, avant le temps de saint Charles Borromée, on révérait dans la basilique de Saint-Ambroise, à Milan, un serpent de bronze apporté de Constantinople par l'archevêque Arnolfe, en l'année 1001 ; les uns disaient que c'était le serpent d'Esculape, d'autres celui de Moïse, d'autres encore une image du Christ ; il nous suffit de savoir que c'était un serpent mythique, devant lequel les mères milanaises apportaient leurs enfants quand ils avaient des vers pour obtenir leur guérison, comme nous l'apprenons en lisant la relation de la visite de saint Charles à cette basilique : « Est quædam superstitio de ibi mulierum pro infantibus morbo verminum laborantibus. » Saint Charles fit cesser cette superstition.

[2] Ces objets merveilleux sont toujours au nombre de trois : il y a trois pommes, trois belles filles, trois palais enchantés qu'habitent les serpents dans leur royaume (comp. *Afanassieff*, I, 5). Dans ce conte, et en général, les têtes du dragon sont au nombre de trois, mais

fait partie de ma petite collection, une bonne fée, sous
la forme d'un serpent, donne des conseils à la princesse
aveugle et lui fait cadeau de la noix, de l'amande et de
la noisette ; chacun de ces présents contient un objet
merveilleux ; le premier sert à la jeune princesse pour
recouvrer l'œil que lui avait pris la femme perfide ; le
second lui rend l'autre œil que le serpent remet à sa
place[1] ; au moyen du troisième, qui est une poule d'or
avec quarante-quatre poussins d'or (quarante-quatre
est peut-être mis ici pour quarante fois quatre ou cent
soixante, chiffre qui représenterait les jours brillants
et chauds de l'année qui vont du premier d'avril à la
fin d'août), elle retrouve son mari perdu. Dans un
conte sicilien inédit que je dois à M. le docteur Ferraro, un serpent serre le cou du roi Moharta pour
venger une belle fille que le roi avait abandonnée
après l'avoir violée ; pour se délivrer du serpent, le
roi est obligé d'épouser la belle fille trompée par lui.
Dans le seizième des contes toscans que j'ai publiés,
les trois fils du roi vont chercher l'eau qui saute et qui
danse, et que garde un dragon par qui sont dévorés
tous ceux qui s'approchent de lui ; le dragon s'endort de
midi à deux heures et sommeille les yeux ouverts, ce

---

parfois aussi il y en a cinq, six (comp. *Afanassieff*, V, 28), sept (comp.
*Pentamerone*, I, 7, et *Afanassieff*, II, 27 ; le serpent à sept têtes exhale
des vapeurs impures), neuf (III, 2 ; V, 24) ou douze (comp. *Afanassieff*,
II, 30). — Dans le vingt et unième conte du deuxième livre d'*Afanassieff*,
apparaît d'abord le serpent à trois têtes, puis celui à six têtes, et enfin
celui à neuf têtes qui répand de l'eau et menace d'inonder le royaume ;
Ivan Tzarevic les extermine. Dans le vingt-deuxième conte du même
livre, le serpent de la mer Noire, qui a des ailes de feu, s'envole dans
le jardin du Tzar et enlève les trois filles ; la première est obtenue et
emprisonnée par le serpent à cinq têtes, la seconde par le serpent à
sept têtes, et la troisième par le serpent à douze têtes ; le jeune héros
Frolka Sidien tue les trois serpents et délivre les trois filles.

[1] Comp. aussi, pour la légende de la femme aveugle, le premier
chapitre du premier livre.

qui signifie, en admettant que son sommeil a lieu dans le jour, que le dragon dort quand le soleil veille et si, au contraire, c'est à minuit qu'il dort, il faut entendre qu'il sommeille quand la lune, comparée au lièvre qui dort les yeux ouverts, brille dans le ciel [1].

Nous trouvons sur un ancien vase napolitain, dont Gerhard et Panofka ont donné l'explication, la figure d'un arbre et d'une fontaine, d'un serpent (le même que celui qui ronge les racines de l'arbre Yggdrasill dans les *Eddas*), des trois Hespérides et d'Héraclès. L'une des Hespérides donne à boire dans une coupe au serpent blessé, la seconde cueille une pomme, la troisième se prépare à en cueillir une autre et Héraclès en tient aussi une à la main. Le mythe et le conte de l'ogre et des trois oranges sont en rapport parfait l'un avec l'autre [2]. La jeune fille était d'abord identifiée au serpent dont elle était regardée comme la fille, c'est-à-dire comme un serpent femelle ; mais à l'approche du jeune héros elle dépose son déguisement et retrouve tout son éclat. Dans un conte inédit du Montferrat que m'a communiqué M. le docteur Ferraro, une belle fille voit en arrachant

------

[1] Quand le serpent mythique se rapporte à l'année, les heures correspondent aux mois, et les mois pendant lesquels dort le serpent mythique paraissent être ceux d'été, contrairement à ce qui a lieu réellement.

[2] Dans le cinquième conte du deuxième livre du *Pentamerone*, un serpent est adopté pour fils par un homme et une femme qui n'ont pas d'enfants, et ce serpent demande en mariage la fille du roi ; le roi, qui veut se moquer du serpent, répond qu'il y consentira quand celui-ci aura changé en or tous les fruits du jardin royal, la terre de ce jardin en pierres précieuses et le palais tout entier en une masse d'or. Le serpent sème dans le jardin des noyaux de fruits et des coquilles d'œufs ; les noyaux donnent naissance aux arbres demandés, les coquilles d'œufs produisent la couche de pierres précieuses ; il frotte ensuite le palais avec une certaine plante qui le change en or. Le serpent vient chercher sa femme dans un char d'or que conduisent quatre éléphants d'or, puis il dépouille sa forme de serpent et devient un beau jeune homme.

un chou (image lunaire) une vaste chambre qui se trouve sous les racines ; elle y descend et trouve un serpent qui lui promet de faire son bonheur si elle consent à l'embrasser et à prendre place à côté de lui dans sa couche ; la jeune fille se rend à ses désirs. Au bout de trois mois, le serpent commence à prendre les jambes, puis le corps, et enfin la figure d'un beau jeune homme, qui est le fils d'un roi et qui épouse sa libératrice. Nous trouvons aussi dans la tradition populaire, la forme opposée du même mythe, c'est-à-dire la belle fille qui redevient un serpent. Dans une légende allemande [1], le jeune héros a l'espoir de délivrer la jeune fille en lui donnant trois baisers [2] : la première fois, son baiser est donné à une belle fille ; la seconde fois, à un monstre moitié femme et moitié serpent ; la troisième fois, il se refuse de l'embrasser, parce qu'elle a pris la forme complète d'un serpent.

Quand le jour ou l'été s'achèvent, le serpent mythique apparaît (ce qui est absolument contradictoire avec les données de l'Histoire naturelle ; on pourrait dire en quelque sorte que, lorsque le serpent cesse de ramper sur le sol et de dévorer les animaux de la terre, il va ramper dans le ciel et dévorer les animaux mythiques) ; c'est alors que le vent du nord commence à siffler — et le serpent, principalement le serpent mythique, est célèbre aussi pour ses sifflements. Isidore [3] identifie même le basilic et le serpent appelé *regulus* à son sifflement, car il dit : « Sibilus idem est, qui et Regulus : sibilo enim occidit antequam mordeat vel

---

[1] Comp. Mone, *Anzeig.*, III, 88.

[2] Comp., à cet égard, les contes cités aux premier et deuxième chapitres du premier livre.

[3] *Origines*, XIV, 4.

exurat. » Dans le vingt-cinquième conte du cinquième livre d'*Afanassieff*, le bohémien et le serpent se portent un défi à qui sifflera le plus fort. Quand le serpent siffle (c'est-à-dire en automne), tous les arbres perdent leurs feuilles. Le bohémien l'emporte sur le serpent à l'aide d'une ruse ; il lui fait croire qu'il ne pourra pas résister aux effets de son sifflement s'il ne se couvre pas la tête, ensuite il le bat sans pitié ; le serpent est convaincu de la sorte de la supériorité du bohémien et lui dit qu'il lui rend hommage comme à son frère aîné[1]. J'ai cité au premier chapitre du premier livre, le conte russe d'Alexis, le fils du prêtre, ou le divin Alexis, qui se bat avec Tugarin le fils du serpent, ou le démon-serpent, et qui prie la vierge d'arroser les ailes du monstre avec la pluie du nuage noir : ses ailes étant chargées d'eau, il est forcé de tomber à terre. Nous revenons ici au mythe védique simple et cependant grandiose, le plus ancien de tous et dont nous avons fait notre point de départ ; nous revenons à la poésie lyrique, inspirée, spontanée, naïve, remplie de surprises agréables ou terrifiantes, d'enthousiasmes ingénus, d'impulsions créatrices, — à cette poésie qui donnait inconsciemment naissance à une nouvelle civilisation et à une nouvelle foi, qui n'était pas encore souillée par des cosmogonies phalliques, que n'avaient pas brisée et appauvrie les rêves stériles d'une métaphysique impuissante.

---

[1] Comp. encore *Afanassieff*, VI, 10, où l'habile artisan obtient, pour avoir vaincu en sifflant le petit démon et lui avoir fait croire qu'il peut lancer un bâton au-dessus des nuages, tout l'argent que peut contenir un chapeau qui n'est jamais rempli.

# CONCLUSION



et les ombres des monstres de la mythologie apparaissent encore devant moi et s'emparent de ma pensée qui s'en effraie. Pendant les longs mois que j'ai passés solitairement sur l'Olympe, n'ai-je été que la victime d'un horrible cauchemar, ou bien ai-je saisi avec précision et dans leur réalité les mobiles images que présente l'aspect du ciel sous les formes animales dont elles ont été revêtues? L'ancienne mythologie qu'on nous enseignait à l'école, était remplie des incestes de Jupiter, de Mars et de Vénus; mais il s'agissait de mythes classiques et les coupables portaient le nom de dieux; et nos excellents pères, se livrant à la vaine recherche des significations symboliques, torturaient leurs cerveaux ingénieux pour tirer des scandales offerts par les divinités payennes une leçon morale à l'usage de la jeunesse. Aussi, l'art pouvait-il représenter Jupiter séduisant les femmes sous la forme animale d'un taureau, d'un aigle ou d'un cygne, sans offenser la pudeur, ni profaner la sainteté du lieu où l'enfance était instruite ; on engageait même les jeunes écoliers à composer leurs exercices italiens de rhétorique ou leurs vers latins sur les thèmes favoris de la mythologie classique, dans l'idée qu'une matière grossière peut être idéalisée au moyen de symboles et d'allégories morales. Comme l'amour platonique ou métaphysique n'exige pas le véhicule des sens pour se communiquer, les formes animales prises par le dieu n'étaient pour nos vieux maîtres que des images et des allégories conçues dans l'intention d'embellir les leçons d'une sagesse élevée. Mais nous avons été assez longtemps bercés dans ces conceptions puériles, et l'heure est venue de débarrasser la mythologie et les études qui s'y rapportent de ces vaines rêveries. Il faut, au moins, se munir du courage nécessaire pour aborder les problèmes historiques avec la même franchise et la même ardeur que les naturalistes mettent à regarder de près les mystères du monde matériel afin d'en percer le voile.

C'est, du reste, une entreprise moins hasardeuse qu'on ne pourrait le croire, puisque nous possédons, pour la démonstration complète de nos thèses historiques, des données certaines et positives que nous fournissent le langage et la légende dans un ensemble de traditions comparatives orales et écrites. Nous n'imaginons pas ; nous nous bornons à recueillir et à mettre en ordre les matières relatives à l'histoire commune de la pensée et du sentiment populaires dans notre race privilégiée. Toute la difficulté consiste à classer les faits ; quant aux faits mêmes, ils sont nombreux et évidents. On peut très-bien se tromper en les arrangeant et par conséquent aussi en les interprétant en détail ; et, pour ma part, je ne suis pas sans craindre d'avoir çà et là mal réussi dans l'explication de quelques mythes spéciaux ; mais si de telles erreurs sont de nature à jeter un certain discrédit sur l'étendue de mes moyens, si je suis imparfaitement renseigné et dépourvu d'une dose suffisante de pénétration, ces défauts tout personnels ne sauraient infirmer en aucune façon les vérités fondamentales qui permettent à la mythologie comparée de constituer une science positive pouvant, dès-lors, comme toute science, instruire et servir de base à de profitables résultats.

La faute principale que puissent commettre les adeptes de la science nouvelle et celle où j'ai pu me laisser entraîner moi-même dans le cours de cet ouvrage, c'est d'arrêter leurs observations sur un point ou sur un moment mythique spécial et favori et d'y rapporter presque tous les mythes sans tenir suffisamment compte de leur mobilité et de leur histoire distincte, c'est-à-dire des diverses périodes de leur expansion. L'un ne voit dans le mythe que le soleil, un autre ne considère que la lune dans ses révolutions diverses et les amours de ces astres pour la terre verdoyante et radieuse ; celui-ci envisage les ténèbres de la nuit en opposition avec la lumière du jour, tandis que celui-là s'occupe de cette même lumière opposée au nuage obscur ; cet autre, enfin, s'attache aux amours du soleil et de la lune, tandis qu'un émule a les regards portés sur ceux du soleil et de l'aurore.

Ces points de vue divers, spéciaux et trop exclusifs, sous lesquels les savants ont en général étudié les mythes jusqu'à ce jour, ont fourni l'occasion aux adversaires prévenus de la mythologie comparée de tourner cette science en ridicule, de la traiter comme peu sérieuse et de lui reprocher de changer de caractère, selon le système particulier imaginé par le savant qui s'en occupe. Mais cette objection tombe sous le coup des armes mêmes dont elle fait usage. Que prouve, en effet, en cette matière, ce qu'on peut appeler la *concordia discors* de tous les savants qui s'occupent de ces études? Elle n'établit à mon avis qu'une chose, c'est que les mêmes mythes naturels se reproduisent et se confirment sous des formes multiples, que des mythes analogues représentent des phénomènes analogues et que les variantes des contes de fées se rencontrent aussi dans les mythes. Le soleil dissipe les ténèbres dans le jour, la lune les écarte pendant la nuit; les deux astres sont appelés *hari*, c'est-à-dire blonds, dorés, brillants. Indra est hari; comme hari, il est tantôt en rapport avec le soleil qui fait gronder le tonnerre dans le nuage (Jupiter tonans), tantôt avec la lune, l'astre qui produit l'ambroisie et qui attire la pluie (Jupiter pluvius); Zeus cède la place à son fils Dionysos et, soit comme soleil, soit comme lune, il est toujours Zeus le radieux, Diespiter ou le père de la lumière; dans le premier cas, il perce le nuage et dans le second, il émerge des ténèbres. Même quand la lune ou le soleil sont cachés, quand Zeus ou Dionysos sont retirés dans un mystère auguste, ils préparent de nouveaux phénomènes lumineux. De même, Vishnu est hari et, à titre de hari, il s'identifie tantôt au soleil et tantôt à la lune; ou bien, pour parler avec plus de précision, le soleil hari et la lune hari se confondent en un personnage mythique unique, en un dieu qui représente les deux astres dans leurs différentes phases, c'est-à-dire en Vishnu.

Il est à désirer que les mythes soient étudiés dans leur intégrité, en embrassant complètement le champ que le mythe a enrichi et toute la période dans laquelle il s'est développé; mais cela ne doit pas empêcher un savant de s'attacher, dans une étude spéciale (comme l'ont fait MM. les Professeurs Kuhn,

Müller et Bréal) à un point spécial, pour démontrer
une thèse mythologique spéciale. Ce point est celui
sur lequel on appuie son levier; on pourrait, il est
vrai, suivre une autre méthode, mais on ne cause aucun tort à la vérité essentielle en donnant à ses preuves
le plus grand degré de clarté sur un détail unique. Les
démonstrations qui pèchent par l'abondance sont faciles
à corriger et ces études spéciales, grâce auxquelles l'in-
vestigation creuse chaque jour davantage, ne laissent
pas que de faire apparaître les mythes sous des couleurs
plus brillantes. Ce serait une exagération d'attribuer
à tous les mythes un mode de formation invariable,
aussi bien que de croire d'une manière absolue que
tous les mythes ont commencé par une simple confusion de mots. L'équivoque a joué sans doute un rôle
prépondérant dans la création des mythes; mais l'é-
quivoque n'aurait pas toujours été possible sans la
préexistence, pour ainsi dire, d'analogies figurées.
L'enfant qui de nos jours encore prend, en regardant
le ciel, un nuage blanc pour une montagne couverte
de neige, ignore certainement que *parvata* signifiait
« nuage » et « montagne » dans la langue des Védas;
il continue pourtant d'élaborer ce mythe élémentaire
en établissant de simples analogies d'images. L'équivoque des mots a succédé ordinairement à l'analogie
des figurés extérieures, telles qu'elles apparaissaient à
l'homme primitif. Avant de confondre le nuage et la
montagne sous une même dénomination, il avait conçu
ces objets sous une image identique. Quand la confusion des images se produisit, celle des mots devint
presque inévitable et servit seulement à déterminer la
première, à lui donner, par l'expression d'un son arti-
culé, une forme plus consistante, à la manifester d'une
manière plus artistique, et à en faire une sorte de tronc

sur lequel, avec l'aide de nouvelles observations parti-
culières, de nouvelles images et de nouvelles équivoques développent tout un arbre généalogique appliqué à la mythologie.

Il m'est échu d'étudier la région la moins élevée du
domaine mythologique. Dans l'homme primitif qui créa
les mythes se manifeste la même dualité de tendances
que nous observons en nous-mêmes : — l'instinct qui
nous apparente aux animaux et celui qui nous élève et
nous rend capables de comprendre et de sentir le divin
ou l'idéal. L'idéal était le lot d'un petit nombre ; les
instincts matériels, celui des masses ; l'idéal contenait
la promesse du progrès humain ; les instincts matériels représentaient la matière inerte, résistante, qui
réagit constamment contre le progrès. De là, ces images
empreintes d'une poésie élevée, à côté d'autres dont la
vulgarité et la grossièreté nous rappellent les liens qui
rattachent l'homme à cet animal pétulant et lascif duquel il est supposé descendre. Le dieu qui prend une
forme animale ne peut pas conserver toujours sa divinité intacte ; cette forme est celle de son *avatâr*, c'est-à-
dire, de sa déchéance et de sa chute ; c'est ordinairement celle que prend le dieu ou le héros par suite d'une
malédiction ou d'un crime. Les Indiens et les Pythagoriciens considéraient les métamorphoses animales
comme le purgatoire de l'homme coupable. Et le dieu-
animal, le héros-animal, l'homme-animal ne peuvent
s'empêcher d'accomplir des actes brutaux. L'orgueilleux et cruel Viçvâmitra, le Nabuchodonosor de l'Inde,
prend, quand il rôde à travers les forêts sous la forme
d'un monstre, le caractère du rakshasa, de l'ogre des
forêts ; les belles nymphes du ciel, changées en monstres aquatiques, dévorent les héros qui s'approchent
des sources où elles résident. C'est seulement quand la

forme animale est mise à mort, quand la matière est
secouée, que le dieu ou le héros retrouvent leur bonté,
leur beauté et leur excellence divines. Ici la mythologie
est d'accord avec la physiologie ; le caractère des per-
sonnages mythiques est le résultat de leurs formes cor-
porelles, de leur organisme, et leurs traits moraux ne
se modifient que lorsque leur nature change et que
l'espèce subit une transformation physique ; la lumière
est le bien, les ténèbres sont le mal, ou ne sont le bien
qu'autant qu'on les suppose renfermer en elles la lumière. Du bois de couleur sombre qu'on frotte et qu'on
agite, de la pierre de couleur sombre qu'on frappe
et qu'on désagrège, jaillit l'étincelle qui allume l'incendie ; du corps qu'on met en exercice et qu'on stimule,
jaillit l'éclat du regard, du discours, de la passion, de la
pensée ; le dieu fait explosion. La matière est obscure,
mais quand elle est agitée, elle produit la lumière ; tant
qu'elle reste inerte, elle est le mal, et elle est encore
le mal tant qu'elle attire à elle comme à un centre de
gravité tout ce qui vit. En tant que le monstre absorbe
les belles choses, il est le mal ; en tant qu'il les laisse
rayonner et se manifester, il est le bien. Dispersez les
nuages, dissipez les ténèbres, dilatez et élargissez la
matière qui tend à se resserrer, à devenir inerte, à
absorber la vie, et la lumière divine en sortira, l'éclat
de la vie intelligente se manifestera ; le héros déchu, le
héros changé en pierre, qui avait été transformé en
matière inerte, remontera agile et radieux dans les
cieux divins.

Je suis certainement loin de croire que de telles
vues formaient l'intention du mythe. La morale est
devenue souvent l'appendice des fables, mais elle n'a
jamais fait partie de la fable primitive. Le mythe élémentaire est une production spontanée de l'imagination

et ne tire pas son origine de la réflexion. Quand le mythe existe, l'art et la religion peuvent en faire usage
comme d'une allégorie pour le but esthétique et moral qui fait l'objet de leur poursuite ; mais le mythe
même est dépourvu de conscience morale ; il se borne,
comme je l'ai dit, à manifester des instincts plus ou
moins élevés. Et si j'ai essayé souvent de comparer aux
mythes certaines lois physiologiques, ce n'est pas que
je leur attribue une sagesse plus grande que celle dont
ils jouissent réellement, mais c'est seulement pour indiquer que la science de la nature, aidée du criterium
de la philosophie positive, peut nous faciliter, beaucoup
mieux que la métaphysique, l'étude de la production
originale des mythes et de leur développement successif
dans la tradition. J'ai pris à tâche d'exposer la mythologie sous son aspect le plus humble, c'est-à-dire,
de montrer le dieu caché dans l'animal ; et, comme,
parmi les différents animaux mythiques que j'ai essayé
de décrire, plusieurs ont conservé le caractère propice
et la forme brillante du dieu, ils sont généralement re-
gardés comme la forme que prend la divinité, soit pour
goûter secrètement au fruit défendu, soit pour subir
une période de châtiment dont elle est frappée en expiation de quelque faute antérieure ; en tous cas, ces formes
ne peuvent jamais nous fournir une idée suprême de
l'excellence et de la perfection divines. Au lieu de donner en même temps au dieu tous les attributs de
beauté, de bonté et de force, au lieu de réunir tous les
dieux en un seul ou de grouper ensemble toutes les
forces et toutes les formes sympathiques de la nature,
on conçut pour chaque attribut une image divine spéciale. Et, en raison de ce fait, que l'homme primitif
était moins porté à abstraire qu'à comparer (pour représenter la force, par exemple, on avait recours à

l'image du taureau, du lion et du tigre ; pour symboliser
la bonté, on lui donnait la figure de l'agneau, du chien
ou de la colombe ; pour exprimer la beauté, on choisit
la gazelle, le cerf, le paon, et ainsi de suite) ; il n'existait pas, dans le langage primitif de l'humanité, de comparaison, pour relier les deux termes d'une comparaison, il en résulte qu'un roi puissant devient le lion, un
ami fidèle le chien, une jeune fille légère la gazelle, et
ainsi du reste. Nous entendons quelquefois dire aux
femmes dans un mouvement de tendresse pour une
personne éloignée ou dans l'impatience qu'elles éprouvent d'aller où leur cœur les appelle, ou bien encore,
quand elles éprouvent la curiosité de savoir ce qui se
passe en un certain endroit : « Je voudrais être un
oiseau pour aller là. » En réalité, elles ne désirent que
les ailes de l'oiseau, afin de voler, d'arriver plus vite et,
pour satisfaire ce seul désir, elles renonceraient à tous
les privilèges précieux qui distinguent la femme. Ces
sacrifices du même genre se produisent dans le ciel
mythique, où les êtres divins quittent les formes brillantes qui leur sont propres pour obtenir quelque objet
déterminé. Le dieu s'abaisse afin de pouvoir user d'une
faculté dont il a besoin de faire l'emploi spécial.
C'est ainsi qu'Indra, pour mettre à l'épreuve la générosité du roi Civi, juge à propos de poursuivre, sous la
forme d'un faucon, le dieu Zeni qui s'était changé en
colombe et qui avait cherché refuge auprès de ce roi.
L'homme primitif n'a pas attribué au dieu d'autres
formes que celles qu'il voyait autour de lui et qu'il connaissait ; le dieu ne peut pas avoir d'ailes qui lui soient
propres, d'ailes divines ; pour en obtenir, il faut qu'il
devienne oiseau. De même pour conduire un char, ou
pour porter un héros dans les airs, il doit se changer en
hippogriffe, c'est-à-dire en monstre demi-cheval et

demi-oiseau ; et quand il tombe dans la mer il faut qu'il revête le corps d'un poisson, pour éviter de se noyer.

Le dieu ne peut donc exercer sa puissance divine qu'à la condition de prendre la forme des animaux qui sont supposés jouir du privilége des facultés dont il a besoin dans une circonstance mythique spéciale. Mais sous cette forme animale, avec laquelle le dieu déploie d'une manière transcendante quelque qualité particulière, il voit en même temps s'obscurcir en grande partie sa splendeur divine. M'étant attaché, donc, à surprendre la divinité dans cette période exceptionnelle et disgraciée, le lecteur ne m'imputera pas, je l'espère, la triste figure qu'elle présente dans plusieurs pages de ce livre ; de même, il ne m'en voudra pas de lui enlever quelques illusions si je lui offre en échange quelques vérités nouvelles, utiles peut-être quoiqu'incomplètes.

FIN

# TABLE DES MATIÈRES

## PREMIÈRE PARTIE

### LES ANIMAUX DE LA TERRE (SUITE).



## DEUXIÈME PARTIE

### LES ANIMAUX DE L'AIR.

## TROISIÈME PARTIE.

### LES ANIMAUX DE L'EAU.

# ADDITIONS ET CORRECTIONS

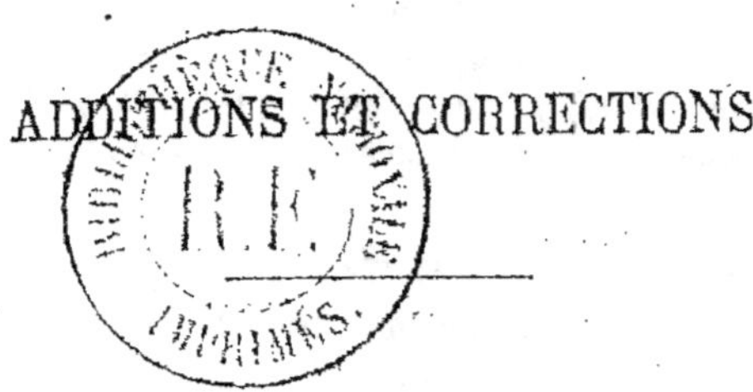


## TOME I<sup>er</sup>.

Page 35, lisez Paràvrig au lieu de Pàravrig.

Pages 37, 38, 83, 84, 570, et tome II, page 40, lisez Tvashtar au lieu de Tvashthar.

Pages 52 et 53. Un usage, qui existe encore dans l'Inde, confirme le caractère de guide funèbre attribué à la vache dans la mythologie indo-européenne. Quand un bráhmane est sur le point de mourir, on lui amène une de ses vaches couverte d'ornements et accompagnée de son veau ; le moribond doit la saisir par la queue et les assistants adressent des prières pour qu'elle guide l'âme, prête à s'en aller, dans le chemin heureux qui conduit au ciel. Cette vache est le présent que le mourant fait au bráhmane qui l'assiste à la dernière heure. En récompense de sa générosité, son âme, sur le point de traverser la rivière de feu, trouvera au rivage une vache envoyée par Yama, dieu de la mort et de l'enfer, qui la conduira saine et sauve au rivage opposé. Dans les traditions populaires du moyen-âge qui ont fourni la matière légendaire de l'Enfer de Dante, il est question de cette traversée difficile et de cette vache conductrice.

Page 83, lisez Dhàrtaràshtras au lieu de Dhàrtaràshthras.

Page 86, lisez Vàsuki au lieu de Vasuki.

Pages 291, 292. Nous avons supposé que la vache qui guide Cadmus et qui lui indique en s'arrêtant le lieu où il doit fonder une ville, représente la lune favorable à la génération. On connaît l'étymologie des mots *pur, polis*, signifiant la ville et spécialement un endroit peuplé, une agglomération d'hommes ; la ville est *la pleine* ; la lune qui préside à la génération doit encore alimenter la population, et, par conséquent, assister à la fondation des villes. La fondation des villes, comme tous les actes solennels de la vie individuelle et sociale, devait être inaugurée dans la quinzaine brillante de la lune. C'est ainsi que s'explique aussi la *scrofa alba* et les trente pourceaux de Virgile, en dépit des interprétations historiques bizarres qu'on a proposées. La *scrofa alba* est la lune, et les trente pourceaux ne représentent, à mon avis, que les jours du mois, les phases lunaires. Enée fonde la ville quand il trouve la *scrofa alba*, c'est-à-dire que la ville est fondée, quand la lune brille dans le ciel pour protéger la génération future ou peupler la ville nouvelle.

Page 224, lisez Apâlâ au lieu de Apalâ.

Page 308, lisez Tvash*t*ri au lieu de Thvashthri.

Page 531, lisez Mush*t*ihatyayâ au lieu de Mush*t*hihatyayâ.

Page 350, lisez Nala au lieu de Nalus.

Page 356, lisez Utanka au lieu de Utânka.

Page 365. L'équivoque probable qui s'est produite dans l'Inde entre les mots *gandharba* ou *gandharva* et *gardabha* « âne » explique, à mon avis, une grande partie des mythes indiens qui se rapportent aux gandharvas, surtout quand ils sont représentés sous un aspect sinistre. A cet égard, le passage suivant du *Classical Dictionary of India*, de J. Garret (Madras, 1871), page 788, est fort intéressant.

« Sena or Sein : Sometimes written *Gandharba-Sena* or *Grundrusein*, a Gandharba who was condemned for an affront to Indra, to be born on earth in the shape of an ass, but on entreaty the sentence was mitigated, and he was allowed at night to re-assume the forms and functions of a man. This incarnation took place at Ujein, in the reign of Raja Sundersein, whose daughter was demanded in marriage by the ass; and his consent was obtained on learning the divine origin of his intended son-in-law confirmed; as he witnessed, by certain prodigies. All day he lived in the stables like an ass; at night, secretly slipping out of his skin, and assuming the appearance of a handsome and accomplished young prince, he repaired to the palace and enjoyed the conversation of his beauteous bride. In due time the princess became pregnant; and her chastity being suspected, she revealed to her father the mystery of her husband's happy nocturnal metamorphosis; which the Râga, being conveniently concealed, himself beheld; and unwilling that his son should return to his uncouth disguise, set fire to, and consumed, the vacant ass's skin. Although rejoiced at his release, the Gandharba foresaw the resentment of Indra, disappointed of his vengeance; and warned his wife to quit the city, about to be overwhelmed with a shower of earth. She fled to a village at a safe distance and brought a son, the celebrated Vikramâditya; and a shower of cold earth, poured down by Indra, buried the city and its inhabitants. *As. Rés.*, vol. VI (Ujein). This legend gives a date to the catastrophe : for the prince, so renowned in his origin and birth, was not less so as a monarch and an astronomer ; and his name marks an era much used all over India, commencing fifty-six years before our era, H. P., p. 262. This story is supposed to be the original form of the « Golden Ass. » of Apuleius, which is in fact the story of Beauty and the Beast. »

## TOME II.

**Page 92.** Nous avons vu que différents animaux à cornes, tels que le taureau et le cerf, représentent la lune. Une strophe sanskrite du recueil de Bœthlingk (*Indische sprüche*, II, 3567) nous montre le *mriga*, c'est-à-dire la gazelle, d'après l'interprétation du savant éditeur, s'enfuyant dans la lune pour éviter la flèche du chasseur, l'incendie de la forêt et d'autres dangers semblables, et le poète ajoute : « Mais qui sait les blessures que la destinée lui réserve par la dent du monstre Râhu ? » Nous avons donc là l'existence, bien clairement indiquée, d'un mythe zoologique dans le phénomène exclusivement astronomique de l'éclipse lunaire.

Il me serait facile, ainsi qu'à tout mythologue, de confirmer par un bon nombre de nouveaux exemples l'explication astronomique ou du moins physique, que j'ai essayé de donner à la partie essentielle de la mythologie zoologique ; je suis le premier à reconnaître les nombreuses lacunes que mon livre présente, et, si j'avais à le refaire, je donnerais certainement un plus grand développement à certains points spéciaux qui, grâce au grand nombre de preuves dont on peut les appuyer, arriveraient à une évidence à peu près complète. Je n'ignore pas que mes explications trouvent encore un grand nombre d'incrédules et qu'on est assez généralement disposé à ridiculiser les théories auxquelles on n'a pas foi ; c'est peu encourageant pour le pionnier qui cherche la vérité au prix de mille efforts et qui croit l'entrevoir, mais je ne désespère pas, malgré cela, d'augmenter petit à petit la somme des probabilités et d'atteindre un jour sinon toute la vérité, du moins les vérités essentielles qui ressortent du monde inépuisable des mythes. En effet, soit qu'on les examine en détail, soit qu'on les prenne dans leur ensemble, on est obligé de convenir que le ciel est le grand miroir dans lequel se sont reflétées toutes les images primitives du langage humain. Ce n'est pas par hasard que le célèbre conteur et naturaliste norwégien, P. Chr. Asbjœrnsen, a donné le nom mythologique de *brisinga* à une nouvelle espèce animale découverte par lui au fond de la mer du Nord et offrant une ressemblance frappante, par sa conformation avec le soleil, la perle lumineuse, l'anneau

magique qui tombe dans l'eau et que retrouve le poisson mythique.
Il n'y a que les poètes qui soient capables de deviner, de saisir d'instinct certaines vérités de la science, et Asbjœrnsen est un grand poète.
La zoologie ne présente qu'un côté de l'histoire naturelle du mythe ;
je travaille actuellement avec un plaisir intime, qui me repose des
luttes fatigantes de la vie, à la botanique mythologique, et je suis
heureux de pouvoir constater, par une nouvelle et nombreuse série de
faits, les mêmes lois mythologiques que j'ai exposées avec quelque
obstination dans mon premier essai. Ce dont je suis le plus frappé
dans le cours de mes recherches, c'est de l'étendue et de la richesse du
domaine mythologique dans lequel les contradictions apparentes et de
détail se résolvent en une harmonie solennelle où se confondent la
majesté de l'homme et celle de Dieu.

Page 99, lisez Brahmâ au lieu de Brahma.

# TABLE ALPHABÉTIQUE

## DES MATIÈRES